丛书总主编 陈宜瑜

丛书副总主编 于贵瑞 何洪林

中国生态系统定位观测与研究数据集

森林生态系统卷

陕西秦岭站

（2009—2019）

张硕新 张 鑫 庞军柱 主编

U0256545

中国农业出版社

北京

丛书指导委员会

顾　　问　　孙鸿烈　　蒋有绪　　李文华　　孙九林
主　　任　　陈宜瑜
委　　员　　方精云　　傅伯杰　　周成虎　　邵明安　　于贵瑞　　傅小峰　　王瑞丹
　　　　　　王树志　　孙　命　　封志明　　冯仁国　　高吉喜　　李　新　　廖方宇
　　　　　　廖小罕　　刘纪远　　刘世荣　　周清波

丛书编委会

主　　编　　陈宜瑜
副 主 编　　于贵瑞　　何洪林
编　　委　　（按拼音顺序排列）
　　　　　　白永飞　　曹广民　　常瑞英　　陈德祥　　陈　隽　　陈　欣　　戴尔阜
　　　　　　范泽鑫　　方江平　　郭胜利　　郭学兵　　何志斌　　胡　波　　黄　晖
　　　　　　黄振英　　贾小旭　　金国胜　　李　华　　李新虎　　李新荣　　李玉霖
　　　　　　李　哲　　李中阳　　林露湘　　刘宏斌　　潘贤章　　秦伯强　　沈彦俊
　　　　　　石　蕾　　宋长春　　苏　文　　隋跃宇　　孙　波　　孙晓霞　　谭支良
　　　　　　田长彦　　王安志　　王　兵　　王传宽　　王国梁　　王克林　　王　堃
　　　　　　王清奎　　王希华　　王友绍　　吴冬秀　　项文化　　谢　平　　谢宗强
　　　　　　辛晓平　　徐　波　　杨　萍　　杨自辉　　叶　清　　于　丹　　于秀波
　　　　　　曾凡江　　占车生　　张会民　　张秋良　　张硕新　　赵　旭　　周国逸
　　　　　　周　桔　　朱安宁　　朱　波　　朱金兆

中国生态系统定位观测与研究数据集
森林生态系统卷·陕西秦岭站

编 委 会

主　编　张硕新　张　鑫　庞军柱
编　委　侯　琳　张胜利　袁　杰　周建云
　　　　尚廉斌　陈书军

进入 20 世纪 80 年代以来，生态系统对全球变化的反馈与响应、可持续发展成为生态系统生态学研究的热点，通过观测、分析、模拟生态系统的生态学过程，可为实现生态系统可持续发展提供管理与决策依据。长期监测数据的获取与开放共享已成为生态系统研究网络的长期性、基础性工作。

国际上，美国长期生态系统研究网络（US LTER）于 2004 年启动了 Eco Trends 项目，依托 US LTER 站点积累的观测数据，发表了生态系统（跨站点）长期变化趋势及其对全球变化响应的科学研究报告。英国环境变化网络（UK ECN）于 2016 年在 *Ecological Indicators* 发表专辑，系统报道了 UK ECN 的 20 年长期联网监测数据推动了生态系统稳定性和恢复力研究，并发表和出版了系列的数据集和数据论文。长期生态监测数据的开放共享、出版和挖掘越来越重要。

在国内，国家生态系统观测研究网络（National Ecosystem Research Network of China，简称 CNERN）及中国生态系统研究网络（Chinese Ecosystem Research Network，简称 CERN）的各野外站在长期的科学观测研究中积累了丰富的科学数据，这些数据是生态系统生态学研究领域的重要资产，特别是 CNERN/CERN 长达 20 年的生态系统长期联网监测数据不仅反映了中国各类生态站水分、土壤、大气、生物要素的长期变化趋势，同时也能为生态系统过程和功能动态研究提供数据支撑，为生态学模型的验证和发展、遥感产品地面真实性检验提供数据支撑。通过集成分析这些数据，CNERN/CERN 内外的科研人员发表了很多重要科研成果，支撑了国家生态文明建设的重大需求。

近年来，数据出版已成为国内外数据发布和共享，实现"可发现、可访问、可理解、可重用"（即 FAIR）目标的重要手段和渠道。CNERN/CERN 继 2011 年出版"中国生态系统定位观测与研究数据集"丛书后再次出版新一期数据集丛书，旨在以出版方式提升数据质量、明确数据知识产权，推动融合专业理论或知识的更高层级的数据产品的开发挖掘，促进 CNERN/CERN 开放共享由数据服务向知识服务转变。

该丛书包括农田生态系统、草地与荒漠生态系统、森林生态系统及湖泊湿地海湾生态系统共 4 卷（51 册）以及森林生态系统图集 1 册，各册收集了野外台站的观测样地与观测设施信息，水分、土壤、大气和生物联网观测数据以及特色研究数据。本次数据出版工作必将促进 CNERN/CERN 数据的长期保存、开放共享，充分发挥生态长期监测数据的价值，支撑长期生态学以及生态系统生态学的科学研究工作，为国家生态文明建设提供支撑。

2021 年 7 月

科学数据是科学发现和知识创新的重要依据与基石。大数据时代，科技创新越来越依赖于科学数据综合分析。2018 年 3 月，国家颁布了《科学数据管理办法》，提出要进一步加强和规范科学数据管理，保障科学数据安全，提高开放共享水平，更好地为国家科技创新、经济社会发展提供支撑，标志着我国正式在国家层面开始加强和规范科学数据管理工作。

随着全球变化、区域可持续发展等生态问题的日趋严重以及物联网、大数据和云计算技术的发展，生态学进入了"大科学、大数据"时代，生态数据开放共享已经成为推动生态学科发展创新的重要动力。

国家生态系统观测研究网络（National Ecosystem Research Network of China，简称 CNERN）是一个数据密集型的野外科技平台，各野外台站在长期的科学研究中积累了丰富的科学数据。2011 年，CNERN 组织出版了"中国生态系统定位观测与研究数据集"丛书。该丛书共 4 卷、51 册，系统收集整理了 2008 年以前的各野外台站元数据，观测样地信息与水分、土壤、大气和生物监测以及相关研究成果的数据。该丛书的出版，拓展了 CNERN 生态数据资源共享模式，为我国生态系统研究、资源环境的保护利用与治理以及农、林、牧、渔业相关生产活动提供了重要的数据支撑。

2009 年以来，CNERN 又积累了 10 年的观测与研究数据，同时国家生态科学数据中心于 2019 年正式成立。中心以 CNERN 野外台站为基础，生态系统观测研究数据为核心，拓展部门台站、专项观测网络、科技计划项目、科研团队等数据来源渠道，推进生态科学数据开放共享、产品加工和分析应用。为了开发特色数据资源产品、整合与挖掘生态数据，国家生态科学数据中心立足国家野外生态观测台站长期监测数据，组织开展了新一版的观测与研究数据集的出版工作。

本次出版的数据集主要围绕"生态系统服务功能评估""生态系统过程与变化"等主题进行了指标筛选，规范了数据的质控、处理方法，并参考数据论文的体例进行编写，以翔实地展现数据产生过程，拓展数据的应用范围。

该丛书包括农田生态系统、草地与荒漠生态系统、森林生态系统以及湖泊湿地海湾生态系统共 4 卷（51 册）以及图集 1 本，各册收集了野外台站的观测样地与观测设施信息，水分、土壤、大气和生物联网观测数据以及特色研究数据。该套丛书的再一次出版，必将更好地发挥野外台站长期观测数据的价值，推动我国生态科学数据的开放共享和科研范式的转变，为国家生态文明建设提供支撑。

傅伯杰

2021 年 8 月

　　秦岭横贯我国中部，东西绵延 1 600 km，南北宽数 10～300 km，既是我国亚热带与暖温带气候的自然分界线，又是长江与黄河两大流域的分水岭，生物区系独特，植被类型多样，生物多样性丰富，是开展森林生态系统观测和研究的理想场所。早在 1982 年，当时的林业部便在秦岭中段南坡——陕西省宁陕县火地塘林区建立了"秦岭火地塘森林生态系统定位研究站"，依托单位为西北林学院。2006 年 11 月 15 日科技部发文批准建设"陕西秦岭森林生态系统国家野外科学观测研究站"（简称秦岭生态站），依托单位是西北农林科技大学。时至今日，经过几代人的不懈努力，秦岭生态站已发展成为集监测、研究、教学、试验、示范和社会服务为一体，与国际接轨的国家级科教平台。

　　本数据集是秦岭生态站工作人员和研究生以及西北农林科技大学有关专业师生集体劳动和智慧的结晶，内容主要包括秦岭生态站简介；秦岭生态站生物、土壤、大气、水分数据资源目录；秦岭生态站观测场和采样地概况；秦岭生态站长期监测、研究数据及其分析。值此完稿之际，对参与数据调查、采集和整理的各位教师和学生表示衷心的感谢！期望本数据集的出版能有助于深入了解秦岭森林生态系统动态和功能，为政府制定相关规划和政策提供科学依据，同时为全面厘清中国森林生态系统功能提供基础资料。

编　者

2021 年 3 月于杨凌

CONTENTS

目 录

第1章

台 站 介 绍

1.1 概述

本站为"陕西秦岭森林生态系统国家野外科学观测研究站"（简称秦岭站，英文名称是 Qinling National Forest Ecosystem Research Station，缩写为 QNFERS）。由于特殊的地理位置，早在 1982 年，当时的林业部便在秦岭中段南坡——陕西省宁陕县火地塘林区建立了"秦岭火地塘森林生态系统定位研究站"，隶属于西北林学院。建站初期野外观测区面积为 13 257 hm² （原宁陕火地塘教学试验林场），1988 年经陕西省人民政府批准，将原来的林场分为宁东林业局火地塘林场和西北林学院火地塘教学试验林场，研究面积缩小为 2 037 hm²。为了加强对整个秦岭林区的研究，1987 年曾在秦岭西部的宝鸡市辛家山林业局建立了气象、水文、土壤等定位观测站，后来因为经费紧张，于 1997 年停止观测。1997 年西北林学院与西北农业大学以及其他 5 家单位合并成立西北农林科技大学，秦岭站随西北林学院并入西北农林科技大学。2006 年 11 月 15 日科技部发文批准建设"陕西秦岭森林生态系统国家野外科学观测研究站"，依托单位是西北农林科技大学。时至今日，经过几代人的不懈努力，秦岭生态站已发展成为集监测、研究、教学、试验、示范和社会服务为一体，与国际接轨的国家级科教平台（图 1-1）。

图 1-1 陕西秦岭森林生态系统国家野外科学观测研究站站徽

1.1.1 自然概况

秦岭横贯我国中部，既是我国亚热带与暖温带气候的天然分界线，也是长江、黄河两大流域的自然分水岭，还是古北界和东洋界动物区系的交会区。秦岭的森林植被不仅在水平地带上具有独特的过渡性特征，同时在海拔梯度上也有明晰的垂直带谱。对秦岭森林生态系统的研究不仅具有十分重要的理论意义和现实意义，而且在全国森林生态系统总体研究中占据着重要地位。

秦岭站位于秦岭中段南坡陕西省宁陕县境内的火地塘林区，地理位置为 108°21′—108°39′E，

33°18′—33°28′N，年平均温度 8℃～10℃，年降水量 900～1 200 mm，年蒸发量 800～950 mm，年日照时数 1 100～1 300 h，无霜期 170 d，海拔范围 800～2 500 m。火地塘林区植物资源丰富，种类繁多。据《陕西树木志》记载，陕西省有木本植物 101 科、321 属、1 224 种，其中火地塘林区就有 83 科、206 属、524 种（包括 6 个亚种、51 个变种、3 个变型、17 个栽培种），分别占陕西省的 82.1%、64% 和 43%。在 206 个属中，属于温带分布的有 65 属，占总属的 31.55%；属于热带、亚热带分布的有 61 属，占总数的 30.36%；属于东亚分布的有 35 属，占总属的 17.41%；属于东亚和北美洲间断分布的有 28 属，占总属的 13.93%；属于中国特有属的有 12 属，占总属的 5.9%（占中国特有属的 13.0%，秦岭特有属 63.2%）。根据第一批《中国珍稀濒危保护植物名录》（1987）和《中国植物红皮书》（1992）中的记载，秦岭有 21 种珍稀濒危木本保护植物，而在火地塘就达 15 种，占秦岭分布的 71%。从上述情况看，火地塘林区是科学研究和植物引种驯化的理想地段。

1.1.2　工作条件及设施

秦岭生态站在陕西省宁陕县火地塘林区设有气象站 2 个；碳通量观测塔 1 个，生态因子梯度观测塔 1 个；集水区面积 800 hm² 的巴歇尔量水槽 1 个，集水区面积为 8 hm² 的三角形量水堰 2 个；20 m² 的径流观测场 8 个，100 m² 的壤中流观测场 10 个，固定标准地 10 个；实验室 30 m²，标本室 30 m²，办公室 30 m²，建有陕西境内珍稀濒危植物迁地保护园 1 个。

在西北农林科技大学校本部有实验室 96 m²，样品室 20 m²，森林生态研究室 48 m²。野外调查、室内分析以及数据处理仪器设备 270 多台（件）。

1.2　研究方向

1.2.1　学科方向

以森林生态学和全球气候变化为主要的依托学科方向，水文学、植物生理学、森林保护和森林经理学为补充和交叉，研究群落结构与特征，森林碳收支及对大气环境的影响，森林理水及对水环境的影响，森林生态系统对全球气候变化的响应，以及森林生态系统的信息传递与逆境生理生态，为森林生态系统管理和资源可持续利用提供理论支持和技术保障。同时也为培养现代化林业专业技术与管理人才提供实验平台。

1.2.2　主要研究领域

秦岭地处中国气候南北分界线，以及长江、黄河两大水系的分水岭，针对森林植被对于全球气候变化的敏感性、森林对于降水的涵养功能、森林碳汇、林木逆境生理和森林生态系统结构和演变的关键科学问题，秦岭站的主要研究领域涵盖以下 6 个方面。

1.2.2.1　森林生态系统结构与动态

森林群落结构与特征，探究森林群落时空的变化过程及其内在的环境影响；生物多样性及动态；干扰与恢复；景观结构及动态。

1.2.2.2　森林碳收支及对大气环境的影响

建群种碳收支，林下灌木对碳收支的影响；木质残体和凋落物分解动态；林地 CO_2 释放动态；森林碳通量。

1.2.2.3　森林理水功能及对水环境的影响

森林对水量和水质的影响及机理；林区径流及动态模拟；森林生态水文模型。

1.2.2.4　森林生态系统对全球气候变化的响应

全球变化生态系统模型；全球变化对陆地生态系统温室气体的影响；温室气体汇源功能及对全球

变化的反馈机制。

1.2.2.5　森林生态系统的信息传递与逆境生理生态

群落内的化感作用与种间关系；森林生态系统有害生物多样性及调控；抗逆性与信息传递。

1.2.2.6　森林生态系统管理与资源可持续发展

森林经营模式优化；近自然经营的理论与实践；森林健康与资源可持续发展。

1.3　研究成果

1.3.1　获得奖励

2009 年，秦岭生态系统国家野外科学观测研究站被科技部授予"全国野外科技工作先进集体"称号，雷瑞德教授被科技部授予"全国野外科技工作先进个人"称号；2011 年，"木本植物木质部栓塞恢复与限流耐旱机理研究"成果获"陕西省科学技术奖"二等奖；2012 年，陕西秦岭森林生态系统国家野外科学观测研究站被国家林业局授予"全国生态建设突出贡献先进集体"称号；2013 年，"菌根真菌对黄土高原植被恢复和生态系统重建的作用机制"成果获"陕西省科学技术奖"一等奖；2015 年，"典型濒危植物种群生态与保护恢复技术研究"成果获"陕西省科学技术奖"二等奖；2016 年，站长张硕新教授被国家林业局授予"全国生态建设突出贡献先进个人"称号，2017 年被国家林业局授予首批"全国林业教学名师"称号；2018 年，"秦岭山地森林增汇理水技术体系研究"成果荣获"陕西省科学技术奖"三等奖。

1.3.2　研究论著

侯琳，张硕新 . 秦岭山地森林增汇技术研究 [M]. 杨凌：西北农林科技大学出版社，2015.

李登武，侯琳，贺虹 . 陕西省劳山省级自然保护区综合科学考察 [M]. 杨凌：西北农林科技大学出版社，2019.

毛晓利，张敏中，侯琳，等 . 3 S 技术集成与生态学研究 [M]. 长春：吉林人民出版社，2019.

张硕新 . 生态管理学 [M]. 北京：中国农业出版社，2009.

张硕新 . 中国生态系统定位研究与观测数据集·森林生态系统卷：陕西秦岭站（2006—2008）[M]. 北京：中国农业出版社，2011.

Ding X H, Zhang S X. Impact of Urbanization on Sustainability of Cities [M]. Saarbruecken：LAP LAMBERT Academic Publishing，2012.

Zhang S X, Li Q, Cui C. Allelopathic Effects in Agroforestry System of Loess Area in China [M]. Saarbruecken：LAP LAMBERT Academic Publishing，2012.

Zhao P, Woeste K, Zhang S X. Molecular Identification and Genetic Analysis of Juglans Resources [M]. Saarbruecken：LAP LAMBERT AcademicPublishing，2012.

1.4　合作交流

2009 年以来，秦岭生态站已与 50 多个国家的大学和科研机构建立了学术交流关系，并同英国、美国、德国、加拿大、日本、奥地利等国的大学和科研机构开展了合作研究。90 多名科教人员多次出国进修、合作研究、考察或参加国际会议。

自 2009 年以来，每年有来自加拿大、德国、日本等国的 20 余名专家到秦岭生态站开展学术交流和科学研究。站内每年有 16 人次科教人员参加国内外学术交流活动，每年有 80 余名科教人员和 20 余名硕士、博士生来站开展科学研究、3 000 余名本科生来站进行课程实习。

第2章

□□□□□□□□□□□□□□□□□□□□□□□

主要样地与观测设施

2.1　概述

陕西秦岭森林生态系统国家野外科学观测研究站共设有 12 个观测场，长期定位观测的森林类型有油松林、华山松林、冷杉林、铁杉林、锐齿槲栎林、红桦林和针阔混交林等森林类型（表 2-1）。

表 2-1　秦岭森林生态站观测场、观测点

观测场名称	观测场代码	采样地名称	采样地代码
油松林综合观测场	QLFZH01	综合观测场烘干法采样地	QLFZH01ABC_01
		综合观测场树干径流采样地	QLFZH01CHG_01
		综合观测场穿透降水采样地	QLFZH01CSJ_01
		次生油松林土壤性质辅助长期观测采样地	QLFFZSOI_01
锐齿槲栎林长期观测场	QLFSY01	锐齿槲栎林生物长期观测采样地	QLFSY01KB0_01
华山松林长期观测场	QLFSY02	华山松林生物长期观测采样地	QLFSY02ZB0_01
红桦林长期观测场	QLFSY03	红桦林生物长期观测采样地	QLFSY03KB0_01
巴山冷杉林长期观测场	QLFSY04	巴山冷杉林生物长期观测采样地	QLFSY04ZB0_01
铁杉林长期观测场	QLFSY05	铁杉林生物长期观测采样地	QLFSY05ZB0_01
青杆林长期观测场	QLFSY06	青杆林生物长期观测采样地	QLFSY06ZB0_01
华山松、锐齿槲栎混交林长期观测场	QLFSY07	华山松、锐齿槲栎混交林生物长期观测采样地	QLFSY07HB0_01
华山松、铁杉混交林长期观测场	QLFSY08	华山松、铁杉混交林生物长期观测采样地	QLFSY08HB0_01
油松、锐齿槲栎混交林长期观测场	QLFSY09	油松、锐齿槲栎混交林生物长期观测采样地	QLFSY09HB0_01
水文径流观测场	QLFFZ01	水文径流观测场径流采集器	QLFFZ01CBL_01
综合气象要素观测一场	QLFQX01	综合气象要素观测场蒸发皿	QLFQX01CTS_01
		综合气象要素观测场雨水采集器	QLFQX01CZF_01
		自动气象观测样地	QLFQX01CTR_01
综合气象要素观测二场	QLFQX02	综合气象要素观测场蒸发皿	QLFQX01CTS_01
		综合气象要素观测场雨水采集器	QLFQX01CZF_01
		自动气象观测样地	QLFQX01CTR_01

2.2　综合观测场介绍——以油松林综合观测场为例（QLFZH01）

随着海拔的升高，秦岭植被出现明显的垂直分布，其中油松林是秦岭山区地代性植被类型，分布

面积广，林分结构复杂，对它进行长期动态研究，对了解秦岭山区森林的生态功能、合理持续利用森林资源、改善环境具有重要意义。以下我们以油松林综合观测场为例进行介绍，其他观测场与油松林综合观测场类似。

秦岭油松林天然次森林生态系统位于陕西省宁陕县秦岭火地塘林场，经度范围：108°21′—108°39′E，纬度范围：33°18′—33°28′N，为原始森林干扰后自然演替的顶级群落。动物活动主要为小型啮齿类和鸟类（较为常见），偶见大型兽类脚印；人类活动轻度，主要为采集药、野菜、蘑菇、松子和养蜂，无任何采伐（图 2-1）。

图 2-1　油松林气象因子梯度观测塔

油松林综合观测场 2005 年建立，海拔 1 585 m，观测面积为 3 768 m，观测内容包括生物、水分、土壤和气象数据。地貌特征为山坡，坡度 32°，坡向西南坡，坡位坡中。根据全国第二次土壤普查，土类为棕壤，亚类为典型棕壤；土壤母质为花岗岩、片麻岩残积物，无侵蚀情况。土壤剖面分层情况为：0～5 cm 枯枝落叶及半腐败枯枝落叶层，5～16 cm 深灰色或深灰棕色腐殖质层，17～24 cm 浅棕色粉沙黏土，25～50 cm 浅棕色沙黏壤土。

生物因子监测中，根据地形特征，将样地划分为等面积（620 m²）亚样地 6 个，对每个亚样地中的乔木进行每木检尺，记录树种，测定树高、胸径；按照"五点法"在每个亚样地中设置 2 m×2 m 的灌木、更新苗和 1 m×1 m 草本样方各 5 个，记录灌木、更新苗和草本种类，测定灌木、更新苗和草本的高度，灌木、更新苗的基（胸）径，灌木与草本盖度。

观测场观测及采样地包括综合观测场土壤生物采样地；综合观测场烘干法采样地；综合观测场树干径流采样地；综合观测场穿透降水采样地；综合观测场枯枝落叶含水量采样地。

2.3　综合观测场各样地介绍

2.3.1　油松林综合观测场树干径流采样地（QLFZH01CSJ _ 01）

秦岭油松林综合观测场树干径流采样地主要观测树干径流量，2005 年建立，样地面积为 20 m×20 m，属于永久样地，中心点坐标 33°26′10″N，108°26′51″E。在综合观测场内选择不同树种不同胸径的 18 棵树，包括油松林的所有优势树种，胸径从大到小概括了所有径级，此树干径流量能代表油松林的树干径流量，下雨后有径流产生即自动进行观测。

2.3.2　油松林综合观测场穿透降水采样地（QLFZH01CCJ _ 01）

秦岭油松林综合观测场穿透降水采样地主要观测穿透降水量，2005 年建立，样地面积为 20 m×20 m，属于永久样地，中心点坐标 108°26′51″E，33°26′10″N。在样地内均匀分布四个 2 m×0.2 m 穿透雨收集器，收集器上面林窗大小适中，具有代表性。每年生长季下雨后有流量产生即自动进行观测。

2.3.3　秦岭锐齿槲栎林生物长期观测采样地（QLFSY01KB0 _ 01）

秦岭锐齿槲栎林生物长期观测采样地 2008 年建立，为永久样地，海拔 1 560 m，中心点坐标

108°26′24″E，33°26′10″N，样地面积为 20 m×20 m。坡度 38°，坡向西南，坡位中部。由于此样地植被类型是典型的油松天然次生林，生物物种丰富，代表性强，适合做生物观测样地。

生物监测内容主要包括：①生境要素，包括植物群落名称、群落高度、水分状况、动物活动、人类活动、生长（演替）特征；②乔木层每木调查，包括胸径、高度、生活型、生物量；③乔木、灌木、草本层物种组成，包括株数（多度）、平均高度、平均胸径、盖度、生活型、生物量、地上地下部总干重（草本层）；④树种的更新状况，包括平均高度、平均基径；⑤群落特征，包括分层特征、层间植物状况、叶面积指数；⑥凋落物各部分干重；⑦乔灌草物候，包括出芽期、展叶期、首花期、盛花期、结果期、枯黄期等；⑧优势植物和凋落物元素含量与能值，包括全碳、全氮、全磷、全钾、全硫、全钙、全镁、热值。

土壤监测内容主要包括：①硝态氮、铵态氮、速效磷、速效钾、有机质、全氮、pH、凋落物厚度；②缓效钾、阳离子交换量、土壤交换性钙、土壤交换性镁、土壤交换性钾、土壤交换性钠、有效钼、有效硫、容重、有机质、全氮、全磷、全钾、微量元素全量（B、Mo、Zn、Mn、Cu、Fe）；③重金属（Cr、Pb、Ni、Cd、Se、As、Hg）、机械组成、土壤矿质全量（P、Ca、Mg、K、Na、Fe、Al、Si、Mo、Ti、S）、剖面下层容重。

2.3.4 秦岭华山松林生物长期观测采样地 （QLFSY02ZB0_01）

秦岭华山松林生物长期观测采样地 2008 年建立，为永久样地，海拔 1 963 m，中心点坐标 33°27′17″N，108°28′46″E，样地面积为 20 m×20 m。坡度 15°，坡向南，坡位下部。由于此样地植被类型是典型的华山松天然次生林，生物物种丰富，代表性强，适合做生物观测样地。

生物监测内容主要包括：①生境要素，包括植物群落名称、群落高度、水分状况、动物活动、人类活动、生长（演替）特征；②乔木层每木调查，包括胸径、高度、生活型、生物量；③乔木、灌木、草本层物种组成，包括株数（多度）、平均高度、平均胸径、盖度、生活型、生物量、地上地下部总干重（草本层）；④树种的更新状况，包括平均高度、平均基径；⑤群落特征，包括分层特征、层间植物状况、叶面积指数；⑥凋落物各部分干重；⑦乔灌草物候，包括出芽期、展叶期、首花期、盛花期、结果期、枯黄期等；⑧优势植物和凋落物元素含量与能值，包括全碳、全氮、全磷、全钾、全硫、全钙、全镁、热值。

土壤监测内容主要包括：①硝态氮、铵态氮、速效磷、速效钾、有机质、全氮、pH、凋落物厚度；②缓效钾、阳离子交换量、土壤交换性钙、镁、钾、钠、有效钼、有效硫、容重、有机质、全氮、全磷、全钾、微量元素全量（B、Mo、Zn、Mn、Cu、Fe）；③重金属（Cr、Pb、Ni、Cd、Se、As、Hg）、机械组成、土壤矿质全量（P、Ca、Mg、K、Na、Fe、Al、Si、Mo、Ti、S）、剖面下层容重。

2.3.5 秦岭桦木林生物长期观测采样地 （QLFSY03KB0_01）

秦岭桦林生物长期观测采样地 2008 年建立，为永久样地，海拔 2 160 m，中心点坐标 33°27′51″N，108°28′40″E，样地面积为 20 m×20 m。坡度 15°，坡向西北，坡位上部。由于此样地植被类型是典型的红桦天然次生林，生物物种丰富，代表性强，适合做生物观测样地。

生物监测内容主要包括：①生境要素，包括植物群落名称、群落高度、水分状况、动物活动，人类活动，生长（演替）特征；②乔木层每木调查，包括胸径、高度、生活型、生物量；③乔木、灌木、草本层物种组成，包括株数（多度）、平均高度、平均胸径、盖度、生活型、生物量、地上地下部总干重（草本层）；④树种的更新状况，包括平均高度、平均基径；⑤群落特征，包括分层特征、层间植物状况、叶面积指数；⑥凋落物各部分干重；⑦乔灌草物候，包括出芽期、展叶期、首花期、盛花期、结果期、枯黄期等；⑧优势植物和凋落物元素含量与能值，包括全碳、全氮、全磷、全钾、全硫、全钙、全镁、热值。

土壤监测内容主要包括：①硝态氮、铵态氮、速效磷、速效钾、有机质、全氮、pH、调落物厚度；②缓效钾、阳离子交换量、土壤交换性钙、镁、钾、钠、有效钼、有效硫、容重、有机质、全氮、全磷、全钾、微量元素全量（B、Mo、Zn、Mn、Cu、Fe）；③重金属（Cr、Pb、Ni、Cd、Se、As、Hg）、机械组成、土壤矿质全量（P、Ca、Mg、K、Na、Fe、Al、Si、Mo、Ti、S）、剖面下层容重。

2.3.6 秦岭巴山冷杉林生物长期观测采样地（QLFSY04ZB0_01）

秦岭巴山冷杉林生物长期观测采样地 2008 年建立，为永久样地，海拔 2 400 m，中心点坐标 33°27′32″N，108°29′42″E，样地面积为 20 m×20 m。坡度 5°，坡向东，坡位岭顶。由于此样地植被类型是典型的巴山冷杉天然次生林，生物物种丰富，代表性强，适合做生物观测样地。

生物监测内容主要包括：①生境要素，包括植物群落名称、群落高度、水分状况、动物活动、人类活动、生长（演替）特征；②乔木层每木调查，包括胸径、高度、生活型、生物量；③乔木、灌木、草本层物种组成，包括株数（多度）、平均高度、平均胸径、盖度、生活型、生物量、地上地下部总干重（草本层）；④树种的更新状况，包括平均高度、平均基径；⑤群落特征，包括分层特征、层间植物状况、叶面积指数；⑥凋落物各部分干重；⑦乔灌草物候，包括出芽期、展叶期、首花期、盛花期、结果期、枯黄期等；⑧优势植物和凋落物元素含量与能值，包括全碳、全氮、全磷、全钾、全硫、全钙、全镁、热值。

土壤监测内容主要包括：①硝态氮、铵态氮、速效磷、速效钾、有机质、全氮、pH、调落物厚度；②缓效钾、阳离子交换量、土壤交换性钙、镁、钾、钠、有效钼、有效硫、容重、有机质、全氮、全磷、全钾、微量元素全量（B、Mo、Zn、Mn、Cu、Fe）；③重金属（Cr、Pb、Ni、Cd、Se、As、Hg）、机械组成、土壤矿质全量（P、Ca、Mg、K、Na、Fe、Al、Si、Mo、Ti、S）、剖面下层容重。

但因该林分样地位于陕西省平河梁自然保护区内，2010 年后未进行监测。

2.3.7 秦岭铁杉林生物长期观测采样地（QLFSY05）

秦岭铁杉林生物长期观测采样地 2008 年建立，为永久样地，海拔 1 977 m，中心点坐标33°27′15″N，108°28′43″E，样地面积为 20 m×20 m。坡度 30°，坡向东北，坡位中部。由于此样地植被类型是典型的铁杉天然次生林，生物物种丰富，代表性强，适合做生物观测样地。

生物监测内容主要包括：①生境要素，包括植物群落名称、群落高度、水分状况、动物活动、人类活动、生长（演替）特征；②乔木层每木调查，包括胸径、高度、生活型、生物量；③乔木、灌木、草本层物种组成，包括株数（多度）、平均高度、平均胸径、盖度、生活型、生物量、地上地下部总干重（草本层）；④树种的更新状况，包括平均高度、平均基径；⑤群落特征，包括分层特征、层间植物状况、叶面积指数；⑥凋落物各部分干重；⑦乔灌草物候，包括出芽期、展叶期、首花期、盛花期、结果期、枯黄期等；⑧优势植物和凋落物元素含量与能值，包括全碳、全氮、全磷、全钾、全硫、全钙、全镁、热值。

土壤监测内容主要包括：①硝态氮、铵态氮、速效磷、速效钾、有机质、全氮、pH、调落物厚度；②缓效钾、阳离子交换量、土壤交换性钙、镁、钾、钠、有效钼、有效硫、容重、有机质、全氮、全磷、全钾、微量元素全量（B、Mo、Zn、Mn、Cu、Fe）；3. 重金属（Cr、Pb、Ni、Cd、Se、As、Hg）、机械组成、土壤矿质全量（P、Ca、Mg、K、Na、Fe、Al、Si、Mo、Ti、S）、剖面下层容重。

2.3.8　秦岭青杆林生物长期观测采样地（QLFSY06）

秦岭青杆林生物长期观测采样地 2008 年建立，为永久样地，海拔 2 040 米，中心点坐标108°28′42″E，33°27′58″N，样地面积为 20 m×20 m。坡度 5°，坡向东，坡位下部谷底。由于此样地植被类型是典型的青杆天然次生林，生物物种丰富，代表性强，适合做生物观测样地（图 2 - 2）。

图 2 - 2　青杆林树干径流观测场

生物监测内容主要包括：①生境要素，包括植物群落名称、群落高度、水分状况、动物活动、人类活动、生长（演替）特征；②乔木层每木调查，包括胸径、高度、生活型、生物量；③乔木、灌木、草本层物种组成，包括株数（多度）、平均高度、平均胸径、盖度、生活型、生物量、地上地下部总干重（草本层）；④树种的更新状况，包括平均高度、平均基径；⑤群落特征，包括分层特征、层间植物状况、叶面积指数；⑥凋落物各部分干重；⑦乔灌草物候，包括出芽期、展叶期、首花期、盛花期、结果期、枯黄期等；⑧优势植物和凋落物元素含量与能值，全碳、全氮、全磷、全钾、全硫、全钙、全镁、热值。

土壤监测内容主要包括：①硝态氮、铵态氮、速效磷、速效钾、有机质、全氮、pH、凋落物厚度；②缓效钾、阳离子交换量、土壤交换性钙、镁、钾、钠、有效钼、有效硫、容重、有机质、全氮、全磷、全钾、微量元素全量（B、Mo、Zn、Mn、Cu、Fe）；③重金属（Cr、Pb、Ni、Cd、Se、As、Hg）、机械组成、土壤矿质全量（P、Ca、Mg、K、Na、Fe、Al、Si、Mo、Ti、S）、剖面下层容重。

2.3.9　秦岭华山松、锐齿槲栎混交林生物长期观测采样地（QLFSY07HB0_01）

秦岭华山松、锐齿槲栎混交林生物长期观测采样地，2008 年建立，为永久样地，海拔 1 610 m，中心点坐标33°25′58″N，108°27′14″E，样地面积为 20 m×20 m。坡度 28°，坡向北，坡位下部。由于此样地植被类型是典型的华山松、锐齿槲栎混交天然次生林，生物物种丰富，代表性强，适合做生物观测样地。

生物监测内容主要包括：①生境要素，包括植物群落名称、群落高度、水分状况、动物活动、人类活动、生长（演替）特征；②乔木层每木调查，包括胸径、高度、生活型、生物量；③乔木、灌木、草本层物种组成，包括株数（多度）、平均高度、平均胸径、盖度、生活型、生物量、地上地下部总干重（草本层）；④树种的更新状况，包括平均高度、平均基径；⑤群落特征，包括分层特征、层间植物状况、叶面积指数；⑥凋落物各部分干重；⑦乔灌草物候，包括出芽期、展叶期、首花期、盛花期、结果期、枯黄期等；⑧优势植物和凋落物元素含量与能值，包括全碳、全氮、全磷、全钾、全硫、全钙、全镁、热值。

土壤监测内容主要包括：①硝态氮、铵态氮、速效磷、速效钾、有机质、全氮、pH、调落物厚度；2. 缓效钾、阳离子交换量、土壤交换性钙、镁、钾、钠、有效钼、有效硫、容重、有机质、全氮、全磷、全钾、微量元素全量（B、Mo、Zn、Mn、Cu、Fe）；③重金属（Cr、Pb、Ni、Cd、Se、As、Hg）、机械组成、土壤矿质全量（P、Ca、Mg、K、Na、Fe、Al、Si、Mo、Ti、S）、剖面下层容重。

2.3.10　秦岭华山松、铁杉混交林生物长期观测采样地（QLFSY08HB0_01）

秦岭华山松、铁杉混交林生物长期观测采样地 2008 年建立，为永久样地，海拔 1 982 m，中心点坐标 108°28′45″E 33°27′15″N，样地面积为 20 m×20 m。坡度 34°，坡向东，坡位中部。由于此样地植被类型是典型的华山松、铁杉混交天然次生林，生物物种丰富，代表性强，适合做生物观测样地。

生物监测内容主要包括：①生境要素，包括植物群落名称、群落高度、水分状况、动物活动、人类活动、生长（演替）特征；②乔木层每木调查，包括胸径、高度、生活型、生物量；③乔木、灌木、草本层物种组成，包括株数（多度）、平均高度、平均胸径、盖度、生活型、生物量、地上地下部总干重（草本层）；④树种的更新状况，包括平均高度、平均基径；⑤群落特征，包括分层特征、层间植物状况、叶面积指数；⑥凋落物各部分干重；⑦乔灌草物候，包括出芽期、展叶期、首花期、盛花期、结果期、枯黄期等；⑧优势植物和凋落物元素含量与能值，包括全碳、全氮、全磷、全钾、全硫、全钙、全镁、热值。

土壤监测内容主要包括：①硝态氮、铵态氮、速效磷、速效钾、有机质、全氮、pH、调落物厚度；②缓效钾、阳离子交换量、土壤交换性钙、镁、钾、钠、有效钼、有效硫、容重、有机质、全氮、全磷、全钾、微量元素全量（B、Mo、Zn、Mn、Cu、Fe）；③重金属（Cr、Pb、Ni、Cd、Se、As、Hg）、机械组成、土壤矿质全量（P、Ca、Mg、K、Na、Fe、Al、Si、Mo、Ti、S）、剖面下层容重。

2.3.11　秦岭油松、锐齿槲栎混交林生物长期观测采样地（QLFSY09HB0_01）

秦岭油松、锐齿槲栎混交林生物长期观测采样地 2008 年建立，为永久样地，海拔 1 530 m，中心点坐标 108°26′24″E，33°26′08″N，样地面积为 20 m×20 m。坡度 33°，坡向西南，坡位中下部。由于此样地植被类型是典型的油松、锐齿槲栎混交天然次生林，生物物种丰富，代表性强，适合做生物观测样地。

生物监测内容主要包括：①生境要素，包括植物群落名称、群落高度、水分状况、动物活动、人类活动、生长（演替）特征；②乔木层每木调查，包括胸径、高度、生活型、生物量；③乔木、灌木、草本层物种组成，包括株数（多度）、平均高度、平均胸径、盖度、生活型、生物量、地上地下部总干重（草本层）；④树种的更新状况，包括平均高度、平均基径；⑤群落特征，包括分层特征、层间植物状况、叶面积指数；⑥凋落物各部分干重；⑦乔灌草物候，包括出芽期、展叶期、首花期、盛花期、结果期、枯黄期等；⑧优势植物和凋落物元素含量与能值：全碳、全氮、全磷、全钾、全硫、全钙、全镁、热值。

土壤监测内容主要包括：①硝态氮、铵态氮、速效磷、速效钾、有机质、全氮、pH、调落物厚度；②缓效钾、阳离子交换量、土壤交换性钙、镁、钾、钠、有效钼、有效硫、容重、有机质、全氮、全磷、全钾、微量元素全量（B、Mo、Zn、Mn、Cu、Fe）；③重金属（Cr、Pb、Ni、Cd、Se、

As、Hg）、机械组成、土壤矿质全量（P、Ca、Mg、K、Na、Fe、Al、Si、Mo、Ti、S）、剖面下层容重。

因该样地位于陕西省宁东林业局管辖范围内，遭到抚育间伐，2011年后未监测。

2.4　观测设施介绍

2.4.1　综合气象要素观测场样地（QLFQX01CTR＿01）

自动气象观测场始建于2005年，位于火地塘林场场部和平河梁，主要用于常规气象自动监测，按规定时序进行24 h观测，2 s记录一次，数据输出分小时和日数据两种方式。

场部自动气象站

自动气象站观测塔高10 m，主要观测指标：光合有效辐射、日照时数、蒸发量、风速、风向、降水量、空气温度、空气湿度、大气压、水气压、土壤含水量（距地表20 cm）、土壤温度（距地表0 cm、10 cm、15 cm、20 cm、40 cm、60 cm、100 cm）。

平河梁自动气象站

自动气象站观测塔高6 m，主要观测指标：光合有效辐射、日照时数、蒸发量、风速、风向、降水量、空气温度、空气湿度、大气压、水气压、降雪量、土壤含水量（距地表20 cm）、土壤温度（距地表10 cm、20 cm、30 cm、40 cm）（图2-3）。

图2-3　气象观测站

2.4.2　综合水文径流观测场样地

火地塘林区（33°25′—33°29′N，108°25′—108°30′E）地处秦岭南坡中山地带中部，位于陕西省宁陕县境内，属汉江中上游支流子午河水系。面积22.25 km²，海拔1 470～2 473 m，年均气温8℃～12℃，多年平均降水量1 130 mm，土壤主要为棕壤和暗棕壤，平均厚度50 cm，成土母岩主要为花岗岩、片麻岩、变质砂岩和片岩。现有森林是原生植被在20世纪60、70年代主伐后恢复起来的天然次生林，覆盖率93.8%，郁闭度在0.9以上。主要成林树种有锐齿槲栎、油松、华山松、红桦、光皮桦、青杆、巴山冷杉、山杨等（图2-4）。

火地塘林区森林植被、地形地貌、土壤、气候等具有秦岭南坡中山地带的典型特征。

火地沟流域为火地塘林区内最大的自然集水区，呈羽毛形状（图2-5），长约4.5 km，宽约1.6 km，面积7.29 km²，海拔1 644～2 130 m，地形平均坡度约30°，主沟道沟底坡降约7.5%。火地沟流域植被、土壤及其母质等与前述基本相同。

图 2-4　火地沟巴歇尔量水槽

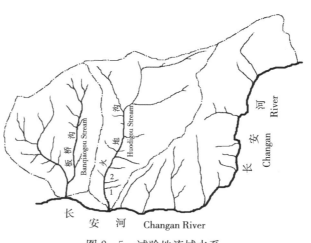

图 2-5　试验地流域水系

注：1 为 1 支沟，2 为 2 支沟。

　　火地沟流域径流观测设施主要有巴歇尔量水槽和三角形锐缘薄壁堰。巴歇尔量水槽建于火地沟流域出口处。量水槽由浆砌块石建造，主体部分内侧采用水泥砂浆抹面，以提高过流能力和量水槽的测流精度。同时，为了研究小集水区森林对产汇流的影响、森林流域降水、径流和水质之间的关系、森林对水质的影响等，在火地沟流域 1 支沟和 2 支沟还分别布设了径流观测设施。观测设施分别位于这两个支沟近沟口处，靠近林区公路且位于公路的上部。这样既便于观测，又有利于剔除人类活动如机动车辆、筑路等对试验观测精度的影响。需要说明的是，1、2 支沟为相邻支沟，皆位于火地沟的左侧，离火地沟流域出口 1 km 左右，其地形、地貌、植被类型、土壤、成土母质甚至集水面积的大小几乎相同或相似。1、2 支沟径流观测均采用三角形薄壁锐缘量水堰（简称三角形量水堰），堰旁设置观测井，并安装水位计观测堰顶水深。最后，根据堰顶水深，采用三角形量水堰的水力计算公式，求得流量等相关数据。

　　火地沟流域 1、2 支沟集水面积较小，1 支沟为 8.6 hm²，2 支沟为 7.2 hm²，沟道底部比降较大，底坡介于 11.3%～12%。因此，降暴雨时，产汇流迅速，洪水来得快、去得急，水位变化较大，故选择该类型的量水堰作为测流设施较为适宜。另外，考虑到 1、2 支沟集水区坡面陡峻、沟道底部有大量巨石、砾石等堆积物、径流多从石缝中流动的现实，在设计建造三角形量水堰时，于堰前平流段入口处建有"八"字形齿墙，齿墙深至基岩以拦截所有地下径流，保证控制区内所产径流全部通过三角形量水堰，提高测量精度。

测定水质采集的水样主要有大气降雨和火地沟流域出口径流。雨水收集点设在火地沟流域出口左侧，距出口约 100 m，共布置了 3 个点。采样时，先将各点收集雨水混合，然后取部分作为测试分析水样。雨水用聚氯乙烯塑料桶收集。桶口直径约 25 cm，高约 35 cm，其上带盖，盖呈漏斗状，可防杂物进入，还可防桶内水分蒸发浓缩而影响测定结果。火地沟流域出口径流水样，在流域出口处（巴歇尔量水槽下部）采集。水样采集量均为一次采集 500 mL。

第 3 章

长期监测数据

3.1 生物监测数据

3.1.1 动物名录

详见表 3-1。

表 3-1 昆虫名录

昆虫中文名	拉丁学名	昆虫中文名	拉丁学名
贵阳夕蚖	*Hesperentomon guiyangensis*	黑须哑蟋	*Goniogryllus atripalpulus*
毛萼肯蚖	*Kenyentulus ciliciocalyci*	长瓣树蟋	*Oecanthus longicauda*
华山蚖	*Huashanentulus huaashanensis*	半翅纤蟋	*Euscyrtus hemelytrus*
栖霞古蚖	*Eosentomon chishiaensis*	掩耳螽	*Elimaea berezovskii*
陕西诺渍	*Rhopalopsole shaanxiensis*	异安螽	*Anistima dispar*
叉突诺	*Rhopalopsole furcata*	皮氏拟库螽	*Pseudokuzicus pieli*
翘叶小扁渍	*Microperla retroloba*	葛氏寰螽	*Atlanticus grahami*
长突长绿渍	*Sweltsa longistyla*	巫山短肛榍	*Baculum wushanense*
多锥钮渍	*Acroneuria multiconata*	腹锥小异榍	*Micadina conifera*
黄边梵渍	*Brahmana flavomarginata*	耳乔球蜩	*Timomenus amblyotus*
终南山钩渍	*Kamimuria chungnanshana*	日本张球蜩	*Anechura japonica*
刘氏钩渍	*Kamimuria liui*	中华山球蜩	*Oreasiobia chinensis*
大斑新渍	*Neoperla latamaculata*	异球蜩	*Allodahlia scabriuscula*
似暗散白蚁	*Reticulitermes paralucifugus*	达球蜩	*Forficula davidi*
霍山蹦蝗	*Sinopodisma houshana*	齿球蜩	*Forficula mikado*
周氏秦岭蝗	*Qinlingacris choui*	合亚蝉	*Karenia caelatea*
中华雏蝗	*Chorthippus chinensis*	松寒蝉	*Meimuna opalifera*
东方雏蝗	*Chorthippus intermedius*	鸣鸣蝉	*Oncotympana maculaticollis*
素色异爪蝗	*Euchorthippus unicolor*	拟黑无齿角蝉	*Nondenticentrus paramelanicus*
中华复佛蝗	*Phlaeoba bicolor*	刀角无齿角蝉	*Nondenticentrus scalpellicornis*
卡尖顶蚱	*Teredorus carmichaeli*	细长秃角蝉	*Centrotoscelus longus*
钻形蚱	*Tetrix subulata*	双斑条大叶蝉	*Atkinsoniella bimanculata*
陕西蚱	*Tetrix shaanxiensis*	格氏条大叶蝉	*Atkinsoniella grahami*
秦岭蚱	*Tetrix qinlingensis*	大青叶蝉	*Cicadella viridis*

（续）

昆虫中文名	拉丁学名	昆虫中文名	拉丁学名
日本蚱	*Tetrix japonica*	白头小板叶蝉	*Oniella leucocephala*
乳源蚱	*Tetrix ruyuanensis*	横带叶蝉	*Scaphoideus festivus*
秦岭台蚱	*Formosatettix qinglingensis*	陕西长柄叶蝉	*Alebroides shaanxiensis*
灰斜蛉蟋	*Metioche pallipes*	异长柄叶蝉	*Alebroides discretus*
纹股秦蟋	*Qingryllus striofemorus*	齿片单突叶蝉	*Lodiana ritcherrina*
黄脸油葫芦	*Teleogrylllus emma*	三斑冠垠叶蝉	*Boundarus trimaculatus*
指片横脊叶蝉	*Evacanthus digitatus*	白脊凸冠叶蝉	*Convexana albicarinata*
黄纹锥头叶蝉	*Onukia flavimacula*	黄面横脊叶蝉	*Evacanthus interruptus*
广颖蜡蝉	*Catonidia sobrina*	平刺突娇异蝽	*Urostylis lateralis*
褐带广袖蜡蝉	*Rhotana satsumana*	甘肃直同蝽	*Elasmostethus kansuensis*
白背飞虱	*Sogatella furcifera*	同匙同蝽	*Elasmucha dorsalis*
柳瘤大蚜	*Tuberolachnus saligus*（*Tuberolachnus salignus*）	双列圆龟蝽	*Coptosoma bifaria*
泛希姬蝽	*Himacerus apterus*	翘头圆龟蝽	*Coptosoma capitata*
大土猎蝽	*Coranus dilatatus*	扁盾蝽	*Eurygaster testudinarius*
横断苜蓿盲蝽	*Adelphocoris funestus*	辉蝽	*Carbula humerigera*
中国肩盲蝽	*Allorhinocoris chinensis*	斑须蝽	*Dolycoris baccarum*
绿后丽盲蝽	*Apolygus lucorum*	黑斑二星蝽	*Eysarcoris fabricii*
斑盾后丽盲蝽	*Apolygus nigrocinctus*	日本真蝽	*Pentatoma japonica*
美丽后丽盲蝽	*Apolygus pulchellus*	长鳞色重虫齿	*Seopsis longisquama*
斯氏后丽盲蝽	*Apolygus spinolae*	白斑双突围虫齿	*Diplopsocus albostigmus*
斑胸树丽盲蝽	*Arbolygus pronotalis*	四突联虫齿	*Symbiopsocus quadripartitus*
波氏木盲蝽	*Castanopsides potanini*	双角点麻虫齿	*Loensia binalis*
狭领纹唇盲蝽	*Charagochilus angusticollis*	陕西尼草蛉	*Nineta shaanxiensis*
多变光盲蝽	*Chilocrates patulus*	周氏叉草蛉	*Dichochrysa choui*
萨氏拟草盲蝽	*Cyphodemidea saundersi*	红面叉草蛉	*Dichochrysa flammefrontata*
棒角拟厚盲蝽	*Eurystylopsis clavicornis*	跃叉草蛉	*Dichochrysa ignea*
眼斑厚盲蝽	*Eurystylus coelestialium*	秦岭叉草蛉	*Dichochrysa qinlingensis*
淡缘厚盲蝽	*Eurystylus costalis*	脊背叉草蛉	*Dichochrysa carinata*
邻异草盲蝽	*Heterolygus duplicatus*	河南新蝎蛉	*Neopanorpa longiprocessa*
棱额草盲蝽	*Lygus discrepans*	大蝎蛉	*Panorpa magna*
邻额草盲蝽	*Lygus paradiscrepans*	拟华山蝎蛉	*Panorpa dubia*
西伯利亚草盲蝽	*Lygus sibiricus aglyamzyanov*	华山蝎蛉	*Panorpa emarginata*
二斑新丽盲蝽	*Neolygus bimaculatus*	任氏蝎蛉	*Panorpa reni*
居间拟壮盲蝽	*Paracyphodema inexpectata*	郑氏蝎蛉	*Panorpa chengi*
沙氏植盲蝽	*Phytocoris shabliovskii*	淡色蝎蛉	*Panorpa decolorata*
山地狭盲蝽	*Stenodema alpestris*	双带蝎蛉	*Panorpa bifasciata*
深色狭盲蝽	*Stenodema elegans*	染翅蝎蛉	*Panorpa tineta*
松狷盲蝽	*Tinginotum pini*	六刺蝎蛉	*Panorpa sexspinosa*

（续）

昆虫中文名	拉丁学名	昆虫中文名	拉丁学名
陕平盲蝽	*Zanchius shaanxiensis*	芽斑虎甲	*Cicindela gemmata*
布氏细胫步甲	*Metacolpodes buchanani*	红翅绿芫菁	*Lytta rubra*
寡步行甲	*Anoplogenius cyanescens*	异色瓢虫	*Harmonia axyridis*
双圈光鞘步甲	*Lebidia bioculata*	四斑和瓢虫	*Harmonia quadripunctata*
中华爪步甲	*Onycholabis sinensis*	隐斑瓢虫	*Harmonia yedoensis*
宽缝斑龙虱	*Hydaticus grammicus*	角异瓢虫	*Hippodamia potanini*
泥红槽缝叩甲	*Agrypnus argillaceus*	六斑巧瓢虫	*Oenopia sexmaculata*
凸胸鳞叩甲	*Lacon rotundicollis*	黄室盘瓢虫	*Propylea luteopustulata*
横带脊角叩甲	*Stenagostus umbratilis*	梵纹菌瓢虫	*Halyzia sanscrita*
赤翅锥胸叩甲	*Ampedus masculatus*	十六斑黄菌瓢虫	*Halyzia sedecimguttata*
红胸尖额叩甲	*Glyphonyx rubricollis*	十二斑褐菌瓢虫	*Vibidia duodecimguttata*
赫氏锥尾叩甲	*Agriotes hedini*	十五斑崎齿瓢虫	*Afidentula quinquedecemguttata*
伪齿爪叩甲	*Platynychus nothus*	尖翅食植瓢虫	*Epilachna acuta*
隆线异垫甲	*Heteratarsus carinula*	九斑食植瓢虫	*Epilachna freyana*
中华琶甲	*Blaps (Leptomorpha) chinensis*	艾菊瓢虫	*Epilachna plicata*
凹颊艾甲	*Laena imurai*	神农架食植瓢虫	*Epilachna shennongjiaensis*
异角梳花栉甲	*Cteniopinus varicornis*	茄二十八星瓢虫	*Henosepilachnavigintioctopunctata*
等喙红萤	*Lycostomus aequalis*	双叉犀金龟	*Allomyrina dichotoma*
扁宽红萤	*Platycis otome*	庭院发丽金龟	*Proagopertha horticola*
红叶赤翅甲	*Phyllocladusmagnificus*	蓝边丽金龟	*Callistethus plagiicollis*
脊伪赤翅甲	*Pseudopyrochroa taiwana*	波婆鳃金龟	*Brahmina potanini*
日本小瓢虫	*Scymnus japonicus*	姊妹平爪鳃金龟	*Ectinohoplia soror*
六斑异瓢虫	*Aiolocaria hexaspilota*	污铜狭锹甲	*Prismognathus subaenus*
小圆纹裸瓢虫	*Phrynocaria circinatella*	斑腿锹甲	*Lucanusmaculi femoratus*
三纹裸瓢虫	*Calvia championorum*	平丽花金龟	*Euselates moupinensis*
链纹裸瓢虫	*Calvia sicardi*	亮绿星花金龟	*Protaetia (Calopotosia) nitididorsis*
七星瓢虫	*Coccinella septempunctata*	肩斑距甲	*Temnaspis humeralis*
综条瓢虫	*Coccinella longifasciata*	篮负泥虫	*Lema concinnipennis*
横斑瓢虫	*Coccinella transversoguttata*	褐足角胸叶甲	*Basilepta fulvipes*
黄斑盘瓢虫	*Coelophora saucia*	杉针黄叶甲	*Xanthonia collaris*
葡萄叶甲	*Brominus obscurus*	栗厚缘叶甲	*Aoria nucea*
四川扁角叶甲	*Platycorynus plebejus*	黑端长跗萤叶甲	*Monolepta yama*
杨柳光叶甲	*Smaragdina aurita hammarstraemi*	膨胸缘萤叶甲	*Pseudosepharia dilatipennis*
黑额光叶甲	*Smaragdina nigrifrons*	黑头宽缘萤叶甲	*Pseudosepharia nigriceps*
蒿金叶甲	*Chrysolina aurichalcea*	二纹柱萤叶甲	*Gallerucida bifasciata*
柳圆叶甲	*Plagiodera versicolora*	蓝色九节跳甲	*Nonarthra cyanea*
柳十二斑叶甲从	*Chrysomela vigintipunctata*	后带九节跳甲	*Nonarthra postfasciata*
十一斑角胫叶甲	*Gonioctena subgeminata*	狭胸蚤跳甲	*Psylliodes angusticollis*

（续）

昆虫中文名	拉丁学名	昆虫中文名	拉丁学名
光瘤毛萤叶甲	*Pyrrhalta corpulenta*	油菜蚤跳甲	*Psylliodes punctifrons*
背毛萤叶甲	*Pyrrhalta dorsalis*	漆树直缘跳甲	*Ophrida scaphoides*
黑肩毛萤叶甲	*Pyrrhalta humeralis*	黄斑直缘跳甲	*Ophrida xanthospilota*
榆绿毛萤叶甲	*Pyrrhalta aenescens*	卡尔代丝跳甲	*Hespera cavaleriei*
半黄毛萤叶甲	*Pyrrhalta semifulva*	双齿凹唇跳甲	*Argopus bidentatus*
浅凹毛萤叶甲	*Pyrrhalta sericea*	日本瘦跳甲	*Stenoluperus nipponensis*
宽缘瓢萤叶甲	*Oides maculates*	双齿长瘤跳甲	*Trachyaphthona bidentata*
印度黄守瓜	*Aulacophora indica*	老鹳草跳甲	*Altica viridicyanea*
黑足黄守瓜	*Aulacophora nigripennis*	甜菜大龟甲	*Cassida nebulosa*
黄腹后脊守瓜	*Paragetocera flavipes*	兴安台龟甲	*Taiwania amurensis*
丝殊角萤叶甲	*Agetocera filicornis*	瘤状遮眼象	*Callirhopalus subcallosus*
黄腹隶萤叶甲	*Liroetis flavipennis*	斜纹圆筒象	*Macrocorynus obliquesignatus*
麻克萤叶甲	*Cneorane cariosipennis*	大菊花象	*Larinus kishidai*
闽克萤叶甲	*Cneorane fokiensis*	黑龙江筒喙象	*Lixus amurensis*
胡枝子克萤叶甲	*Cneorane elegans*	圆筒筒喙象	*Lixus mandaranus fukienensis*
凹翅长跗萤叶甲	*Monolepta bicavipennis*	瘤胸雪片象	*Niphades tubericollis*
端褐长跗萤叶甲	*Monolepta subapicalis*	沟眶象	*Eucryptorrhynchus chinensis*
拟黄翅长跗萤叶甲	*Monolepta subflavipennis*	松纵坑切梢小蠹	*Blastophagus piniperda*
多毛切梢小蠹	*Tomicus pilifer*	松横坑切梢小蠹	*Blastophagus minor*
华山松梢小蠹	*Cryphalus lipingensis*	华尾大蚕蛾	*Actias sinensis*
冷杉梢小蠹	*Cryphalus sinoabietis*	红尾大蚕蛾	*Actias rhodopneuma*
秦岭梢小蠹	*Cryphalus chinlingensis*	目豹大蚕蛾	*Loepa damaritis*
华山松大小蠹	*Dendroctonus armandi*	目豹大蚕蛾四川亚种	*Loepa damaritis szechwana*
额毛小蠹	*Dryocoetes luteus*	银杏大蚕蛾	*Dictyoploca japonica*
黑根小蠹	*Hylastes parallelus*	青海合目大蚕蛾	*Caligula chinghaina*
大干小蠹	*Hylurgops major*	明目大蚕蛾	*Antheraea frithi javanensis*
杉根小蠹	*Hylastes cunicularius*	柞蚕	*Antheraea pernyi*
六齿小蠹	*Ips acuminatus*	樗蚕	*Samia cynthia cynthia*
十二齿小蠹	*Ips sexdentatus*	蒲公英蚬蛾	*Lemonia taraxaci*
云杉八齿小蠹	*Ips typographus*	接骨木山钩蛾	*Oreta loochooana*
松瘤小蠹	*Orthotomicus erosus*	黄翅山钩蛾	*Oreta cera*
油松四眼小蠹	*Polygraphus sinensis*	眼镜山钩蛾	*Oreta hyalrne*
四眼小蠹	*Polygraphus uchiruppensis*	宏山钩蛾	*Oreta hoenei*
南方四眼小蠹	*Polygraphus rudis*	华夏山钩蛾	*Oreta pavaca sinensis*
云杉四眼小蠹	*Polygraphus polygraphus*	栎卑钩蛾	*Betalbara robusta*
瘤额四眼小蠹	*Polygraphus verrucifrons*	短铃钩蛾	*Macrocilix mysticata brevinotata*
柏肤小蠹	*Phloeosinus aubei*	短线豆斑钩蛾	*Auzata superba*
微肤小蠹	*Phloeosinus hopehi*	钳钩蛾	*Didymana bidens*

（续）

昆虫中文名	拉丁学名	昆虫中文名	拉丁学名
杉肤小蠹	*Phloeosinus sinensis*	曲缘线钩蛾	*Nordstroemia recava*
暗额星坑小蠹	*Pityogenes japonicas*	缘点线钩蛾	*Nordstroemia bicostata opaleseens*
黑条木小蠹	*Xyloterus lineatus*	古钩蛾	*Palaeodrepana harpagula*
拟等叶舌石蛾	*Glossosoma subaequale*	掌绮钩蛾	*Cilix tatsienluica*
纽带长肢舌石蛾	*Glossosoma disparile*	二点镰钩蛾	*Drepana dispdata*
挂墩短脉纹石蛾	*Cheumatopsyche guadunica*	肾点丽钩蛾	*Callidrepana patrana*
鳝茎纹石蛾	*Hydropsyche pellucidula*	泰丽钩蛾	*Callidrepana ovata*
棒突高原纹石蛾	*Hydropsyche clavulata*	美钩蛾	*Callicilix abraxata*
短脊角石蛾	*Stenopsyche triangularis*	松墨天蛾	*Hyloicus caligineus sinicus*
毛头伪突沼石蛾	*Pseudostenophylax capitatus*	白薯天蛾	*Herse convolvuli*
橘褐纹石蛾	*Eubasilissa mandarina*	桂花天蛾	*Kentrochrysalis consimilis*
金盏拱肩网蛾	*Camptochilus sinuosus*	绒星天蛾	*Dolbina tancrei*
树形拱肩网蛾	*Camptochilus aurea*	洋槐天蛾	*Clanis deucalion*
双棒网蛾	*Rhodoneura bibacula*	月天蛾	*Parum porphyria*
单齿翅蚕蛾	*Oberthueria falcigera*	榆绿天蛾	*Callambulyx tatarinovi*
波花蚕蛾	*Oberthueria formosibia*	眼斑天蛾	*Callambulyx orbita*
一点钩翅蚕蛾	*Mustilis hepatica*	紫光盾天蛾	*Phyllosphingia dissimilis sinensis*
缺角天蛾	*Acosmeryx castanea*	葡萄天蛾	*Ampelophaga rubiginosa*
芋双线天蛾	*Theretra oldenlandiae*	长翅条麦蛾	*Anarsia elongate*
平背天蛾	*Cechenena minor*	桃棕麦蛾	*Dichomeris picrocarpa*
条背天蛾	*Cechenena lineosa*	秦岭棕麦蛾	*Dichomeris qinlingensis*
橘黄巢蛾	*Atteva imparigutella*	宁陕棕麦蛾	*Dichomeris ningshanensis*
卫矛巢蛾	*Yponomeuta polyctigmellus*	灰棕麦蛾	*Dichomeris acritopa*
秦岭斑织蛾	*Ripeacma qinlingensis*	杉木球果棕麦蛾	*Dichomeris bimaculata*
大伪带织蛾	*Irepacma grandis*	拟尖棕麦蛾	*Dichomeris spuracuminata*
伪黄昏隐织蛾	*Cryptolechia falsivespertina*	洁棕麦蛾	*Dichomeris tersa*
郑氏隐织蛾	*Cryptolechia zhengisp nov*	锐齿棕麦蛾	*Dichomeris cuspis*
黑缘酪织蛾	*Tyrolimnas anthraconesa*	霍棕麦蛾	*Dichomeris hodgesi*
双线锦织蛾	*Promalactis bitaenia*	宽瓣棕麦蛾	*Dichomeris lativalvata*
银斑锦织蛾	*Promalactis jezonica*	米特棕麦蛾	*Dichomeris mitteri*
丽线锦织蛾	*Promalactis pulchra*	鸡血藤棕麦蛾	*Dichomeris oceanis*
多广织蛾	*Agonopterix multiplicella*	半网祝蛾	*Lecithocera aulias*
苹凹织蛾	*Acria ceramitis*	丝槐祝蛾	*Sarisophora serena*
连斑列蛾	*Autosticha conjugipunctata*	带宽银祝蛾	*Issikiopteryx zonosphaera*
米仓织蛾	*Martyringa xeraula*	长瘤祝蛾	*Torodora durabila*
花白优织蛾	*Eulechria increta*	长须滑羽蛾	*Hellinsia osteodactyla*
血色隆木蛾	*Aeolanthes haematopa*	褐带弧翅卷蛾	*Croesia leechi*
陕西草蛾	*Ethmia shensicola*	槭黄卷蛾	*Archips capsigeranus*

（续）

昆虫中文名	拉丁学名	昆虫中文名	拉丁学名
拟寿苔麦蛾	*Bryotropha ambisenectella*	杏黄卷蛾	*Archips fuscocupreanus*
高山苔麦蛾	*Bryotropha montana*	蔷薇黄卷蛾	*Archips rosanus*
蚕豆齿茎麦蛾	*Xystophora carchariella*	端黄卷蛾	*Archips termias*
马铃薯茎麦蛾	*Phthorimaea opercullella*	永黄卷蛾	*Archips tharsaleopus tharsaleopus*
沟麦蛾	*Aproaerrma anthyllidella*	岑黄卷蛾	*Archips xylosteanus*
刺槐荚麦蛾	*Mesophleps sublutiana*	黄褐卷蛾	*Pandemis chlorograpta*
刀瓣指麦蛾	*Dactylethrella catarina*	榛褐卷蛾	*Pandemis corylana*
双突发麦蛾	*Faristenia geminisignella*	长褐卷蛾	*Pandemis emptycta*
圆尾发麦蛾	*Faristenia circulicaudata*	北川卷蛾	*Hoshinoa adunbratana*
乌苏里发麦蛾	*Faristenia ussurilla*	柳广翅小卷蛾	*Hedya salicella*
缺角天蛾	*Acosmeryx castanea*	白钩小卷蛾	*Epiblema foenella*
芋双线天蛾	*Theretra oldenlandiae*	长翅条麦蛾	*Anarsia elongate*
松梢小卷蛾	*Rhyacionia pinicolana*	桃棕麦蛾	*Dichomeris picrocarpa*
白带新锦斑蛾	*Neochalcosia remota*	睡莲白尺蛾	*Asthena nymphaeat*
波带绿刺蛾	*Parasa undulate*	环纹尺蛾	*Calleulype whitelyi*
丽绿刺蛾	*Parasa lepida*	疏焰尺蛾	*Electrophaes aliena*
枣亦刺蛾	*Phlossa conjuncta*	球果小花尺蛾	*Eupithecia gigantea Staudinger*
基褐亦刺蛾	*Phlossa basifusca*	广褥尺蛾	*Eustroma promacha*
皱纹亦刺蛾	*Phlossa crispa*	黑斑褥尺蛾	*Eustroma aerosa*
线银纹刺蛾	*Miresa urga*	台褥尺蛾	*Eustroma changi*
锯齿刺蛾	*Rhamnosa dentifera*	中国枯叶尺蛾	*Gandaritis sinicaria sinicaria*
黄刺蛾	*Monema flavescens*	赤尖水尺蛾	*Hydrelia sanguiniplaga*
黑斑垂须螟	*Cataprosopus monstrosus*	单网尺蛾	*Laciniodes unistirpis*
黑带金草螟	*Chrysoteuchia mandschurica*	亚叉脉尺蛾	*Leptostegna asiatica*
齿形金草螟	*Chrysoteuchia dentatella*	小玷尺蛾	*Naxidia glaphyra*
点目草螟	*Catoptria persephoue*	萝摩艳青尺蛾	*Agathia carissima*
黑斑髓草螟	*Calamotropha nigripunctellus*	彩青尺蛾	*Eucyclodes gavissima*
枯黄草螟	*Flavocrambus aridellus*	曲白带青尺蛾	*Geometra glaucaria*
松蛀果斑螟	*Assara hoeneella*	宽线青尺蛾	*Geometra euryagyia*
秀峰斑螟	*Acrobasis obrutella*	乌苏野青尺蛾	*Geometra ussuriensis*
冷杉梢斑螟	*Dioryctria abietella*	白脉青尺蛾	*Geometra albovenaria*
红纹网斑螟	*Eurhodope heringii*	青辐射尺蛾	*Iotaphora admirabilis*
双色云斑螟	*Nephopteryx bicolorella*	中国巨青尺蛾	*Limbatochlamys rosthorni*
目纹桤角斑螟	*Ceroperpes ophthalmicella*	双线新青尺蛾	*Neohipparchus vallata*
豆荚斑螟	*Etiella zinckenella*	豹垂耳尺蛾	*Pachyodes davidaria*
红缘须岐角螟	*Trichophysetis rufoterminalis*	粉斑垂耳尺蛾	*Pachyodes thyatiraria*
伊锥歧角螟	*Cotachena histricalis*	四点波翅青尺蛾	*Thalera lacerataria lacerataria*
白纹歧角螟	*Endotricha eximia*	缺口青尺蛾	*Timandromorpha discolor*

（续）

昆虫中文名	拉丁学名	昆虫中文名	拉丁学名
库氏歧角螟	*Endotricha kuznetzovi*	弯弓鹿尺蛾	*Alcis repandata*
黄纹水螟	*Nymphula fengwhanalis*	罘尺蛾	*Anticypella diffusaria*
淡黄卷野螟	*Pycnarmon tylostegalis*	缘斑妖尺蛾	*Apeira latimarginaria*
豹纹卷野螟	*Pycnarmon pantherata*	妖尺蛾	*Apeira syringaria*
棉大卷叶野螟	*Notarcha deogata*	四点离隐尺蛾	*Apoheterolocha quadraria*
齿纹卷叶野螟	*Sylepta invalidalis*	黄星尺蛾	*Arichanna melanaria fraterna*
四斑绢野螟	*Diaphania quadrimaculalis*	娴尺蛾	*Auaxa cesadaria*
扇翅绒野螟	*Crocidophora ptyophora*	双云尺蛾	*Biston regalis comitata*
隐纹镰翅野螟	*Circobotys cryptica*	四川灰边白沙尺蛾	*Cabera griseolimbata apotaeniata*
杨芦伸喙野螟	*Uresiphita tricolor*	甘肃虚幽尺蛾	*Ctenognophos ventraria kansubia*
角翅野螟	*Pyradena mirific*	木橑尺蠖	*Culcula panterinaria*
窗斑野螟	*Pyrausta mundalis*	洪达尺蛾	*Dalima honei*
中带盘雕尺蛾	*Discoglypha centrofasciaria*	大杜尺蛾	*Duliophyle majuscularia*
猫眼尺蛾	*Problepsis superans*	四川杜尺蛾	*Duliophyle agitata angustaria*
秋黄尺蛾	*Ennomos autunnaria*	黄蟀尺蛾	*Eilicrinia flava*
红蕈尺蛾	*Ephalaenia xylina*	波俭尺蛾	*Spilopera crenularia*
银丰翅尺蛾	*Ephalaenia languidata*	叉线青尺蛾	*Tanaoctenia dehaliaria*
焦点滨尺蛾	*Exangerona prattiaria*	白银瞳尺蛾	*Tasta argozana*
紫片尺蛾	*Fascellina chromataria*	湖南黄碟尺蛾	*Thinopteryx crocoptera erythrosticta*
黄玫隐尺蛾	*Heterolocha subroseata*	郁尾尺蛾	*Tristrophis veneris*
织锦尺蛾	*Heterostegane cararia lungtanensis*	川滇细玉臂尺蛾	*Xandrames albofasciata tromodes*
黄云尺蛾	*Hypephyra flavimacularia*	黑蕊尾舟蛾	*Dudusa sphingiformis*
紫云尺蛾	*Hypephyra terrosa transiens*	窦舟蛾	*Zaranga pannosa*
小用克尺蛾	*Jankowskia fuscaria*	辛氏二星舟蛾	*Euhampsonia sinjaevi*
双线边尺蛾	*Leptomiza bilinearia*	锡金篦舟蛾秦巴亚种	*Besaia sikkima stueningi*
缘点尺蛾	*Lomaspilis marginata amurensis*	花蚁舟蛾	*Stauropus picteti*
云褶尺蛾	*Lomographa eximia*	灰舟蛾	*Cnethodonta grisescens*
花蛮尺蛾	*Medasina differens*	疹灰舟蛾	*Cnethodonta pustulifer pustulifer*
中国后星尺蛾	*Metabraxas clerica inconfusa*	普胯白舟蛾	*Syntypistis pryeri*
银灰斑尾尺蛾	*Micronidia rgentaria*	葩胯白舟蛾	*Syntypistis parcevirens*
三点皎尺蛾	*Myrteta tripunctaria*	云舟蛾	*Neopheosia fasciata fasciata*
散长翅尺蛾	*Obeidia conspurcata*	亚梨威舟蛾 梨威舟蛾乌苏里亚种	*Wilemaus bidentatus ussuriensis*
巨长翅尺蛾	*Obeidia gigantearia*	侧带内斑舟蛾秦岭亚种	*Peridea lativitta lativitta*
猛长翅尺蛾	*Obeidia tigrata leopardria*	厄内斑舟蛾	*Peridea elzet*
择长翅尺蛾	*Obeidia tigrata neglecta*	苔岩舟蛾莫氏亚种 苔岩舟蛾陕甘亚种	*Rachiades lichencolor murzini*
秃贡尺蛾	*Odontopera insulata*	同心舟蛾	*Homocentridia concentrica*

（续）

昆虫中文名	拉丁学名	昆虫中文名	拉丁学名
滇黄尺蛾	Opisthograptis tsekuna	仿白边舟蛾	Paranerice hoenei
二点麻尾尺蛾	Ourapteryx adonidaria	杨剑舟蛾	Pheosia rimosa
点尾尺蛾	Ourapteryx nigrociliaris	连点新林舟蛾	Neodrymonia seriatopunctata
拟柿星尺蛾	Antipercnia albinigrata	歧夙舟蛾	Pheosiopsis abludo
匀点尺蛾	Percnia belluaria	喜夙舟蛾秦岭亚种	Pheosiopsis cinerea canescens
纤木纹尺蛾	Plagodis reticulata	木翼舟蛾	Hupodonta lignea
紫白尖尺蛾	Pseudomiza obliquaria	皮翼舟蛾	Hupodonta corticalis
半翅白尖尺蛾	Pseudomiza haemonia	绚羽齿舟蛾	Ptilodon saturata
黄色白尖尺蛾	Pseudomiza cruentaria flavescens	灰小掌舟蛾	Microphalera grisea
碎碴尺蛾	Psyra rufolinearia	冠齿舟蛾	Lophontosia cuculus
丫佐尺蛾	Rikiosatoa euphiles	扁齿舟蛾	Hiradonta takaonis
污月尺蛾	Selenia sordidaria	暗大齿舟蛾	Allodonta plebeja
四月尺蛾	Selenia tetralunaria	白颈异齿舟蛾	Hexafrenum leucodera
栎掌舟蛾	Phalera assimilis	后齿舟蛾	Epodonta lineata
丽金舟蛾	Spatalia dives	合雪苔蛾	Cyana connectilis
艳金舟蛾	Spatalia doerriesi	白颈雪苔蛾	Cyana albicollis
富金舟蛾	Spatalia plusiotis	滴苔蛾	Agrisius guttivitta
伪奇舟蛾	Pseudallata laticostalis	微闪网苔蛾	Macrobrochis nigra
拟金舟蛾秦巴亚种	Ginshachia phoebe shanguang	四点苔蛾	Lithosia quadra
干华舟蛾	Spatalina ferruginosa	锯角荷苔蛾	Ghoria serrata
杨扇舟蛾	Clostera anachoreta	头褐荷苔蛾	Choria collitoides
短扇舟蛾	Clostera albosigma curtuloides	圆斑苏苔蛾	Thysanoptyx signata
赭小舟蛾指名亚种	Mieromelalopha haemorhoidalis	线斑苏台蛾	Thysanoptyx brevimacula
杨小舟蛾	Micromelalopha sieversi	流苏苔蛾	Thysanoptyx fimbriata
三线雪舟蛾	Gazalina chrysolopha	黄颚苔蛾	Strysopha xanthocraspis
陕甘肖齿舟蛾	Odontosina shaanganens	圆杂苔蛾	Dolgoma ovalis
黄灰佳苔蛾	Hypeugoa flavogrisea	前痣土苔蛾	Eilema stigma
红脉痣苔蛾	Stigmatophora rubivena	筛土苔蛾	Eilema cribrata
秦岭美苔蛾	Miltochrista tsinglingensis	花布类蛾	Camptoloma interiorata
曲美苔蛾	Miltochrista flexuosa	梅尔望灯蛾北方亚种	Lemyra melli shensii
全轴美苔蛾	Miltochrista longstriga	点线望灯蛾	Lemyra punctilinea
黄黑脉美苔蛾	Miltochrista nigrovena	点望灯蛾	Lemyra stigmata
黑缘美苔蛾	Miltochrista delineata	淡黄望灯蛾近亲亚种	Lemyra jankowskii soror
褐脉艳苔蛾	Asura esmia	赭褐带东灯蛾	Eospilarctia nehalenia
条纹艳苔蛾	Asura strigipenns	白雪灯蛾	Chionarctia nivea
绣苔蛾	Asuridia carnipicta	连星污灯蛾	Spilarctia seriatopunctata
半黄分苔蛾	Idopterum semilutea	黑带污灯蛾	Spilarctia quercii
草雪苔蛾	Cyana pratti	黑须污灯蛾	Spilarctia casigneta

（续）

昆虫中文名	拉丁学名	昆虫中文名	拉丁学名
明雪苔蛾	*Cyana phaedra*	合雪苔蛾	*Cyana connectilis*
杨枯叶蛾	*Gastropacha populifolia*	白颈雪苔蛾	*Cyana albicollis*
刻缘枯叶蛾	*Takanea miyakei*	佛光虻	*Tabanus buddha*
壮瓣宽蛾	*Depressaria valida*	朝鲜虻	*Tabanus coreanus*
中华麝凤蝶	*Byasa confusa*	江苏虻	*Tabanus kiangsuensis*
玉带美凤蝶指名亚种	*Papilio polytes polytes*	庐山虻	*Tabanus lushanensis*
柑橘凤蝶	*Papilio Sinoprinceps*	岷山虻	*Tabanus minshanensis*
檗黄粉蝶	*Eurema blanda*	山东虻	*Tabanus shantungensis*
菜粉蝶东方亚种	*Pieris rapae orientalis*	渭河虻	*Tabanus weiheensis*
云粉蝶	*Pontia daplidice Pontia edusa*	紫额异巴食蚜蝇	*Allobaccha apicalis*
大翅绢粉蝶	*Aporia largeteaui*	黄腹狭口食蚜蝇	*Asarkina porcina*
双星箭环蝶	*Stichophthalma neumogeni*	狭带背食蚜蝇	*Betasyrphus serarius*
曼丽白眼蝶	*Melanargia meridionalis*	八斑长角蚜蝇	*Chrysotoxum octomaculatum*
蛇眼蝶	*Minois dryas*	黑带食蚜蝇	*Episyrphus balteatus*
东亚矍眼蝶	*Ypthima motschulskyi*	黑色斑眼蚜蝇	*Eristalinus aeneus*
紫闪蛱蝶西北亚种	*Apatura iris bieti*	喜马拉雅管蚜蝇	*Eristalis himalayensis*
曲带闪蛱蝶	*Apatura laverna*	铜鬃胸蚜蝇	*Ferdinandea cuprea*
蛛环蛱蝶	*Neptis arachne*	狭带条胸蚜蝇	*Helophilus virgatus*
海环蛱蝶	*Neptis thetis*	黄缘斜环蚜蝇	*Korinchia nova*
红线蛱蝶	*Limenitis populi*	梯斑墨蚜蝇	*Melanostoma scalare*
锦瑟蛱蝶	*Seokia pratti*	羽芒宽盾蚜蝇	*Phytomia zonata*
琉璃灰蝶中国亚种	*Celastrina argiola caphis*	野食蚜蝇	*Syrphus torvus*
胡麻霾灰蝶	*Maculinea teleia*	黄盾蜂蚜蝇	*Volucella pellucens*
饰洒灰蝶	*Satyrium ornata*	三带蜂蚜蝇	*Volucella trifasciata*
优秀洒灰蝶浙江亚种	*Satyrium eximium zhejianganum*	黑带蜂蚜蝇	*Volucella zonaria*
高尚灰蝶	*Protantigius superans*	短角宽扁蚜蝇	*Xanthandrus talamaui*
多眼灰蝶	*Polyommatus eros*	瘤胫厕蝇	*Fannia scalaris*
霓纱燕灰蝶	*Rapala nissa*	高粱芒蝇	*Atherigona soccata*
双带弄蝶	*Lobocla bifasciata*	斑纩蝇	*Graphomya maculate*
直纹稻弄蝶	*Parnara guttata*	紫翠蝇	*Neomyia gavisa*
豹弄蝶	*Thymelicus leoninus*	双圆蝇	*Mydaea bideserta*
奇栉大蚊	*Tanyptera trimaculata*	四点阳蝇	*Helina quadrum*
棒足叉毛蚊	*Penthotria clavata*	圆板阳蝇	*Helina ampyxocerca*
台湾叉毛蚊	*Penthotria formosana*	血刺蝇	*Bdellolarynx sanguinolentus*
三斑金鹬虻	*Chrysopilus trimaculatus*	厩螫蝇	*Stomoxys calcitrans*
浙江麻虻	*Haematopota chekiangensis*	巨尾阿丽蝇	*Aidrichina grahami*
峨眉山瘤虻	*Hybomitra omeishanensis*	南岭绿蝇	*Lucilia（Luciliella）bazini*
中华绿蝇	*Lucilia sinonsis*	叉叶绿蝇	*Lucilia caesar*

（续）

昆虫中文名	拉丁学名	昆虫中文名	拉丁学名
海南绿蝇	*Lucilia hainanensis*	陕西澳赛茧蜂	*Austrozele shaanxiensis*
异色口鼻蝇	*Stomorhina discolor*	黑胸切背钩腹蜂	*Satogonalos* sp. 1
不显口鼻蝇	*Stomorhina obsolete*	黑侧切前钩腹蜂	*Satogonalos* sp. 2
大头金蝇	*Chrysomya megacephala*	西方蜜蜂意大利亚种	*Apis meplifera liqustica*
西班牙长鞘蜂麻蝇	*Miltogramma ibericum*	东方蜜蜂中华亚种	*Apis cerana cerana*
复斗库麻蝇	*Kozlovea tshernovi*	花无垫蜂	*Amegilla florae*
黑尾黑麻蝇	*Helicophagella melanura*	杂无垫蜂	*Amegilla coufusa*
红尾粪麻蝇	*Bercaea cruentata*	中华回条蜂	*Habropoda sinensis*
黄山叉麻蝇	*Robineauella huangshanensis*	花回条蜂	*Habropoda mimetica*
亮胸刺须寄蝇	*Torocca munda*	斑宽痣蜂	*Macropis hedini*
隔离狭颊寄蝇	*Carcelia excise*	双条黄斑蜂	*Dianthidium blifoveolatum*
灰腹狭颊寄蝇	*Carcelia rasa*	角拟熊蜂	*Psithyrus cornutus*
黏早长须寄蝇	*Peleteria varia*	长足熊蜂	*Bombus longipes*
陈氏寄蝇	*Tachina cheni*	三条熊蜂	*Bombus trifasciatus*
赵氏寄蝇	*Tachina chaoi*	圣熊蜂	*Bombus religiosus*
艳斑寄蝇	*Tachina lateromaculata*	富丽熊蜂	*Bombus opulentus*
日本纤寄蝇	*Prodegeeria japonica*	斯氏熊蜂	*Bombus schrecki*
黄粉短须寄蝇	*Linnaemya paralongipalpis*	疏熊蜂	*Bombus remotus*
三齿美根寄蝇	*Meigenia tridentate*	仿熊蜂	*Bombus imitator*
灿烂温寄蝇	*Winthemia venusta*	克什米尔熊蜂	*Bombus kashmirensis*
海南赘寄蝇	*Drino hainanica*	重黄熊蜂	*Bombus flavus*
脊腹脊茧蜂	*Aleiodes cariniventris*	谦熊蜂	*Bombus modestus*
松毛虫脊茧蜂	*Aleiodes esenbeckii*	红光熊蜂	*Bombus ignitus*
序脊茧蜂	*Aleiodes seriatus*	明亮熊蜂	*Bombus lucorum*
加长愈腹茧蜂	*Phanerotoma producta*	火红熊蜂	*Bombus pyrosoma*
红胸悦茧蜂	*Charmon rufithorax*	中华光胸臭蚁	*Liometopum sinense*
周氏长体茧蜂	*Macrocentrus choui*	丝光蚁	*Formica fasca*
玛氏举腹蚁	*Crematogaster matsumurai*	吉氏红蚁	*Myrmica Jessensis*
皮氏大头蚁	*Pheidole pieli*	盖列尼红蚁	*Myrmica gallienii*
西伯利亚臭蚁	*Hypoclinea sibiricus*	黑毛蚁	*Lasius niger*
史氏盘腹蚁	*Aphaenogaster smythiesi*	日本黑褐蚁	*Formica Japonica*
铺道蚁	*Tetramorium caespitum*	凹唇蚁	*Formica sanguinea*
黄腹弓背蚁	*Camponotus helvus*	玉米毛蚁	*Lasius alienus*
亮腹黑褐蚁	*Formica gagatoides*	吉氏酸臭蚁	*Tapinoma geei*

3.1.2　植物物种名录

　　秦岭生态站地貌类型多样，环境条件复杂，植物区系丰富，有种子植物 1 023 种，隶属 131 科，486 属（表 3 - 2），占秦岭种子植物总种数的 32.8%，科总数的 89.2%。优势科有禾本科（40 属 76

种）、菊科（35 属 93 种）、蔷薇科（23 属 83 种）、豆科（20 属 41 种）、唇形科（19 属 30 种）和百合科（15 属 29 种），分别占本站植物总属和种数的 8.2％和 15.6％，7.2％和 19.1％，4.7％和 17.1％，4.1％和 8.4％，3.9％和 6.2％及 3.1％和 6.0％（图 3-1）；含 5～14 属的科有兰科、伞形科、毛茛科、十字花科、虎耳草科、大戟科和玄参科等 17 科；含单属单种的有 59 科。松科、壳斗科和桦木科包含构成本站天然林的建群种，槭树科、漆树科、榆科、樟科、卫矛科、杨柳科、胡桃科、领春木科、椴树科和山茱萸科的乔木树种为天然林的伴生种。

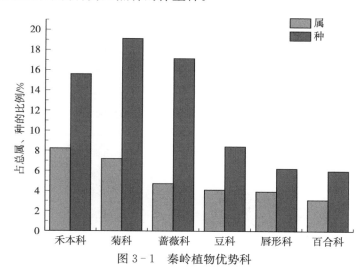

图 3-1　秦岭植物优势科

表 3-2　植物名录

植物中文名	拉丁学名	科中文名	科拉丁学名	属中文名	属拉丁学名
铁杉	*Tsuga chinensis*	松科	Pinaceae	铁杉属	*Tsuga*
青杆	*Picea wilsonii*	松科	Pinaceae	云杉属	*Picea*
云杉	*Picea asperata*	松科	Pinaceae	云杉属	*Picea*
巴山冷杉	*Abies fargesii*	松科	Pinaceae	冷杉属	*Abies*
日本落叶松	*Larix kaempferi*	松科	Pinaceae	落叶松属	*Larix*
黄花落叶松	*Larix olgensis*	松科	Pinaceae	落叶松属	*Larix*
华北落叶松	*Larix gmelinii* var. *principis-rupprechtii*	松科	Pinaceae	落叶松属	*Larix*
油松	*Pinus tabuliformis*	松科	Pinaceae	松属	*Pinus*
华山松	*Pinus armandii*	松科	Pinaceae	松属	*Pinus*
樟子松	*Pinus sylvestris* var. *mongolica*	松科	Pinaceae	松属	*Pinus*
马尾松	*Pinus massoniana*	松科	Pinaceae	松属	*Pinus*
杉木	*Cunninghamia lanceolata*	杉科	Taxodiaceae	杉木属	*Cunninghamia*
水杉	*Metasequoia glyptostroboides*	杉科	Taxodiaceae	水杉属	*Metasequoia*
高山柏	*Juniperus squamata*	柏科	Cupressaceae	刺柏属	*Juniperus*
粗榧	*Cephalotaxus sinensis*	三尖杉科	Cephalotaxaceae	三尖杉属	*Cephalotaxus*
红豆杉	*Taxus wallichiana* var. *chinensis*	红豆杉科	Taxaceae	红豆杉属	*Taxus*
香蒲	*Typha orientalis*	香蒲科	Typhaceae	香蒲属	*Typha*
小香蒲	*Typha minima*	香蒲科	Typhaceae	香蒲属	*Typha*

（续）

植物中文名	拉丁学名	科中文名	科拉丁学名	属中文名	属拉丁学名
野慈姑	*Sagittaria trifolia*	泽泻科	Alismataceae	慈姑属	*Sagittaria*
花蔺	*Butomus umbellatus*	花蔺科	Butomaceae	花蔺属	*Butomus*
阔叶箬竹	*Indocalamus latifolius*	禾本科	Gramineae	箬竹属	*Indocalamus*
华西箭竹	*Fargesia nitida*	禾本科	Gramineae	箭竹属	*Fargesia*
桂竹	*Phyllostachys reticulata*	禾本科	Gramineae	刚竹属	*Phyllostachys*
巴山木竹	*Arundinaria fargesii*	禾本科	Gramineae	北美箭竹属	*Arundinaria*
芦苇	*Phragmites communis*	禾本科	Gramineae	芦苇属	*Phragmites*
多秆画眉草	*Eragrostis multicaulis*	禾本科	Gramineae	画眉草属	*Eragrostis*
黑穗画眉草	*Eragrostis nigra*	禾本科	Gramineae	画眉草属	*Eragrostis*
知风草	*Eragrostis ferruginea*	禾本科	Gramineae	画眉草属	*Eragrostis*
鸭茅	*Dactylis glomerata*	禾本科	Gramineae	鸭茅属	*Dactylis*
羊茅	*Festuca ovina*	禾本科	Gramineae	羊茅属	*Festuca*
小颖羊茅	*Festuca parvigluma*	禾本科	Gramineae	羊茅属	*Festuca*
早熟禾	*Poa annua*	禾本科	Gramineae	早熟禾属	*Poa*
白顶早熟禾	*Poa acroleuca*	禾本科	Gramineae	早熟禾属	*Poa*
野青茅	*Deyeuxia pyramidalis*	禾本科	Gramineae	野青茅属	*Deyeuxia*
短毛野青茅	*Deyeuxia anthoxanthoides*	禾本科	Gramineae	野青茅属	*Deyeuxia*
疏穗野青茅	*Deyeuxia effusiflora*	禾本科	Gramineae	野青茅属	*Deyeuxia*
拂子茅	*Calamagrostis epigeios*	禾本科	Gramineae	拂子茅属	*Calamagrostis*
单蕊拂子茅	*Calamagrostis emodensis*	禾本科	Gramineae	拂子茅属	*Calamagrostis*
西伯利亚剪股颖	*Agrostis stolonifera*	禾本科	Gramineae	剪股颖属	*Argostis*
巨序剪股颖	*Agrostis gigantea*	禾本科	Gramineae	剪股颖属	*Agrostis*
华北剪股颖	*Agrostis clavata*	禾本科	Gramineae	剪股颖属	*Agrostis*
小花剪股颖	*Agrostis micrantha*	禾本科	Gramineae	剪股颖属	*Agrostis*
粟草	*Milium effusum*	禾本科	Gramineae	粟草属	*Milium*
西南莩草	*Setaria forbesiana*	禾本科	Gramineae	狗尾草属	*Setaria*
狗尾草	*Setaria viridis*	禾本科	Gramineae	狗尾草属	*Setaria*
金色狗尾草	*Setaria pumila*	禾本科	Gramineae	狗尾草属	*Setaria*
狼尾草	*Pennisetum alopecuroides*	禾本科	Gramineae	狼尾草属	*Pennisetum*
白草	*Pennisetum flaccidum*	禾本科	Gramineae	狼尾草属	*Pennisetum*
止血马唐	*Digitaria ischaemum*	禾本科	Gramineae	马唐属	*Digitaria*
马唐	*Digitaria sanguinalis*	禾本科	Gramineae	马唐属	*Digitaria*
求米草	*Oplismenus undulatifolius*	禾本科	Gramineae	求米草属	*Oplismenus*
稗	*Echinochloa crus-galli*	禾本科	Gramineae	稗属	*Echinochloa*
无芒稗	*Echinochloa crusgalli* var. *mitis*	禾本科	Gramineae	稗属	*Echinochloa*
野黍	*Eriochloa villosa*	禾本科	Gramineae	稗属	*Echinochloa*
雀稗	*Paspalum thunbergii*	禾本科	Gramineae	雀稗属	*Paspalum*
野古草	*Arundinella hirta*	禾本科	Gramineae	野古草属	*Arundinella*

（续）

植物中文名	拉丁学名	科中文名	科拉丁学名	属中文名	属拉丁学名
锋芒草	*Tragus mongolorum*	禾本科	Gramineae	锋芒草属	*Tragus*
虱子草	*Tragus berteronianus*	禾本科	Gramineae	锋芒草属	*Tragus*
荻	*Miscanthus sacchariflorus*	禾本科	Gramineae	荻属	*Miscanthus*
芒	*Miscanthus sinensis*	禾本科	Gramineae	荻属	*Miscanthus*
白茅	*Imperata cylindrica*	禾本科	Gramineae	白茅属	*Imperata*
荩草	*Arthraxon hispidus*	禾本科	Gramineae	荩草属	*Arthraxon*
矛叶荩草	*Arthraxon lanceolatus*	禾本科	Gramineae	荩草属	*Arthraxon*
黄背草	*Themeda triandra*	禾本科	Gramineae	菅属	*Themeda*
百球藨草	*Scirpus rosthornii*	莎草科	Cyperaceae	藨草属	*Scirpus*
萤蔺	*Scirpus juncoides*	莎草科	Cyperaceae	藨草属	*Scirpus*
烟台飘拂草	*Fimbristylis stauntonii*	莎草科	Cyperaceae	飘拂草属	*Fimbristylis*
水虱草	*Fimbristylis littoralis*	莎草科	Cyperaceae	飘拂草属	*Fimbristylis*
香附子	*Cyperus rotundus*	莎草科	Cyperaceae	香附子属	*Cyperus*
具芒碎米莎草	*Cyperus microiria*	莎草科	Cyperaceae	香附子属	*Cyperus*
三轮草	*Cyperus orthostachyus*	莎草科	Cyperaceae	香附子属	*Cyperus*
异型莎草	*Cyperus difformis*	莎草科	Cyperaceae	香附子属	*Cyperus*
水莎草	*Cyperus serotinus*	莎草科	Cyperaceae	香附子属	*Cyperus*
球穗扁莎	*Pycreus flavidus*	莎草科	Cyperaceae	扁莎属草	*Pycreus*
红鳞扁莎	*Pycreus sanguinolentus*	莎草科	Cyperaceae	扁莎属草	*Pycreus*
砖子苗	*Cyperus cyperoides*	莎草科	Cyperaceae	莎草属	*Cyperus*
尖叶牛尾菜	*Smilax riparia* var. *acuminata*	百合科	Liliaceae	菝葜属	*Smilax*
羊齿天门冬	*Asparagus filicinus*	百合科	Liliaceae	天门冬属	*Asparagus*
肺筋草	*Aletris spicata*	百合科	Liliaceae	粉条儿菜属	*Aletris*
无毛肺筋草	*Aletris glabra*	百合科	Liliaceae	粉条儿菜属	*Aletris*
七筋姑	*Clintonia udensis*	百合科	Liliaceae	七筋姑属	*Clintonia*
山麦冬	*Liriope spicata*	百合科	Liliaceae	山麦冬属	*Liriope*
开口箭	*Tupistra chinensis*	百合科	Liliaceae	长柱开口箭属	*Tupistra*
黄精	*Polygonatum sibiricum*	百合科	Liliaceae	黄精属	*Polygonatum*
卷叶黄精	*Polygonatum cirrhifolium*	百合科	Liliaceae	黄精属	*Polygonatum*
九龙环	*Polygonatum multiflorum*	百合科	Liliaceae	黄精属	*Polygonatum*
玉竹	*Polygonatum odoratum*	百合科	Liliaceae	黄精属	*Polygonatum*
万寿竹	*Disporum cantoniense*	百合科	Liliaceae	万寿竹属	*Disporum*
宜昌百合	*Lilium leucanthum*	百合科	Liliaceae	百合属	*Lilium*
百合	*Lilium brownii* var. *viridulum*	百合科	Liliaceae	百合属	*Lilium*
绿花百合	*Lilium fargesii*	百合科	Liliaceae	百合属	*Lilium*
云南大百合	*Lilium giganteum* var. *yunnanense*	百合科	Liliaceae	百合属	*Lilium*
山丹	*Lilium pumilum*	百合科	Liliaceae	百合属	*Lilium*
川百合	*Lilium davidii*	百合科	Liliaceae	百合属	*Lilium*

（续）

植物中文名	拉丁学名	科中文名	科拉丁学名	属中文名	属拉丁学名
具柄重楼	*Paris fargesii* var. *petiolata*	百合科	Liliaceae	重楼属	*Paris*
重楼	*Paris polyphylla*	百合科	Liliaceae	重楼属	*Paris*
藜芦	*Veratrum nigrum*	百合科	Liliaceae	藜芦属	*Veratrum*
少穗花	*Smilacina henryi*	百合科	Liliaceae	鹿药属	*Smilacina*
鹿药	*Smilacina japonicum*	百合科	Liliaceae	鹿药属	*Smilacina*
疏毛油点草	*Tricyrtis pilosa*	百合科	Liliaceae	油点草属	*Tricyrtis*
宽叶油点草	*Tricyrtis latifolia*	百合科	Liliaceae	油点草属	*Tricyrtis*
萱草	*Hemerocallis fulva*	百合科	Liliaceae	萱草属	*Hemerocallis*
天蒜	*Allium paepalanthoides*	百合科	Liliaceae	葱属	*Allium*
卵叶韭	*Allium ovalifolium*	百合科	Liliaceae	葱属	*Allium*
茖葱	*Allium victorialis*	百合科	Liliaceae	葱属	*Allium*
戟叶薯蓣	*Dioscorea hastifolia*	薯蓣科	Dioscoreaceae	薯蓣属	*Dioscorea*
薯蓣	*Dioscorea polystachya*	薯蓣科	Dioscoreaceae	薯蓣属	*Dioscorea*
穿龙薯蓣	*Dioscorea nipponica*	薯蓣科	Dioscoreaceae	薯蓣属	*Dioscorea*
复叶薯蓣	*Dioscorea kamoonensis*	薯蓣科	Dioscoreaceae	薯蓣属	*Dioscorea*
射干	*Belamcanda chinensis*	鸢尾科	Iridaceae	射干属	*Belamcanda*
黄花鸢尾	*Iris wilsonii*	鸢尾科	Iridaceae	鸢尾属	*Iris*
库莎红门兰	*Orchis chusua*	兰科	Orchidaceae	红门兰属	*Orchis*
扇叶杓兰	*Cypripedium japonicum*	兰科	Orchidaceae	杓兰属	*Cypripedium*
银兰	*Cephalanthera erecta*	兰科	Orchidaceae	头蕊兰属	*Cephalanthera*
头蕊兰	*Cephalanthera longifolia*	兰科	Orchidaceae	头蕊兰属	*Cephalanthera*
绶草	*Spiranthes sinensis*	兰科	Orchidaceae	绶草属	*Spiranthes*
流苏虾脊兰	*Calanthe alpina*	兰科	Orchidaceae	虾脊兰属	*Calanthe*
杜鹃兰	*Cremastra appendiculata*	兰科	Orchidaceae	杜鹃兰属	*Cremastra*
槲树	*Quercus dentata*	壳斗科	Fagaceae	栎属	*Quercus*
刺叶栎	*Quercus spinosa*	壳斗科	Fagaceae	栎属	*Quercus*
尖叶栎	*Quercus oxyphylla*	壳斗科	Fagaceae	栎属	*Quercus*
巴东栎	*Quercus engleriana*	壳斗科	Fagaceae	栎属	*Quercus*
青冈	*Cyclobalanopsis glauca*	壳斗科	Fagaceae	青冈属	*Cyclobalanopsis*
短星毛青冈	*Cyclobalanopsis oxyodon*	壳斗科	Fagaceae	青冈属	*Cyclobalanopsis*
小叶青冈	*Cyclobalanopsis myrsinifolia*	壳斗科	Fagaceae	青冈属	*Cyclobalanopsis*
多脉青冈	*Cyclobalanop multinervis*	壳斗科	Fagaceae	青冈属	*Cyclobalanopsis*
板栗	*Castanea mollissima*	壳斗科	Fagaceae	栗属	*Castanea*
大果榆	*Ulmus macrocarpa*	榆科	Ulmaceae	榆属	*Ulmus*
紫弹朴	*Celtis biondii*	榆科	Ulmaceae	朴属	*Celtis*
大叶朴	*Celtis koraiensis*	榆科	Ulmaceae	朴属	*Celtis*
大叶榉	*Zelkova schneideriana*	榆科	Ulmaceae	榉属	*Zelkova*
青檀	*Pteroceltis tatarinowii*	榆科	Ulmaceae	青檀属	*Pteroceltis*

（续）

植物中文名	拉丁学名	科中文名	科拉丁学名	属中文名	属拉丁学名
蒙桑	*Morus mongolica*	桑科	Moraceae	桑属	*Morus*
桑	*Morus alba*	桑科	Moraceae	桑属	*Morus*
鸡桑	*Morus australis*	桑科	Moraceae	桑属	*Morus*
华桑	*Morus cathayana*	桑科	Moraceae	桑属	*Morus*
柘	*Cudrania tricuspidata*	桑科	Moraceae	柘属	*Cudrania*
异叶天仙果	*Ficus heteromorpha*	桑科	Moraceae	榕属	*Ficus*
构树	*Broussonetia papyrifera*	桑科	Moraceae	构属	*Broussonetia*
叶苎麻	*Boehmeria platanifolia*	荨麻科	Urticaceae	苎麻属	*Boehmeria*
野苎麻	*Boehmeria spicata*	荨麻科	Urticaceae	苎麻属	*Boehmeria*
苎麻	*Boehmeria nivea*	荨麻科	Urticaceae	苎麻属	*Boehmeria*
珠芽艾麻	*Laportea bulbifera*	荨麻科	Urticaceae	艾麻属	*Laportea*
宽叶荨麻	*Urtica laetevirens*	荨麻科	Urticaceae	荨麻属	*Urtica*
火麻草	*Laportea cuspidata*	荨麻科	Urticaceae	艾麻属	*Laportea*
透茎冷水花	*Pilea pumila*	荨麻科	Urticaceae	冷水花属	*Pilea*
山冷水花	*Pilea japonica*	荨麻科	Urticaceae	冷水花属	*Pilea*
糯米团	*Memorialis hirta*	荨麻科	Urticaceae	蔓苎麻属	*Memorialis*
米面翁	*Buckleya lanceolata*	檀香科	Santalaceae	米面翁属	*Buckleya*
毛叶桑寄生	*Taxillus yadoriki*	桑寄生科	Loranthaceae	桑寄生属	*Taxillus*
槲寄生	*Viscum coloratum*	桑寄生科	Loranthaceae	槲寄生属	*Viscum*
北马兜铃	*Aristolochia contorta*	马兜铃科	Aristolochiaceae	马兜铃属	*Aristolochia*
异叶马兜铃	*Aristolochia kaempferi*	马兜铃科	Aristolochiaceae	马兜铃属	*Aristolochia*
毛细辛	*Asarum himalaicum*	马兜铃科	Aristolochiaceae	细辛属	*Asarum*
对叶细辛	*Asarum caulescens*	马兜铃科	Aristolochiaceae	细辛属	*Asarum*
宜昌蛇菰	*Balanophora henryi*	蛇菰科	Balanophoraceae	蛇菰属	*Balanophora*
水生酸模	*Rumex aquaticus*	蓼科	Polygonaceae	酸模属	*Rumex*
酸模	*Rumex acetosa*	蓼科	Polygonaceae	酸模属	*Rumex*
尼泊尔酸模	*Rumex nepalensis*	蓼科	Polygonaceae	酸模属	*Rumex*
大黄	*Rheum officinale*	蓼科	Polygonaceae	酸模属	*Rumex*
瓣蕊唐松草	*Thalictrum petaloideum*	毛茛科	Ranunculaceae	唐松草属	*Thalictrum*
陕西唐松草	*Thalictrum shensiense*	毛茛科	Ranunculaceae	唐松草属	*Thalictrum*
弯柱唐松草	*Thalictrum uncinulatum*	毛茛科	Ranunculaceae	唐松草属	*Thalictrum*
升麻	*Actaea cimicifuga*	毛茛科	Ranunculaceae	类叶升麻属	*Actaea*
单穗升麻	*Actaea simplex*	毛茛科	Ranunculaceae	类叶升麻属	*Actaea*
类叶升麻	*Actaea asiatica*	毛茛科	Ranunculaceae	类叶升麻属	*Actaea*
爪叶乌叶	*Aconitum hemsleyanum*	毛茛科	Ranunculaceae	乌头属	*Aconitum*
花莛乌头	*Aconitum scaposum*	毛茛科	Ranunculaceae	乌头属	*Aconitum*
铁棒锤	*Aconitum pendulum*	毛茛科	Ranunculaceae	乌头属	*Aconitum*
穿心莲乌头	*Aconitum sinomontanum*	毛茛科	Ranunculaceae	乌头属	*Aconitum*

（续）

植物中文名	拉丁学名	科中文名	科拉丁学名	属中文名	属拉丁学名
秦岭翠雀花	*Delphinium giraldii*	毛茛科	Ranunculaceae	翠雀属	*Delphinium*
石龙芮	*Ranunculus sceleratus*	毛茛科	Ranunculaceae	毛茛属	*Ranunculus*
草玉梅	*Anemone rivularis*	毛茛科	Ranunculaceae	银莲花属	*Anemone*
野棉花	*Anemone tomentosa*	毛茛科	Ranunculaceae	银莲花属	*Anemone*
银光铁线莲	*Clematis grandidentata*	毛茛科	Ranunculaceae	铁线莲属	*Clematis*
山铁线莲	*Clematis montana*	毛茛科	Ranunculaceae	铁线莲属	*Clematis*
美花铁线莲	*Clematis potaninii*	毛茛科	Ranunculaceae	铁线莲属	*Clematis*
须蕊铁线莲	*Clematis pogonandra*	毛茛科	Ranunculaceae	铁线莲属	*Clematis*
毛果铁线莲	*Clematis peterae* var. *trichocarpa*	毛茛科	Ranunculaceae	铁线莲属	*Clematis*
猫儿屎	*Decaisnea insignis*	木通科	Lardizabalaceae	猫儿屎属	*Decaisnea*
鹰爪枫	*Holboellia coriacea*	木通科	Lardizabalaceae	八月瓜属	*Holboellia*
串果藤	*Sinofranchetia chinensis*	木通科	Lardizabalaceae	串果藤属	*Sinofranchetia*
大血藤	*Sargentodoxa cuneata*	大血藤科	Sargentodoxaceae	大血藤属	*Sargentodoxa*
假蚝猪刺	*Berberis soulieana*	小檗科	Berberidaceae	小檗属	*Berberis*
川鄂小檗	*Berberis henryana*	小檗科	Berberidaceae	小檗属	*Berberis*
黄刺檗	*Berberis dielsiana*	小檗科	Berberidaceae	小檗属	*Berberis*
异长穗小檗	*Berberis feddeana*	小檗科	Berberidaceae	小檗属	*Berberis*
长穗小檗	*Berberis dasystachya*	小檗科	Berberidaceae	小檗属	*Berberis*
毛木防己	*Cocculus orbiculatus* var. *mollis*	防己科	Menispermaceae	木防己属	*Cocculus*
毛青藤	*Sinomenium acutum*	防己科	Menispermaceae	防己属	*Sinomenium*
武当玉兰	*Magnolia sprengeri*	木兰科	Magnoliaceae	木兰属	*Magnolia*
狭叶五味子	*Schisandra lancifolia*	木兰科	Magnoliaceae	五味子属	*Schisandra*
华中五味子	*Schisandra sphenanthera*	木兰科	Magnoliaceae	五味子属	*Schisandra*
水青树	*Tetracentron sinense*	水青树科	Tetracentraceae	水青树属	*Tetracentron*
山胡椒	*Lindera glauca*	樟科	Lauraceae	山胡椒属	*Lindera*
山楠	*Phoebe chinensis*	樟科	Lauraceae	楠属	*Phoebe*
秦岭木姜子	*Litsea tsinlingensis*	樟科	Lauraceae	木姜子属	*Litsea*
红叶木姜子	*Litsea rubescens*	樟科	Lauraceae	木姜子属	*Litsea*
小果博落回	*Macleaya microcarpa*	罂粟科	Papaveraceae	博落回属	*Macleaya*
四川金罂粟	*Stylophorum sutchuense*	罂粟科	Papaveraceae	金罂粟属	*Stylophorum*
柱果绿绒蒿	*Meconopsis oliveriana*	罂粟科	Papaveraceae	绿绒蒿属	*Meconopsis*
东陵绣球	*Hydrangea bretschneideri*	虎耳草科	Saxifragaceae	绣球属	*Hydrangea*
锈毛绣球	*Hydrangea longipes* var. *fulvescens*	虎耳草科	Saxifragaceae	绣球属	*Hydrangea*
山梅花	*Philadelphus incanus*	虎耳草科	Saxifragaceae	山梅花属	*Philadelphus*
长梗溲疏	*Deutzia vilmorinae*	虎耳草科	Saxifragaceae	溲疏属	*Deutzia*
小花溲疏	*Deutzia parviflora*	虎耳草科	Saxifragaceae	溲疏属	*Deutzia*
碎花溲疏	*Deutzia parviflora* var. *micrantha*	虎耳草科	Saxifragaceae	溲疏属	*Deutzia*
厚圆果海桐	*Pittosporum rehderianum*	海桐花科	Pittosporaceae	海桐花属	*Pittosporum*

（续）

植物中文名	拉丁学名	科中文名	科拉丁学名	属中文名	属拉丁学名
柄果海桐	*Pittosporum podocarpum*	海桐花科	Pittosporaceae	海桐花属	*Pittosporum*
山白树	*Sinowilsonia henryi*	金缕梅科	Hamamelidaceae	山白树属	*Sinowilsonia*
杜仲	*Eucommia ulmoides*	杜仲科	Eucommiaceae	杜仲属	*Eucommia*
英国梧桐	*Platanus acerifolia*	悬铃木科	Platanaceae	悬铃木属	*Platanus*
绣线梅	*Neillia sinensis*	蔷薇科	Rosaceae	绣线梅属	*Neillia*
粉叶绣线菊	*Spiraea japonica* var. *fortunei*	蔷薇科	Rosaceae	绣线菊属	*Spiraea*
华北绣线菊	*Spiraea fritschiana*	蔷薇科	Rosaceae	绣线菊属	*Spiraea*
长芽绣线菊	*Spiraea longigemmis*	蔷薇科	Rosaceae	绣线菊属	*Spiraea*
川滇绣线菊	*Spiraea schneideriana*	蔷薇科	Rosaceae	绣线菊属	*Spiraea*
陕西绣线菊	*Spiraea wilsonii*	蔷薇科	Rosaceae	绣线菊属	*Spiraea*
粉花绣线菊	*Spiraea japonica* var. *acuminata*	蔷薇科	Rosaceae	绣线菊属	*Spiraea*
鄂西绣线菊	*Spiraea veitchii*	蔷薇科	Rosaceae	绣线菊属	*Spiraea*
南川绣线菊	*Spiraea rosthornii*	蔷薇科	Rosaceae	绣线菊属	*Spiraea*
高丛珍珠梅	*Sorbaria arborea*	蔷薇科	Rosaceae	珍珠梅属	*Sorbaria*
华北珍珠梅	*Sorbaria kirilowii*	蔷薇科	Rosaceae	珍珠梅属	*Sorbaria*
珍珠梅	*Sorbaria arborea* var. *glabrata*	蔷薇科	Rosaceae	珍珠梅属	*Sorbaria*
川康栒子	*Cotoneaster ambiguus*	蔷薇科	Rosaceae	栒子属	*Cotoneaster*
麻核栒子	*Cotoneaster foveolatus*	蔷薇科	Rosaceae	栒子属	*Cotoneaster*
灰栒子	*Cotoneaster acutifolius*	蔷薇科	Rosaceae	栒子属	*Cotoneaster*
火棘	*Pyracantha fortuneana*	蔷薇科	Rosaceae	火棘属	*Pyracantha*
山楂	*Crataegus pinnatifida*	蔷薇科	Rosaceae	山楂属	*Crataegus*
中华石楠	*Photinia beauverdiana*	蔷薇科	Rosaceae	石楠属	*Photinia*
小叶石楠	*Photinia parvifolia*	蔷薇科	Rosaceae	石楠属	*Photinia*
江南花楸	*Sorbus hemsleyi*	蔷薇科	Rosaceae	花楸属	*Sorbus*
湖北花楸	*Sorbus hupehensis*	蔷薇科	Rosaceae	花楸属	*Sorbus*
石灰花楸	*Sorbus folgneri*	蔷薇科	Rosaceae	花楸属	*Sorbus*
水榆花楸	*Sorbus alnifolia*	蔷薇科	Rosaceae	花楸属	*Sorbus*
俞氏花楸	*Sorbus yuana*	蔷薇科	Rosaceae	花楸属	*Sorbus*
美脉花楸	*Sorbus caloneura*	蔷薇科	Rosaceae	花楸属	*Sorbus*
陕甘花楸	*Sorbus koehneana*	蔷薇科	Rosaceae	花楸属	*Sorbus*
刚毛忍冬	*Lonicera hispida*	忍冬科	Caprifoliaceae	忍冬属	*Lonicera*
唐棣	*Amelanchier sinica*	蔷薇科	Rosaceae	唐棣属	*Amelanchier*
褐梨	*Pyrus phaeocarpa*	蔷薇科	Rosaceae	梨属	*Pyrus*
杜梨	*Pyrus betulifolia*	蔷薇科	Rosaceae	梨属	*Pyrus*
山荆子	*Malus baccata*	蔷薇科	Rosaceae	苹果属	*Malus*
甘肃海棠	*Malus kansuensis*	蔷薇科	Rosaceae	苹果属	*Malus*
李树	*Prunus salicina*	蔷薇科	Rosaceae	稠李属	*Prunus*
星毛稠李	*Prunus stellipila*	蔷薇科	Rosaceae	稠李属	*Prunus*

（续）

植物中文名	拉丁学名	科中文名	科拉丁学名	属中文名	属拉丁学名
细齿稠李	*Prunus obtusata*	蔷薇科	Rosaceae	稠李属	*Prunus*
稠李	*Prunus padus*	蔷薇科	Rosaceae	稠李属	*Prunus*
短梗稠李	*Prunus brachypoda*	蔷薇科	Rosaceae	稠李属	*Prunus*
多毛樱桃	*Prunus polytricha*	蔷薇科	Rosaceae	稠李属	*Prunus*
樱桃	*Prunus pseudocerasus*	蔷薇科	Rosaceae	稠李属	*Prunus*
锥腺樱桃	*Prunus conadenia*	蔷薇科	Rosaceae	稠李属	*Prunus*
托叶樱桃	*Cerasus stipulacea*	蔷薇科	Rosaceae	樱属	*Cerasus*
山合欢	*Albizia kalkora*	豆科	Leguminosae	合欢属	*Albizia*
合欢	*Albizia julibrissin*	豆科	Leguminosae	合欢属	*Albizia*
紫荆	*Cercis chinensis*	豆科	Leguminosae	紫荆属	*Cercis*
云实	*Biancaea decapetala*	豆科	Leguminosae	云实属	*Biancaea*
苦参	*Sophora flavescens*	豆科	Leguminosae	苜蓿属	*Medicago*
天蓝苜蓿	*Medicago lupulina*	豆科	Leguminosae	苜蓿属	*Medicago*
小苜蓿	*Medicago minima*	豆科	Leguminosae	苜蓿属	*Medicago*
紫花苜蓿	*Medicago sativa*	豆科	Leguminosae	苜蓿属	*Medicago*
草木樨	*Melilotus dentatus*	豆科	Leguminosae	木樨属	*Melilotus*
白香草木樨	*Melilotus albus*	豆科	Leguminosae	木樨属	*Melilotus*
河北木蓝	*Indigofera bungeana*	豆科	Leguminosae	木蓝属	*Indigofera*
多花木蓝	*Indigofera amblyantha*	豆科	Leguminosae	木蓝属	*Indigofera*
刺槐	*Robinia pseudoacacia*	豆科	Leguminosae	刺槐属	*Robinia*
树锦鸡儿	*Caragana arborescens*	豆科	Leguminosae	锦鸡儿属	*Caragana*
洮河棘豆	*Oxytropis taochensis*	豆科	Leguminosae	棘豆属	*Oxytropis*
圆锥山蚂蝗	*Desmodium elegans*	豆科	Leguminosae	山蚂蝗属	*Desmodium*
长柄山蚂蝗	*Podocarpium podocarpum*	豆科	Leguminosae	长柄山蚂蝗属	*Podocarpium*
绿叶胡枝子	*Lespedeza buergeri*	豆科	Leguminosae	胡枝子属	*Lespedeza*
多花胡枝子	*Lespedeza floribunda*	豆科	Leguminosae	胡枝子属	*Lespedeza*
美丽胡枝子	*Lespedeza thunbergii* subsp. *formosa*	豆科	Leguminosae	胡枝子属	*Lespedeza*
达里胡枝子	*Lespedeza davurica*	豆科	Leguminosae	胡枝子属	*Lespedeza*
短梗胡枝子	*Lespedeza cyrtobotrya*	豆科	Leguminosae	胡枝子属	*Lespedeza*
截叶铁扫帚	*Lespedeza cuneata*	豆科	Leguminosae	胡枝子属	*Lespedeza*
太白山笐子梢	*Campylotropis macrocarpa* var. *hupehensis*	豆科	Leguminosae	笐子梢属	*Campylotropis*
杭子梢	*Campylotropis macrocarpa*	豆科	Leguminosae	笐子梢属	*Campylotropis*
鸡眼草	*Kummerowia striata*	豆科	Leguminosae	鸡眼草属	*Kummerowia*
掐不齐	*Kummerowia stipulacea*	豆科	Leguminosae	鸡眼草属	*Kummerowia*
黄檀	*Dalbergia hupeana*	豆科	Leguminosae	黄檀属	*Dalbergia*
金刚藤黄檀	*Dalbergia dyeriana*	豆科	Leguminosae	黄檀属	*Dalbergia*

（续）

植物中文名	拉丁学名	科中文名	科拉丁学名	属中文名	属拉丁学名
金翼黄芪	*Astragalus chrysopterus*	豆科	Leguminosae	黄耆属	*Astragalus*
确山野豌豆	*Vicia kioshanica*	豆科	Leguminosae	野豌豆属	*Vicia*
四籽野豌豆	*Vicia tetrasperma*	豆科	Leguminosae	野豌豆属	*Vicia*
漆树	*Toxicodendron vernicifluum*	漆树科	Anacardiaceae	漆属	*Toxicodendron*
猫儿刺	*Ilex pernyi*	冬青科	Aquifoliaceae	冬青属	*Ilex*
云南冬青	*Ilex yunnanensis*	冬青科	Aquifoliaceae	冬青属	*Ilex*
狭叶冬青	*Ilex fargesii*	冬青科	Aquifoliaceae	冬青属	*Ilex*
西南卫予	*Euonymus hamiltonianus*	卫矛科	Celastraceae	卫矛属	*Euonymus*
纤齿卫矛	*Euonymus giraldii*	卫矛科	Celastraceae	卫矛属	*Euonymus*
白杜	*Euonymus maackii*	卫矛科	Celastraceae	卫矛属	*Euonymus*
纤齿卫予	*Euonymus giraldii*	卫矛科	Celastraceae	卫矛属	*Euonymus*
疣枝卫予	*Euonymus verrucosoides*	卫矛科	Celastraceae	卫矛属	*Euonymus*
巴木	*Euonymus alatus*	卫矛科	Celastraceae	卫矛属	*Euonymus*
曲脉卫矛	*Euonymus venosus*	卫矛科	Celastraceae	卫矛属	*Euonymus*
角翅卫矛	*Euonymus cornutus*	卫矛科	Celastraceae	卫矛属	*Euonymus*
栓翅卫矛	*Euonymus phellomanus*	卫矛科	Celastraceae	卫矛属	*Euonymus*
扶芳藤	*Euonymus fortunei*	卫矛科	Celastraceae	卫矛属	*Euonymus*
八宝茶	*Euonymus semenovii*	卫矛科	Celastraceae	卫矛属	*Euonymus*
苦皮藤	*Celastrus angulatus*	卫矛科	Celastraceae	南蛇藤属	*Celastrus*
粉背南蛇藤	*Celastrus hypoleucus*	卫矛科	Celastraceae	南蛇藤属	*Celastrus*
南蛇藤	*Celastrus orbiculatus*	卫矛科	Celastraceae	南蛇藤属	*Celastrus*
膀胱果	*Staphylea holocarpa*	省沽油科	Staphyleaceae	省沽油属	*Staphylea*
省沽油	*Staphylea bumalda*	省沽油科	Staphyleaceae	省沽油属	*Staphylea*
银雀树	*Tapiscia sinensis*	省沽油科	Staphyleaceae	银鹊树属	*Tapiscia*
金钱槭	*Dipteronia sinensis*	槭树科	Aceraceae	金钱槭属	*Dipteronia*
杈叶槭	*Acer ceriferum*	槭树科	Aceraceae	槭属	*Acer*
五尖槭	*Acer maximowiczii*	槭树科	Aceraceae	槭属	*Acer*
青榨槭	*Acer davidii*	槭树科	Aceraceae	槭属	*Acer*
葛萝槭	*Acer davidii* subsp. *grosseri*	槭树科	Aceraceae	槭属	*Acer*
五角枫	*Acer pictum* subsp. *mono*	槭树科	Aceraceae	槭属	*Acer*
陕甘黄毛槭	*Acer shenkanense*	槭树科	Aceraceae	槭属	*Acer*
五裂槭	*Acer oliverianum*	槭树科	Aceraceae	槭属	*Acer*
飞蛾槭	*Acer oblongum*	槭树科	Aceraceae	槭属	*Acer*
元宝槭	*Acer truncatum*	槭树科	Aceraceae	槭属	*Acer*
四蕊槭	*Acer stachyophyllum* subsp. *betulifolium*	槭树科	Aceraceae	槭属	*Acer*
建始槭	*Acer henryi*	槭树科	Aceraceae	槭属	*Acer*
七叶树	*Aesculus chinensis*	七叶树科	Hippocastanaceae	七叶树属	*Aesculus*

（续）

植物中文名	拉丁学名	科中文名	科拉丁学名	属中文名	属拉丁学名
栾树	*Koelreuteria paniculata*	无患子科	Sapindaceae	栾树属	*Koelreuteria*
泡花树	*Meliosma dilleniifolia*	清风藤科	Sabiaceae	泡花树属	*Meliosma*
暖木	*Meliosma veitchiorum*	清风藤科	Sabiaceae	泡花树属	*Meliosma*
鄂西清风藤	*Sabia campanulata*	清风藤科	Sabiaceae	清风藤属	*Sabia*
水金凤	*Impatiens noli - tangere*	凤仙花科	Balsaminaceae	凤仙花属	*Impatiens*
西固凤仙花	*Impatiens notolopha*	凤仙花科	Balsaminaceae	凤仙花属	*Impatiens*
陇南凤仙花	*Impatiens potaninii*	凤仙花科	Balsaminaceae	凤仙花属	*Impatiens*
裂距凤仙花	*Impatiens fissicornis*	凤仙花科	Balsaminaceae	凤仙花属	*Impatiens*
萱	*Viola vaginata*	堇菜科	Violaceae	堇菜属	*Viola*
紫花地丁	*Viola philippica*	堇菜科	Violaceae	堇菜属	*Viola*
犁头草	*Viola japonica*	堇菜科	Violaceae	堇菜属	*Viola*
白果堇菜	*Viola phalacrocarpa*	堇菜科	Violaceae	堇菜属	*Viola*
毛叶山桐子	*Idesia polycarpa* var. *vestita*	大风子科	Flacourtiaceae	山桐子属	*Idesia*
中国旌节花	*Stachyurus chinensis*	旌节花科	Stachyuraceae	旌节花属	*Stachyurus*
中华秋海棠	*Begonia grandis* subsp. *sinensis*	秋海棠科	Begoniaceae	秋海棠属	*Begonia*
黄瑞香	*Daphne giraldii*	瑞香科	Thymelaeaceae	瑞香属	*Daphne*
芫花	*Daphne genkwa*	瑞香科	Thymelaeaceae	瑞香属	*Daphne*
牛奶子	*Elaeagnus umbellata*	胡颓子科	Elaeagnaceae	胡颓子属	*Elaeagnus*
胡颓子	*Elaeagnus pungens*	胡颓子科	Elaeagnaceae	胡颓子属	*Elaeagnus*
长叶胡颓子	*Elaeagnus bockii*	胡颓子科	Elaeagnaceae	胡颓子属	*Elaeagnus*
披针胡颓子	*Elaeagnus lanceolata*	胡颓子科	Elaeagnaceae	胡颓子属	*Elaeagnus*
宜昌胡颓子	*Elaeagnus henryi*	胡颓子科	Elaeagnaceae	胡颓子属	*Elaeagnus*
节节菜	*Rotala indica*	千屈菜科	Lythraceae	节节菜属	*Rotala*
耳叶水苋	*Ammannia auriculata*	千屈菜科	Lythraceae	水苋菜属	*Ammannia*
千屈菜	*Lythrum salicaria*	千屈菜科	Lythraceae	千屈菜属	*Lythrum*
瓜木	*Alangium platanifolium*	八角枫科	Alangiaceae	八角枫属	*Alangium*
八角枫	*Alangium chinense*	八角枫科	Alangiaceae	八角枫属	*Alangium*
露珠草	*Circaea cordata*	柳叶菜科	Onagraceae	露珠草属	*Circaea*
水珠草	*Circaea canadensis* subsp. *quadrisulcata*	柳叶菜科	Onagraceae	露珠草属	*Circaea*
光滑柳叶菜	*Epilobium amurense* subsp. *cephalostigma*	柳叶菜科	Onagraceae	柳叶菜属	*Epilobium*
小花柳叶菜	*Epilobium parviflorum*	柳叶菜科	Onagraceae	柳叶菜属	*Epilobium*
柳兰	*Epilobium angustifolium*	柳叶菜科	Onagraceae	柳叶菜属	*Epilobium*
待霄草	*Oenothera odorata*	柳叶菜科	Onagraceae	月见草属	*Oenothera*
白背叶楤木	*Aralia chinensis* var. *nuda*	五加科	Araliaceae	楤木属	*Aralia*
刺楸	*Kalopanax septemlobus*	五加科	Araliaceae	刺楸属	*Kalopanax*
阔叶蜀五加	*Acanthopanax leucorrhizus* var. *setchuenensis*	五加科	Araliaceae	五加属	*Acanthopanax*

（续）

植物中文名	拉丁学名	科中文名	科拉丁学名	属中文名	属拉丁学名
离柱五加	*Acanthopanax eleutheristylus*	五加科	Araliaceae	五加属	*Acanthopanax*
糙叶藤五加	*Acanthopanax leucorrhizus*	五加科	Araliaceae	五加属	*Acanthopanax*
匙叶五加	*Acanthopanax rehderianus*	五加科	Araliaceae	五加属	*Acanthopanax*
藤五加	*Acanthopanax leucorrhizus*	五加科	Araliaceae	五加属	*Acanthopanax*
常春藤	*Hedera nepalensis* var. *sinensis*	五加科	Araliaceae	常春藤属	*Hedera*
梁王茶	*Nothopanax davidii*	五加科	Araliaceae	梁王茶属	*Nothopanax*
长序变豆菜	*Sanicula elongata*	伞形科	Umbelliferae	变豆菜属	*Sanicula*
变豆菜	*Sanicula chinensis*	伞形科	Umbelliferae	变豆菜属	*Sanicula*
峨参	*Anthriscus sylvestris*	伞形科	Umbelliferae	峨参属	*Anthriscus*
破子草	*Torilis japonica*	伞形科	Umbelliferae	窃衣属	*Torilis*
窃衣	*Torilis scabra*	伞形科	Umbelliferae	窃衣属	*Torilis*
大叶柴胡	*Bupleurum longiradiatum*	伞形科	Umbelliferae	柴胡属	*Bupleurum*
北柴胡	*Bupleurum chinense*	伞形科	Umbelliferae	柴胡属	*Bupleurum*
鸭儿芹	*Cryptotaenia japonica*	伞形科	Umbelliferae	鸭儿芹属	*Cryptotaenia*
田葛缕子	*Carum buriaticum*	伞形科	Umbelliferae	葛缕子属	*Carum*
户县白蜡树	*Fraxinus stylosa*	木樨科	Oleaceae	梣属	*Fraxinus*
短梗水曲柳	*Fraxinus mandshurica*	木樨科	Oleaceae	梣属	*Fraxinus*
苦枥木	*Fraxinus insularis*	木樨科	Oleaceae	梣属	*Fraxinus*
白蜡树	*Fraxinus chinensis*	木樨科	Oleaceae	梣属	*Fraxinus*
象蜡树	*Fraxinus platypoda*	木樨科	Oleaceae	梣属	*Jasminum*
黄素馨	*Jasminum floridum* subsp. *giraldii*	木樨科	Oleaceae	素馨属	*Jasminum*
迎春花	*Jasminum nudiflorum*	木樨科	Oleaceae	素馨属	*Jasminum*
秦岭丁香	*Syringa pubescens* subsp. *microphylla*	木樨科	Oleaceae	丁香属	*Syringa*
红丁香	*Syringa villosa*	木樨科	Oleaceae	丁香属	*Syringa*
垂丝丁香	*Syringa komarowii* subsp. *reflexa*	木樨科	Oleaceae	丁香属	*Syringa*
流苏树	*Chionanthus retusus*	木樨科	Oleaceae	流苏树属	*Chionanthus*
总梗女贞	*Ligustrum pricei*	木樨科	Oleaceae	女贞属	*Ligustrum*
小叶女贞	*Ligustrum quihoui*	木樨科	Oleaceae	女贞属	*Ligustrum*
蜡子树	*Ligustrum leucanthum*	木樨科	Oleaceae	女贞属	*Ligustrum*
周至醉鱼草	*Buddleja albiflora*	马钱科	Angiospermae	醉鱼草属	*Buddleja*
大叶醉鱼草	*Buddleja davidii*	马钱科	Angiospermae	醉鱼草属	*Buddleja*
椭圆叶花锚	*Halenia elliptica*	龙胆科	Gentianaceae	花锚属	*Halenia*
湿生扁蕾	*Gentianopsis paludosa*	龙胆科	Gentianaceae	扁蕾属	*Gentianopsis*
双蝴蝶	*Tripterospermum chinense*	龙胆科	Gentianaceae	双蝴蝶属	*Tripterospermum*
糙边扁蕾	*Gentianopsis paludosa* var. *ovatodeltoidea*	龙胆科	Gentianaceae	扁蕾属	*Gentianopsis*
中国扁蕾	*Gentianopsis barbata*	龙胆科	Gentianaceae	扁蕾属	*Gentianopsis*

（续）

植物中文名	拉丁学名	科中文名	科拉丁学名	属中文名	属拉丁学名
獐牙菜	*Swertia bimaculata*	龙胆科	Gentianaceae	獐牙菜属	*Swertia*
络石	*Trachelospermum jasminoides*	夹竹桃科	Apocynaceae	络石属	*Trachelospermum*
石血	*Trachelospermum jasminoides*	夹竹桃科	Apocynaceae	络石属	*Trachelospermum*
杠柳	*Periploca sepium*	萝藦科	Asclepiadaceae	杠柳属	*Periploca*
鹅绒藤	*Cynanchum chinense*	萝藦科	Asclepiadaceae	鹅绒藤属	*Cynanchum*
牛皮消	*Cynanchum auriculatum*	萝藦科	Asclepiadaceae	鹅绒藤属	*Cynanchum*
白首乌	*Cynanchum bungei*	萝藦科	Asclepiadaceae	鹅绒藤属	*Cynanchum*
大理白前	*Cynanchum forrestii*	萝藦科	Asclepiadaceae	鹅绒藤属	*Cynanchum*
白薇	*Cynanchum atratum*	萝藦科	Asclepiadaceae	鹅绒藤属	*Cynanchum*
徐长卿	*Cynanchum paniculatum*	萝藦科	Asclepiadaceae	鹅绒藤属	*Cynanchum*
地稍瓜	*Cynanchum thesioides*	萝藦科	Asclepiadaceae	鹅绒藤属	*Cynanchum*
菟丝子	*Cuscuta chinensis*	旋花科	Convolvulaceae	菟丝子属	*Cuscuta*
篱打碗花	*Calystegia sepium*	旋花科	Convolvulaceae	打碗花属	*Calystegia*
花荵	*Polemonium caeruleum*	花荵科	Polemoniaceae	花荵属	*Polemonium*
梓木草	*Lithospermum zollingeri*	紫草科	Boraginaceae	紫草属	*Lithospermum*
麦家公	*Lithospermum arvense*	紫草科	Boraginaceae	紫草属	*Lithospermum*
湖北附地菜	*Trigonotis mollis*	紫草科	Boraginaceae	附地菜属	*Trigonotis*
秦岭附地菜	*Trigonotis giraldii*	紫草科	Boraginaceae	附地菜属	*Trigonotis*
附地菜	*Trigonotis peduncularis*	紫草科	Boraginaceae	附地菜属	*Trigonotis*
钝萼附地菜	*Trigonotis peduncularis* var. *amblyosepala*	紫草科	Boraginaceae	附地菜属	*Trigonotis*
勿忘草	*Myosotis alpestris*	紫草科	Boraginaceae	勿忘草属	*Myosotis*
龙葵	*Solanum nigrum*	茄科	Solanaceae	茄属	*Solanum*
白英	*Solanum lyratum*	茄科	Solanaceae	茄属	*Solanum*
阳芋	*Solanum tuberosum*	茄科	Solanaceae	茄属	*Solanum*
曼陀罗	*Datura stramonium*	茄科	Solanaceae	曼陀罗属	*Datura*
毛泡桐	*Paulownia tomentosa*	玄参科	Scrophulariaceae	泡桐属	*Paulownia*
四川沟酸浆	*Mimulus szechuanensis*	玄参科	Scrophulariaceae	沟酸浆属	*Mimulus*
沟酸浆	*Mimulus tenellus*	玄参科	Scrophulariaceae	沟酸浆属	*Mimulus*
尼泊尔沟酸浆	*Mimulus nepalensis*	玄参科	Scrophulariaceae	沟酸浆属	*Mimulus*
弹刀子菜	*Mazus stachydifolius*	玄参科	Scrophulariaceae	通泉草属	*Mazus*
穗花通泉草	*Mazus spicatus*	玄参科	Scrophulariaceae	通泉草属	*Mazus*
通泉草	*Mazus pumilus*	玄参科	Scrophulariaceae	通泉草属	*Mazus*
陌上菜	*Lindernia procumbens*	玄参科	Scrophulariaceae	母草属	*Lindernia*
鞭打绣球	*Hemiphragma heterophyllum*	玄参科	Scrophulariaceae	鞭打绣球属	*Hemiphragma*
水蔓青	*Veronica linariifolia*	玄参科	Scrophulariaceae	婆婆纳属	*Veronica*
小婆婆纳	*Veronica serpyllifolia*	玄参科	Scrophulariaceae	婆婆纳属	*Veronica*
婆婆纳	*Veronica polita*	玄参科	Scrophulariaceae	婆婆纳属	*Veronica*

（续）

植物中文名	拉丁学名	科中文名	科拉丁学名	属中文名	属拉丁学名
疏花婆婆纳	*Veronica laxa*	玄参科	Scrophulariaceae	婆婆纳属	*Veronica*
四川婆婆纳	*Veronica szechuanica*	玄参科	Scrophulariaceae	婆婆纳属	*Veronica*
北水苦荬	*Veronica anagallis-aquatica*	玄参科	Scrophulariaceae	婆婆纳属	*Veronica*
水苦荬	*Veronica undulata*	玄参科	Scrophulariaceae	婆婆纳属	*Veronica*
草本威灵仙	*Veronicastrum sibiricum*	玄参科	Scrophulariaceae	腹水草属	*Veronicastrum*
细穗腹水草	*Veronicastrum stenostachyum*	玄参科	Scrophulariaceae	腹水草属	*Veronicastrum*
地黄	*Rehmannia glutinosa*	玄参科	Scrophulariaceae	地黄属	*Rehmannia*
裂叶地黄	*Rehmannia piasezkii*	玄参科	Scrophulariaceae	地黄属	*Rehmannia*
山萝花	*Melampyrum roseum*	玄参科	Scrophulariaceae	山萝花属	*Melampyrum*
松蒿	*Phtheirospermum japonicum*	菊科	Compositae	松蒿属	*Phtheirospermum*
短腺小米草	*Euphrasia regelii*	菊科	Compositae	小米草属	*Euphrasia*
美观马先蒿	*Pedicularis decora*	菊科	Compositae	马先蒿属	*Pedicularis*
藓生马先蒿	*Pedicularis muscicola*	菊科	Compositae	马先蒿属	*Pedicularis muscicola*
返顾马先蒿	*Pedicularis resupinata*	菊科	Compositae	马先蒿属	*Pedicularis*
穗花马先蒿	*Pedicularis spicata*	菊科	Compositae	马先蒿属	*Pedicularis*
扭盔马先蒿	*Pedicularis davidii*	菊科	Compositae	马先蒿属	*Pedicularis*
阴行草	*Siphonostegia chinensis*	玄参科	Scrophulariaceae	阴行草属	*Siphonostegia*
灰楸	*Catalpa fargesii*	紫葳科	Bignoniaceae	梓属	*Catalpa*
梓树	*Catalpa ovata*	紫葳科	Bignoniaceae	梓属	*Catalpa*
凌霄	*Campsis grandiflora*	紫葳科	Bignoniaceae	凌霄属	*Campsis*
角蒿	*Incarvillea sinensis*	紫葳科	Bignoniaceae	角蒿属	*Incarvillea*
列当	*Orobanche coerulescens*	列当科	Orobanchaceae	列当属	*Orobanche*
半蒴苣苔	*Hemiboea subcapitata*	苦苣苔科	Gesneriaceae	半蒴苣苔属	*Hemiboea*
透骨草	*Phryma leptostachya* subsp. *asiatica*	透骨草科	Phrymataceae	透骨草属	*Phryma*
大车前	*Plantago major*	车前科	Plantaginaceae	车前属	*Plantago*
平车前	*Plantago depressa*	车前科	Plantaginaceae	车前属	*Plantago*
鸡屎藤	*Paederia foetida*	茜草科	Rubiaceae	鸡屎藤属	*Paederia*
绞股蓝	*Gynostemma pentaphyllum*	葫芦科	Cucurbitaceae	绞股蓝属	*Gynostemma*
党参	*Codonopsis pilosula*	桔梗科	Campanulaceae	党参属	*Codonopsis*
紫斑风铃草	*Campanula punctata*	桔梗科	Campanulaceae	风铃草属	*Campanula*
宽裂沙参	*Adenophora petiolata* subsp. *hunanensis*	桔梗科	Campanulaceae	沙参属	*Adenophora*
多歧沙参	*Adenophora potaninii* subsp. *wawreana*	桔梗科	Campanulaceae	沙参属	*Adenophora*
川鄂沙参	*Adenophora wilsonii*	桔梗科	Campanulaceae	沙参属	*Adenophora*
泡沙参	*Adenophora potaninii*	桔梗科	Campanulaceae	沙参属	*Adenophora*
岩生沙参	*Adenophora rupincola*	桔梗科	Campanulaceae	沙参属	*Adenophora*

（续）

植物中文名	拉丁学名	科中文名	科拉丁学名	属中文名	属拉丁学名
丝裂沙参	*Adenophora capillaris*	桔梗科	Campanulaceae	沙参属	*Adenophora*
薄叶荠苨	*Adenophora remotiflora*	桔梗科	Campanulaceae	沙参属	*Adenophora*
秦岭沙参	*Adenophora petiolata*	桔梗科	Campanulaceae	沙参属	*Adenophora*
高山沙参	*Adenophora himalayana* subsp. *alpina*	桔梗科	Campanulaceae	沙参属	*Adenophora*
华泽兰	*Eupatorium chinense*	菊科	Compositae	泽兰属	*Eupatorium*
泽兰	*Eupatorium japonicum*	菊科	Compositae	泽兰属	*Eupatorium*
紫菀	*Aster tataricus*	菊科	Compositae	紫菀属	*Aster*
三褶脉紫菀	*Aster ageratoides*	菊科	Compositae	紫菀属	*Aster*
异叶三褶脉紫菀	*Aster ageratoides* var. *heterophyllus*	菊科	Compositae	紫菀属	*Aster*
小舌紫菀	*Aster albescens*	菊科	Compositae	紫菀属	*Aster*
飞蓬	*Erigeron acris*	菊科	Compositae	飞蓬属	*Erigeron*
一年蓬	*Erigeron annuus*	菊科	Compositae	飞蓬属	*Erigeron*
小白酒草	*Conyza canadensis*	菊科	Compositae	白酒草属	*Conyza*
绢茸火绒草	*Leontopodium smithianum*	菊科	Compositae	火绒草属	*Leontopodium*
薄雪火绒草	*Leontopodium japonicum*	菊科	Compositae	火绒草属	*Leontopodium*
黄腺香青	*Anaphalis aureopunctata*	菊科	Compositae	香青属	*Anaphalis*
珠光香青	*Anaphalis margaritacea*	菊科	Compositae	香青属	*Anaphalis*
香青	*Anaphalis sinica*	菊科	Compositae	香青属	*Anaphalis*
秋鼠曲草	*Gnaphalium hypoleucum*	菊科	Compositae	鼠曲草属	*Gnaphalium*
细叶鼠曲草	*Gnaphalium japonicum*	菊科	Compositae	鼠曲草属	*Gnaphalium*
烟管头草	*Carpesium cernuum*	菊科	Compositae	天名精属	*Carpesium*
大花金挖耳	*Carpesium macrocephalum*	菊科	Compositae	天名精属	*Carpesium*
长叶天名精	*Carpesium longifolium*	菊科	Compositae	天名精属	*Carpesium*
四川天名精	*Carpesium szechuanense*	菊科	Compositae	天名精属	*Carpesium*
高原天名精	*Carpesium lipskyi*	菊科	Compositae	天名精属	*Carpesium*
暗花金挖耳	*Carpesium triste*	菊科	Compositae	天名精属	*Carpesium*
和尚菜	*Adenocaulon himalaicum*	菊科	Compositae	和尚菜属	*Adenocaulon*
多花百日菊	*Zinnia peruviana*	菊科	Compositae	百日菊属	*Zinnia*
豨莶	*Sigesbeckia orientalis*	菊科	Compositae	豨莶属	*Siegesbeckia*
菊芋	*Helianthus tuberosus*	菊科	Compositae	向日葵属	*Helianthus*
金盏银盘	*Bidens biternata*	菊科	Compositae	鬼针草属	*Bidens*
云南蓍	*Achillea wilsoniana*	菊科	Compositae	蓍属	*Achillea*
侧蒿	*Artemisia deversa*	菊科	Compositae	蒿属	*Artemisia*
药蒲公英	*Taraxacum officinale*	菊科	Compositae	蒲公英属	*Taraxacum*
川甘蒲公英	*Taraxacum lugubre*	菊科	Compositae	蒲公英属	*Taraxacum*
蒲公英	*Taraxacum mongolicum*	菊科	Compositae	蒲公英属	*Taraxacum*
苦苣菜	*Sonchus oleraceus*	菊科	Compositae	苦苣菜属	*Sonchus*

（续）

植物中文名	拉丁学名	科中文名	科拉丁学名	属中文名	属拉丁学名
苣荬菜	*Sonchus arvensis*	菊科	Compositae	苦苣菜属	*Sonchus*
台湾莴苣	*Lactuca formosana*	菊科	Compositae	莴苣属	*Lactuca*
细叶早熟禾	*Poa pratensis* subsp. *angustifolia*	禾本科	Gramineae	早熟禾属	*Poa*
草地早熟禾	*Poa pratensis*	禾本科	Gramineae	早熟禾属	*Poa*
林地早熟禾	*Poa nemoralis*	禾本科	Gramineae	早熟禾属	*Poa*
硬质早熟禾	*Poa sphondylodes*	禾本科	Gramineae	早熟禾属	*Poa*
多叶早熟禾	*Poa sphondylodes* var. *erikssonii*	禾本科	Gramineae	早熟禾属	*Poa*
雀麦	*Bromus japonicus*	禾本科	Gramineae	雀麦属	*Bromus*
疏花雀麦	*Bromus remotiflorus*	禾本科	Gramineae	雀麦属	*Bromus*
多节雀麦	*Bromus plurinodis*	禾本科	Gramineae	雀麦属	*Bromus*
小野臭草	*Melica onoei*	禾本科	Gramineae	臭草属	*Melica*
臭草	*Melica scabrosa*	禾本科	Gramineae	臭草属	*Melica*
细叶臭草	*Melica radula*	禾本科	Gramineae	臭草属	*Melica*
猬草	*Hystrix duthiei*	禾本科	Gramineae	猬草属	*Hystrix*
老芒麦	*Elymus sibiricus*	禾本科	Gramineae	披碱草属	*Elymus*
披碱草	*Elymus dahuricus*	禾本科	Gramineae	披碱草属	*Elymus*
圆柱披碱草	*Elymus dahuricus* var. *cylindricus*	禾本科	Gramineae	披碱草属	*Elymus*
鹅观草	*Roegneria kamoji*	禾本科	Gramineae	鹅观草属	*Roegneria*
前原鹅观草	*Roegneria mayebarana*	禾本科	Gramineae	鹅观草属	*Roegneria*
纤毛鹅观草	*Roegneria ciliaris*	禾本科	Gramineae	鹅观草属	*Roegneria*
中华草沙蚕	*Tripogon chinensis*	禾本科	Gramineae	草沙蚕属	*Tripogon*
蟋蟀草	*Eleusine indica*	禾本科	Gramineae	穇属草	*Eleusine*
狗牙根	*Cynodon dactylon*	禾本科	Gramineae	狗牙根属	*Cynodon*
虎尾草	*Chloris virgata*	禾本科	Gramineae	虎尾草	*Chloris*
三毛草	*Trisetum bifidum*	禾本科	Gramineae	三毛草属	*Trisetum*
湖北三毛草	*Triserum henryi*	禾本科	Gramineae	三毛草属	*Triserum*
野燕麦	*Avena fatua*	禾本科	Gramineae	燕麦属	*Avena fatua*
显子草	*Phaenosperma globosum*	禾本科	Gramineae	显子草属	*Phaenosperma*
乱子草	*Muhlenbergia huegelii*	禾本科	Gramineae	乱子草属	*Muhlenbergia*
日本乱子草	*Muhlenbergia japonica*	禾本科	Gramineae	乱子草属	*Muhlenbergia*
看麦娘	*Alopecurus aequalis*	禾本科	Gramineae	看麦娘属	*Alopecurus*
长芒棒头草	*Polypogon monspeliensis*	禾本科	Gramineae	棒头草属	*Polypogon*
棒头草	*Polypogon fugax*	禾本科	Gramineae	棒头草属	*Polypogon*
糙野青茅	*Deyeuxia scabrescens*	禾本科	Gramineae	野青茅属	*Deyeuxia*
光鳞水蜈蚣	*Kyllinga brevifolia*	莎草科	Cyperaceae	飘拂草属	*Kyllinga*
针叶薹草	*Carex onoei*	莎草科	Cyperaceae	薹草属	*Carex*
脉果薹草	*Carex neurocarpa*	莎草科	Cyperaceae	薹草属	*Carex*
云雾薹草	*Carex nubigena*	莎草科	Cyperaceae	薹草属	*Carex*

（续）

植物中文名	拉丁学名	科中文名	科拉丁学名	属中文名	属拉丁学名
书带薹草	*Carex rochebrunii*	莎草科	Cyperaceae	薹草属	*Carex*
疏穗薹草	*Carex remotiuscula*	莎草科	Cyperaceae	薹草属	*Carex*
穹隆薹草	*Carex gibba*	莎草科	Cyperaceae	薹草属	*Carex*
城口薹草	*Carex luctuosa*	莎草科	Cyperaceae	薹草属	*Carex*
大理薹草	*Carex rubrobrunnea* var. *taliensis*	莎草科	Cyperaceae	薹草属	*Carex*
膨囊薹草	*Carex lehmannii*	莎草科	Cyperaceae	薹草属	*Carex*
川康薹草	*Carex schneideri*	莎草科	Cyperaceae	薹草属	*Carex*
甘肃薹草	*Carex kansuensis*	莎草科	Cyperaceae	薹草属	*Carex*
长芒薹草	*Carex davidii*	莎草科	Cyperaceae	薹草属	*Carex*
青绿薹草	*Carex breviculmis*	莎草科	Cyperaceae	薹草属	*Carex*
毛状薹草	*Carex capilliformis*	莎草科	Cyperaceae	薹草属	*Carex*
大披针薹草	*Carex lanceolata*	莎草科	Cyperaceae	薹草属	*Carex*
宁陕薹草	*Carex oedorrhampha*	莎草科	Cyperaceae	薹草属	*Carex*
团集薹草	*Carex agglomerata*	莎草科	Cyperaceae	薹草属	*Carex*
日本薹草	*Carex japonica*	莎草科	Cyperaceae	薹草属	*Carex*
签草	*Carex doniana*	莎草科	Cyperaceae	薹草属	*Carex*
扁秆薹草	*Carex planiculmis*	莎草科	Cyperaceae	薹草属	*Carex*
唐进薹草	*Carex tangiana*	莎草科	Cyperaceae	薹草属	*Carex*
异穗薹草	*Carex heterostachya*	莎草科	Cyperaceae	薹草属	*Carex*
舌薹草	*Carex ligulata*	莎草科	Cyperaceae	薹草属	*Carex*
棕榈	*Trachycarpus fortunei*	棕榈科	Palmae	棕榈属	*Trachycarpus*
天南星	*Arisaema erubescens*	天南星科	Araceae	天南星属	*Arisaema*
象天南星	*Arisaema elephas*	天南星科	Araceae	天南星属	*Arisaema*
独角莲	*Typhonium giganteum*	天南星科	Araceae	犁头尖属	*Typhonium*
魔芋	*Amorphophallus konjac*	天南星科	Araceae	魔芋属	*Amorphophallus*
浮萍	*Lemna minor*	浮萍科	Lemnaceae	浮萍属	*Lemna*
紫萍	*Spirodela polyrhiza*	浮萍科	Lemnaceae	紫萍属	*Spirodela*
竹叶子	*Streptolirion volubile*	鸭跖草科	Commelinaceae	竹叶子属	*Streptolirion*
鸭跖草	*Commelina communis*	鸭跖草科	Commelinaceae	鸭跖草属	*Commelina*
鸭舌草	*Monochoria vaginalis*	雨久花科	Pontederiaceae	雨久花属	*Monochoria*
葱状灯心草	*Juncus allioides*	灯心草科	Juncaceae	灯心草属	*Juncus*
拟灯心草	*Juncus setchuensis*	灯心草科	Juncaceae	灯心草属	*Juncus*
灯心草	*Juncus effusus*	灯心草科	Juncaceae	灯心草属	*Juncus*
细灯心草	*Juncus gracillimus*	灯心草科	Juncaceae	灯心草属	*Juncus*
散穗地杨梅	*Luzula effusa*	灯心草科	Juncaceae	地杨梅属	*Luzula*
短梗菝葜	*Smilax scobinicaulis*	菝葜科	Smilacaceae	菝葜属	*Smilax*
心叶菝葜	*Smilax discotis*	菝葜科	Smilacaceae	菝葜属	*Smilax*
鞘柄菝葜	*Smilax stans*	菝葜科	Smilacaceae	菝葜属	*Smilax*

（续）

植物中文名	拉丁学名	科中文名	科拉丁学名	属中文名	属拉丁学名
糙柄菝葜	*Smilax trachypoda*	菝葜科	Smilacaceae	菝葜属	*Smilax*
小花火烧兰	*Epipactis helleborine*	兰科	Orchidaceae	火烧兰属	*Epipactis*
火烧兰	*Epipactis mairei*	兰科	Orchidaceae	火烧兰属	*Epipactis*
舌唇兰	*Platanthera japonica*	兰科	Orchidaceae	唇舌兰属	*Platanthera*
羊耳蒜	*Liparis japonica*	兰科	Orchidaceae	羊耳蒜属	*Liparis*
凹舌兰	*Coeloglossum viride*	兰科	Orchidaceae	凹舌兰属	*Coeloglossum*
沼兰	*Malaxis monophyllos*	兰科	Orchidaceae	沼兰属	*Malaxis*
天麻	*Gastrodia elata*	兰科	Orchidaceae	天麻属	*Gastrodia*
尖唇鸟巢兰	*Neottia acuminata*	兰科	Orchidaceae	鸟巢兰属	*Neottia*
线兰	*Cymbidium faberi*	兰科	Orchidaceae	兰属	*Cymbidium*
鱼腥草	*Houttuynia cordata*	三白草科	Saururaceae	蕺菜属	*Houttuynia*
多穗金粟兰	*Chloranthus multistachys*	金粟兰科	Chloranthaceae	金粟兰属	*Chloranthus*
甘肃柳	*Salix fargesii* var. *kansuensis*	杨柳科	Salicaceae	柳属	*Salix*
红皮柳	*Salix sinopurpurea*	杨柳科	Salicaceae	柳属	*Salix*
眉柳	*Salix wangiana*	杨柳科	Salicaceae	柳属	*Salix*
腺柳	*Salix chaenomeloides*	杨柳科	Salicaceae	柳属	*Salix*
川柳	*Salix hylonoma*	杨柳科	Salicaceae	柳属	*Salix*
小叶柳	*Salix hypoleuca*	杨柳科	Salicaceae	柳属	*Salix*
银背柳	*Salix ernestii*	杨柳科	Salicaceae	柳属	*Salix*
响叶杨	*Populus adenopoda*	杨柳科	Salicaceae	杨属	*Populus*
太白杨	*Populus purdomii*	杨柳科	Salicaceae	杨属	*Populus*
椅杨	*Populus wilsonii*	杨柳科	Salicaceae	杨属	*Populus*
甘肃枫杨	*Pterocarya macroptera*	胡桃科	Juglandaceae	枫杨属	*Pterocarya*
核桃	*Juglans regia*	胡桃科	Juglandaceae	胡桃属	*Juglans*
野核桃	*Juglans mandshurica*	胡桃科	Juglandaceae	胡桃属	*Juglans*
化香	*Platycarya strobilacea*	胡桃科	Juglandaceae	化香属	*Platycarya*
糙皮桦	*Betula utilis*	桦木科	Betulaceae	桦木属	*Betula*
红桦	*Betula albosinensis*	桦木科	Betulaceae	桦木属	*Betula*
光皮桦	*Betula luminifera*	桦木科	Betulaceae	桦木属	*Betula*
香桦	*Betula insignis*	桦木科	Betulaceae	桦木属	*Betula*
华榛	*Corylus chinensis*	桦木科	Betulaceae	榛属	*Corylus*
藏刺榛	*Corylus ferox* var. *thibetica*	桦木科	Betulaceae	榛属	*Corylus*
榛子	*Corylus heterophylla*	桦木科	Betulaceae	榛属	*Corylus*
披针叶榛	*Corylus fargesii*	桦木科	Betulaceae	榛属	*Corylus*
川榛	*Corylus heterophylla*	桦木科	Betulaceae	榛属	*Corylus*
昌化鹅耳枥	*Carpinus tschonoskii*	桦木科	Betulaceae	鹅耳枥属	*Carpinus*
千金榆	*Carpinus cordata*	桦木科	Betulaceae	鹅耳枥属	*Carpinus*
华千金榆	*Carpinus cordata* var. *chinensis*	桦木科	Betulaceae	鹅耳枥属	*Carpinus*

（续）

植物中文名	拉丁学名	科中文名	科拉丁学名	属中文名	属拉丁学名
多脉鹅耳枥	*Carpinus polyneura*	桦木科	Betulaceae	鹅耳枥属	*Carpinus*
铁木	*Ostrya japonica*	桦木科	Betulaceae	铁木属	*Ostrya*
锐齿槲栎	*Quercus aliena*	壳斗科	Fagaceae	栎属	*Quercus*
短柄枹栎	*Quercus serrata*	壳斗科	Fagaceae	栎属	*Quercus*
青冈栎	*Quercus engleriana*	壳斗科	Fagaceae	栎属	*Quercus*
短毛金线草	*Polygonum neofiliforme*	蓼科	Polygonaceae	蓼属	*Polygonum*
头状蓼	*Polygonum alatum*	蓼科	Polygonaceae	蓼属	*Polygonum*
萹蓄	*Polygonum aviculare*	蓼科	Polygonaceae	蓼属	*Polygonum*
虎杖	*Reynoutria japonica*	蓼科	Polygonaceae	虎杖属	*Reynoutria*
杠板归	*Polygonum perfoliata*	蓼科	Polygonaceae	蓼属	*Polygonum*
何首乌	*Polygonum multiflorus*	蓼科	Polygonaceae	蓼属	*Polygonum*
赤胫散	*Polygonum runcinata*	蓼科	Polygonaceae	蓼属	*Polygonum*
酸模叶蓼	*Polygonum lapathifolia*	蓼科	Polygonaceae	蓼属	*Polygonum*
中华抱茎蓼	*Polygonum amplexicaule*	蓼科	Polygonaceae	蓼属	*Polygonum*
珠芽蓼	*Polygonum vivipara*	蓼科	Polygonaceae	蓼属	*Polygonum*
丛枝蓼	*Polygonumposumbu*	蓼科	Polygonaceae	蓼属	*Polygonum*
牛皮消蓼	*Fallopia cynanchoides*	蓼科	Polygonaceae	藤蓼属	*Fallopia*
细梗荞麦	*Fagopyrum gracilipes*	蓼科	Polygonaceae	荞麦属	*Fagopyrum*
苦荞麦	*Fagopyrum tataricum*	蓼科	Polygonaceae	荞麦属	*Fagopyrum*
藜	*Chenopodium album*	藜科	Chenopodiaceae	藜属	*Chenopdium*
灰绿藜	*Chenopodium glaucum*	藜科	Chenopodiaceae	藜属	*Chenopdium*
地肤	*Kochia scoparia*	藜科	Chenopodiaceae	地肤属	*Kochia*
猪毛菜	*Kali collinum*	藜科	Chenopodiaceae	猪毛菜属	*Kali*
尾穗苋	*Amaranthus caudatus*	苋科	Amaranthaceae	苋属	*Amaranthus*
繁穗苋	*Amaranthus cruentus*	苋科	Amaranthaceae	苋属	*Amaranthus*
牛膝	*Achyranthes bidentata*	苋科	Amaranthaceae	牛膝属	*Achyranthus*
紫茉莉	*Mirabilis jalapa*	紫茉莉科	Nyctaginaceae	紫茉莉属	*Mirabilis*
商陆	*Phytolacca acinosa*	商陆科	Phytolaccaceae	商陆属	*Phytolacca*
马齿苋	*Portulaca oleracea*	马齿苋科	Portulacaceae	马齿苋属	*Portulaca*
蚤缀	*Arenaria serpyllifolia*	石竹科	Caryophyllaceae	蚤缀属	*Arenaria*
石生繁缕	*Stellaria vestita*	石竹科	Caryophyllaceae	繁缕属	*Stellaria*
天蓬草	*Stellaria alsine*	石竹科	Caryophyllaceae	繁缕属	*Stellaria*
鹅肠菜	*Stellaria aquatica*	石竹科	Caryophyllaceae	繁缕属	*Stellaria*
簇生卷耳	*Cerastium fontanum* subsp. *vulgare*	石竹科	Caryophyllaceae	卷耳属	*Cerastium*
鹤草	*Silene fortunei*	石竹科	Caryophyllaceae	蝇子草属	*Silene*
狗筋蔓	*Cucubalus baccifer*	石竹科	Caryophyllaceae	狗筋蔓属	*Cucubalus*
领春木	*Euptelea pleiosperma*	领春木科	Eupteleaceae	领春木属	*Euptelea*
连香树	*Cercidiphyllum japonicum*	连香树科	Cercidiphyllaceae	连香树属	Cercidiphyllum

（续）

植物中文名	拉丁学名	科中文名	科拉丁学名	属中文名	属拉丁学名
美丽芍药	*Paeonia mairei*	毛茛科	Ranunculaceae	芍药属	*Paeonia*
川陕金莲花	*Trollius buddae*	毛茛科	Ranunculaceae	金莲花属	*Trollius*
铁筷子	*Helleborus thibetanus*	毛茛科	Ranunculaceae	铁筷子属	*Helleborus*
纵肋人字果	*Dichocarpum fargesii*	毛茛科	Ranunculaceae	人字果属	*Dichocarpum*
华北耧斗菜	*Aquilegia yabeana*	毛茛科	Ranunculaceae	耧斗菜属	*Aquilegia*
绢毛唐松草	*Thalictrum brevisericeum*	毛茛科	Ranunculaceae	唐松草属	*Thalictrum*
秋唐松草	*Thalictrum minus* var. *hypoleucum*	毛茛科	Ranunculaceae	唐松草属	*Thalictrum*
粗壮唐松草	*Thalictrum robustum*	毛茛科	Ranunculaceae	唐松草属	*Thalictrum*
长柄唐松草	*Thalictrum przewalskii*	毛茛科	Ranunculaceae	唐松草属	*Thalictrum*
白屈菜	*Chelidonium majus*	罂粟科	Papaveraceae	白屈菜属	*Chelidonium*
倒卵果紫堇	*Corydalis davidii*	紫堇科	Fumariaceae	紫堇属	*Corydalis*
大叶碎米荠	*Cardamine macrophylla*	十字花科	Brassicaceae	碎米荠属	*Cardamine*
葶苈	*Draba nemorosa*	十字花科	Brassicaceae	葶苈属	*Draba*
云南山嵛菜	*Eutrema yunnanense*	十字花科	Brassicaceae	山嵛菜属	*Eutrema*
垂果大蒜芥	*Sisymbrium heteromallum*	十字花科	Brassicaceae	大蒜芥属	*Sisymbrium*
播娘蒿	*Descurainia sophia*	十字花科	Brassicaceae	播娘蒿属	*Descurainia*
蚓果芥	*Torularia humilis*	十字花科	Brassicaceae	串珠芥属	*Torularia*
桂竹糖芥	*Erysimum cheiranthoides*	十字花科	Brassicaceae	糖芥属	*Erysimum*
广州蔊菜	*Rorippa cantoniensis*	十字花科	Brassicaceae	蔊菜属	*Rorippa*
蔊菜	*Rorippa indica*	十字花科	Brassicaceae	蔊菜属	*Rorippa*
白花碎米荠	*Cardamine leucantha*	十字花科	Brassicaceae	碎米荠属	*Cardamine*
弹裂碎米荠	*Cardamine impatiens*	十字花科	Brassicaceae	碎米荠属	*Cardamine*
碎米荠	*Cardamine hirsuta*	十字花科	Brassicaceae	碎米荠属	*Cardamine*
弯曲碎米荠	*Cardamine flexuosa*	十字花科	Brassicaceae	碎米荠属	*Cardamine*
毛南芥	*Arabis hirsuta*	十字花科	Brassicaceae	南芥属	*Arabis*
离蕊芥	*Malcolmia africana*	十字花科	Brassicaceae	涩荠属	*Malcolmia*
菥蓂	*Thlaspi arvense*	十字花科	Brassicaceae	菥蓂属	*Thlaspi*
腺茎独行菜	*Lepidium apetalum*	十字花科	Brassicaceae	独行菜属	*Lepidium*
荠	*Capsella bursa-pastoris*	十字花科	Brassicaceae	荠属	*Capsella*
菱叶红景天	*Rhodiola yunnanensis*	景天科	Crassulaceae	红景天属	*Rhodiola*
山飘风	*Sedum filipes*	景天科	Crassulaceae	景天属	*Sedum*
乳瓣景天	*Sedum dielsii*	景天科	Crassulaceae	景天属	*Sedum*
繁缕景天	*Sedum stellariifolium*	景天科	Crassulaceae	景天属	*Sedum*
疣果景天	*Sedum elatinoides*	景天科	Crassulaceae	景天属	*Sedum*
轮叶八宝	*Hylotelephium verticillatum*	景天科	Crassulaceae	八宝属	*Hylotelephium*
大苞景天	*Sedum oligospermum*	景天科	Crassulaceae	景天属	*Sedum*
费菜	*Sedum aizoon*	景天科	Crassulaceae	景天属	*Sedum*
黄水枝	*Tiarella polyphylla*	虎耳草科	Saxifragaceae	黄水枝属	*Tiarella*

（续）

植物中文名	拉丁学名	科中文名	科拉丁学名	属中文名	属拉丁学名
秦岭金腰子	*Chrysosplenium biondianum*	虎耳草科	Saxifragaceae	金腰属	*Chrysosplenium*
大叶金腰子	*Chrysosplenium macrophyllum*	虎耳草科	Saxifragaceae	金腰属	*Chrysosplenium*
虎耳草	*Saxifraga stolonifera*	虎耳草科	Saxifragaceae	虎耳草属	*Saxifraga*
索骨丹	*Rodgersia aesculifolia*	虎耳草科	Saxifragaceae	鬼灯檠属	*Rodgersia*
落新妇	*Astilbe chinensis*	虎耳草科	Saxifragaceae	落新妇属	*Astilbe*
多花红升麻	*Astilbe rivularis* var. *myriantha*	虎耳草科	Saxifragaceae	落新妇属	*Astilbe*
芒药苍耳七	*Parnassia delavayi*	虎耳草科	Saxifragaceae	梅花草属	*Parnassia*
苍耳七	*Parnassia wightiana*	虎耳草科	Saxifragaceae	梅花草属	*Parnassia*
糖茶藨	*Ribes himalense*	虎耳草科	Saxifragaceae	茶藨子属	*Ribes*
宝兴茶藨	*Ribes moupinense*	虎耳草科	Saxifragaceae	茶藨子属	*Ribes*
冰川茶藨	*Ribes glaciale*	虎耳草科	Saxifragaceae	茶藨子属	*Ribes*
华茶藨	*Ribes fasciculatum*	虎耳草科	Saxifragaceae	茶藨子属	*Ribes*
冠盖绣球	*Hydrangea anomala*	虎耳草科	Saxifragaceae	绣球属	*Hydrangea*
三叶海棠	*Malus toringo*	虎耳草科	Saxifragaceae	苹果属	*Malus*
棣棠花	*Kerria japonica*	蔷薇科	Rosaceae	棣棠花属	*Kerria*
喜阴悬钩子	*Rubus mesogaeus*	蔷薇科	Rosaceae	悬钩子属	*Rubus*
茅莓	*Rubus parvifolius*	蔷薇科	Rosaceae	悬钩子属	*Rubus*
美丽悬钩子	*Rubus amabilis*	蔷薇科	Rosaceae	悬钩子属	*Rubus*
乌泡子	*Rubus parkeri*	蔷薇科	Rosaceae	悬钩子属	*Rubus*
早谷藨	*Rubus innominatus*	蔷薇科	Rosaceae	悬钩子属	*Rubus*
刺悬钩子	*Rubus pungens*	蔷薇科	Rosaceae	悬钩子属	*Rubus*
插田泡	*Rubus coreanus*	蔷薇科	Rosaceae	悬钩子属	*Rubus*
菰帽悬钩子	*Rubus pileatus*	蔷薇科	Rosaceae	悬钩子属	*Rubus*
山莓	*Rubus corchorifolius*	蔷薇科	Rosaceae	悬钩子属	*Rubus*
弓茎悬钩子	*Rubus flosculosus*	蔷薇科	Rosaceae	悬钩子属	*Rubus*
高粱泡	*Rubus lambertianus*	蔷薇科	Rosaceae	悬钩子属	*Rubus*
绵果悬钩子	*Rubus lasiostylus*	蔷薇科	Rosaceae	悬钩子属	*Rubus*
木莓	*Rubus swinhoei*	蔷薇科	Rosaceae	悬钩子属	*Rubus*
水杨梅	*Geum japonicum*	蔷薇科	Rosaceae	路边青属	*Geum*
柔毛水杨梅	*Geum japonicum* var. *chinense*	蔷薇科	Rosaceae	路边青属	*Geum*
伞房草莓	*Fragaria orientalis*	蔷薇科	Rosaceae	草莓属	*Fragaria*
五叶草莓	*Fragaria pentaphylla*	蔷薇科	Rosaceae	草莓属	*Fragaria*
蛇梅	*Duchesnea indica*	蔷薇科	Rosaceae	蛇莓属	*Duchesnea*
银露梅	*Dasiphora glabra*	蔷薇科	Rosaceae	金露梅属	*Dasiphora*
翻白草	*Potentilla discolor*	蔷薇科	Rosaceae	委陵菜属	*Potentilla*
西山委陵菜	*Potentilla sischanensis*	蔷薇科	Rosaceae	委陵菜属	*Potentilla*
委陵菜	*Potentilla chinensis*	蔷薇科	Rosaceae	委陵菜属	*Potentilla*
狼牙	*Potentilla cryptotaeniae*	蔷薇科	Rosaceae	委陵菜属	*Potentilla*

（续）

植物中文名	拉丁学名	科中文名	科拉丁学名	属中文名	属拉丁学名
三叶委陵菜	*Potentilla freyniana*	蔷薇科	Rosaceae	委陵菜属	*Potentilla*
皱叶委陵采	*Potentilla ancistrifolia*	蔷薇科	Rosaceae	委陵菜属	*Potentilla*
蛇莓委陵菜	*Potentilla centigrana*	蔷薇科	Rosaceae	委陵菜属	*Potentilla*
华西委陵菜	*Potentilla potaninii*	蔷薇科	Rosaceae	委陵菜属	*Potentilla*
蛇含	*Potentilla kleiniana*	蔷薇科	Rosaceae	委陵菜属	*Potentilla*
龙牙草	*Agrimonia pilosa*	蔷薇科	Rosaceae	龙牙草属	*Agrimonia*
白木香	*Rosa banksiae* var. *normalis*	蔷薇科	Rosaceae	蔷薇属	*Rosa*
茶藨花	*Rosa rubus*	蔷薇科	Rosaceae	蔷薇属	*Rosa*
秦岭蔷薇	*Rosa tsinglingensis*	蔷薇科	Rosaceae	蔷薇属	*Rosa*
峨眉蔷薇	*Rosa omeiensis*	蔷薇科	Rosaceae	蔷薇属	*Rosa*
软条七蔷薇	*Rosa henryi*	蔷薇科	Rosaceae	蔷薇属	*Rosa*
山刺玫	*Rosa davidii*	蔷薇科	Rosaceae	蔷薇属	*Rosa*
拟木香	*Rosa banksiopsis*	蔷薇科	Rosaceae	蔷薇属	*Rosa*
复伞房蔷薇	*Rosa brunonii*	蔷薇科	Rosaceae	蔷薇属	*Rosa*
钝叶蔷薇	*Rosa sertata*	蔷薇科	Rosaceae	蔷薇属	*Rosa*
杏树	*Prunus armeniaca*	蔷薇科	Rosaceae	李属	*Prunus*
桃树	*Prunus persica*	蔷薇科	Rosaceae	李属	*Prunus*
山桃	*Prunus davidiana*	蔷薇科	Rosaceae	李属	*Prunus*
歪头菜	*Vicia unijuga*	豆科	Leguminosae	野豌豆属	*Vicia*
三籽两型豆	*Amphicarpaea edgeworthii*	豆科	Leguminosae	两型豆属	*Amphicarpaea*
野大豆	*Glycine soja*	豆科	Leguminosae	大豆属	*Glycine*
葛	*Pueraria montana* var. *lobata*	旋花科	Convolvulaceae	葛属	*Pueraria*
酢浆草	*Oxalis corniculata*	酢浆草科	Oxalidaceae	酢浆草属	*Oxalis*
山酢浆草	*Oxalis griffithii*	酢浆草科	Oxalidaceae	酢浆草属	*Oxalis*
老鹳草	*Geranium wilfordii*	牻牛儿苗科	Geraniaceae	老鹳草属	*Geranium*
陕西老鹳草	*Geranium shensianum*	牻牛儿苗科	Geraniaceae	老鹳草属	*Geranium*
鄂西老鹳草	*Geranium rosthornii*	牻牛儿苗科	Geraniaceae	老鹳草属	*Geranium*
鼠掌老鹳草	*Geranium sibiricum*	牻牛儿苗科	Geraniaceae	老鹳草属	*Geranium*
蒺藜	*Tribulus terrestris*	蒺藜科	Zygophyllaceae	蒺藜属	*Tribulus*
假黄檗	*Tetradium daniellii*	芸香科	Rutaceae	吴茱萸属	*Tetradium*
吴茱萸	*Tetradium ruticarpum*	芸香科	Rutaceae	吴茱萸属	*Tetradium*
竹叶椒	*Zanthoxylum armatum*	芸香科	Rutaceae	花椒属	*Zanthoxylum*
花椒	*Zanthoxylum bungeanum*	芸香科	Rutaceae	花椒属	*Zanthoxylum*
臭椿	*Ailanthus altissima*	苦木科	Simaroubaceae	臭椿属	*Ailanthus*
苦木	*Picrasma quassioides*	苦木科	Simaroubaceae	苦木属	*Picrasma*
香椿	*Toona sinensis*	楝科	Meliaceae	香椿属	*Toona*
小扁豆	*Polygala tatarinowii*	豆科	Leguminosae	远志属	*Polygala*
远志	*Polygala tenuifolia*	豆科	Leguminosae	远志属	*Polygala*

（续）

植物中文名	拉丁学名	科中文名	科拉丁学名	属中文名	属拉丁学名
瓜子金	*Polygala japonica*	豆科	Leguminosae	远志属	*Polygala*
大戟	*Euphorbia pekinensis*	大戟科	Euphorbiaceae	大戟属	*Euphorbia*
地锦草	*Euphorbia humifusa*	大戟科	Euphorbiaceae	大戟属	*Euphorbia*
甘遂	*Euphorbia kansui*	大戟科	Euphorbiaceae	大戟属	*Euphorbia*
泽漆	*Euphorbia helioscopia*	大戟科	Euphorbiaceae	大戟属	*Euphorbia*
野桐	*Mallotus japonicus*	大戟科	Euphorbiaceae	野桐属	*Mallotus*
一叶萩	*Flueggea suffruticosa*	大戟科	Euphorbiaceae	白饭树属	*Flueggea*
雀儿舌头	*Leptopus chinensis*	大戟科	Euphorbiaceae	雀舌木属	*Leptopus*
疣果地构叶	*Speranskia tuberculata*	大戟科	Euphorbiaceae	地构叶属	*Speranskia*
油桐	*Vernicia fordii*	大戟科	Euphorbiaceae	油桐属	*Vernicia*
铁苋菜	*Acalypha australis*	大戟科	Euphorbiaceae	铁苋菜属	*Acalypha*
山麻杆	*Alchornea davidii*	大戟科	Euphorbiaceae	山麻杆属	*Alchornea*
石岩枫	*Mallotus repandus*	大戟科	Euphorbiaceae	野桐属	*Mallotus*
假奓包叶	*Discocleidion rufescens*	大戟科	Euphorbiaceae	丹麻杆属	*Discocleidion*
白背叶	*Mallotus apelta*	大戟科	Euphorbiaceae	野桐属	*Mallotus*
黄杨	*Buxus sinica*	黄杨科	Buxaceae	黄杨属	*Buxus*
顶蕊三角咪	*Pachysandra terminalis*	黄杨科	Buxaceae	板凳果属	*Pachysandra*
马桑	*Coriaria nepalensis*	马桑科	Coriariaceae	马桑属	*Coriaria*
毛黄栌	*Cotinus coggygria*	漆树科	Anacardiaceae	黄栌属	*Cotinus*
红麸杨	*Rhus punjabensis* var. *sinica*	漆树科	Anacardiaceae	盐肤木属	*Rhus*
盐麸木	*Rhus chinensis*	漆树科	Anacardiaceae	盐肤木属	*Rhus*
青麸杨	*Rhus potaninii*	漆树科	Anacardiaceae	盐肤木属	*Rhus*
铜钱树	*Paliurus hemsleyanus*	鼠李科	Rhamnaceae	马甲子属	*Paliurus*
酸枣	*Ziziphus jujuba* var. *spinosa*	鼠李科	Rhamnaceae	枣属	*Ziziphus*
勾儿茶	*Berchemia sinica*	鼠李科	Rhamnaceae	勾儿茶属	*Berchemia*
黄背勾儿茶	*Berchemia flavescens*	鼠李科	Rhamnaceae	勾儿茶属	*Berchemia*
拐枣	*Hovenia dulcis*	鼠李科	Rhamnaceae	枳椇属	*Hovenia*
桃叶鼠李	*Rhamnus iteinophylla*	鼠李科	Rhamnaceae	鼠李属	*Rhamnus*
甘青鼠李	*Rhamnus tangutica*	鼠李科	Rhamnaceae	鼠李属	*Rhamnus*
复叶葡萄	*Vitis piasezkii*	葡萄科	Vitaceae	葡萄属	*Vitis*
大叶蛇葡萄	*Ampelopsis megalophylla*	葡萄科	Vitaceae	蛇葡萄属	*Ampelopsis*
蓝果蛇葡萄	*Ampelopsis bodinieri*	葡萄科	Vitaceae	蛇葡萄属	*Ampelopsis*
三裂蛇葡萄	*Ampelopsis delavayana*	葡萄科	Vitaceae	蛇葡萄属	*Ampelopsis*
葎蛇葡萄	*Ampelopsis humulifolia*	葡萄科	Vitaceae	蛇葡萄属	*Ampelopsis*
爬山虎	*Parthenocissus tricuspidata*	葡萄科	Vitaceae	地锦属	*Parthenocissus*
异叶爬山虎	*Parthenocissus heterophylla*	葡萄科	Vitaceae	地锦属	*Parthenocissus*
尖叶乌蔹莓	*Causonis japonica* var. *pseudotrifolia*	葡萄科	Vitaceae	乌蔹莓属	*Causonis*

（续）

植物中文名	拉丁学名	科中文名	科拉丁学名	属中文名	属拉丁学名
田麻	*Corchoropsis crenata*	椴树科	Tiliaceae	田麻属	*Corchoropsis*
少脉椴	*Tilia paucicostata*	椴树科	Tiliaceae	椴树属	*Tilia*
粉椴	*Tilia oliveri*	椴树科	Tiliaceae	椴树属	*Tilia*
华椴	*Tilia chinensis*	椴树科	Tiliaceae	椴树属	*Tilia*
扁担木	*Grewia biloba* var. *parviflora*	椴树科	Tiliaceae	扁担杆属	*Grewia*
苘麻	*Abutilon theophrasti*	锦葵科	Malvaceae	苘麻属	*Abutilon*
锦葵	*Malva cathayensis*	锦葵科	Malvaceae	锦葵属	*Malva*
野锦葵	*Malva pusilla*	锦葵科	Malvaceae	锦葵属	*Malva*
蜀葵	*Althaea rosea*	锦葵科	Malvaceae	药葵属	*Althaea*
葛枣猕猴桃	*Actinidia polygama*	猕猴桃科	Actinidiaceae	猕猴桃属	*Actinidia*
中华猕猴桃	*Actinidia chinensis*	猕猴桃科	Actinidiaceae	猕猴桃属	*Actinidia*
软枣猕猴桃	*Actinidia arguta*	猕猴桃科	Actinidiaceae	猕猴桃属	*Actinidia*
四萼猕猴桃	*Actinidia tetramera*	猕猴桃科	Actinidiaceae	猕猴桃属	*Actinidia*
绵毛藤山柳	*Clematoclethra lanosa*	猕猴桃科	Actinidiaceae	藤山柳属	*Clematoclethra*
川藤山柳	*Clematoclethra scandens* subsp. *actinidioides*	猕猴桃科	Actinidiaceae	藤山柳属	*Clematoclethra*
藤山柳	*Clematoclethra scandens*	猕猴桃科	Actinidiaceae	藤山柳属	*Clematoclethra*
繁花藤山柳	*Clematoclethra scandens* subsp. *hemsleyi*	猕猴桃科	Actinidiaceae	藤山柳属	*Clematoclethra*
陕西紫茎	*Stewartia shensiensis*	山茶科	Theaceae	紫茎属	*Stewartia*
黄海棠	*Hypericum ascyron*	藤黄科	Guttiferae	金丝桃属	*Hypericum*
贯叶连翘	*Hypericum perforatum*	藤黄科	Guttiferae	金丝桃属	*Hypericum*
赶山鞭	*Hypericum attenuatum*	藤黄科	Guttiferae	金丝桃属	*Hypericum*
元宝草	*Hypericum sampsonii*	藤黄科	Guttiferae	金丝桃属	*Hypericum*
水柏枝	*Myricaria bracteata*	柽柳科	Tamaricaceae	水柏枝属	*Myricaria*
鸡腿堇菜	*Viola acuminata*	堇菜科	Violaceae	堇菜属	*Viola*
毛果堇菜	*Viola collina*	堇菜科	Violaceae	堇菜属	*Viola*
深山堇菜	*Viola selkirkii*	堇菜科	Violaceae	堇菜属	*Viola*
紫花堇菜	*Viola grypoceras*	堇菜科	Violaceae	堇菜属	*Viola*
菱叶茴芹	*Pimpinella rhomboidea*	伞形科	Umbelliferae	茴芹属	*Pimpinella*
尖齿茴芹	*Pimpinella arguta*	伞形科	Umbelliferae	茴芹属	*Pimpinella*
直立茴芹	*Pimpinella smithii*	伞形科	Umbelliferae	茴芹属	*Pimpinella*
山羊角芹	*Aegopodium alpestre*	伞形科	Umbelliferae	羊角芹属	*Aegopodium*
防风	*Saposhnikovia divaricata*	伞形科	Umbelliferae	防风属	*Saposhnikovia*
灰毛岩风	*Libanotis spodotrichoma*	伞形科	Umbelliferae	岩风属	*Libanotis*
水芹	*Oenanthe javanica*	伞形科	Umbelliferae	水芹属	*Oenanthe*
蛇床	*Cnidium monnieri*	伞形科	Umbelliferae	蛇床属	*Cnidium*
短毛独活	*Heracleum moellendorffii*	伞形科	Umbelliferae	独活属	*Heracleum*

（续）

植物中文名	拉丁学名	科中文名	科拉丁学名	属中文名	属拉丁学名
野胡萝卜	*Daucus carota*	伞形科	Umbelliferae	胡萝卜属	*Daucus*
灯台树	*Bothrocaryum controversum*	山茱萸科	Cornaceae	灯台树属	*Bothrocaryum*
梾木	*Cornus macrophylla*	山茱萸科	Cornaceae	山茱萸属	*Cornus*
沙梾	*Cornus bretschneideri*	山茱萸科	Cornaceae	山茱萸属	*Cornus*
红椋子	*Cornus hemsleyi*	山茱萸科	Cornaceae	山茱萸属	*Cornus*
多脉四照花	*Cornus multinervosa*	山茱萸科	Cornaceae	山茱萸属	*Cornus*
日本四照花	*Cornus kousa*	山茱萸科	Cornaceae	山茱萸属	*Cornus*
四川青荚叶	*Helwingia japonica*	山茱萸科	Cornaceae	青荚叶属	*Helwingia*
中华表荚叶	*Helwingia chinensis*	山茱萸科	Cornaceae	青荚叶属	*Helwingia*
青荚叶	*Helwingia japonica*	山茱萸科	Cornaceae	青荚叶属	*Helwingia*
鹿蹄草	*Pyrola calliantha*	鹿蹄草科	Pyrolaceae	鹿蹄草属	*Pyrola*
皱叶鹿蹄草	*Pyrola rugosa*	鹿蹄草科	Pyrolaceae	鹿蹄草属	*Pyrola*
喜冬草	*Chimaphila japonica*	鹿蹄草科	Pyrolaceae	喜冬草属	*Chimaphila*
水晶兰	*Monotropa uniflora*	鹿蹄草科	Pyrolaceae	水晶兰属	*Monotropa*
头花杜鹃	*Rhododendron capitatum*	杜鹃花科	Ericaceae	杜鹃属	*Rhododendron*
照山白	*Rhododendron micranthum*	杜鹃花科	Ericaceae	杜鹃属	*Rhododendron*
秀雅杜鹃	*Rhododendron concinnum*	杜鹃花科	Ericaceae	杜鹃属	*Rhododendron*
四川杜鹃	*Rhododendron sutchuenense*	杜鹃花科	Ericaceae	杜鹃属	*Rhododendron*
太白杜鹃	*Rhododendron purdomii*	杜鹃花科	Ericaceae	杜鹃属	*Rhododendron*
杜鹃花	*Rhododendron simsii*	杜鹃花科	Ericaceae	杜鹃属	*Rhododendron*
小果南烛	*Lyonia ovalifolia*	杜鹃花科	Ericaceae	越橘属	*Lyonia*
铁仔	*Myrsine africana*	紫金牛科	Myrsinaceae	铁仔属	*Myrsine*
距萼过路黄	*Lysimachia crista – galli*	报春花科	Primulaceae	珍珠菜属	*Lysimachia*
过路黄	*Lysimachia christinae*	报春花科	Primulaceae	珍珠菜属	*Lysimachia*
珍珠菜	*Lysimachia clethroides*	报春花科	Primulaceae	珍珠菜属	*Lysimachia*
腺药珍珠菜	*Lysimachia stenosepala*	报春花科	Primulaceae	珍珠菜属	*Lysimachia*
耳叶珍珠菜	*Lysimachia auriculata*	报春花科	Primulaceae	珍珠菜属	*Lysimachia*
柿树	*Diospyros kaki*	柿树科	Ebenaceae	柿树属	*Diospyros*
君迁子	*Diospyros lotus*	柿树科	Ebenaceae	柿树属	*Diospyros*
白檀	*Symplocos paniculata*	山矾科	Symplocaceae	山矾属	*Symplocos*
白辛树	*Pterostyrax psilophyllus*	安息香科	Styracaceae	白辛树属	*Pterostyrax*
野茉莉	*Styrax japonicus*	安息香科	Styracaceae	安息香属	*Styrax*
老鸹铃	*Styrax hemsleyanus*	安息香科	Styracaceae	安息香属	*Styrax*
细叶白蜡树	*Fraxinus baroniana*	木樨科	Oleaceae	梣属	*Fraxinus*
多苞斑种草	*Bothriospermum secundum*	紫草科	Boraginaceae	斑种草属	*Bothriospermum*
小花琉璃草	*Cynoglossum lanceolatum*	紫草科	Boraginaceae	琉璃草属	*Cynoglossum*
琉璃草	*Cynoglossum furcatum*	紫草科	Boraginaceae	琉璃草属	*Cynoglossum*
盾果草	*Thyrocarpus sampsonii*	紫草科	Boraginaceae	盾果草属	*Thyrocarpus*

（续）

植物中文名	拉丁学名	科中文名	科拉丁学名	属中文名	属拉丁学名
弯齿盾果草	*Thyrocarpus glochidiatus*	紫草科	Boraginaceae	盾果草属	*Thyrocarpus*
马鞭草	*Verbena officinalis*	马鞭草科	Verbenaceae	马鞭草属	*Verbena*
臭牡丹	*Clerodendrum bungei*	马鞭草科	Verbenaceae	大青属	*Clerodendrum*
海州常山	*Clerodendrum trichotomum*	马鞭草科	Verbenaceae	大青属	*Clerodendrum*
老鸦糊	*Callicarpa giraldii*	马鞭草科	Verbenaceae	紫珠属	*Callicarpa*
窄叶紫珠	*Callicarpa japonica*	马鞭草科	Verbenaceae	紫珠属	*Callicarpa*
三花莸	*Caryopteris terniflora*	马鞭草科	Verbenaceae	莸属	*Caryopteris*
动蕊花	*Kinostemon ornatum*	唇形科	Labiatae	动蕊花属	*Kinostemon*
秦岭香科科	*Teucrium tsinlingense*	唇形科	Labiatae	香科科属	*Teucrium*
水棘针	*Amethystea caerulea*	唇形科	Labiatae	水棘针属	*Amethystea*
夏至草	*Lagopsis supina*	唇形科	Labiatae	夏至草属	*Lagopsis*
多裂叶荆芥	*Schizonepeta multifida*	唇形科	Labiatae	荆芥属	*Schizonepeta*
荆芥	*Nepeta cataria*	唇形科	Labiatae	假荆芥属	*Nepeta*
活血丹	*Glechoma longituba*	唇形科	Labiatae	活血丹属	*Glechoma*
白透骨消	*Glechoma biondiana*	唇形科	Labiatae	活血丹属	*Glechoma*
夏枯草	*Prunella vulgaris*	唇形科	Labiatae	夏枯草属	*Prunella*
大花糙苏	*Phlomoides megalantha*	唇形科	Labiatae	糙苏属	*Phlomoides*
糙苏	*Phlomoides umbrosa*	唇形科	Labiatae	糙苏属	*Phlomoides*
宝盖草	*Lamium amplexicaule*	唇形科	Labiatae	野芝麻属	*Lamium*
野芝麻	*Lamium barbatum*	唇形科	Labiatae	野芝麻属	*Lamium*
益母草	*Leonurus japonicus*	唇形科	Labiatae	益母草属	*Leonurus*
斜萼草	*Loxocalyx urticifolius*	唇形科	Labiatae	斜萼草属	*Loxocalyx*
甘露子	*Stachys sieboldii*	唇形科	Labiatae	水苏属	*Stachys*
鄂西鼠尾草	*Salvia maximowicziana*	唇形科	Labiatae	鼠尾草属	*Salvia*
荔枝草	*Salvia plebeia*	唇形科	Labiatae	鼠尾草属	*Salvia*
风车草	*Clinopodium urticifolium*	唇形科	Labiatae	风轮菜属	*Clinopodium*
牛至	*Origanum vulgare*	唇形科	Labiatae	牛至属	*Origanum*
薄荷	*Mentha canadensis*	唇形科	Labiatae	薄荷属	*Mentha*
鸡骨柴	*Elsholtzia fruticosa*	唇形科	Labiatae	香薷属	*Elsholtzia*
香薷	*Elsholtzia ciliata*	唇形科	Labiatae	香薷属	*Elsholtzia*
木香薷	*Elsholtzia stauntonii*	唇形科	Labiatae	香薷属	*Elsholtzia*
显脉香茶菜	*Rabdosia nervosa*	唇形科	Labiatae	香茶菜属	*Rabdosia*
毛叶香茶菜	*Rabdosia japonica*	唇形科	Labiatae	香茶菜属	*Rabdosia*
碎米桠	*Rabdosia rubescens*	唇形科	Labiatae	香茶菜属	*Rabdosia*
鄂西香茶菜	*Rabdosia henryi*	唇形科	Labiatae	香茶菜属	*Rabdosia*
枸杞	*Lycium chinense*	茄科	Solanaceae	枸杞属	*Lycium*
挂金灯	*Physalis alkekengi*	茄科	Solanaceae	灯笼果属	*Physalis*
香果树	*Emmenopterys henryi*	茜草科	Rubiaceae	香果树属	*Emmenopterys*

（续）

植物中文名	拉丁学名	科中文名	科拉丁学名	属中文名	属拉丁学名
茜草	*Rubia cordifolia*	茜草科	Rubiaceae	茜草属	*Rubia*
卵叶茜草	*Rubia ovatifolia*	茜草科	Rubiaceae	茜草属	*Rubia*
披针叶茜草	*Rubia alata*	茜草科	Rubiaceae	茜草属	*Rubia*
四叶葎	*Galium bungei*	茜草科	Rubiaceae	拉拉藤属	*Galium*
六叶葎	*Galium hoffmeisteri*	茜草科	Rubiaceae	拉拉藤属	*Galium*
猪殃殃	*Galium spurium*	茜草科	Rubiaceae	拉拉藤属	*Galium*
接骨草	*Sambucus chinensis*	忍冬科	Caprifoliaceae	接骨木属	*Sambucus*
接骨木	*Sambucus javanica*	忍冬科	Caprifoliaceae	接骨木属	*Sambucus*
莛子䕢	*Triosteum pinnatifidum*	忍冬科	Caprifoliaceae	莛子藨属	*Triosteum*
桦叶荚蒾	*Viburnum betulifolium*	忍冬科	Caprifoliaceae	荚蒾属	*Vibrunum*
汤饭子	*Viburnum setigerum*	忍冬科	Caprifoliaceae	荚蒾属	*Vibrunum*
蒙古荚蒾	*Viburnum mongolicum*	忍冬科	Caprifoliaceae	荚蒾属	*Vibrunum*
巴东荚蒾	*Viburnum henryi*	忍冬科	Caprifoliaceae	荚蒾属	*Vibrunum*
啮蚀荚蒾	*Viburnum erosum*	忍冬科	Caprifoliaceae	荚蒾属	*Vibrunum*
荚蒾	*Viburnum dilatatum*	忍冬科	Caprifoliaceae	荚蒾属	*Vibrunum*
南方六道木	*Abelia dielsii*	忍冬科	Caprifoliaceae	六道木属	*Abelia*
二翅六道木	*Abelia macrotera*	忍冬科	Caprifoliaceae	六道木属	*Abelia*
毛药忍冬	*Lonicera serreana*	忍冬科	Caprifoliaceae	忍冬属	*Lonicera*
金花忍冬	*Lonicera chrysantha*	忍冬科	Caprifoliaceae	忍冬属	*Lonicera*
淡红忍冬	*Lonicera acuminata*	忍冬科	Caprifoliaceae	忍冬属	*Lonicera*
羊奶子	*Lonicera fragrantissima*	忍冬科	Caprifoliaceae	忍冬属	*Lonicera*
须蕊忍冬	*Lonicera serreana*	忍冬科	Caprifoliaceae	忍冬属	*Lonicera*
金银忍冬	*Lonicera maackii*	忍冬科	Caprifoliaceae	忍冬属	*Lonicera*
粘毛忍冬	*Lonicera fargesii*	忍冬科	Caprifoliaceae	忍冬属	*Lonicera*
忍冬	*Lonicera japonica*	忍冬科	Caprifoliaceae	忍冬属	*Lonicera*
蕊被忍冬	*Lonicera gynochlamydea*	忍冬科	Caprifoliaceae	忍冬属	*Lonicera*
陇塞忍冬	*Lonicera tangutica*	忍冬科	Caprifoliaceae	忍冬属	*Lonicera*
冠果忍冬	*Lonicera stephanocarpa*	忍冬科	Caprifoliaceae	忍冬属	*Lonicera*
盘叶忍冬	*Lonicera tragophylla*	忍冬科	Caprifoliaceae	忍冬属	*Lonicera*
华西忍冬	*Lonicera webbiana*	忍冬科	Caprifoliaceae	忍冬属	*Lonicera*
红脉忍冬	*Lonicera nervosa*	忍冬科	Caprifoliaceae	忍冬属	*Lonicera*
双盾	*Dipelta floribunda*	忍冬科	Caprifoliaceae	双盾木属	*Dipelta*
岩败酱	*Patrinia rupestris*	败酱科	Valerianaceae	败酱属	*Patrinia*
败酱	*Patrinia scabiosifolia*	败酱科	Valerianaceae	败酱属	*Patrinia*
缬草	*Valeriana officinalis*	败酱科	Valerianaceae	缬草属	*Valeriana*
川续断	*Dipsacus asper*	川续断科	Dipsacaceae	川续断属	*Dipsacus*
续断	*Dipsacus japonicus*	川续断科	Dipsacaceae	川续断属	*Dipsacus*
南赤瓟	*Thladiantha nudiflora*	葫芦科	Cucurbitaceae	赤瓟属	*Thladiantha*

（续）

植物中文名	拉丁学名	科中文名	科拉丁学名	属中文名	属拉丁学名
头花赤瓟	*Thladiantha capitata*	葫芦科	Cucurbitaceae	赤瓟属	*Thladiantha*
华中栝楼	*Trichosanthes rosthornii*	葫芦科	Cucurbitaceae	栝楼属	*Trichosanthes*
黄花蒿	*Artemisia annua*	菊科	Compositae	蒿属	*Artemisia*
阴地蒿	*Artemisia sylvatica*	菊科	Compositae	蒿属	*Artemisia*
商南蒿	*Artemisia shangnanensis*	菊科	Compositae	蒿属	*Artemisia*
牛尾蒿	*Artemisia dubia* var. *subdigitata*	菊科	Compositae	蒿属	*Artemisia*
茵陈蒿	*Artemisia capillaris*	菊科	Compositae	蒿属	*Artemisia*
小球花蒿	*Artemisia moorcroftiana*	菊科	Compositae	蒿属	*Artemisia*
深绿蒿	*Artemisia atrovirens*	菊科	Compositae	蒿属	*Artemisia*
款冬	*Tussilago farfara*	菊科	Compositae	款冬属	*Tussilago*
华蟹甲	*Sinacalia tangutica*	菊科	Compositae	华蟹甲属	*Sinacalia*
两似蟹甲草	*Parasenecio ambiguus*	菊科	Compositae	蟹甲草属	*Parasenecio*
蛛毛蟹甲草	*Parasenecio roborowskii*	菊科	Compositae	蟹甲草属	*Parasenecio*
耳叶蟹甲草	*Parasenecio auriculatus*	菊科	Compositae	蟹甲草属	*Parasenecio*
太白蟹甲草	*Parasenecio pilgerianus*	菊科	Compositae	蟹甲草属	*Parasenecio*
深山蟹甲草	*Parasenecio profundorum*	菊科	Compositae	蟹甲草属	*Parasenecio*
假橐吾	*Ligulariopsis shichuana*	菊科	Compositae	假橐吾属	*Ligulariopsis*
耳翼蟹甲草	*Parasenecio otopteryx*	菊科	Compositae	蟹甲草属	*Parasenecio*
蒲儿根	*Senecio oldhamianus*	菊科	Compositae	蒲儿根属	*Senecio*
齿裂千里光	*Senecio winklerianus*	菊科	Compositae	蒲儿根属	*Senecio*
太白山橐吾	*Ligularia dolichobotrys*	菊科	Compositae	橐吾属	*Ligularia*
肾叶橐吾	*Ligularia fischeri*	菊科	Compositae	橐吾属	*Ligularia*
离舌橐吾	*Ligularia veitchiana*	菊科	Compositae	橐吾属	*Ligularia*
大吴风草	*Farfugium japonicum*	菊科	Compositae	大吴风草属	*Farfugium*
牛蒡	*Arctium lappa*	菊科	Compositae	牛蒡属	*Arctium*
刺儿菜	*Cirsium arvense* var. *integrifolium*	菊科	Compositae	蓟属	*Cirsium*
大刺儿菜	*Cirsium arvense* var. *setosum*	菊科	Compositae	蓟属	*Cirsium*
线叶蓟	*Cirsium lineare*	菊科	Compositae	蓟属	*Cirsium*
马刺蓟	*Cirsium monocephalum*	菊科	Compositae	蓟属	*Cirsium*
魁蓟	*Cirsium leo*	菊科	Compositae	蓟属	*Cirsium*
城口风毛菊	*Saussurea stricta*	菊科	Compositae	风毛菊属	*Saussurea*
杨叶风毛菊	*Saussurea populifolia*	菊科	Compositae	风毛菊属	*Saussurea*
长梗风毛菊	*Saussurea dolichopoda*	菊科	Compositae	风毛菊属	*Saussurea*
卢山风毛菊	*Saussurea bullockii*	菊科	Compositae	风毛菊属	*Saussurea*
小花风毛菊	*Saussurea oligantha*	菊科	Compositae	风毛菊属	*Saussurea*
秦岭风毛菊	*Saussurea megaphylla*	菊科	Compositae	风毛菊属	*Saussurea*
锈毛风毛菊	*Saussurea cordifolia*	菊科	Compositae	风毛菊属	*Saussurea*
洋县风毛菊	*Saussurea kungii*	菊科	Compositae	风毛菊属	*Saussurea*

（续）

植物中文名	拉丁学名	科中文名	科拉丁学名	属中文名	属拉丁学名
尾尖风毛菊	*Saussurea saligna*	菊科	Compositae	风毛菊属	*Saussurea*
翅茎风毛菊	*Saussurea cauloptera*	菊科	Compositae	风毛菊属	*Saussurea*
棕脉风毛菊	*Saussurea baroniana*	菊科	Compositae	风毛菊属	*Saussurea*
窄翼风毛菊	*Saussurea frondosa*	菊科	Compositae	风毛菊属	*Saussurea*
川陕风毛菊	*Saussurea licentiana*	菊科	Compositae	风毛菊属	*Saussurea*
华帚菊	*Pertya sinensis*	菊科	Compositae	帚菊属	*Pertya*
毛莲菜	*Picris japonica*	菊科	Compositae	毛连菜属	*Picris*
山莴苣	*Lactuca indica*	菊科	Compositae	莴苣属	*Lactuca*
毛脉翅果菊	*Lactuca raddeana*	菊科	Compositae	莴苣属	*Lactuca*
多裂福王草	*Nabalus tatarinowii* subsp. *macranthus*	菊科	Compositae	耳菊属	*Nabalus*
山苦荬	*Ixeris chinensis*	菊科	Compositae	苦荬菜属	*Ixeris*
尖裂假还阳参	*Crepidiastrum sonchifolium*	菊科	Compositae	假还阳参属	*Crepidiastrum*

3.1.3　森林群落特征

根据监测要求，每年定期对固定样地内的森林群落进行调查。

3.1.3.1　油松松林综合观测场

（1）乔木层特征

乔木层优势树种为油松、锐齿槲栎、漆树和华山松，偶见种有枫杨、光皮桦、蒙桑和盘腺樱桃。因人工造林有一定数量的华北落叶松，生长情况良好（表3-3）。

表3-3　乔木层组成

年份	树种	拉丁学名	数量/株	平均胸径/cm	平均高/m
2013	油松	*Pinus tabulaeformis*	273	17.2	10.1
2013	华山松	*Pinus armandii*	100	19.2	10.5
2013	锐齿槲栎	*Quercus aliena* var. *acutiserrata*	74	11.1	6.9
2013	鹅耳枥	*Carpinus turczaninowii*	30	6.7	6.7
2013	华北落叶松	*Larix principis-rupprechtii*	30	14.2	7.9
2013	青榨槭	*Acer grosseri*	28	7.8	7.4
2013	野核桃	*Juglans cathayensis*	20	9.0	6.4
2013	三桠乌药	*Lindera obtusiloba*	5	8.4	6.4
2013	五角枫	*Acer elegantulum*	5	6.4	5.1
2013	漆树	*Toxicodendron vernicifluum*	4	12.5	8.6
2013	红桦	*Betula albo-sinensis*	3	5.1	6.1
2013	木姜子	*Litsea cubeba*	3	6.6	4.6
2013	灯台树	*Cornus controversa*	2	6.1	4.2
2013	鸡桑	*Morus australis*	1	5.7	3.3
2013	铁杉	*Tsuga chinensis*	1	5.6	7.8

（续）

年份	树种	拉丁学名	数量/株	平均胸径/cm	平均高/m
2014	油松	*Pinus tabulaeformis*	263	26.3	14.4
2014	华山松	*Pinus armandii*	100	19.4	10.6
2014	锐齿槲栎	*Quercus aliena* var. *acutiserrata*	74	11.3	7.0
2014	鹅耳枥	*Carpinus turczaninowii*	30	6.7	6.8
2014	华北落叶松	*Larix principis-rupprechtii*	55	14.4	8.0
2014	青榨槭	*Acer grosseri*	28	7.9	7.4
2014	野核桃	*Juglans cathayensis*	20	9.1	6.4
2014	五角枫	*Acer elegantulum*	6	6.5	5.1
2014	三桠乌药	*Lindera obtusiloba*	5	8.5	6.4
2014	漆树	*Toxicodendron vernicifluum*	30	8.9	8.7
2014	红桦	*Betula albo-sinensis*	8	5.2	6.2
2014	木姜子	*Litsea cubeba*	8	6.6	4.6
2014	灯台树	*Cornus controversa*	2	6.1	4.2
2014	鸡桑	*Morus australis*	1	5.8	3.3
2014	铁杉	*Tsuga chinensis*	1	5.7	7.9
2015	油松	*Pinus tabulaeformis*	258	18.4	18.9
2015	锐齿槲栎	*Quercus aliena* var. *acutiserrata*	72	8.5	8.9
2015	华北落叶松	*Larix principis-rupprechtii*	53	10.6	10.8
2015	华山松	*Pinus armandii*	30	19.0	18.5
2015	漆树	*Toxicodendron vernicifluum*	27	9.2	9.4
2015	木姜子	*Litsea cubeba*	5	6.5	6.9
2015	三桠乌药	*Lindera obtusiloba*	2	7.3	8.5
2015	大果榆	*Ulmus macrocarpa*	1	8.0	10.0
2015	椴树	*Tilia tuan*	1	17.5	12.0
2015	猫儿屎	*Decaisnea insignis*	1	6.5	7.0
2015	四照花	*Dendrobenthamia japonica* var. *chinensis*	1	9.0	10.5
2015	榆树	*Ulmus pumila*	1	13.5	13.0
2015	榛子	*Corylus heterophylla*	1	9.5	8.5
2017	油松	*Pinus tabulaeformis*	250	19.6	19.2
2017	锐齿槲栎	*Quercus aliena* var. *acutiserrata*	68	10.9	10.5
2017	华北落叶松	*Larix principis-rupprechtii*	51	12.1	13.2
2017	漆树	*Toxicodendron vernicifluum*	23	10.2	12.4
2017	华山松	*Pinus armandii*	23	20.4	19.6
2017	灯台树	*Cornus controversa*	7	6.8	6.7
2017	木姜子	*Litsea pungens*	4	6.9	7.3
2017	鹅耳枥	*Carpinus turczaninowii*	6	6.9	6.5
2017	红桦	*Betula albo-sinensis*	6	20.2	13.4
2017	四照花	*Dendrobenthamia japonica* var. *chinensis*	5	6.2	7.1
2017	毛榛	*Corylus mandshurica*	4	6.8	6.0

（续）

年份	树种	拉丁学名	数量/株	平均胸径/cm	平均高/m
2017	三桠乌药	*Lindera obtusiloba*	3	7.8	8.2
2017	鸡爪槭	*Acer palmatum*	2	7.9	7.1
2017	青榨槭	*Acer davidii*	2	7.2	6.8
2017	枫杨	*Pterocarya stenoptera*	1	12.4	10.6
2017	光皮桦	*Betula luminifera*	1	7.4	8.2
2017	蒙桑	*Morus mongolica*	1	6.2	6.4
2017	盘腺樱桃	*Prunus discadenia*	1	9.2	10.4
2018	油松	*Pinus tabulaeformis*	235	25.3	20.5
2018	锐齿槲栎	*Quercus aliena* var. *acutiserrata*	68	12.7	10.8
2018	华北落叶松	*Larix principis-rupprechtii*	51	15.2	13.8
2018	漆树	*Toxicodendron vernicifluum*	23	12.7	15.9
2018	华山松	*Pinus armandii*	23	25.0	20.9
2018	木姜子	*Litsea pungens*	4	9.1	11.4
2018	灯台树	*Cornus controversa*	6	7.6	7.0
2018	红桦	*Betula albo-sinensis*	6	23.6	13.8
2018	四照花	*Dendrobenthamia japonica* var. *chinensis*	4	7.0	7.0
2018	鹅耳枥	*Carpinus turczaninowii*	3	8.7	6.8
2018	鸡爪槭	*Acer palmatum*	2	8.2	7.4
2018	青榨槭	*Acer davidii*	2	7.6	7.5
2018	毛榛	*Corylus mandshurica*	4	13.8	11.1
2018	蒙桑	*Morus mongolica*	1	6.4	6.8
2019	油松	*Pinus tabulaeformis*	250	24.7	23.1
2019	锐齿槲栎	*Quercus aliena* var. *acutiserrata*	58	13.7	11.3
2019	华北落叶松	*Larix principis-rupprechtii*	51	16.8	13.6
2019	漆树	*Toxicodendron vernicifluum*	20	12.7	13.0
2019	华山松	*Pinus armandii*	15	26.0	21.2
2019	灯台树	*Cornus controversa*	7	10.2	7.7
2019	木姜子	*Litsea pungens*	4	10.4	7.8
2019	鹅耳枥	*Carpinus turczaninowii*	6	9.0	7.3
2019	红桦	*Betula albo-sinensis*	6	24.4	14.3
2019	四照花	*Dendrobenthamia japonica* var. *chinensis*	5	8.9	7.9
2019	毛榛	*Corylus mandshurica*	1	16.3	12.1
2019	三桠乌药	*Lindera obtusiloba*	3	8.75	8.5
2019	鸡爪槭	*Acer palmatum*	2	9.6	8.0
2019	青榨槭	*Acer davidii*	2	10.3	8.1
2019	枫杨	*Pterocarya stenoptera*	1	15.4	11.2
2019	光皮桦	*Betula luminifera*	1	7.5	8.3
2019	蒙桑	*Morus mongolica*	1	9.6	7.2
2019	盘腺樱桃	*Prunus discadenia*	1	11.2	10.8

（2）灌木层特征

灌木层优势种为白檀，大灌木小乔木有三桠乌药、栓翅卫矛和刚毛忍冬（表 3-4）。

表 3-4 灌木层组成

年份	样方号	样方面积/（m×m）	种名	拉丁学名	数量/株（丛）	平均基径/cm	平均高度/m	盖度/%
2013	01-1	2×2	刚毛忍冬	*Lonicera hispida*	5	0.6	0.53	25.0
2013	01-2	2×2	白檀	*Symplocos paniculata*	3	0.7	0.36	2.0
2013	01-3	2×2	美丽悬钩子	*Rubus amabilis*	1	0.5	0.47	1.0
2013	01-4	2×2	美丽悬钩子	*Rubus amabilis*	3	0.5	0.36	7.0
2013	01-5	2×2	白檀	*Symplocos paniculata*	2	0.6	0.67	3.0
2013	02-1	2×2	美丽胡枝子	*Lespedeza bicolor*	1	0.4	0.36	1.0
2013	02-2	2×2	鞘柄菝葜	*Smilax stans*	4	0.3	0.32	2.0
2013	02-3	2×2	粉花绣线菊	*Spiraea japonica*	1	0.3	0.22	1.0
2013	02-4	2×2	白檀	*Symplocos paniculata*	9	1.7	1.30	60.0
2013	02-5	2×2	美丽悬钩子	*Rubus amabilis*	4	0.3	0.13	6.0
2013	03-1	2×2	鞘柄菝葜	*Smilax stans*	3	0.4	0.16	2.0
2013	03-2	2×2	栓翅卫矛	*Euonymus phellomanus*	8	0.4	0.23	3.0
2013	03-3	2×2	野猕猴桃	*Actinidia chinensis*	1	0.5	0.18	1.0
2013	03-4	2×2	木姜子	*Litsea cubeba*	3	1.5	1.40	32.0
2013	03-5	2×2	白檀	*Symplocos paniculata*	3	1.9	1.25	15.0
2013	04-1	2×2	醉鱼草	*Buddleja lindleyana*	1	0.8	1.05	3.0
2013	04-2	2×2	假豪猪刺	*Berberis soulieana*	1	0.6	0.43	1.0
2013	04-3	2×2	美丽胡枝子	*Lespedeza bicolor*	1	1.1	1.32	3.0
2013	04-4	2×2	鞘柄菝葜	*Smilax stans*	5	0.5	0.86	6.0
2013	04-5	2×2	粉花绣线菊	*Spiraea japonica*	1	0.7	0.97	2.0
2013	05-1	2×2	白檀	*Symplocos paniculata*	3	1.3	1.25	15.0
2013	05-2	2×2	木姜子	*Litsea cubeba*	2	0.6	0.65	7.0
2013	05-2	2×2	美丽胡枝子	*Lespedeza bicolor*	1	0.5	0.64	5.0
2013	05-2	2×2	粉花绣线菊	*Spiraea japonica*	3	0.5	0.52	3.0
2013	05-2	2×2	美丽悬钩子	*Rubus amabilis*	4	0.5	0.36	2.0
2013	05-3	2×2	刚毛忍冬	*Lonicera hispida*	3	0.8	0.72	6.0
2013	05-3	2×2	栓翅卫矛	*Euonymus phellomanus*	8	0.4	0.12	3.0
2013	05-3	2×2	鞘柄菝葜	*Smilax stans*	2	0.4	0.10	1.0
2013	05-3	2×2	木姜子	*Litsea cubeba*	3	0.8	0.62	6.0
2013	05-3	2×2	美丽悬钩子	*Rubus amabilis*	5	0.5	0.33	5.0
2013	05-3	2×2	鞘柄菝葜	*Smilax stans*	1	0.4	0.16	2.0
2013	05-3	2×2	木姜子	*Litsea cubeba*	2	0.9	1.20	13.0
2013	05-4	2×2	白檀	*Symplocos paniculata*	3	0.8	0.95	15.0
2013	05-5	2×2	美丽悬钩子	*Rubus amabilis*	4	0.4	0.26	12.0
2013	06-1	2×2	刚毛忍冬	*Lonicera hispida*	2	0.4	0.33	2.0

（续）

年份	样方号	样方面积/ （m×m）	种名	拉丁学名	数量/株 （丛）	平均基径/ cm	平均高度/ m	盖度/%
2013	06 - 2	2×2	美丽胡枝子	*Lespedeza bicolor*	1	0.6	0.84	8.0
2013	06 - 3	2×2	虎榛子	*Ostryopsis davidiana*	1	1.2	1.35	15.0
2013	06 - 3	2×2	木姜子	*Litsea cubeba*	1	0.7	0.65	5.0
2013	06 - 3	2×2	白檀	*Symplocos paniculata*	2	1.2	1.32	15.0
2013	06 - 3	2×2	美丽胡枝子	*Lespedeza bicolor*	1	0.8	0.78	5.0
2013	06 - 4	2×2	栓翅卫矛	*Euonymus phellomanus*	6	0.3	0.13	2.0
2013	06 - 4	2×2	喜阴悬钩子	*Rubus mesogaeus*	2	0.3	0.12	3.0
2013	06 - 5	2×2	白檀	*Symplocos paniculata*	6	1.3	1.23	40.0
2013	06 - 5	2×2	栓翅卫矛	*Euonymus phellomanus*	5	0.4	0.12	5.0
2013	06 - 5	2×2	木姜子	*Litsea cubeba*	3	0.4	0.24	3.0
2013	06 - 5	2×2	虎榛子	*Ostryopsis davidiana*	1	1.5	1.15	8.0
2013	06 - 5	2×2	粉花绣线菊	*Spiraea japonica*	1	0.9	0.85	3.0
2014	01 - 1	2×2	白檀	*Symplocos paniculata*	10	1.8	1.41	61.1
2014	01 - 2	2×2	美丽悬钩子	*Rubus amabilis*	5	0.3	0.24	7.5
2014	01 - 3	2×2	栓翅卫矛	*Euonymus phellomanus*	9	0.4	0.34	4.7
2014	01 - 4	2×2	鞘柄菝葜	*Smilax stans*	3	0.4	0.16	2.3
2014	01 - 5	2×2	刚毛忍冬	*Lonicera hispida*	6	0.6	0.53	26.1
2014	02 - 1	2×2	美丽悬钩子	*Rubus amabilis*	2	0.6	0.58	1.3
2014	02 - 2	2×2	白檀	*Symplocos paniculata*	3	0.7	0.78	4.4
2014	02 - 3	2×2	鞘柄菝葜	*Smilax stans*	5	0.4	0.32	3.8
2014	02 - 4	2×2	美丽胡枝子	*Lespedeza bicolor*	2	0.4	0.36	1.7
2014	02 - 5	2×2	粉花绣线菊	*Spiraea japonica*	2	0.4	0.22	1.5
2014	03 - 1	2×2	美丽悬钩子	*Rubus amabilis*	4	0.5	0.36	8.6
2014	03 - 2	2×2	白檀	*Symplocos paniculata*	4	1.3	1.25	16.1
2014	03 - 3	2×2	木姜子	*Litsea cubeba*	3	0.6	0.76	8.2
2014	03 - 4	2×2	美丽胡枝子	*Lespedeza bicolor*	1	0.5	0.75	6.7
2014	03 - 5	2×2	粉花绣线菊	*Spiraea japonica*	4	0.5	0.52	4.6
2014	04 - 1	2×2	美丽悬钩子	*Rubus amabilis*	5	0.5	0.36	
2014	04 - 1	2×2	刚毛忍冬	*Lonicera hispida*	4	0.8	0.83	7.6
2014	04 - 1	2×2	栓翅卫矛	*Euonymus phellomanus*	9	0.4	0.23	4.7
2014	04 - 1	2×2	鞘柄菝葜	*Smilax stans*	3	0.4	0.10	1.4
2014	04 - 2	2×2	野猕猴桃	*Actinidia chinensis*	2	0.6	0.18	2.1
2014	04 - 2	2×2	木姜子	*Litsea cubeba*	4	1.6	1.40	33.2
2014	04 - 2	2×2	白檀	*Symplocos paniculata*	4	2.0	1.25	16.6
2014	04 - 3	2×2	醉鱼草	*Buddleja lindleyana*	2	0.8	1.05	4.9
2014	04 - 4	2×2	假豪猪刺	*Berberis soulieana*	2	0.6	0.43	1.7
2014	04 - 5	2×2	美丽胡枝子	*Lespedeza bicolor*	2	1.2	1.32	4.2
2014	05 - 1	2×2	鞘柄菝葜	*Smilax stans*	6	0.6	0.86	7.1

（续）

年份	样方号	样方面积/（m×m）	种名	拉丁学名	数量/株（丛）	平均基径/cm	平均高度/m	盖度/%
2014	05－1	2×2	粉花绣线菊	*Spiraea japonica*	1	0.8	0.97	3.3
2014	05－1	2×2	木姜子	*Litsea cubeba*	3	0.9	1.31	14.5
2014	05－2	2×2	白檀	*Symplocos paniculata*	4	0.8	1.06	16.7
2014	05－2	2×2	美丽悬钩子	*Rubus amabilis*	5	0.4	0.26	13.6
2014	05－2	2×2	刚毛忍冬	*Lonicera hispida*	3	0.5	0.33	2.6
2014	05－3	2×2	美丽胡枝子	*Lespedeza bicolor*	2	0.7	0.84	9.4
2014	05－4	2×2	虎榛子	*Ostryopsis davidiana*	2	1.3	1.35	16.2
2014	05－5	2×2	木姜子	*Litsea cubeba*	2	0.7	0.65	6.1
2014	06－1	2×2	白檀	*Symplocos paniculata*	2	1.2	1.43	16.2
2014	06－2	2×2	喜阴悬钩子	*Rubus mesogaeus*	2	0.3	0.23	4.6
2014	06－2	2×2	栓翅卫矛	*Euonymus phellomanus*	7	0.3	0.24	3.7
2014	06－2	2×2	白檀	*Symplocos paniculata*	7	1.4	1.34	41.5
2014	06－3	2×2	栓翅卫矛	*Euonymus phellomanus*	6	0.5	0.23	6.1
2014	06－4	2×2	木姜子	*Litsea cubeba*	4	0.5	0.24	3.6
2014	06－5	2×2	虎榛子	*Ostryopsis davidiana*	2	1.6	1.15	9.7
2014	06－5	2×2	粉花绣线菊	*Spiraea japonica*	2	0.9	0.85	4.9
2014	06－5	2×2	木姜子	*Litsea cubeba*	4	0.8	0.62	7.7
2014	06－5	2×2	美丽悬钩子	*Rubus amabilis*	6	0.5	0.33	6.6
2014	06－5	2×2	鞘柄菝葜	*Smilax stans*	2	0.5	0.16	3.2
2015	1	2×2	小叶忍冬	*Lonicera microphylla*	5		1.31	64.9
2015	2	2×2	木姜子	*Litsea pungens*	1		1.37	95.1
2015	3	2×2	桦叶荚蒾	*Viburnum betulifolium*	6		0.63	92.0
2015	4	2×2	木姜子	*Litsea pungens*	4		0.61	93.1
2016	01－1	2×2	白檀	*Symplocos paniculata*	4	3.0	1.8	55.0
2017	01－2	2×2	白檀	*Symplocos paniculata*	7	0.8	1.2	30.0
2017	01－3	2×2	白檀	*Symplocos paniculata*	1	2.2	2.0	16.0
2017	01－4	2×2	刚毛忍冬	*Lonicera hispida*	1	0.8	1.6	1.0
2017	01－5	2×2	白檀	*Symplocos paniculata*	5	1.8	1.2	6.0
2017	01－5	2×2	白檀	*Symplocos paniculata*	3	2.0	2.0	10.0
2017	02－1	2×2	托柄菝葜	*Smilax discotis*	1	0.4	0.8	0.6
2017	02－2	2×2	白檀	*Symplocos paniculata*	4	3.0	2.4	42.0
2017	02－2	2×2	桦叶荚蒾	*Viburnum betulifolium*	1	0.7	1.2	1.0
2017	02－2	2×2	瑞香	*Daphne odora*	1	0.9	0.8	0.5
2017	02－2	2×2	木蓝	*Indigofera tinctoria*	1	0.5	0.5	0.4
2017	02－3	2×2	白檀	*Symplocos paniculata*	2	1.8	1.2	5.0
2017	02－4	2×2	瑞香	*Daphne odora*	1	0.7	1.0	1.2
2017	02－4	2×2	木蓝	*Indigofera tinctoria*	1	0.3	0.3	0.8
2017	02－4	2×2	刚毛忍冬	*Lonicera hispida*	1	0.8	1.2	0.5

（续）

年份	样方号	样方面积/ （m×m）	种名	拉丁学名	数量/株 （丛）	平均基径/ cm	平均高度/ m	盖度/%
2017	02－5	2×2	白檀	*Symplocos paniculata*	1	0.7	0.6	2.0
2017	02－5	2×2	粗榧	*Cephalotaxus sinensis*	1	0.7	0.5	1.0
2017	03－1	2×2	桦叶荚蒾	*Viburnum betulifolium*	3	2.5	0.8	5.0
2017	03－2	2×2	白檀	*Symplocos paniculata*	2	1.8	0.8	5.0
2017	03－3	2×2	刚毛忍冬	*Lonicera hispida*	1	0.9	1.4	2.0
2017	03－4	2×2	葱皮忍冬	*Lonicera ferdinandi*	3	1.8	0.8	5.0
2017	03－5	2×2	栓翅卫矛	*Euonymus phellomanus*	1	0.5	1.2	5.0
2017	04－1	2×2	瑞香	*Daphne odora*	1	1.0	0.8	1.0
2017	04－1	2×2	木蓝	*Indigofera tinctoria*	1	0.4	0.6	0.8
2017	04－1	2×2	白檀	*Symplocos paniculata*	2	1.6	0.8	5.0
2017	04－2	2×2	刚毛忍冬	*Lonicera hispida*	1	4.0	2.2	15.0
2017	04－2	2×2	木蓝	*Indigofera tinctoria*	1	0.2	0.5	0.5
2017	04－3	2×2	瑞香	*Daphne odora*	1	1.0	0.8	0.5
2017	04－3	2×2	白檀	*Symplocos paniculata*	3	4.2	2.0	15.0
2017	04－4	2×2	美丽胡枝子	*Lespedeza formosa*	1	0.4	0.8	2.0
2017	04－5	2×2	美丽悬钩子	*Rubus amabilis*	2	0.3	0.8	2.0
2017	05－1	2×2	桦叶荚蒾	*Viburnum betulifolium*	1	0.8	1.2	2.0
2017	05－1	2×2	托柄菝葜	*Smilax discotis*	1	0.8	1.0	2.0
2017	05－2	2×2	三桠乌药	*Lindera obtusiloba*	1	1.8	5.4	5.0
2017	05－2	2×2	桦叶荚蒾	*Viburnum betulifolium*	5	0.8	1.5	3.0
2017	05－2	2×2	白檀	*Symplocos paniculata*	1	1.2	2.4	10.0
2017	05－3	2×2	三桠乌药	*Lindera obtusiloba*	2	2.0	3.5	15.0
2017	05－4	2×2	白檀	*Symplocos paniculata*	5	0.8	1.4	3.0
2017	05－5	2×2	栓翅卫矛	*Euonymus phellomanus*	2	0.8	1.5	5.0
2017	06－1	2×2	绒毛绣线菊	*Spiraea velutina*	2	0.6	2.0	5.0
2017	06－1	2×2	鞘柄菝葜	*Smilax stans*	1	0.3	1.0	1.0
2017	06－1	2×2	托柄菝葜	*Smilax discotis*	2	0.3	0.4	1.0
2017	06－1	2×2	栓翅卫矛	*Euonymus phellomanus*	2	0.5	0.8	5.0
2017	06－1	2×2	葱皮忍冬	*Lonicera ferdinandi*	3	2.0	0.8	3.0
2017	06－2	2×2	白檀	*Symplocos paniculata*	1	0.8	1.4	5.0
2017	06－2	2×2	粗榧	*Cephalotaxus sinensis*	1	0.8	1.2	1.0
2017	06－3	2×2	美丽胡枝子	*Lespedeza formosa*	3	0.5	1.2	8.0
2017	06－4	2×2	白檀	*Symplocos paniculata*	1	1.2	2.4	15.0
2017	06－5	2×2	葱皮忍冬	*Lonicera ferdinandi*	3	2.0	0.8	3.0
2017	01－1	2×2	美丽悬钩子	*Rubus amabilis*	3	0.2	1.2	5.0
2018	01－1	2×2	披针叶胡颓子	*Elaeagnus lanceolata*	2	1.3	1.3	5.0
2018	01－1	2×2	栓翅卫矛	*Euonymus phellomanus*	1	2.4	0.8	4.0
2018	01－1	2×2	粉花绣线菊	*Spiraea japonica*	2	0.5	1.5	4.0

（续）

年份	样方号	样方面积/（m×m）	种名	拉丁学名	数量/株（丛）	平均基径/cm	平均高度/m	盖度/%
2018	01-1	2×2	勾儿茶	*Berchemia sinica*	1	0.2	1.2	4.0
2018	01-2	2×2	美丽悬钩子	*Rubus amabilis*	3	0.3	1.3	5.0
2018	01-2	2×2	猕猴桃	*Actinidia chinensis*	2	0.6	0.6	10.0
2018	01-2	2×2	木姜子	*Litsea cubeba*	1	1.5	0.9	5.0
2018	01-2	2×2	刚毛忍冬	*Lonicera hispida*	2	1.8	1.3	5.0
2018	01-3	2×2	鞘柄菝葜	*Smilax stans*	3	0.2	1.1	5.0
2018	01-3	2×2	刚毛忍冬	*Lonicera hispida*	3	1.6	1.4	5.0
2018	01-3	2×2	勾儿茶	*Berchemia sinica*	2	0.3	0.7	10.0
2018	01-3	2×2	美丽悬钩子	*Rubus amabilis*	1	0.3	1.2	10.0
2018	01-3	2×2	黄瑞香	*Daphne giraldii*	2	0.2	1.2	10.0
2018	01-4	2×2	美丽悬钩子	*Rubus amabilis*	3	0.2	0.8	5.0
2018	01-4	2×2	连翘	*Forsythia suspensa*	2	0.3	0.9	5.0
2018	01-4	2×2	鞘柄菝葜	*Smilax stans*	2	0.1	1.2	10.0
2018	01-4	2×2	栓翅卫矛	*Euonymus phellomanus*	1	0.8	1.2	5.0
2018	01-5	2×2	美丽悬钩子	*Rubus amabilis*	3	0.3	1.1	10.0
2018	01-5	2×2	木姜子	*Litsea cubeba*	2	1.4	1.3	5.0
2018	01-5	2×2	刚毛忍冬	*Lonicera hispida*	2	2.2	0.8	5.0
2018	01-5	2×2	鞘柄菝葜	*Smilax stans*	1	0.2	0.9	3.0
2018	01-5	2×2	山蚂蝗	*Desmodium racemosum*	3	0.2	1.2	10.0
2018	02-1	2×2	披针叶胡颓子	*Elaeagnus lanceolata*	3	2.8	1.3	8.0
2018	02-1	2×2	栓翅卫矛	*Euonymus phellomanus*	1	3.4	0.8	4.0
2018	02-1	2×2	粉花绣线菊	*Spiraea japonica*	2	0.6	1.5	4.0
2018	02-1	2×2	勾儿茶	*Berchemia sinica*	1	0.4	1.2	4.0
2018	02-2	2×2	美丽悬钩子	*Rubus amabilis*	3	0.3	1.3	6.0
2018	02-2	2×2	木姜子	*Litsea cubeba*	1	4.2	0.9	8.0
2018	02-2	2×2	刚毛忍冬	*Lonicera hispida*	2	3.6	1.3	5.0
2018	02-3	2×2	鞘柄菝葜	*Smilax stans*	3	0.2	1.1	6.0
2018	02-3	2×2	刚毛忍冬	*Lonicera hispida*	3	1.8	1.4	6.0
2018	02-3	2×2	美丽悬钩子	*Rubus amabilis*	1	0.4	1.2	10.0
2018	02-3	2×2	黄瑞香	*Daphne odora*	2	1.2	1.2	10.0
2018	02-4	2×2	美丽悬钩子	*Rubus amabilis*	3	0.6	0.8	10.0
2018	02-4	2×2	鞘柄菝葜	*Smilax stans*	2	0.2	1.2	10.0
2018	02-4	2×2	栓翅卫矛	*Euonymus phellomanus*	1	3.8	1.2	5.0
2018	02-5	2×2	美丽悬钩子	*Rubus amabilis*	3	0.4	1.1	10.0
2018	02-5	2×2	木姜子	*Litsea cubeba*	2	4.4	1.3	5.0
2018	02-5	2×2	鞘柄菝葜	*Smilax stans*	1	0.2	0.9	5.0
2018	02-5	2×2	山蚂蝗	*Desmodium racemosum*	3	0.2	1.2	10.0
2018	03-1	2×2	美丽悬钩子	*Rubus amabilis*	3	0.2	1.2	3.0

（续）

年份	样方号	样方面积/ （m×m）	种名	拉丁学名	数量/株 （丛）	平均基径/ cm	平均高度/ m	盖度/%
2018	03-1	2×2	披针叶胡颓子	*Elaeagnus lanceolata*	2	2.4	1.3	5.0
2018	03-1	2×2	栓翅卫矛	*Euonymus phellomanus*	3	4.2	0.8	4.0
2018	03-1	2×2	粉花绣线菊	*Spiraea japonica*	2	0.2	1.5	4.0
2018	03-1	2×2	勾儿茶	*Berchemia sinica*	3	0.3	1.2	4.0
2018	03-2	2×2	美丽悬钩子	*Rubus amabilis*	3	0.2	1.3	5.0
2018	03-2	2×2	猕猴桃	*Actinidia chinensis*	2	0.6	0.6	5.0
2018	03-2	2×2	木姜子	*Litsea cubeba*	2	4.0	0.9	5.0
2018	03-2	2×2	刚毛忍冬	*Lonicera hispida*	2	3.8	1.3	5.0
2018	03-3	2×2	鞘柄菝葜	*Smilax stans*	3	0.2	1.1	5.0
2018	03-3	2×2	刚毛忍冬	*Lonicera hispida*	3	0.4	1.4	5.0
2018	03-3	2×2	勾儿茶	*Berchemia sinica*	2	0.6	0.7	5.0
2018	03-3	2×2	美丽悬钩子	*Rubus amabilis*	3	0.2	1.2	5.0
2018	03-3	2×2	黄瑞香	*Daphne giraldii*	2	0.3	1.2	10.0
2018	03-4	2×2	美丽悬钩子	*Rubus amabilis*	3	0.2	0.8	8.0
2018	03-4	2×2	连翘	*Forsythia suspensa*	2	1.4	0.9	5.0
2018	03-4	2×2	鞘柄菝葜	*Smilax stans*	2	0.2	1.2	10.0
2018	03-4	2×2	栓翅卫矛	*Euonymus phellomanus*	2	3.6	1.2	5.0
2018	03-5	2×2	美丽悬钩子	*Rubus amabilis*	3	0.2	1.1	17.0
2018	03-5	2×2	木姜子	*Litsea cubeba*	2	3.6	1.3	5.0
2018	03-5	2×2	刚毛忍冬	*Lonicera hispida*	3	4.0	0.8	5.0
2018	03-5	2×2	鞘柄菝葜	*Smilax stans*	3	0.2	0.9	3.0
2018	03-5	2×2	山蚂蝗	*Desmodium racemosum*	4	0.2	1.2	10.0
2018	04-1	2×2	美丽悬钩子	*Rubus amabilis*	3	0.2	120	5.0
2018	04-1	2×2	披针叶胡颓子	*Elaeagnus lanceolata*	2	0.6	130	5.0
2018	04-1	2×2	栓翅卫矛	*Euonymus phellomanus*	1	2.4	80	4.0
2018	04-1	2×2	粉花绣线菊	*Spiraea japonica*	2	0.2	150	4.0
2018	04-1	2×2	勾儿茶	*Berchemia sinica*	1	1.2	120	4.0
2018	04-2	2×2	美丽悬钩子	*Rubus amabilis*	3	0.2	130	5.0
2018	04-2	2×2	猕猴桃	*Actinidia chinensis*	2	0.8	60	10.0
2018	04-2	2×2	木姜子	*Litsea cubeba*	1	2.4	90	5.0
2018	04-2	2×2	刚毛忍冬	*Lonicera hispida*	2	1.8	130	5.0
2018	04-3	2×2	鞘柄菝葜	*Smilax stans*	3	0.2	110	5.0
2018	04-3	2×2	刚毛忍冬	*Lonicera hispida*	3	2	140	5.0
2018	04-3	2×2	勾儿茶	*Berchemia sinica*	2	1.4	70	10.0
2018	04-3	2×2	美丽悬钩子	*Rubus amabilis*	1	0.2	120	10.0
2018	04-3	2×2	黄瑞香	*Daphne giraldii*	2	0.6	120	10.0
2018	04-4	2×2	美丽悬钩子	*Rubus amabilis*	3	0.2	80	5.0
2018	04-4	2×2	连翘	*Forsythia suspensa*	2	1.6	90	5.0

（续）

年份	样方号	样方面积/（m×m）	种名	拉丁学名	数量/株（丛）	平均基径/cm	平均高度/m	盖度/%
2018	04－4	2×2	鞘柄菝葜	*Smilax stans*	2	0.2	120	10.0
2018	04－4	2×2	栓翅卫矛	*Euonymus phellomanus*	1	2.6	120	5.0
2018	04－5	2×2	美丽悬钩子	*Rubus amabilis*	3	0.2	110	10.0
2018	04－5	2×2	木姜子	*Litsea cubeba*	2	2.8	130	5.0
2018	04－5	2×2	刚毛忍冬	*Lonicera hispida*	2	2.2	80	5.0
2018	04－5	2×2	鞘柄菝葜	*Smilax stans*	1	0.2	90	3.0
2018	04－5	2×2	山蚂蝗	*Desmodium racemosum*	3	0.2	120	10.0
2018	05－1	2×2	美丽悬钩子	*Rubus amabilis*	3	0.2	120	5.0
2018	05－1	2×2	披针叶胡颓子	*Elaeagnus lanceolata*	2	0.8	130	5.0
2018	05－1	2×2	栓翅卫矛	*Euonymus phellomanus*	1	1.2	80	4.0
2018	05－1	2×2	粉花绣线菊	*Spiraea japonica*	2	0.2	150	4.0
2018	05－1	2×2	勾儿茶	*Berchemia sinica*	1	0.4	120	4.0
2018	05－2	2×2	美丽悬钩子	*Rubus amabilis*	3	0.2	130	5.0
2018	05－2	2×2	猕猴桃	*Actinidia chinensis*	2	0.8	60	10.0
2018	05－2	2×2	木姜子	*Litsea cubeba*	1	0.8	90	5.0
2018	05－2	2×2	刚毛忍冬	*Lonicera hispida*	2	2.2	130	5.0
2018	05－3	2×2	鞘柄菝葜	*Smilax stans*	3	0.2	110	5.0
2018	05－3	2×2	刚毛忍冬	*Lonicera hispida*	3	1.8	140	5.0
2018	05－3	2×2	勾儿茶	*Berchemia sinica*	2	0.6	70	10.0
2018	05－3	2×2	美丽悬钩子	*Rubus amabilis*	1	0.2	120	10.0
2018	05－3	2×2	黄瑞香	*Daphne giraldii*	2	0.4	120	10.0
2018	05－4	2×2	美丽悬钩子	*Rubus amabilis*	3	0.2	80	5.0
2018	05－4	2×2	连翘	*Forsythia suspensa*	2	0.2	90	5.0
2018	05－4	2×2	鞘柄菝葜	*Smilax stans*	2	0.2	120	10.0
2018	05－4	2×2	栓翅卫矛	*Euonymus phellomanus*	1	1.8	120	5.0
2018	05－5	2×2	美丽悬钩子	*Rubus amabilis*	3		110	10.0
2018	05－5	2×2	木姜子	*Litsea cubeba*	2	2.4	130	5.0
2018	05－5	2×2	刚毛忍冬	*Lonicera hispida*	2	2.0	80	5.0
2018	05－5	2×2	鞘柄菝葜	*Smilax stans*	1	0.2	90	3.0
2018	05－5	2×2	山蚂蝗	*Desmodium racemosum*	3	0.2	120	10.0
2018	06－1	2×2	美丽悬钩子	*Rubus amabilis*	3	0.2	120	5.0
2018	06－1	2×2	披针叶胡颓子	*Elaeagnus lanceolata*	2	1.8	130	5.0
2018	06－1	2×2	栓翅卫矛	*Euonymus phellomanus*	1	0.4	80	4.0
2018	06－1	2×2	粉花绣线菊	*Spiraea japonica*	2	0.2	150	4.0
2018	06－1	2×2	勾儿茶	*Berchemia sinica*	1	0.2	120	4.0
2018	06－2	2×2	美丽悬钩子	*Rubus amabilis*	3	0.4	130	5.0
2018	06－2	2×2	猕猴桃	*Actinidia chinensis*	2	0.4	60	10.0
2018	06－2	2×2	木姜子	*Litsea cubeba*	1	1.4	90	5.0

（续）

年份	样方号	样方面积/ （m×m）	种名	拉丁学名	数量/株 （丛）	平均基径/ cm	平均高度/ m	盖度/%
2018	06-2	2×2	刚毛忍冬	*Lonicera hispida*	2	0.4	130	5.0
2018	06-3	2×2	鞘柄菝葜	*Smilax stans*	3	0.2	110	5.0
2018	06-3	2×2	刚毛忍冬	*Lonicera hispida*	3	0.6	140	5.0
2018	06-3	2×2	勾儿茶	*Berchemia sinica*	2	0.2	70	10.0
2018	06-3	2×2	美丽悬钩子	*Rubus amabilis*	1	0.4	120	10.0
2018	06-3	2×2	黄瑞香	*Daphne giraldii*	2	0.2	120	10.0
2018	06-4	2×2	美丽悬钩子	*Rubus amabilis*	3	0.2	80	5.0
2018	06-4	2×2	连翘	*Forsythia suspensa*	2	0.2	90	5.0
2018	06-4	2×2	鞘柄菝葜	*Smilax stans*	2	0.2	120	10.0
2018	06-4	2×2	栓翅卫矛	*Euonymus phellomanus*	1	2	120	5.0
2018	06-5	2×2	美丽悬钩子	*Rubus amabilis*	3	0.4	110	10.0
2018	06-5	2×2	木姜子	*Litsea cubeba*	2	1.8	130	5.0
2018	06-5	2×2	刚毛忍冬	*Lonicera hispida*	2	0.2	80	5.0
2018	06-5	2×2	鞘柄菝葜	*Smilax stans*	1	0.2	90	3.0
2018	06-5	2×2	山蚂蝗	*Desmodium racemosum*	3	0.2	120	10.0
2018	01-1	2×2	白檀	*Symplocos paniculata*	4	3.4	2.3	56.0
2019	01-2	2×2	白檀	*Symplocos paniculata*	7	4.2	2.8	56.0
2019	01-3	2×2	白檀	*Symplocos paniculata*	1	2.8	2.3	18.0
2019	01-4	2×2	刚毛忍冬	*Lonicera hispida*	1	1.2	1.8	2
2019	01-5	2×2	白檀	*Symplocos paniculata*	2	2.4	1.8	8
2019	02-1	2×2	托柄菝葜	*Smilax discotis*	1	0.6	1.0	0.8
2019	02-2	2×2	白檀	*Symplocos paniculata*	4	4.2	2.8	44.0
2019	02-2	2×2	桦叶荚蒾	*Viburnum betulifolium*	1	1.2	1.5	2
2019	02-2	2×2	瑞香	*Daphne odora*	1	1.8	1.2	0.8
2019	02-2	2×2	木蓝	*Indigofera tinctoria*	1	0.8	0.6	0.6
2019	02-3	2×2	白檀	*Symplocos paniculata*	2	3.2	2.0	7.0
2019	02-4	2×2	瑞香	*Daphne odora*	1	0.9	1.2	1.5
2019	02-4	2×2	木蓝	*Indigofera tinctoria*	1	0.5	0.4	1.0
2019	02-4	2×2	刚毛忍冬	*Lonicera hispida*	1	1.6	1.8	0.7
2019	02-5	2×2	白檀	*Symplocos paniculata*	1	1.6	0.8	2.0
2019	02-5	2×2	粗榧	*Cephalotaxus sinensis*	1	1.2	0.7	2.0
2019	03-1	2×2	桦叶荚蒾	*Viburnum betulifolium*	3	2.8	0.9	7.0
2019	03-2	2×2	白檀	*Symplocos paniculata*	2	3.2	1.4	7.0
2019	03-3	2×2	刚毛忍冬	*Lonicera hispida*	1	1.5	1.6	3.0
2019	03-4	2×2	葱皮忍冬	*Lonicera ferdinandi*	3	2.4	1.0	7.0
2019	03-5	2×2	栓翅卫矛	*Euonymus phellomanus*	1	1.2	1.4	7.0
2019	04-1	2×2	瑞香	*Daphne odora*	1	1.6	1.0	2.0
2019	04-1	2×2	木蓝	*Indigofera tinctoria*	1	0.6	0.8	1.0

（续）

年份	样方号	样方面积/ （m×m）	种名	拉丁学名	数量/株 （丛）	平均基径/ cm	平均高度/ m	盖度/%
2019	04－1	2×2	白檀	*Symplocos paniculata*	2	2.8	1.2	8.0
2019	04－2	2×2	刚毛忍冬	*Lonicera hispida*	1	4.8	2.4	18.0
2019	04－2	2×2	木蓝	*Indigofera tinctoria*	1	0.4	0.6	1.0
2019	04－3	2×2	瑞香	*Daphne odora*	1	1.4	1.0	1.0
2019	04－3	2×2	白檀	*Symplocos paniculata*	3	4.6	2.4	17.0
2019	04－4	2×2	美丽胡枝子	*Lespedeza formosa*	1	0.6	1.2	3.0
2019	04－5	2×2	美丽悬钩子	*Rubus amabilis*	2	0.5	1.2	3.0
2019	05－1	2×2	桦叶荚蒾	*Viburnum betulifolium*	1	1.2	1.4	3.0
2019	05－1	2×2	托柄菝葜	*Smilax discotis*	1	1.0	1.2	3.0
2019	05－2	2×2	三桠乌药	*Lindera obtusiloba*	1	2.2	5.6	7.0
2019	05－2	2×2	桦叶荚蒾	*Viburnum betulifolium*	5	1.2	1.8	5.0
2019	05－2	2×2	白檀	*Symplocos paniculata*	1	1.6	2.6	12.0
2019	05－3	2×2	三桠乌药	*Lindera obtusiloba*	2	2.4	3.8	17.0
2019	05－4	2×2	白檀	*Symplocos paniculata*	5	1.6	1.5	5.0
2019	05－5	2×2	栓翅卫矛	*Euonymus phellomanus*	2	1.4	1.6	7.0
2019	06－1	2×2	绒毛绣线菊	*Spiraea velutina*	2	0.8	2.2	7.0
2019	06－1	2×2	鞘柄菝葜	*Smilax stans*	1	0.4	1.2	2.0
2019	06－1	2×2	托柄菝葜	*Smilax discotis*	2	0.4	0.5	2.0
2019	06－1	2×2	栓翅卫矛	*Euonymus phellomanus*	2	0.9	1.0	7.0
2019	06－1	2×2	葱皮忍冬	*Lonicera ferdinandi*	3	2.2	1.2	5.0
2019	06－2	2×2	白檀	*Symplocos paniculata*	1	1.4	1.6	7.0
2019	06－2	2×2	粗榧	*Cephalotaxus sinensis*	1	1.2	1.6	2.0
2019	06－3	2×2	美丽胡枝子	*Lespedeza formosa*	3	0.6	1.8	10.0
2019	06－4	2×2	白檀	*Symplocos paniculata*	1	2.4	2.6	17.0
2019	06－5	2×2	葱皮忍冬	*Lonicera ferdinandi*	3	2.4	1.2	5.0

（3）草本层特征

草本层优势种有宽叶薹草、披针叶薹草，偶见种有山蚂蝗、玉竹和白花堇菜（表3-5）。

表 3-5 草本层植物组成

年份	样方号	样方面积/ （m×m）	种名	拉丁学名	数量/株 （丛）	平均高度/ m	盖度/%
2013	01－1	1×1	披针叶薹草	*Carex lanceolata*	2	18.0	12.0
2013	01－2	1×1	野青茅	*Deyeuxia sylvatica*	4	22.0	6.0
2013	01－3	1×1	蛇莓	*Duchesnea indica*	4	8.0	2.0
2013	01－4	1×1	野棉花	*Anemone vitifolia*	1	35.0	5.0
2013	01－5	1×1	羽裂蟹甲草	*Sinacalia tangutica*	1	18.0	4.0
2013	01－5	1×1	唐松草	*Thalictrum aquilegiifolium*	3	7.0	2.0
2013	02－1	1×1	披针叶薹草	*Carex lanceolata*	6	28.0	62.0

（续）

年份	样方号	样方面积/ （m×m）	种名	拉丁学名	数量/株 （丛）	平均高度/ m	盖度/%
2013	02-2	1×1	野青茅	*Deyeuxia sylvatica*	5	22.0	14.0
2013	02-3	1×1	披针叶薹草	*Carex lanceolata*	2	18.0	3.0
2013	02-4	1×1	玉竹	*Polygonatum odoratum*	1	15.0	2.0
2013	02-5	1×1	鳞毛蕨	*Pteridium aquilinum*	1	12.0	2.0
2013	02-5	1×1	牛姆瓜	*Holboellia grandiflora*	2	7.0	3.0
2013	03-1	1×1	披针叶薹草	*Carex lanceolata*	2	21.0	8.0
2013	03-2	1×1	羽裂蟹甲草	*Sinacalia tangutica*	1	18.0	2.0
2013	03-3	1×1	野青茅	*Deyeuxia sylvatica*	3	26.0	5.0
2013	03-4	1×1	鱼腥草	*Houttuynia cordata*	1	34.0	7.0
2013	03-4	1×1	牛姆瓜	*Holboellia grandiflora*	1	10.0	2.0
2013	03-5	1×1	蛇莓	*Duchesnea indica*	2	8.0	1.0
2013	03-5	1×1	唐松草	*Thalictrum aquilegiifolium*	1	16.0	2.0
2013	04-1	1×1	披针叶薹草	*Carex lanceolata*	8	26.0	56.0
2013	04-2	1×1	龙牙草	*Agrimonia pilosa*	2	34.0	12.0
2013	04-3	1×1	披针叶茜草	*Rubia lanceolata*	1	12.0	2.0
2013	04-4	1×1	牛姆瓜	*Holboellia grandiflora*	1	16.0	2.0
2013	04-5	1×1	风毛菊	*Saussurea tsinlingensis*	1	8.0	1.0
2013	05-1	1×1	披针叶薹草	*Carex lanceolata*	8	24.0	75.0
2013	05-2	1×1	野青茅	*Deyeuxia sylvatica*	4	27.0	12.0
2013	05-3	1×1	唐松草	*Thalictrum aquilegiifolium*	2	18.0	4.0
2013	05-4	1×1	鳞毛蕨	*Pteridium aquilinum*	2	12.0	6.0
2013	05-5	1×1	穿龙薯蓣	*Dioscorea opposita*	1	12.0	2.0
2013	05-5	1×1	白花堇菜	*Viola lactiflora*	2	5.0	1.0
2013	06-1	1×1	鳞毛蕨	*Pteridium aquilinum*	8	15.0	36.0
2013	06-1	1×1	蛇莓	*Duchesnea indica*	15	8.0	3.0
2013	06-1	1×1	香青	*Anaphalis sinica*	1	12.0	2.0
2013	06-2	1×1	穿龙薯蓣	*Dioscorea opposita*	1	12.0	2.0
2013	06-2	1×1	风毛菊	*Saussurea tsinlingensis*	2	16.0	4.0
2013	06-2	1×1	唐松草	*Thalictrum aquilegiifolium*	1	25.0	2.0
2013	06-2	1×1	白花堇菜	*Viola lactiflora*	6	14.0	3.0
2013	06-3	1×1	野青茅	*Deyeuxia sylvatica*	4	32.0	6.0
2013	06-3	1×1	披针叶薹草	*Carex lanceolata*	3	22.0	14.0
2013	06-3	1×1	穿龙薯蓣	*Dioscorea opposita*	1	18.0	2.0
2013	06-3	1×1	鳞毛蕨	*Pteridium aquilinum*	6	13.0	18.0
2013	06-4	1×1	披针叶薹草	*Carex lanceolata*	4	23.0	30.0
2013	06-4	1×1	香青	*Anaphalis sinica*	1	15.0	2.0
2013	06-5	1×1	野青茅	*Deyeuxia sylvatica*	3	32.0	3.0
2013	06-5	1×1	鳞毛蕨	*Pteridium aquilinum*	1	14.0	2.0

（续）

年份	样方号	样方面积/ (m×m)	种名	拉丁学名	数量/株 (丛)	平均高度/ m	盖度/%
2013	06-5	1×1	披针叶薹草	*Carex lanceolata*	4	22.0	54.0
2013	06-5	1×1	野青茅	*Deyeuxia sylvatica*	3	28.0	4.0
2013	06-5	1×1	鳞毛蕨	*Pteridium aquilinum*	2	16.0	12.0
2013	06-5	1×1	披针叶茜草	*Rubia lanceolata*	1	14.0	2.0
2013	06-5	1×1	穿龙薯蓣	*Dioscorea opposita*	1	20.0	2.0
2013	06-5	1×1	野棉花	*Anemone vitifolia*	1	98.0	22.0
2014	01-1	1×1	披针叶薹草	*Carex lanceolata*	12	0.2	13.2
2014	01-2	1×1	唐松草	*Thalictrum aquilegiifolium*	3	0.1	3.2
2014	01-3	1×1	蛇莓	*Duchesnea indica*	4	0.1	2.3
2014	01-4	1×1	野棉花	*Anemone vitifolia*	1	0.4	6.7
2014	01-5	1×1	野青茅	*Deyeuxia sylvatica*	4	0.2	7.2
2014	01-5	1×1	羽裂蟹甲草	*Sinacalia tangutica*	1	0.2	5.1
2014	02-1	1×1	披针叶薹草	*Carex lanceolata*	15	0.2	9.2
2014	02-2	1×1	羽裂蟹甲草	*Sinacalia tangutica*	1	0.2	3.8
2014	02-3	1×1	野青茅	*Deyeuxia sylvatica*	3	0.3	6.3
2014	02-4	1×1	鱼腥草	*Houttuynia cordata*	1	0.4	8.1
2014	02-5	1×1	牛姆瓜	*Holboellia grandiflora*	1	0.1	2.3
2014	02-5	1×1	蛇莓	*Duchesnea indica*	2	0.1	1.2
2014	02-5	1×1	唐松草	*Thalictrum aquilegiifolium*	1	0.2	3.2
2014	03-1	1×1	披针叶薹草	*Carex lanceolata*	56	0.3	63.2
2014	03-2	1×1	牛姆瓜	*Holboellia grandiflora*	2	0.1	4.1
2014	03-3	1×1	玉竹	*Polygonatum odoratum*	1	0.2	3.5
2014	03-4	1×1	披针叶薹草	*Carex lanceolata*	8	0.2	4.1
2014	03-5	1×1	野青茅	*Deyeuxia sylvatica*	5	0.2	15.4
2014	04-1	1×1	风毛菊	*Saussurea tsinlingensis*	2	0.2	5.2
2014	04-2	1×1	蛇莓	*Duchesnea indica*	15	0.1	4.1
2014	04-3	1×1	白花堇菜	*Viola lactiflora*	6	0.2	4.4
2014	04-4	1×1	穿龙薯蓣	*Dioscorea opposita*	1	0.1	1.2
2014	04-5	1×1	香青	*Anaphalis sinica*	1	0.1	1.3
2014	04-5	1×1	唐松草	*Thalictrum aquilegiifolium*	1	0.3	2.4
2014	05-1	1×1	披针叶薹草	*Carex lanceolata*	38	0.3	57.4
2014	05-2	1×1	牛姆瓜	*Holboellia grandiflora*	1	0.2	3.2
2014	05-3	1×1	披针叶茜草	*Rubia lanceolata*	1	0.1	2.1
2014	05-4	1×1	风毛菊	*Saussurea tsinlingensis*	1	0.1	1.5
2014	05-5	1×1	龙牙草	*Agrimonia pilosa*	2	0.4	13.2
2014	06-1	1×1	穿龙薯蓣	*Dioscorea opposita*	1	0.1	2.2
2014	06-1	1×1	白花堇菜	*Viola lactiflora*	2	0.1	1.2
2014	06-1	1×1	唐松草	*Thalictrum aquilegiifolium*	2	0.2	5.1

（续）

年份	样方号	样方面积/ （m×m）	种名	拉丁学名	数量/株 （丛）	平均高度/ m	盖度/%
2014	06-2	1×1	野青茅	*Deyeuxia sylvatica*	4	0.3	13.2
2014	06-2	1×1	披针叶薹草	*Carex lanceolata*	62	0.3	76.2
2014	06-3	1×1	披针叶薹草	*Carex lanceolata*	14	0.2	31.1
2014	06-3	1×1	野青茅	*Deyeuxia sylvatica*	3	0.3	4.2
2014	06-3	1×1	香青	*Anaphalis sinica*	1	0.2	2.2
2014	06-4	1×1	穿龙薯蓣	*Dioscorea opposita*	1	0.2	3.2
2014	06-4	1×1	披针叶薹草	*Carex lanceolata*	23	0.2	15.1
2014	06-5	1×1	野青茅	*Deyeuxia sylvatica*	4	0.3	7.5
2014	06-5	1×1	披针叶薹草	*Carex lanceolata*	34	0.2	55.3
2014	06-5	1×1	穿龙薯蓣	*Dioscorea opposita*	1	0.2	2.1
2014	06-5	1×1	披针叶茜草	*Rubia lanceolata*	1	0.2	3.2
2014	06-5	1×1	野棉花	*Anemone vitifolia*	1	1.0	23.1
2014	06-5	1×1	野青茅	*Deyeuxia sylvatica*	3	0.3	5.2
2016	01-1	1×1	宽叶薹草	*Carex siderosticta*	30	17.0	20.0
2017	01-2	1×1	山蚂蝗	*Desmodium racemosum*	1	12.0	8.0
2017	01-3	1×1	白花堇菜	*Viola lactiflora*	5	4.0	6.0
2017	01-4	1×1	点腺过路黄	*Lysimachia hemsleyana*	1	6.0	1.0
2017	01-5	1×1	玉竹	*Polygonatum odoratum*	1	12.0	0.5
2017	02-1	1×1	宽叶薹草	*Carex siderosticta*	2	17.0	16.0
2017	02-2	1×1	点腺过路黄	*Lysimachia hemsleyana*	2	18.0	16.0
2017	02-3	1×1	红升麻	*Astilbe chinensis*	1	17.0	0.8
2017	02-4	1×1	唐松草	*Thalictrum aquilegiifolium*	2	45.0	10.0
2017	02-5	1×1	白花堇菜	*Viola lactiflora*	2	7.0	0.5
2017	02-5	1×1	和尚菜	*Adenocaulon himalaicum*	2	22.0	5.0
2017	03-1	1×1	披针叶薹草	*Carex lanceolata*	12	22.0	55.0
2017	03-2	1×1	油点草	*Tricyrtis macropoda*	2	75.0	3.0
2017	03-3	1×1	和尚菜	*Adenocaulon himalaicum*	2	17.0	2.0
2017	03-4	1×1	点腺过路黄	*Lysimachia hemsleyana*	6	15.0	5.0
2017	03-5	1×1	宽叶薹草	*Carex siderosticta*	2	17.0	16.0
2017	04-1	1×1	野青茅	*Deyeuxia arundinacea*	2	45.0	8.0
2017	04-2	1×1	披针叶薹草	*Carex lanceolata*	30	75.0	25.0
2017	04-3	1×1	荩草	*Arthraxon hispidus*	4	12.0	18.0
2017	04-4	1×1	披针叶薹草	*Carex lanceolata*	12	22.0	0.0
2017	04-5	1×1	野青茅	*Deyeuxia arundinacea*	50	8.0	1.0
2017	05-1	1×1	披针叶薹草	*Carex lanceolata*	30	8.0	35.0
2017	05-2	1×1	野青茅	*Deyeuxia arundinacea*	1	7.0	1.0
2017	05-3	1×1	多穗金粟兰	*Chloranthus multistachys*	9	8.0	35.0
2017	05-4	1×1	点腺过路黄	*Lysimachia hemsleyana*	1	0.8	15.0

（续）

年份	样方号	样方面积/（m×m）	种名	拉丁学名	数量/株（丛）	平均高度/m	盖度/%
2017	05－5	1×1	红升麻	*Astilbe chinensis*	2	1.0	18.0
2017	06－1	1×1	珠光香青	*Anaphalis margaritacea*	1	1.5	3.0
2017	06－2	1×1	披针叶薹草	*Carex lanceolata*	50	10.0	40.0
2017	06－3	1×1	野青茅	*Deyeuxia arundinacea*	2	8.0	1.0
2017	06－4	1×1	野青茅	*Deyeuxia arundinacea*	32	8.0	1.0
2017	06－5	1×1	宽叶薹草	*Carex siderosticta*	28	17.0	16.0
2017	01－1	1×1	陕西鳞毛蕨	*Matteuccia struthiopteris*	1	10.0	5.0
2018	01－1	1×1	宽叶薹草	*Carex siderosticta*	2	40.0	20.0
2018	01－1	1×1	披针叶薹草	*Carex lanceolata*	1	30.0	10.0
2018	01－1	1×1	卵叶茜草	*Rubia ovatifolia*	5	10.0	3.0
2018	01－1	1×1	野青茅	*Deyeuxia arundinacea*	2	10.0	3.0
2018	01－2	1×1	三籽两型豆	*Amphicarpaea trisperma*	1	10.0	4.0
2018	01－2	1×1	野青茅	*Deyeuxia arundinacea*	2	20.0	3.0
2018	01－2	1×1	东亚唐松草	*Thalictrum minus* var. *hypoleucum*	1	30.0	3.0
2018	01－3	1×1	野苎麻	*Boehmeria nivea*	1	10.0	10.0
2018	01－3	1×1	红升麻	*Astilbe chinensis*	1	10.0	5.0
2018	01－3	1×1	艾蒿	*Artemisia argyi*	4	10.0	5.0
2018	01－3	1×1	陕西鳞毛蕨	*Matteuccia struthiopteris*	2	10.0	3.0
2018	01－3	1×1	宽叶薹草	*Carex siderosticta*	8	40.0	3.0
2018	01－3	1×1	披针叶薹草	*Carex lanceolata*	1	30.0	4.0
2018	01－3	1×1	东亚唐松草	*Thalictrum minus* var. *hypoleucum*	2	10.0	4.0
2018	01－4	1×1	糙苏	*Phlomis umbrosa*	1	10.0	5.0
2018	01－4	1×1	费菜	*Sedum aizoon*	2	10.0	5.0
2018	01－4	1×1	宽叶薹草	*Carex siderosticta*	9	40.0	10.0
2018	01－4	1×1	宽叶薹草	*Carex siderosticta*	9	40.0	10.0
2018	01－4	1×1	披针叶薹草	*Carex lanceolata*	1	30.0	5.0
2018	01－4	1×1	紫菀	*Aster tataricus*	2	10.0	3.0
2018	01－4	1×1	陕西鳞毛蕨	*Matteuccia struthiopteris*	4	10.0	3.0
2018	01－4	1×1	穿龙薯蓣	*Dioscorea nipponica*	1	10.0	4.0
2018	01－4	1×1	陕西鳞毛蕨	*Matteuccia struthiopteris*	2	10.0	2.0
2018	01－5	1×1	穿龙薯蓣	*Dioscorea nipponica*	1	20.0	3.0
2018	01－5	1×1	披针叶薹草	*Carex lanceolata*	2	30.0	10.0
2018	01－5	1×1	东亚唐松草	*Thalictrum minus* var. *hypoleucum*	1	10.0	5.0
2018	01－5	1×1	野草莓	*Fragaria vesca*	5	10.0	5.0
2018	01－5	1×1	野苎麻	*Boehmeria nivea*	1	10.0	5.0
2018	01－5	1×1	宽叶薹草	*Carex siderosticta*	3	40.0	4.0
2018	02－1	1×1	东亚唐松草	*Thalictrum minus* var. *hypoleucum*	3	0.1	3.0
2018	02－1	1×1	披针叶薹草	*Carex lanceolata*	2	0.4	10.0

（续）

年份	样方号	样方面积/ （m×m）	种名	拉丁学名	数量/株 （丛）	平均高度/ m	盖度/%
2018	02 - 1	1×1	野青茅	*Deyeuxia arundinacea*	1	0.3	10.0
2018	02 - 1	1×1	费菜	*Sedum aizoon*	3	0.1	3.0
2018	02 - 1	1×1	重楼	*Paris polyphylla*	1	0.1	3.0
2018	02 - 2	1×1	野青茅	*Deyeuxia arundinacea*	1	0.2	3.0
2018	02 - 2	1×1	青菅	*Themeda japonica*	2	0.3	4.0
2018	02 - 3	1×1	牛姆瓜	*Holboellia grandiflora*	1	0.1	5.0
2018	02 - 4	1×1	天门冬	*Asparagus cochinchinensis*	1	0.1	5.0
2018	02 - 4	1×1	披针叶茜草	*Rubia lanceolata*	1	0.1	5.0
2018	02 - 4	1×1	东亚唐松草	*Thalictrum minus* var. *hypoleucum*	1	0.1	5.0
2018	02 - 4	1×1	披针叶薹草	*Carex lanceolata*	3	0.4	10.0
2018	02 - 4	1×1	穿龙薯蓣	*Dioscorea nipponica*	2	0.3	5.0
2018	02 - 4	1×1	披针叶薹草	*Carex lanceolata*	2	0.1	5.0
2018	02 - 4	1×1	东亚唐松草	*Thalictrum minus* var. *hypoleucum*	1	0.1	5.0
2018	02 - 5	1×1	玉竹	*Polygonatum odoratum*	1	0.4	5.0
2018	02 - 5	1×1	野青茅	*Deyeuxia arundinacea*	2	0.3	10.0
2018	02 - 5	1×1	披针叶薹草	*Carex lanceolata*	2	0.1	10.0
2018	02 - 5	1×1	卵叶茜草	*Rubia ovatifolia*	1	0.1	15.0
2018	03 - 1	1×1	陕西鳞毛蕨	*Matteuccia struthiopteris*	3	10.0	3.0
2018	03 - 1	1×1	宽叶薹草	*Carex siderosticta*	2	40.0	20.0
2018	03 - 1	1×1	披针叶薹草	*Carex lanceolata*	1	30.0	10.0
2018	03 - 1	1×1	卵叶茜草	*Rubia ovatifolia*	5	10.0	3.0
2018	03 - 2	1×1	野青茅	*Deyeuxia arundinacea*	2	10.0	3.0
2018	03 - 2	1×1	陕西鳞毛蕨	*Matteuccia struthiopteris*	2	10.0	3.0
2018	03 - 2	1×1	野青茅	*Deyeuxia arundinacea*	2	20.0	3.0
2018	03 - 2	1×1	东亚唐松草	*Thalictrum minus* var. *hypoleucum*	2	30.0	3.0
2018	03 - 2	1×1	野苎麻	*Boehmeria nivea*	3	10.0	10.0
2018	03 - 2	1×1	陕西鳞毛蕨	*Matteuccia struthiopteris*	2	10.0	2.0
2018	03 - 2	1×1	宽叶薹草	*Carex siderosticta*	20	40.0	20.0
2018	03 - 3	1×1	披针叶薹草	*Carex lanceolata*	1	30.0	4.0
2018	03 - 3	1×1	东亚唐松草	*Thalictrum minus* var. *hypoleucum*	2	10.0	4.0
2018	03 - 3	1×1	宽叶薹草	*Carex siderosticta*	9	40.0	10.0
2018	03 - 4	1×1	披针叶薹草	*Carex lanceolata*	1	30.0	5.0
2018	03 - 4	1×1	紫菀	*Aster tataricus*	2	10.0	3.0
2018	03 - 4	1×1	陕西鳞毛蕨	*Matteuccia struthiopteris*	4	10.0	3.0
2018	03 - 4	1×1	穿龙薯蓣	*Dioscorea nipponica*	1	10.0	4.0
2018	03 - 4	1×1	陕西鳞毛蕨	*Rhizoma Matteucciae*	2	10.0	2.0
2018	03 - 4	1×1	穿龙薯蓣	*Dioscorea nipponica*	1	20.0	3.0
2018	03 - 5	1×1	披针叶薹草	*Carex lanceolata*	2	30.0	10.0

（续）

年份	样方号	样方面积/ （m×m）	种名	拉丁学名	数量/株 （丛）	平均高度/ m	盖度/%
2018	03－5	1×1	东亚唐松草	*Thalictrum minus* var. *hypoleucum*	1	10.0	5.0
2018	04－1	1×1	陕西鳞毛蕨	*Matteuccia struthiopteris*	3	10.0	5.0
2018	04－1	1×1	宽叶薹草	*Carex siderosticta*	2	40.0	15.0
2018	04－1	1×1	披针叶薹草	*Carex lanceolata*	1	30.0	10.0
2018	04－1	1×1	卵叶茜草	*Rubia ovatifolia*	5	10.0	5.0
2018	04－1	1×1	野青茅	*Deyeuxia arundinacea*	2	10.0	5.0
2018	04－1	1×1	陕西鳞毛蕨	*Matteuccia struthiopteris*	2	10.0	3.0
2018	04－2	1×1	野青茅	*Deyeuxia arundinacea*	2	20.0	3.0
2018	04－2	1×1	东亚唐松草	*Thalictrum minus* var. *hypoleucum*	2	30.0	3.0
2018	04－2	1×1	野苎麻	*Boehmeria nivea*	3	10.0	10.0
2018	04－2	1×1	陕西鳞毛蕨	*Matteuccia struthiopteris*	2	10.0	2.0
2018	04－2	1×1	宽叶薹草	*Carex siderosticta*	20	40.0	20.0
2018	04－2	1×1	披针叶薹草	*Carex lanceolata*	1	30.0	4.0
2018	04－3	1×1	东亚唐松草	*Thalictrum minus* var. *hypoleucum*	2	10.0	4.0
2018	04－3	1×1	宽叶薹草	*Carex siderosticta*	9	40.0	10.0
2018	04－4	1×1	披针叶薹草	*Carex lanceolata*	1	30.0	5.0
2018	04－4	1×1	紫菀	*Aster tataricus*	2	10.0	3.0
2018	04－5	1×1	陕西鳞毛蕨	*Matteuccia struthiopteris*	4	10.0	3.0
2018	04－5	1×1	穿龙薯蓣	*Dioscorea nipponica*	1	10.0	4.0
2018	04－5	1×1	陕西鳞毛蕨	*Matteuccia struthiopteris*	2	10.0	2.0
2018	04－5	1×1	穿龙薯蓣	*Dioscorea nipponica*	1	20.0	3.0
2018	04－5	1×1	披针叶薹草	*Carex lanceolata*	2	30.0	10.0
2018	04－5	1×1	东亚唐松草	*Thalictrum minus* var. *hypoleucum*	1	10.0	5.0
2018	05－1	1×1	陕西鳞毛蕨	*Matteuccia struthiopteris*	3	10.0	5.0
2018	05－1	1×1	宽叶薹草	*Carex siderosticta*	2	40.0	15.0
2018	05－1	1×1	披针叶薹草	*Carex lanceolata*	1	30.0	10.0
2018	05－2	1×1	卵叶茜草	*Rubia ovatifolia*	5	10.0	5.0
2018	05－2	1×1	野青茅	*Deyeuxia arundinacea*	2	10.0	5.0
2018	05－2	1×1	陕西鳞毛蕨	*Matteuccia struthiopteris*	2	10.0	3.0
2018	05－2	1×1	野青茅	*Deyeuxia arundinacea*	2	20.0	3.0
2018	05－2	1×1	东亚唐松草	*Thalictrum minus* var. *hypoleucum*	2	30.0	3.0
2018	05－2	1×1	野苎麻	*Boehmeria nivea*	3	10.0	10.0
2018	05－3	1×1	陕西鳞毛蕨	*Matteuccia struthiopteris*	2	10.0	2.0
2018	05－3	1×1	宽叶薹草	*Carex siderosticta*	20	40.0	20.0
2018	05－4	1×1	披针叶薹草	*Carex lanceolata*	1	30.0	4.0
2018	05－4	1×1	东亚唐松草	*Thalictrum minus* var. *hypoleucum*	2	10.0	4.0
2018	05－4	1×1	宽叶薹草	*Carex siderosticta*	9	40.0	10.0
2018	05－4	1×1	披针叶薹草	*Carex lanceolata*	1	30.0	5.0

（续）

年份	样方号	样方面积/ (m×m)	种名	拉丁学名	数量/株 （丛）	平均高度/ m	盖度/%
2018	05－4	1×1	紫菀	*Aster tataricus*	2	10.0	3.0
2018	05－4	1×1	陕西鳞毛蕨	*Matteuccia struthiopteris*	4	10.0	3.0
2018	05－4	1×1	穿龙薯蓣	*Dioscorea nipponica*	1	10.0	4.0
2018	05－5	1×1	陕西鳞毛蕨	*Matteuccia struthiopteris*	2	10.0	2.0
2018	05－5	1×1	穿龙薯蓣	*Dioscorea nipponica*	1	20.0	3.0
2018	05－5	1×1	披针叶薹草	*Carex lanceolata*	2	30.0	10.0
2018	05－5	1×1	东亚唐松草	*Thalictrum minus* var. *hypoleucum*	1	10.0	5.0
2018	06－1	1×1	陕西鳞毛蕨	*Matteuccia struthiopteris*	3	10.0	5.0
2018	06－1	1×1	宽叶薹草	*Carex siderosticta*	2	40.0	15.0
2018	06－1	1×1	披针叶薹草	*Carex lanceolata*	1	30.0	10.0
2018	06－1	1×1	卵叶茜草	*Rubia ovatifolia*	5	10.0	5.0
2018	06－2	1×1	野青茅	*Deyeuxia arundinacea*	2	10.0	5.0
2018	06－2	1×1	陕西鳞毛蕨	*Matteuccia struthiopteris*	2	10.0	3.0
2018	06－2	1×1	野青茅	*Deyeuxia arundinacea*	2	20.0	3.0
2018	06－2	1×1	东亚唐松草	*Thalictrum minus* var. *hypoleucum*	2	30.0	3.0
2018	06－2	1×1	野苎麻	*Boehmeria nivea*	3	10.0	10.0
2018	06－2	1×1	陕西鳞毛蕨	*Matteuccia struthiopteris*	2	10.0	2.0
2018	06－2	1×1	宽叶薹草	*Carex siderosticta*	20	40.0	20.0
2018	06－2	1×1	披针叶薹草	*Carex lanceolata*	1	30.0	4.0
2018	06－3	1×1	东亚唐松草	*Thalictrum minus* var. *hypoleucum*	2	10.0	4.0
2018	06－3	1×1	宽叶薹草	*Carex siderosticta*	9	40.0	10.0
2018	06－4	1×1	披针叶薹草	*Carex lanceolata*	1	30.0	5.0
2018	06－4	1×1	紫菀	*Aster tataricus*	2	10.0	3.0
2018	06－4	1×1	陕西鳞毛蕨	*Matteuccia struthiopteris*	4	10.0	3.0
2018	06－4	1×1	穿龙薯蓣	*Dioscorea nipponica*	1	10.0	4.0
2018	06－4	1×1	陕西鳞毛蕨	*Matteuccia struthiopteris*	2	10.0	2.0
2018	06－5	1×1	穿龙薯蓣	*Dioscorea nipponica*	1	20.0	3.0
2018	06－5	1×1	披针叶薹草	*Carex lanceolata*	2	30.0	10.0
2018	06－5	1×1	东亚唐松草	*Thalictrum minus* var. *hypoleucum*	1	10.0	5.0
2019	01－1	1×1	宽叶薹草	*Carex siderosticta*	30	18.0	22.0
2019	01－2	1×1	山蚂蝗	*Desmodium racemosum*	2	13.0	9.0
2019	01－3	1×1	白花堇菜	*Viola lactiflora*	5	6.0	8.0
2019	01－4	1×1	点腺过路黄	*Lysimachia hemsleyana*	1	7.0	2.0
2019	01－5	1×1	玉竹	*Polygonatum odoratum*	1	14.0	1.0
2019	02－1	1×1	宽叶薹草	*Carex siderosticta*	2	17.0	20.0
2019	02－2	1×1	点腺过路黄	*Lysimachia hemsleyana*	2	18.0	18.0
2019	02－3	1×1	红升麻	*Astilbe chinensis*	1	18.0	2.0
2019	02－4	1×1	唐松草	*Thalictrum aquilegiifolium*	2	50.0	12.0

（续）

年份	样方号	样方面积/ （m×m）	种名	拉丁学名	数量/株 （丛）	平均高度/ m	盖度/%
2019	02－5	1×1	白花堇菜	*Viola lactiflora*	2	8.0	1.0
2019	02－6	1×1	和尚菜	*Adenocaulon himalaicum*	2	24.0	7.0
2019	03－1	1×1	披针叶薹草	*Carex lanceolata*	12	24.0	60.0
2019	03－2	1×1	油点草	*Tricyrtis macropoda*	2	78.0	5.0
2019	03－3	1×1	和尚菜	*Adenocaulon himalaicum*	2	18.0	3.0
2019	03－4	1×1	点腺过路黄	*Lysimachia hemsleyana*	6	18.0	8.0
2019	03－5	1×1	点腺过路黄	*Lysimachia hemsleyana*	6	18.0	8.0
2019	04－1	1×1	野青茅	*Deyeuxia arundinacea*	2	48.0	10.0
2019	04－2	1×1	披针叶薹草	*Carex lanceolata*	30	80.0	30.0
2019	04－3	1×1	荩草	*Arthraxon hispidus*	4	13.0	20.0
2019	04－4	1×1	红升麻	*Astilbe chinensis*	1	18.0	2.0
2019	04－5	1×1	和尚菜	*Adenocaulon himalaicum*	2	24.0	7.0
2019	05－1	1×1	披针叶薹草	*Carex lanceolata*	30	10.0	37.0
2019	05－2	1×1	野青茅	*Deyeuxia arundinacea*	1	9.0	2.0
2019	05－3	1×1	多穗金粟兰	*Chloranthus multistachys*	9	9.0	38.0
2019	05－4	1×1	点腺过路黄	*Lysimachia hemsleyana*	1	1.2	17.0
2019	05－5	1×1	红升麻	*Astilbe chinensis*	2	2.0	20.0
2019	06－1	1×1	珠光香青	*Anaphalis margaritacea*	1	2.0	4.0
2019	06－2	1×1	披针叶薹草	*Carex lanceolata*	50	12.0	40.0
2019	06－3	1×1	野青茅	*Deyeuxia arundinacea*	2	12.0	3.0
2019	06－4	1×1	披针叶薹草	*Carex lanceolata*	50	12.0	40.0
2019	06－5	1×1	披针叶薹草	*Carex lanceolata*	12	24.0	60.0

（4）更新特征

因林地土层薄、坡度陡、环境阴湿、枯落物累积较厚，林分天然更新不良（表 3－6）。

表 3－6　天然更新

年份	样方号	样方面积/ （m×m）	种名	拉丁学名	实生苗/ 株	萌生苗/ 株	平均基径/ cm	平均高度/ cm
2013	01－1	2×2	油松	*Pinus tabulaeformis*	1	0	1.3	40.0
2013	02－1	2×2			0	0	0	0
2013	03－1	2×2	华山松	*Pinus armandii*	1		2.6	54.0
2013	04－1	2×2			0	0	0	0
2013	05－1	2×2			0	0	0	0
2013	06－1	2×2			0	0	0	0
2014	01－1	2×2			0	0	0	0
2014	02－1	2×2			0	0	0	0
2014	03－1	2×2	油松	*Pinus tabulaeformis*	1	0	1.1	42.2
2014	04－1	2×2			0	0	0	0

（续）

年份	样方号	样方面积/ （m×m）	种名	拉丁学名	实生苗/ 株	萌生苗/ 株	平均基径/ cm	平均高度/ cm
2014	05－1	2×2	华山松	*Pinus armandii*	2	0	2.8	65.4
2014	06－1	2×2			0	0	0	0
2014	06－1	2×2			0	0	0	0
2014	06－1	2×2	油松	*Pinus tabulae formis*	1	0	0.8	48.5
2014	06－1	2×2			0	0	0	0
2015					0	0	0	0
2016					0	0	0	0
2017	01－1	2×2	华山松	*Piuns armandii*	6	0	0.6	18.0
2017	02－1	2×2	华山松	*Piuns armandii*	4	0	0.4	12.0
2017	03－1	2×2	华山松	*Piuns armandii*	5	0	0.3	8.0
2017	04－1	2×2	华山松	*Piuns armandii*	3	0	0.3	7.0
2017	05－1	2×2	华山松	*Piuns armandii*	3	0	0.4	6.0
2017	06－1	2×2	华山松	*Piuns armandii*	3	0	0.3	5.0
2018	01－1	2×2	锐齿槲栎	*Quercus aliena* var. *acutiserrata*	0	5	0.4	2.0
2018	02－1	2×2	锐齿槲栎	*Quercus aliena* var. *acutiserrata*	7	0	3.8	39.5
2018	02－1	2×2	华山松	*Piuns armandii*	3	0	0.5	46.0
2018	03－1	2×2	华北落叶松	*Larix principis - rupprechtii*	1	0	3.2	60.0
2018	03－1	2×2	五角枫	*Acer elegantulum*	3	0	2.7	46.0
2018	04－1	2×2	五角枫	*Acer elegantulum*	6	0	1.8	24.0
2018	05－1	2×2	锐齿槲栎	*Quercus aliena* var. *acutiserrata*	0	3	0.8	1.2
2018	05－1	2×2	五角枫	*Acer elegantulum*	1	0	2.3	2.0
2018	05－1	2×2	漆树	*Toxicodendron vernici fluum*	0	1	1.7	1.5
2018	06－1	2×2	锐齿槲栎	*Quercus aliena* var. *acutiserrata*	0	4	1.1	3.5
2019	01－1	2×2	油松	*Pinus tabuli formis*	1	0	0.7	20.0
2019	03－1	2×2	锐齿槲栎	*Quercus aliena* var. *acutiserrata*	1	0	2.1	63.0
2019	03－1	2×2	油松	*Pinus tabuli formis*	1	0	0.6	70.0
2019	04－1	2×2	油松	*Pinus tabuli formis*	1	0	1.2	75.0
2019	04－1	2×2	锐齿槲栎	*Quercus aliena* var. *acutiserrata*	1	0	1.8	218.0
2019	04－1	2×2	油松	*Pinus tabuli formis*	1	0	0.8	63.0
2019	04－1	2×2	油松	*Pinus tabuli formis*	1	0	1.5	110.0
2019	04－1	2×2	油松	*Pinus tabuli formis*	1	0	0.8	62.0
2019	05－1	2×2	油松	*Pinus tabuli formis*	1	0	1.8	123.0
2019	05－1	2×2	锐齿槲栎	*Quercus aliena* var. *acutiserrata*	1	0	1.2	151.0
2019	05－1	2×2	油松	*Pinus tabuli formis*	1	0	0.8	60.0
2019	05－1	2×2	油松	*Pinus tabuli formis*	1	0	0.6	61.0
2019	06－1	2×2	油松	*Pinus tabuli formis*	1	0	0.6	55.0

3.1.3.2　其他观测场

（1）锐齿槲栎林长期观测场

详见表 3-7～表 3-10。

表 3-7　乔木层组成

年份	树种	拉丁学名	数量/株	平均胸径/cm	平均高/m
2013	锐齿槲栎	*Quercus aliena* var. *acutiserrata*	72	15.0	10.5
2013	茶条槭	*Acer ginnala*	4	13.7	9.2
2013	青榨槭	*Acer grosseri*	3	9.6	7.8
2013	五角枫	*Acer elegantulum*	2	17.1	8.4
2013	鹅耳枥	*Carpinus turczaninowii*	1	9.7	9.6
2013	铁杉	*Tsuga chinensis*	1	8.7	5.7
2014	锐齿槲栎	*Quercus aliena* var. *acutiserrata*	73	15.2	10.5
2014	茶条槭	*Acer ginnala*	4	13.8	9.3
2014	青榨槭	*Acer grosseri*	3	9.8	7.9
2014	五角枫	*Acer elegantulum*	2	15.2	10.5
2014	鹅耳枥	*Carpinus turczaninowii*	1	9.8	9.7
2014	华北落叶松	*Larix principis-rupprechtii*	1	10.5	5.9
2014	铁杉	*Tsuga chinensis*	1	8.8	5.8
2014	油松	*Pinus tabulaeformis*	1	28.7	14.4
2016	锐齿槲栎	*Quercus aliena* var. *acutiserrata*	87	10.0	9.8
2017	锐齿槲栎	*Quercus aliena* var. *acutiserrata*	82	16.2	11.1
2017	青榨槭	*Acer davidii*	3	9.2	8.6
2017	漆树	*Toxicodendron vernicifluum*	1	15.2	11.4
2017	铁杉	*Tsuga chinensis*	1	6.5	4.5
2018	锐齿槲栎	*Quercus aliena* var. *acutiserrata*	32	20.3	13.2
2018	华山松	*Pinus armandii*	1	17.0	20.0
2018	黑榆	*Ulmus davidiana*	1	36.1	17.0
2018	盘腺樱桃	*Prunus discadenia*	1	13.2	6.4
2019	锐齿槲栎	*Quercus aliena* var. *acutiserrata*	82	18.8	15.1
2019	青榨槭	*Acer davidii*	3	12.7	9.9
2019	铁杉	*Tsuga chinensis*	1	10.8	8.8
2019	漆树	*Toxicodendron vernicifluum*	1	18.8	11.6

表 3-8　灌木层组成

年份	样方号	样方面积/（m×m）	种名	拉丁学名	数量/株（丛）	平均基径/cm	平均高度/m	盖度/%
2013	01-1	2×2	木竹	*Bambusa rutila*	28	1.9	1.75	82.0
2013	01-1	2×2	美丽胡枝子	*Lespedeza bicolor*	1	0.6	0.75	20.0
2013	01-1	2×2	鞘柄菝葜	*Smilax stans*	1	0.4	0.30	2.0
2013	01-1	2×2	南蛇藤	*Celastrus orbiculatus*	5	0.3	0.15	2.0

（续）

年份	样方号	样方面积/ （m×m）	种名	拉丁学名	数量/株 （丛）	平均基径/ cm	平均高度/ m	盖度/%
2013	02-1	2×2	木竹	*Bambusa rutila*	21	2.1	1.80	75.0
2013	02-1	2×2	南蛇藤	*Celastrus orbiculatus*	1	0.3	0.15	1.0
2013	02-1	2×2	鞘柄菝葜	*Smilax stans*	2	0.4	0.40	2.0
2013	02-1	2×2	栓翅卫矛	*Euonymus phellomanus*	4	0.2	0.08	2.0
2013	03-1	2×2	木竹	*Bambusa rutila*	19	2.3	2.10	75.0
2013	03-1	2×2	鞘柄菝葜	*Smilax stans*	1	0.3	0.35	1.0
2013	03-1	2×2	栓翅卫矛	*Euonymus phellomanus*	5	0.4	0.30	4.0
2013	03-1	2×2	鹅耳枥	*Carpinus turczaninowii*	1	4.8	3.20	50.0
2013	04-1	2×2	美丽悬钩子	*Rubus amabilis*	1	0.4	0.35	2.0
2013	04-1	2×2	白檀	*Symplocos paniculata*	7	3.4	2.20	50.0
2013	04-1	2×2	鞘柄菝葜	*Smilax stans*	15	0.4	0.40	8.0
2013	04-1	2×2	粉花绣线菊	*Spiraea japonica*	1	0.5	0.45	3.0
2013	04-1	2×2	木竹	*Bambusa rutila*	15	2.4	2.20	45.0
2013	05-1	2×2	苦糖果	*Lonicera stanishii*	2	0.8	0.65	8.0
2013	05-1	2×2	南蛇藤	*Celastrus orbiculatus*	1	0.4	0.42	2.0
2013	05-1	2×2	白檀	*Symplocos paniculata*	1	1.8	1.72	15.0
2013	05-1	2×2	木竹	*Bambusa rutila*	1	1.7	0.65	3.0
2013	05-1	2×2	栓翅卫矛	*Euonymus phellomanus*	2	0.3	0.12	1.0
2014	01-1	2×2	苦糖果	*Lonicera stanishii*	3	0.9	0.76	9.7
2014	01-1	2×2	白檀	*Symplocos paniculata*	1	1.8	1.83	16.6
2014	01-1	2×2	南蛇藤	*Celastrus orbiculatus*	2	0.4	0.53	3.2
2014	01-1	2×2	栓翅卫矛	*Euonymus phellomanus*	3	0.3	0.12	1.1
2014	02-1	2×2	木竹	*Bambusa rutila*	29	1.9	1.75	83.5
2014	02-1	2×2	美丽胡枝子	*Lespedeza bicolor*	1	0.6	0.75	21.7
2014	02-1	2×2	鞘柄菝葜	*Smilax stans*	2	0.5	0.30	3.2
2014	02-1	2×2	南蛇藤	*Celastrus orbiculatus*	6	0.4	0.15	3.6
2014	02-1	2×2	木竹	*Bambusa rutila*	2	1.7	0.65	4.4
2014	03-1	2×2	木竹	*Bambusa rutila*	20	2.3	2.10	76.7
2014	03-1	2×2	鞘柄菝葜	*Smilax stans*	1	0.3	0.35	1.5
2014	03-1	2×2	栓翅卫矛	*Euonymus phellomanus*	6	0.4	0.30	5.6
2014	03-1	2×2	鹅耳枥	*Carpinus turczaninowii*	2	4.9	3.20	51.7
2014	04-1	2×2	美丽悬钩子	*Rubus amabilis*	2	0.5	0.35	3.1
2014	04-1	2×2	白檀	*Symplocos paniculata*	8	3.5	2.20	51.9
2014	04-1	2×2	鞘柄菝葜	*Smilax stans*	16	0.5	0.40	9.1
2014	04-1	2×2	粉花绣线菊	*Spiraea japonica*	2	0.6	0.45	3.6
2014	04-1	2×2	木竹	*Bambusa rutila*	16	2.4	2.20	46.7
2014	05-1	2×2	木竹	*Bambusa rutila*	22	2.1	1.80	76.4
2014	05-1	2×2	鞘柄菝葜	*Smilax stans*	3	0.4	0.51	3.6

（续）

年份	样方号	样方面积/ （m×m）	种名	拉丁学名	数量/株 （丛）	平均基径/ cm	平均高度/ m	盖度/%
2014	05－1	2×2	栓翅卫矛	*Euonymus phellomanus*	5	0.2	0.19	3.1
2014	05－1	2×2	南蛇藤	*Celastrus orbiculatus*	1	0.4	0.26	1.2
2015								
2016								
2017	01－1	2×2	美丽胡枝子	*Lespedeza formosa*	3	0.5	1.4	5.0
2017	01－1	2×2	白檀	*Symplocos paniculata*	1	0.4	0.8	2.0
2017	01－1	2×2	葱皮忍冬	*Lonicera ferdinandi*	4	2..2	1.5	5.0
2017	01－1	2×2	白檀	*Symplocos paniculata*	2	3.0	2.8	8.0
2017	02－1	2×2	胡颓子	*Elaeagnus pungens*	1	3.5	1.8	15.0
2017	02－1	2×2	白檀	*Symplocos paniculata*	3	0.4	0.5	1.0
2017	03－1	2×2	绿叶胡枝子	*Lespedeza buergeri*	1	0.4	1.0	2.0
2017	03－1	2×2	栓翅卫矛	*Euonymus phellomanus*	2	0.4	0.6	5.0
2017	03－1	2×2	白檀	*Symplocos paniculata*	2	0.8	1.2	2.0
2017	04－1	2×2	栓翅卫矛	*Euonymus phellomanus*	1	0.5	0.8	3.0
2017	05－1	2×2	美丽胡枝子	*Lespedeza formosa*	1	0.4	0.8	2.0
2017	05－1	2×2	美丽悬钩子	*Rubus amabilis*	2	0.4	0.8	2.0
2017	05－1	2×2	托柄菝葜	*Smilax discotis*	2	0.4	0.3	1.0
2018	01－1	2×2	鞘柄菝葜	*Smilax stans*	1	0.2	1.3	8
2018	01－1	2×2	木姜子	*Litsea cubeba*	2	0.6	0.8	4
2018	01－1	2×2	美丽悬钩子	*Rubus amabilis*	3	0.2	1.5	4
2018	01－1	2×2	刚毛忍冬	*Lonicera hispida*	2	0.8	1.2	4
2018	01－1	2×2	箭竹	*Fargesia spathacea*	4	0.2	1.2	5
2018	02－1	2×2	箭竹	*Fargesia spathacea*	12	0.2	1.3	15
2018	02－1	2×2	毛榛	*Corylus mandshurica*	1	0.4	0.9	10
2018	03－1	2×2	箭竹	*Fargesia spathacea*	48	0.2	1.3	15
2018	03－1	2×2	木姜子	*Litsea cubeba*	1	0.8	1.2	10
2018	03－1	2×2	鞘柄菝葜	*Smilax stans*	2	0.2	1.1	3
2018	04－1	2×2	箭竹	*Fargesia spathacea*	18	0.2	1.4	3
2018	04－1	2×2	珍珠梅	*Sorbaria sorbifolia*	1	0.2	1.2	5
2018	04－1	2×2	毛榛	*Corylus mandshurica*	2	0.4	1.2	10
2018	05－1	2×2	棣棠	*Kerria japonica*	4	0.8	2.1	5
2018	05－1	2×2	桦叶荚蒾	*Viburnum betulifolium*	1	1.8	2.0	2
2018	05－1	2×2	刺叶栎	*Quercus spinosa*	1	1.6	1.2	10
2018	05－1	2×2	栓翅卫矛	*Euonymus phellomanus*	2	0.6	1.2	5
2018	05－1	2×2	珍珠梅	*Sorbaria sorbifolia*	1	0.2	1.2	3
2018	05－1	2×2	五味子	*Schisandra chinensis*	1	0.2	1.1	10
2019	01－1	2×2	美丽胡枝子	*Lespedeza formosa*	3	0.6	1.6	7.0
2019	01－1	2×2	白檀	*Symplocos paniculata*	1	1.2	1.4	4.0

（续）

年份	样方号	样方面积/（m×m）	种名	拉丁学名	数量/株（丛）	平均基径/cm	平均高度/m	盖度/%
2019	01-1	2×2	葱皮忍冬	*Lonicera ferdinandi*	3	2.4	1.8	7.0
2019	01-1	2×2	白檀	*Symplocos paniculata*	2	3.4	3.2	9.0
2019	02-1	2×2	胡颓子	*Elaeagnus pungens*	1	3.7	2.6	18.0
2019	02-1	2×2	白檀	*Symplocos paniculata*	3	0.8	1.0	2.0
2019	02-1	2×2	绿叶胡枝子	*Lespedeza buergeri*	1	0.6	1.5	3.0
2019	02-1	2×2	栓翅卫矛	*Euonymus phellomanus*	2	0.6	0.8	7.0
2019	03-1	2×2	白檀	*Symplocos paniculata*	2	0.9	1.4	3.0
2019	04-1	2×2	栓翅卫矛	*Euonymus phellomanus*	1	0.8	1.0	3.2
2019	05-1	2×2	美丽胡枝子	*Lespedeza formosa*	1	0.6	1.0	3.0
2019	05-1	2×2	美丽悬钩子	*Rubus amabilis*	2	0.5	1.0	2.0
2019	05-1	2×2	托柄菝葜	*Smilax discotis*	2	0.5	0.4	1.0

表3-9　草本层植物组成

年份	样方号	样方面积/（m×m）	种名	拉丁学名	数量/株（丛）	平均高度/m	盖度/%
2013	01-1	1×1	野青茅	*Deyeuxia sylvatica*	1	18.00	1.0
2013	01-1	1×1	唐松草	*Thalictrum aquilegiifolium*	1	20.00	2.0
2013	01-1	1×1	风毛菊	*Saussurea japonica*	1	10.00	1.0
2013	02-1	1×1	野青茅	*Deyeuxia sylvatica*	1	15.00	1.0
2013	02-1	1×1	披针叶薹草	*Carex lanceolata*	2	18.00	2.0
2013	02-1	1×1	风毛菊	*Saussurea japonica*	1	15.00	1.0
2013	03-1	1×1	披针叶薹草	*Carex lanceolata*	1	25.00	2.0
2013	04-1	1×1	披针叶薹草	*Carex lanceolata*	2	18.00	2.0
2013	04-1	1×1	野青茅	*Deyeuxia sylvatica*	2	25.00	3.0
2013	05-1	1×1	鳞毛蕨	*Pteridium aquilinum*	3	20.00	4.0
2013	05-1	1×1	披针叶薹草	*Carex lanceolata*	2	16.00	2.0
2013	05-1	1×1	野青茅	*Deyeuxia sylvatica*	1	45.00	2.0
2013	05-1	1×1	风毛菊	*Saussurea japonica*	1	35.00	2.0
2014	01-1	1×1	风毛菊	*Saussurea japonica*	1	0.11	1.2
2014	01-1	1×1	唐松草	*Thalictrum aquilegiifolium*	1	0.21	3.2
2014	01-1	1×1	野青茅	*Deyeuxia sylvatica*	1	0.19	2.1
2014	02-1	1×1	披针叶薹草	*Carex lanceolata*	12	0.19	3.2
2014	02-1	1×1	野青茅	*Deyeuxia sylvatica*	2	0.26	4.1
2014	03-1	1×1	披针叶薹草	*Carex lanceolata*	6	0.26	2.5
2014	03-1	1×1	唐松草	*Thalictrum aquilegiifolium*	1	0.21	2.3
2014	04-1	1×1	野青茅	*Deyeuxia sylvatica*	1	0.16	2.2
2014	04-1	1×1	披针叶薹草	*Carex lanceolata*	4	0.19	3.2
2014	04-1	1×1	风毛菊	*Saussurea japonica*	1	0.16	1.1

（续）

年份	样方号	样方面积/ （m×m）	种名	拉丁学名	数量/株 （丛）	平均高度/m	盖度/%
2014	05 – 1	1×1	野青茅	*Deyeuxia sylvatica*	1	0.46	3.2
2014	05 – 1	1×1	风毛菊	*Saussurea japonica*	1	0.36	2.2
2014	05 – 1	1×1	披针叶薹草	*Carex lanceolata*	11	0.17	2.1
2016	01 – 1				0	0	0
2017	01 – 1	1×1	活血丹	*Glechoma longituba*	2	32.0	5.0
2017	02 – 1	1×1	披针叶茜草	*Rubia lanceolata*	1	25.0	1.0
2017	03 – 1	1×1	披针叶茜草	*Rubia lanceolata*	3	20.0	4.0
2017	03 – 1	1×1	披针叶薹草	*Carex lanceolata*	2	35.0	5.0
2017	04 – 1	1×1	堇菜	*Viola verecunda*	2	32.0	15.0
2017	04 – 1	1×1	披针叶薹草	*Carex lanceolata*	3	32.0	5.0
2017	04 – 1	1×1	披针叶茜草	*Rubia lanceolata*	1	16.0	3.0
2017	04 – 1	1×1	卵叶茜草	*Rubia ovatifolia*	1	32.0	3.0
2017	04 – 1	1×1	点腺过路黄	*Lysimachia hemsleyana*	1	15.0	1.0
2017	05 – 1	1×1	风毛菊	*Saussurea japonica*	1	12.0	1.0
2017	01 – 1	1×1	披针叶薹草	*Carex lanceolata*	3	22.0	20.0
2018	01 – 1	1×1	东亚唐松草	*Thalictrum minus* var. *hypoleucum*	3	10	3
2018	01 – 1	1×1	披针叶薹草	*Carex lanceolata*	2	40	10
2018	02 – 1	1×1	野青茅	*Deyeuxia arundinacea*	1	30	10
2018	02 – 1	1×1	野青茅	*Deyeuxia arundinacea*	1	20	5
2018	02 – 1	1×1	青菅	*Themeda japonica*	2	30	5
2018	03 – 1	1×1	牛姆瓜	*Holboellia grandiflora*	1	10	5
2018	03 – 1	1×1	披针叶茜草	*Rubia lanceolata*	1	10	5
2018	03 – 1	1×1	东亚唐松草	*Thalictrum minus* var. *hypoleucum*	1	10	5
2018	03 – 1	1×1	披针叶薹草	*Carex lanceolata*	3	40	10
2018	04 – 1	1×1	穿龙薯蓣	*Dioscorea nipponica*	2	30	5
2018	04 – 1	1×1	披针叶薹草	*Carex lanceolata*	2	10	5
2018	04 – 1	1×1	东亚唐松草	*Thalictrum minus* var. *hypoleucum*	1	10	5
2018	04 – 1	1×1	玉竹	*Polygonatum odoratum*	1	40	5
2018	05 – 1	1×1	野青茅	*Deyeuxia arundinacea*	2	30	10
2018	05 – 1	1×1	披针叶薹草	*Carex lanceolata*	2	10	10
2018	01 – 1	1×1	卵叶茜草	*Rubia ovatifolia*	1	10	15
2019	01 – 1	1×1	活血丹	*Glechoma longituba*	2	34.0	8.0
2019	02 – 1	1×1	披针叶茜草	*Rubia lanceolata*	1	25.0	3.0
2019	03 – 1	1×1	披针叶茜草	*Rubia lanceolata*	3	22.0	5.0
2019	03 – 1	1×1	披针叶薹草	*Carex lanceolata*	2	35.0	8.0
2019	04 – 1	1×1	堇菜	*Viola verecunda*	2	32.0	20.0
2019	04 – 1	1×1	披针叶薹草	*Carex lanceolata*	3	32.0	8.0
2019	04 – 1	1×1	披针叶茜草	*Rubia lanceolata*	1	16.0	5.0

（续）

年份	样方号	样方面积/ （m×m）	种名	拉丁学名	数量/株 （丛）	平均高度/m	盖度/%
2019	04-1	1×1	卵叶茜草	*Rubia ovatifolia*	1	32.0	5.0
2019	04-1	1×1	点腺过路黄	*Lysimachia hemsleyana*	1	16.0	3.0
2019	05-1	1×1	风毛菊	*Saussurea japonica*	1	18.0	5.0
2019	05-1	1×1	披针叶薹草	*Carex lanceolata*	3	24.0	25.0

表 3-10　天然更新

年份	样方号	样方面积/ （m×m）	种名	拉丁学名	实生苗/ 株	萌生苗/ 株	平均基径/ cm	平均高度/ cm
2013	01-1	2×2	锐齿槲栎	*Quercus aliena* var. *acutiserrata*	2	0	0.8	24.0
2013	02-1	2×2			0	0	0	0
2013	03-1	2×2	粗榧	*Cephalotaxus sinensis*	1		1.1	36.0
2013	04-1	2×2			0	0	0	0
2013	05-1	2×2			0	0	0	0
2014	01-1	2×2	锐齿槲栎	*Quercus aliena* var. *acutiserrata*	1		1.1	34.8
2014	02-1	2×2			0	0	0	0
2014	03-1	2×2	粗榧	*Cephalotaxus sinensis*	1		0.9	36.7
2014	04-1	2×2			0	0	0	0
2014	05-1	2×2	锐齿槲栎	*Quercus aliena* var. *acutiserrata*	2	0	0.7	24.3
2015					0	0	0	0
2016					0	0	0	0
2017	01-1	2×2	锐齿槲栎	*Quercus aliena* var. *acutisserata*	0	5	0.3	15.0
2017	02-1	2×2	铁杉	*Tsuga chinensis*	3	0	0.3	8.0
2017	03-1	2×2	锐齿槲栎	*Quercus aliena* var. *acutisserata*	0	5	0.3	8.0
2017	04-1	2×2	锐齿槲栎	*Quercus aliena* var. *acutisserata*	0	5	0.3	10.0
2017	05-1	2×2	锐齿槲栎	*Quercus aliena* var. *acutisserata*	0	5	0.3	10.0
2018	01-1	2×2	锐齿槲栎	*Quercus aliena* var. *acutisserata*	0	9	1.0	18.0
2018	02-1	2×2	铁杉	*Tsuga chinensis*	3	0	0.4	9.5
2018	03-1	2×2	锐齿槲栎	*Quercus aliena* var. *acutisserata*	0	5	0.5	10.0
2018	04-1	2×2	锐齿槲栎	*Quercus aliena* var. *acutisserata*	0	5	0.6	11.0
2018	05-1	2×2	锐齿槲栎	*Quercus aliena* var. *acutisserata*	0	5	0.4	11.0
2019	01-1	2×2			0	0	0	0
2019	02-1	2×2			0	0	0	0
2019	03-1	2×2			0	0	0	0
2019	04-1	2×2			0	0	0	0
2019	05-1	2×2			0	0	0	0

（2）华山松林长期观测场

详见表 3-11～表 3-14。

表 3-11　乔木层组成

年份	树种	拉丁学名	数量/株（丛）	平均胸径/cm	平均高/m
2013	华山松	*Pinus armandii*	18	16.5	7.2
2013	油松	*Pinus tabulaeformis*	16	24.6	9.4
2013	陕甘花楸	*Sorbus koehneana*	10	4.0	4.1
2013	青榨槭	*Acer grosseri*	8	5.7	4.5
2013	野核桃	*Juglans cathayensis*	5	5.3	5.2
2013	五角枫	*Acer elegantulum*	2	2.3	3.2
2013	椴树	*Tiliatuan Szysz*	1	10.8	6.9
2013	光皮桦	*Betula luminifera*	1	4.1	5.7
2013	千金榆	*Carpinus cordata*	1	7.6	4.8
2013	茶条槭	*Acer ginnala*	1	6.3	4.8
2013	铁杉	*Tsuga chinensis*	1	10.4	3.8
2014	华山松	*Pinus armandii*	18	16.6	7.9
2014	油松	*Pinus tabulaeformis*	16	24.8	10.3
2014	陕甘花楸	*Sorbus koehneana*	10	4.0	4.5
2014	青榨槭	*Acer grosseri*	8	5.7	5.0
2014	野核桃	*Juglans cathayensis*	5	5.3	5.7
2014	五角枫	*Acer elegantulum*	2	2.3	3.5
2014	椴树	*Tilia tuan*	1	10.9	7.6
2014	光皮桦	*Betula luminifera*	1	4.1	6.3
2014	三角枫	*Acer buergerianum*	1	6.4	5.3
2014	千金榆	*Carpinus cordata*	1	7.7	5.3
2014	铁杉	*Tsuga chinensis*	1	10.5	4.2
2015	华山松	*Pinus armandii*	17	23.1	18.3
2015	粗榧	*Cephalotaxus sinensis*	5	25.6	17.4
2015	锐齿槲栎	*Quercus aliena* var. *acutiserrata*	5	12.8	16.6
2015	红桦	*Betula albo-sinensis*	3	26.0	17.3
2015	五角枫	*Acer elegantulum*	2	16.9	25.7
2015	山核桃	*Juglans cathayensis*	1	20.5	26.5
2017	华山松	*Pinus armandii*	19	21.1	14.3
2017	油松	*Pinus tabulaeformis*	8	19.3	13.9
2017	锐齿槲栎	*Quercus aliena* var. *acutiserrata*	1	21.5	15.2
2017	漆树	*Toxicodendron vernicifluum*	2	23.7	16.5
2017	毛榛	*Corylus mandshurica*	1	8.4	6.8
2018	华山松	*Pinus armandii*	16	20.1	10.9
2018	油松	*Pinus tabulaeformis*	6	18.6	12.4
2018	漆树	*Toxicodendron vernicifluum*	2	24.2	16.8
2018	青杆	*Picea wilsonii*	1	31.2	17.6
2018	锐齿槲栎	*Quercus aliena* var. *acutiserrata*	1	23.6	15.8

（续）

年份	树种	拉丁学名	数量/株（丛）	平均胸径/cm	平均高/m
2018	毛榛	*Corylus mandshurica*	1	8.8	7.2
2019	华山松	*Pinus armandii*	20	22.4	14.7
2019	油松	*Pinus tabulaeformis*	8	20.9	14.6
2019	漆树	*Toxicodendron vernicifluum*	2	26.3	17.0
2019	毛榛	*Corylus mandshurica*	1	9.6	7.3
2019	青杆	*Picea wilsonii*	1	31.2	17.7
2019	锐齿槲栎	*Quercus aliena* var. *acutiserrata*	1	23.6	15.4

表 3-12　灌木层组成

年份	样方号	样方面积/（m×m）	种名	拉丁学名	数量/株（丛）	平均基径/cm	平均高度/m	盖度/%
2013	01-1	2×2	美丽悬钩子	*Rubus amabilis*	2	0.5	0.15	2.0
2013	01-1	2×2	峨眉蔷薇	*Rosa omeiensis*	4	0.7	0.75	6.0
2013	01-1	2×2	鞘柄菝葜	*Smilax stans*	6	0.4	0.45	3.0
2013	01-1	2×2	陕甘花楸	*Sorbus koehneana*	1	0.5	0.36	2.0
2013	02-1	2×2	小檗	*Berberis thunbergii*	1	0.6	0.65	2.0
2013	02-1	2×2	美丽悬钩子	*Rubus amabilis*	3	0.5	0.35	2.0
2013	02-1	2×2	南蛇藤	*Celastrus orbiculatus*	7	0.4	0.55	10.0
2013	02-1	2×2	粉花绣线菊	*Spiraea japonica*	2	0.4	0.54	2.0
2013	02-1	2×2	刚毛忍冬	*Lonicera hispida*	1	0.6	0.65	3.0
2013	03-1	2×2	峨眉蔷薇	*Rosa omeiensis*	2	0.8	0.55	30.0
2013	03-1	2×2	美丽悬钩子	*Rubus amabilis*	3	0.5	0.45	10.0
2013	03-1	2×2	南蛇藤	*Celastrus orbiculatus*	8	0.4	0.32	20.0
2013	03-1	2×2	苦糖果	*Lonicera stanishii*	2	1	0.75	5.0
2013	03-1	2×2	栓翅卫矛	*Euonymus phellomanus*	4	0.3	0.32	3.0
2013	04-1	2×2	楤木	*Aralia chinensis*	5	1.2	0.66	50.0
2013	04-1	2×2	粉花绣线菊	*Spiraea japonica*	2	0.8	0.70	8.0
2013	04-1	2×2	珍珠梅	*Sorbaria sorbifolia*	2	0.9	0.54	3.0
2013	04-1	2×2	鞘柄菝葜	*Smilax stans*	3	0.4	0.32	2.0
2013	04-1	2×2	峨眉蔷薇	*Rosa omeiensis*	3	0.5	0.45	3.0
2013	05-1	2×2	峨眉蔷薇	*Rosa omeiensis*	8	0.5	0.45	30.0
2013	05-1	2×2	栓翅卫矛	*Euonymus phellomanus*	3	0.6	0.42	5.0
2013	05-1	2×2	楤木	*Aralia chinensis*	3	0.8	0.50	6.0
2013	05-1	2×2	美丽悬钩子	*Rubus amabilis*	2	0.4	0.21	2.0
2013	05-1	2×2	南蛇藤	*Celastrus orbiculatus*	18	0.4	0.20	30.0
2013	05-1	2×2	粉花绣线菊	*Spiraea japonica*	3	0.5	0.55	5.0
2013	05-1	2×2	茶藨子	*Ribes formosanum*	1	1	0.60	3.0
2014	01-1	2×2	苦糖果	*Lonicera stanishii*	3	1.1	0.86	6.6
2014	01-1	2×2	美丽悬钩子	*Rubus amabilis*	4	0.6	0.45	11.7

（续）

年份	样方号	样方面积/ （m×m）	种名	拉丁学名	数量/株 （丛）	平均基径/ cm	平均高度/ m	盖度/%
2014	01－1	2×2	峨眉蔷薇	*Rosa omeiensis*	3	0.9	0.55	31.2
2014	01－1	2×2	南蛇藤	*Celastrus orbiculatus*	9	0.5	0.43	21
2014	01－1	2×2	栓翅卫矛	*Euonymus phellomanus*	4	0.3	0.43	4.7
2014	02－1	2×2	粉花绣线菊	*Spiraea japonica*	3	0.4	0.54	3.6
2014	02－1	2×2	美丽悬钩子	*Rubus amabilis*	4	0.5	0.35	3.3
2014	02－1	2×2	南蛇藤	*Celastrus orbiculatus*	8	0.5	0.55	11.1
2014	02－1	2×2	小檗	*Berberis thunbergii*	2	0.7	0.65	2.6
2014	02－1	2×2	刚毛忍冬	*Lonicera hispida*	2	0.6	0.76	4.2
2014	03－1	2×2	美丽悬钩子	*Rubus amabilis*	3	0.5	0.26	2.7
2014	03－1	2×2	鞘柄菝葜	*Smilax stans*	7	0.4	0.45	4.6
2014	03－1	2×2	峨眉蔷薇	*Rosa omeiensis*	5	0.7	0.75	7.8
2014	03－1	2×2	陕甘花楸	*Sorbus koehneana*	1	0.6	0.36	3.1
2014	04－1	2×2	楤木	*Aralia chinensis*	4	0.9	0.50	7.6
2014	04－1	2×2	栓翅卫矛	*Euonymus phellomanus*	4	0.7	0.42	6.2
2014	04－1	2×2	美丽悬钩子	*Rubus amabilis*	3	0.5	0.21	3.7
2014	04－1	2×2	南蛇藤	*Celastrus orbiculatus*	19	0.5	0.31	31.6
2014	04－1	2×2	峨眉蔷薇	*Rosa omeiensis*	9	0.6	0.56	29.3
2014	04－1	2×2	粉花绣线菊	*Spiraea japonica*	4	0.6	0.66	6.1
2014	04－1	2×2	茶藨子	*Ribes formosanum*	1	1	0.60	4.5
2014	05－1	2×2	珍珠梅	*Sorbaria sorbifolia*	3	0.9	0.54	4.5
2014	05－1	2×2	粉花绣线菊	*Spiraea japonica*	3	0.8	0.70	9.7
2014	05－1	2×2	楤木	*Aralia chinensis*	6	1.2	0.66	49.6
2014	05－1	2×2	鞘柄菝葜	*Smilax stans*	4	0.4	0.32	3.6
2014	05－1	2×2	峨眉蔷薇	*Rosa omeiensis*	4	0.6	0.45	4.1
2014	01－1	2×2	苦糖果	*Lonicera stanishii*	3	1.1	0.86	6.6
2015	02－1	2×2	细叶忍冬	*Lonicera minutifolia*	2	1.3	0.50	0.1
2015	02－1	2×2	胡颓子	*Elaeagnus pungens*	1	0.4	0.50	0.0
2015	02－1	2×2	红瑞木	*Cornusalba*	2	0.4	1.20	0.1
2015	02－1	2×2	榆树	*Ulmus pumila*	2	1.5	0.40	0.2
2015	02－1	2×2	桑	*Morus alba*	1	0.9	1.30	0.1
2015	03－1	2×2	四照花	*Dendrobenthamia japonica* var. *chinensis*	2	1.9	1.10	0.1
2015	03－1	2×2	插田泡	*Rubus coreanus*	2	0.6	0.40	0.2
2015	03－1	2×2	卫矛	*Euonymusalatus*	1	0.4	0.80	0.03
2015	03－1	2×2	杜仲	*Eucommia ulmoides*	13	0.3	1.50	35.0
2015	03－1	2×2	悬钩子	*Rubus amabilis*	2	2.1	1.90	2.0
2015	03－1	2×2	细叶樱桃	*Cerasus serrula*	2	0.3	1.10	12.0
2015	04－1	2×2	木姜子	*Litsea cubeba*	7	0.4	0.50	17.0

（续）

年份	样方号	样方面积/ （m×m）	种名	拉丁学名	数量/株 （丛）	平均基径/ cm	平均高度/ m	盖度/%
2015	04 - 1	2×2	青荚叶	*Helwingia japonica*	2	0.2	0.30	3.0
2015	04 - 1	2×2	荚蒾	*Viburnum dilatatum*	2	2.3	0.90	7.0
2015	04 - 1	2×2	木姜子	*Litsea cubeba*	1	0.3	0.90	5.0
2015	04 - 1	2×2	绣线菊	*Spiraea salicifolia*	3	0.4	1.00	6.0
2015	05 - 1	2×2	杜仲	*Eucommia ulmoides*	9	4.8	1.20	35.0
2015	05 - 1	2×2	缫丝花	*Rosa roxburghii*	3	0.4	1.00	9.0
2015	05 - 1	2×2	青榨槭	*Acer davidii*	3	3.4	1.50	30.0
2015	05 - 1	2×2	小檗	*Berberis thunbergii*	4	0.4	1.00	16.0
2015	05 - 1	2×2	卫矛	*Euonymusalatus*	2	0.5	0.40	4.0
2015		2×2	木姜子	*Litsea cubeba*	4	2.4	0.70	5.0
2016	01 - 1				79	2.2	0.16	42.0
2017	02 - 1	2×2	尾萼蔷薇	*Rosa caudata*	2	0.5	1.90	5.0
2017	02 - 1	2×2	华北绣线菊	*Spiraea fritschiana*	1	0.3	1.70	6.0
2017	02 - 1	2×2	黄蔷薇	*Rosa hugonis*	2	0.4	1.00	2.0
2017	02 - 1	2×2	托柄菝葜	*Smilax discotis*	1	0.2	0.50	1.0
2017	02 - 1	2×2	秦岭小檗	*Berberis circumserrata*	26	2.4	0.50	5.0
2017	03 - 1	2×2	桦叶荚蒾	*Viburnum betulifolium*	2	2.3	5.40	10.0
2017	03 - 1	2×2	青荚叶	*Helwingia japonica*	10	0.9	2.80	12.0
2017	03 - 1	2×2	绒毛绣线菊	*Spiraea velutina*	2	0.8	2.60	5.0
2017	03 - 1	2×2	粉花绣线菊	*Spiraea japonica*	2	0.8	1.00	3.0
2017	03 - 1	2×2	托柄菝葜	*Smilax discotis*	4	0.2	0.40	1.0
2017	03 - 1	2×2	灰栒子	*Cotoneaster acutifolius*	1	1.8	0.50	1.0
2017	04 - 1	2×2	珍珠梅	*Sorbaria sorbifolia*	2	0.9	2.20	20.0
2017	04 - 1	2×2	栓翅卫矛	*Euonymus phellomanus*	1	3.6	1.90	8.0
2017	04 - 1	2×2	鞘柄菝葜	*Smilax stans*	3	0.3	0.50	3.0
2017	04 - 1	2×2	茶条槭	*Acer ginnala*	5	2.8	0.50	1.0
2017	05 - 1	2×2	桦叶荚蒾	*Viburnum betulifolium*	1	0.8	1.90	1.0
2017	05 - 1	2×2	栓翅卫矛	*Euonymus phellomanus*	1	2.8	2.00	2.0
2017	05 - 1	2×2	美丽悬钩子	*Rubus amabilis*	4	0.4	1.00	2.0
2018	01 - 1	2×2	刚毛忍冬	*Lonicera hispida*	3	0.4	1.30	8.0
2018	01 - 1	2×2	六道木	*Abelia biflora*	1		0.80	4.0
2018	01 - 1	2×2	栓翅卫矛	*Euonymus phellomanus*	2	0.6	1.50	4.0
2018	01 - 1	2×2	勾儿茶	*Berchemia sinica*	1	0.2	1.20	4.0
2018	01 - 1	2×2	木姜子	*Litsea cubeba*	2	0.4	0.80	5.0
2018	01 - 1	2×2	美丽悬钩子	*Rubus amabilis*	3	0.2	1.30	6.0
2018	01 - 1	2×2	山蚂蝗	*Desmodium racemosum*	1	0.2	0.90	8.0
2018	02 - 1	2×2	披针叶胡颓子	*Elaeagnus lanceolata*	2	0.6	1.30	2.0
2018	02 - 1	2×2	美丽悬钩子	*Rubus amabilis*	1	0.2	1.10	5.0

（续）

年份	样方号	样方面积/ （m×m）	种名	拉丁学名	数量/株 （丛）	平均基径/ cm	平均高度/ m	盖度/%
2018	02-1	2×2	栓翅卫矛	*Euonymus phellomanus*	3	0.4	1.10	5.0
2018	02-1	2×2	山蚂蝗	*Desmodium racemosum*	3	0.2	1.40	6.0
2018	02-1	2×2	连翘	*Forsythia suspensa*	1	0.4	1.20	5.0
2018	03-1	2×2	山蚂蝗	*Desmodium racemosum*	2	0.2	1.20	10.0
2018	03-1	2×2	美丽悬钩子	*Rubus amabilis*	3	0.2	0.80	4.0
2018	03-1	2×2	葱皮忍冬	*Lonicera ferdinandi*	2	0.4	1.20	4.0
2018	04-1	2×2	珍珠梅	*Sorbaria sorbifolia*	1	0.2	1.20	4.0
2018	04-1	2×2	美丽悬钩子	*Rubus amabilis*	2	0.2	0.80	4.0
2018	04-1	2×2	鞘柄菝葜	*Smilax stans*	2	0.2	1.30	10.0
2018	05-1	2×2	刚毛忍冬	*Lonicera hispida*	1	0.2	0.90	5.0
2018	05-1	2×2	栓翅卫矛	*Euonymus phellomanus*	3	0.4	1.20	5.0
2018	05-1	2×2	木姜子	*Litsea cubeba*	2	0.6	1.20	4.0
2018	05-1	2×2	白檀	*Symplocos paniculata*	1	0.2	0.60	4.0
2018	05-1	2×2	鞘柄菝葜	*Smilax stans*	1	0.2	0.90	5.0
2018	05-1	2×2	披针叶胡颓子	*Elaeagnus lanceolata*	1	0.4	1.20	6.0
2019	01-1	2×2	尾萼蔷薇	*Rosa caudata*	2	1.2	2.00	7.0
2019	02-1	2×2	华北绣线菊	*Spiraea fritschiana*	1	0.5	1.80	8.0
2019	02-1	2×2	黄蔷薇	*Rosa hugonis*	2	0.6	2.00	3.0
2019	02-1	2×2	托柄菝葜	*Smilax discotis*	1	0.3	0.60	2.0
2019	02-1	2×2	秦岭小檗	*Berberis circumserrata*	26	2.6	0.80	7.0
2019	02-1	2×2	桦叶荚蒾	*Viburnum betulifolium*	2	2.5	5.60	12.0
2019	03-1	2×2	青荚叶	*Helwingia japonica*	10	1	3.00	15.0
2019	03-1	2×2	绒毛绣线菊	*Spiraea velutina*	2	0.9	2.80	7.0
2019	03-1	2×2	粉花绣线菊	*Spiraea japonica*	2	0.9	1.20	5.0
2019	03-1	2×2	托柄菝葜	*Smilax discotis*	4	0.3	0.50	2.0
2019	03-1	2×2	灰栒子	*Cotoneaster acutifolius*	1	2.4	0.80	2.0
2019	03-1	2×2	珍珠梅	*Sorbaria sorbifolia*	2	1	2.40	22.0
2019	04-1	2×2	栓翅卫矛	*Euonymus phellomanus*	1	4	2.20	10.0
2019	04-1	2×2	鞘柄菝葜	*Smilax stans*	3	0.4	0.60	4.0
2019	04-1	2×2	茶条槭	*Acer ginnala*	5	3.4	0.60	2.0
2019	04-1	2×2	桦叶荚蒾	*Viburnum betulifolium*	1	1	2.10	2.0
2019	05-1	2×2	栓翅卫矛	*Euonymus phellomanus*	1	3.4	2.60	5.0
2019	05-1	2×2	美丽悬钩子	*Rubus amabilis*	4	0.6	1.20	3.0
2019	05-1	2×2	托柄菝葜	*Smilax discotis*	6	0.4	0.80	7

表 3-13　草本层植物组成

年份	样方号	样方面积/ （m×m）	种名	拉丁学名	数量/株 （丛）	平均高度/ m	盖度/%
2013	01-1	1×1	披针叶薹草	*Carex lanceolata*	23	16.00	49.0

（续）

年份	样方号	样方面积/（m×m）	种名	拉丁学名	数量/株（丛）	平均高度/m	盖度/%
2013	01-1	1×1	大戟	*Euphorbia pekinensis*	2	22.00	8.0
2013	01-1	1×1	龙牙草	*Agrimonia pilosa*	1	35.00	2.0
2013	02-1	1×1	披针叶薹草	*Carex lanceolata*	15	24.00	50.0
2013	02-1	1×1	鳞毛蕨	*Pteridium aquilinum*	5	16.00	12.0
2013	02-1	1×1	龙牙草	*Agrimonia pilosa*	2	25.00	4.0
2013	02-1	1×1	风毛菊	*Saussurea japonica*	2	12.00	2.0
2013	03-1	1×1	披针叶薹草	*Carex lanceolata*	6	25.00	20.0
2013	03-1	1×1	鳞毛蕨	*Pteridium aquilinum*	4	24.00	10.0
2013	03-1	1×1	龙牙草	*Agrimonia pilosa*	1	35.00	2.0
2013	03-1	1×1	大戟	*Euphorbia pekinensis*	2	22.00	4.0
2013	04-1	1×1	披针叶薹草	*Carex lanceolata*	3	22.00	6.0
2013	04-1	1×1	唐松草	*Thalictrum aquilegiifolium*	4	26.00	5.0
2013	04-1	1×1	红升麻	*Astilbe chinensis*	1	52.00	7.0
2013	04-1	1×1	羽裂蟹甲草	*Sinacalia tangutica*	8	12.00	12.0
2013	04-1	1×1	香青	*Anaphalis sinica*	1	30.00	2.0
2013	05-1	1×1	披针叶薹草	*Carex lanceolata*	4	14.00	6.0
2013	05-1	1×1	野青茅	*Deyeuxia sylvatica*	3	21.00	6.0
2013	05-1	1×1	木贼	*Equisetum hyemale*	6	22.00	8.0
2013	05-1	1×1	红升麻	*Astilbe chinensis*	1	53.00	12.0
2014	01-1	1×1	披针叶薹草	*Carex lanceolata*	33	0.17	50.2
2014	01-1	1×1	大戟	*Euphorbia pekinensis*	2	0.23	9.1
2014	01-1	1×1	龙牙草	*Agrimonia pilosa*	1	0.36	2.4
2014	02-1	1×1	披针叶薹草	*Carex lanceolata*	26	0.26	21.5
2014	02-1	1×1	大戟	*Euphorbia pekinensis*	2	0.23	5.1
2014	02-1	1×1	龙牙草	*Agrimonia pilosa*	1	0.36	2.3
2014	03-1	1×1	披针叶薹草	*Carex lanceolata*	45	0.25	51.2
2014	03-1	1×1	风毛菊	*Saussurea japonica*	2	0.13	3.2
2014	03-1	1×1	龙牙草	*Agrimonia pilosa*	2	0.26	4.4
2014	04-1	1×1	红升麻	*Astilbe chinensis*	1	0.54	13.2
2014	04-1	1×1	野青茅	*Deyeuxia sylvatica*	3	0.22	7.2
2014	04-1	1×1	木贼	*Equisetum hyemale*	6	0.23	9.1
2014	04-1	1×1	披针叶薹草	*Carex lanceolata*	14	0.15	7.1
2014	04-1	1×1	羽裂蟹甲草	*Sinacalia tangutica*	8	0.13	13.4
2014	05-1	1×1	羽裂蟹甲草	*Sinacalia tangutica*	8	0.13	13.2
2014	05-1	1×1	唐松草	*Thalictrum aquilegiifolium*	4	0.27	6.2
2014	05-1	1×1	红升麻	*Astilbe chinensis*	1	0.53	8.1
2014	05-1	1×1	披针叶薹草	*Carex lanceolata*	13	0.23	7.2
2014	05-1	1×1	香青	*Anaphalis sinica*	1	0.31	3.1

（续）

年份	样方号	样方面积/ （m×m）	种名	拉丁学名	数量/株 （丛）	平均高度/ m	盖度/%
2014	05－1	1×1	风毛菊	*Saussurea japonica*	2	0.13	2.3
2015	01－1	1×1	木贼	*Hippochaete hiemale*	20	0.35	28.8
2015	01－1	1×1	大叶假冷蕨	*Pseudocystopteris atkinsonii*	13	0.20	15.5
2015	01－1	1×1	薹草	*Carex lanceolata*	6	0.30	5.6
2015	02－1	1×1	大叶假冷蕨	*Pseudocystopteris atkinsonii*	27	0.30	25.1
2015	02－1	1×1	薹草	*Carex lanceolata*	1	0.35	2.1
2015	02－1	1×1	堇菜	*Viola verecumda*	3	0.10	2.1
2015	03－1	1×1	风毛菊	*Saussurea japonica*	6	0.10	5.8
2015	03－1	1×1	木贼	*Hippochaete hiemale*	10	0.30	9.7
2015	04－1	1×1	苔草	*Carex lanceolata*	5	0.10	3.5
2015	04－1	1×1	大叶假冷蕨	*Pseudocystopteris atkinsonii*	7	0.20	6.3
2015	05－1	1×1	大叶假冷蕨	*Pseudocystopteris atkinsonii*	4	0.20	3.1
2016						32.00	32.0
2017	01－1	1×1	宽叶薹草	*Carex siderosticta*	1	0.50	1.5
2017	01－1	1×1	重楼	*Paris polyphylla*	2	1.00	2.0
2017	01－1	1×1	荷青花	*Hylomecon Japonicum*	3	1.00	1.0
2017	02－1	1×1	宽叶薹草	*Carex siderosticta*	1	0.80	1.0
2017	02－1	1×1	风毛菊	*Saussurea japonica*	4	0.80	2.0
2017	03－1	1×1	木贼	*Equisetum hyemale*	10	0.80	2.0
2017	03－1	1×1	卵叶茜草	*Rubia ovatifolia*	4	0.80	2.0
2017	03－1	1×1	裸茎碎米荠	*Cardamine scaposa*	4	1.00	2.0
2017	03－1	1×1	大戟	*Euphorbia pekinensis*	1	10.00	8.0
2017	03－1	1×1	双蝴蝶	*Tripterospermum chinense*	1	5.00	2.0
2017	04－1	1×1	宽叶薹草	*Carex siderosticta*	8	7.00	70.0
2017	04－1	1×1	天蓬草	*Stellaria uliginosa*	8	8.00	10.0
2017	05－1	1×1	宽叶薹草	*Carex siderosticta*	8	5.00	50.0
2017	05－1	1×1	大戟	*Euphorbia pekinensis*	50	4.00	35.0
2017	05－1	1×1	天蓬草	*Stellaria uliginosa*	1	3.00	3.0
2017	05－1	1×1	裸茎碎米荠	*Cardamine scaposa*	1	3.00	3.0
2018	01－1	1×1	披针叶薹草	*Carex lanceolata*	5	40.00	4.0
2018	01－1	1×1	红升麻	*Astilbe chinensis*	3	40.00	4.0
2018	01－1	1×1	铁线莲	*Clematis florida*	3	30.00	6.0
2018	01－1	1×1	蛇莓	*Duchesnea indica*	3	10.00	5.0
2018	01－1	1×1	香青	*Anaphalis sinica*	2	10.00	5.0
2018	02－1	1×1	卵叶茜草	*Rubia ovatifolia*	2	20.00	3.0
2018	02－1	1×1	红升麻	*Astilbe chinensis*	2	30.00	3.0
2018	02－1	1×1	披针叶薹草	*Carex lanceolata*	18	40.00	4.0
2018	02－1	1×1	龙牙草	*Agrimonia pilosa*	2	10.00	4.0

（续）

年份	样方号	样方面积/ （m×m）	种名	拉丁学名	数量/株 （丛）	平均高度/ m	盖度/%
2018	02-1	1×1	披针叶茜草	*Rubia lanceolata*	2	40.00	5.0
2018	03-1	1×1	披针叶薹草	*Carex lanceolata*	2	40.00	2.0
2018	03-1	1×1	陕西鳞毛蕨	*Matteuccia struthiopteris*	2	40.00	3.0
2018	03-1	1×1	龙牙草	*Agrimonia pilosa*	3	30.00	5.0
2018	03-1	1×1	青菅	*Themeda japonica*	3	30.00	6.0
2018	04-1	1×1	红升麻	*Astilbe chinensis*	4	60.00	5.0
2018	04-1	1×1	披针叶薹草	*Carex lanceolata*	7	40.00	5.0
2018	04-1	1×1	青菅	*Themeda japonica*	2	30.00	5.0
2018	05-1	1×1	披针叶薹草	*Carex lanceolata*	4	40.00	4.0
2018	05-1	1×1	蛇莓	*Duchesnea indica*	3	10.00	4.0
2018	05-1	1×1	香青	*Anaphalis sinica*	2	10.00	4.0
2018	05-1	1×1	龙牙草	*Agrimonia pilosa*	3	30.00	5.0
2018	05-1	1×1	野青茅	*Deyeuxia arundinacea*	2	20.00	5.0
2019	01-1	1×1	披针叶薹草	*Carex lanceolata*	1	18.00	40.0
2019	01-1	1×1	单穗升麻	*Cimicifuga simplex*	1	22.00	3.0
2019	01-1	1×1	林地早熟禾	*Poa nemoralis*	1	14.00	2.0
2019	01-1	1×1	黄精	*Polygonatum sibiricum*	4	35.00	3.0
2019	02-1	1×1	披针叶薹草	*Carex lanceolata*	1	30.00	42.0
2019	02-1	1×1	重楼	*Paris verticillata*	2	80.00	4.0
2019	02-1	1×1	荷青花	*Hylomecon japonica*	3	55.00	3.0
2019	02-1	1×1	秦岭凤毛菊	*Saussurea tsinlingensis*	4	45.00	3.0
2019	03-1	1×1	披针叶薹草	*Carex lanceolata*	1	15.00	42.0
2019	03-1	1×1	木贼	*Equisetum hyemale*	10	20.00	10.0
2019	03-1	1×1	茜草	*Rubia cordifolia*	4	42.00	8.0
2019	03-1	1×1	裸茎碎米荠	*Cardamine scaposa*	4	44.00	5.0
2019	03-1	1×1	大戟	*Euphorbia pekinensis*	1	26.00	4.0
2019	03-1	1×1	双蝴蝶	*Tripterospermum chinense*	1	24.00	3.0
2019	04-1	1×1	披针叶薹草	*Carex lanceolata*	6	50.00	65.0
2019	04-1	1×1	天蓬草	*Stellaria alsine*	5	24.00	8.0
2019	05-1	1×1	披针叶薹草	*Carex lanceolata*	8	40.00	45.0
2019	05-1	1×1	大戟	*Euphorbia pekinensis*	50	35.00	32.0
2019	05-1	1×1	天蓬草	*Stellaria alsine*	1	50.00	3.0
2019	05-1	1×1	裸茎碎米荠	*Cardamine scaposa*	1	50.00	3

表3-14　天然更新

年份	样方号	样方面积/ （m×m）	种名	拉丁学名	实生苗/ 株	萌生苗/ 株	平均基径/ cm	平均高度/ cm
2013	01-1	2×2	华山松	*Pinus armandii*	1		0.8	45.0

(续)

年份	样方号	样方面积/ （m×m）	种名	拉丁学名	实生苗/ 株	萌生苗/ 株	平均基径/ cm	平均高度/ cm
2013	02-1	2×2			0	0	0	0
2013	03-1	2×2			0	0	0	0
2013	04-1	2×2	油松	*Pinus tabulae formis*	1		0.4	15.0
2013	05-1	2×2			0	0	0	0
2014	01-1	2×2	华山松	*Pinus armandii*	1		0.8	47.5
2014	02-1	2×2			0		0	0
2014	03-1	2×2	油松	*Pinus tabulae formis*	1		0.5	18.2
2014	04-1	2×2			0		0	0
2014	05-1	2×2			0		0	0
2015	01-1	2×2	华山松	*Pinus armandii*	1	0	1.4	45.0
2016					0	0	0	0
2017	01-1	2×2	华山松	*Piuns armandii*	5	0	0.3	8.0
2017	02-1	2×2	华山松	*Piuns armandii*	4	0	0.3	9.0
2017	03-1	2×2	华山松	*Piuns armandii*	2	0	0.5	12.0
2017	04-1	2×2	华山松	*Piuns armandii*	3	0	0.3	7.0
2017	05-1	2×2	华山松	*Piuns armandii*	3	0	0.3	9.0
2018	01-1	2×2	华山松	*Piuns armandii*	5	0	0.3	8.0
2018	02-1	2×2	华山松	*Piuns armandii*	4	0	0.3	9.0
2018	03-1	2×2	华山松	*Piuns armandii*	2	0	0.5	12.0
2018	04-1	2×2	华山松	*Piuns armandii*	3	0	0.3	7.0
2018	05-1	2×2	华山松	*Piuns armandii*	3	0	0.3	9.0
2019	01-1	2×2			0	0	0	0
2019	02-1	2×2			0	0	0	0
2019	03-1	2×2			0	0	0	0
2019	04-1	2×2			0	0	0	0
2019	05-1	2×2			0	0	0	0

（3）桦木林长期观测场

详见表 3-15～表 3-18。

表 3-15　乔木层组成

年份	树种	拉丁学名	数量/株	平均胸径/cm	平均高/m
2013	红桦	*Betula albo-sinensis*	18	21.1	14.5
2013	青杆	*Picea wilsonii*	8	16.7	10.6
2013	糙皮桦	*Betula utilis*	5	21.7	15.9
2013	华山松	*Pinus armandii*	4	23.5	11.5
2013	青榨槭	*Acer grosseri*	3	30.4	15.2
2013	陕甘花楸	*Sorbus koehneana*	1	22.4	11.2

（续）

年份	树种	拉丁学名	数量/株	平均胸径/cm	平均高/m
2013	柳	*Salix matsudana*	1	6.7	9.2
2014	红桦	*Betula albo - sinensis*	18	21.3	14.4
2014	青杆	*Picea wilsonii*	8	16.9	11.4
2014	糙皮桦	*Betula utilis*	5	21.9	15.0
2014	华山松	*Pinus armandii*	4	23.7	15.8
2014	青榨槭	*Acer grosseri*	3	30.7	11.7
2014	柳	*Salix matsudana*	1	6.8	8.1
2014	陕甘花楸	*Sorbus koehneana*	1	22.6	16.8
2015	红桦	*Betula albo - sinensis*	15	25.2	11.8
2015	青榨槭	*Acer grosseri*	4	21.9	18.5
2015	华北落叶松	*Larix principis - rupprechtii*	2	41.9	30.0
2015	云杉	*Picea asperata*	2	15.6	16.8
2015	糙皮桦	*Betula utilis*	1	14.1	14.0
2015	华山松	*Pinus armandii*	1	6.4	5.7
2015	青杆	*Picea wilsonii*	1	4.2	2.4
2015	铁杉	*Tsuga chinensis*	1	23.2	10.6
2015	油松	*Pinus tabulae formis*	1	15.2	16.0
2017	红桦	*Betula albo - sinensis*	12	25.5	12.7
2017	糙皮桦	*Betula albo - sinensis* var. *septentrionalis*	10	19.5	11.4
2017	华山松	*Pinus armandii*	10	16.8	8.6
2017	青榨槭	*Acer davidii*	6	17.3	11.7
2017	青杆	*Picea wilsonii*	2	37.4	13.0
2017	甘肃柳	*Salix fargesii* var. *kansuensis*	1	6.8	5.4
2017	铁杉	*Tsuga chinensis*	1	24.6	11.4
2018	红桦	*Betula albo - sinensis*	10	26.1	13.1
2018	糙皮桦	*Betula albo - sinensis* var. *septentrionalis*	8	19.8	11.6
2018	华山松	*Pinus armandii*	8	17.2	8.9
2018	青榨槭	*Acer davidii*	6	17.5	12.0
2018	青杆	*Picea wilsonii*	2	37.6	13.1
2018	甘肃柳	*Salix fargesii* var. *kansuensis*	1	7.2	5.8
2018	铁杉	*Tsuga chinensis*	1	24.7	11.5
2019	红桦	*Betula albo - sinensis*	12	26.8	15.3
2019	糙皮桦	*Betula albo - sinensis* var. *septentrionalis*	10	20.1	11.7
2019	华山松	*Pinus armandii*	10	17.4	9.3
2019	青榨槭	*Acer davidii*	6	19.1	12.3
2019	青杆	*Picea wilsonii*	2	37.8	13.2
2019	甘肃柳	*Salix fargesii* var. *kansuensis*	1	7.2	5.6
2019	铁杉	*Tsuga chinensis*	1	24.7	11.5

表 3-16　灌木层组成

年份	样方号	样方面积/（m×m）	种名	拉丁学名	数量/株（丛）	平均基径/cm	平均高度/m	盖度/%
2013	01	2×2	毛榛	*Corylus mandshurica*	5	1.30	1.25	55.0
2013	01	2×2	南蛇藤	*Celastrus orbiculatus*	30	0.30	0.25	45.0
2013	01	2×2	鞘柄菝葜	*Smilax stans*	4	0.40	0.35	3.0
2013	01	2×2	峨眉蔷薇	*Rosa omeiensis*	1	2.20	2.65	18.0
2013	02	2×2	小檗	*Berberis thunbergii*	3	0.50	0.65	8.0
2013	02	2×2	勾儿茶	*Berchemia sinica*	2	0.60	0.82	5.0
2013	02	2×2	毛榛	*Corylus mandshurica*	3	1.40	1.51	30.0
2013	02	2×2	木姜子	*Litsea cubeba*	2	0.90	0.80	4.0
2013	02	2×2	鞘柄菝葜	*Smilax stans*	4	0.50	0.55	5.0
2013	02	2×2	粉花绣线菊	*Spiraea japonica*	2	0.50	0.65	4.0
2013	02	2×2	峨眉蔷薇	*Rosa omeiensis*	1	0.70	0.60	3.0
2013	03	2×2	小檗	*Berberis thunbergii*	3	1.20	1.20	30.0
2013	03	2×2	木姜子	*Litsea cubeba*	5	1.10	0.95	20.0
2013	03	2×2	鞘柄菝葜	*Smilax stans*	5	0.40	0.25	8.0
2013	03	2×2	毛榛	*Corylus mandshurica*	2	1.30	1.45	45.0
2013	03	2×2	陕甘花楸	*Sorbus koehneana*	1	0.30	0.45	2.0
2013	04	2×2	木姜子	*Litsea cubeba*	2	2.50	2.70	62.0
2013	04	2×2	峨眉蔷薇	*Rosa omeiensis*	1	2.60	2.50	50.0
2013	04	2×2	小檗	*Berberis thunbergii*	3	0.70	0.85	35.0
2013	04	2×2	南蛇藤	*Celastrus orbiculatus*	30	0.30	0.08	10.0
2013	05	2×2	小檗	*Berberis thunbergii*	2	1.20	1.10	45.0
2013	05	2×2	粉花绣线菊	*Spiraea japonica*	2	1.30	1.80	50.0
2013	05	2×2	木姜子	*Litsea cubeba*	1	1.40	1.30	25.0
2013	05	2×2	毛榛	*Corylus mandshurica*	1	1.60	1.45	15.0
2014	01	2×2	小檗	*Berberis thunbergii*	4	1.20	1.31	31.6
2014	01	2×2	鞘柄菝葜	*Smilax stans*	6	0.40	0.36	8.9
2014	01	2×2	木姜子	*Litsea cubeba*	6	1.10	1.06	21.6
2014	01	2×2	毛榛	*Corylus mandshurica*	3	1.30	1.56	46.7
2014	01	2×2	陕甘花楸	*Sorbus koehneana*	1	0.40	0.56	3.6
2014	02	2×2	毛榛	*Corylus mandshurica*	4	1.50	1.51	31.1
2014	02	2×2	小檗	*Berberis thunbergii*	4	0.60	0.65	9.6
2014	02	2×2	木姜子	*Litsea cubeba*	3	1.00	0.80	4.1
2014	02	2×2	鞘柄菝葜	*Smilax stans*	5	0.60	0.55	6.6
2014	02	2×2	峨眉蔷薇	*Rosa omeiensis*	1	0.70	0.60	4.1
2014	02	2×2	勾儿茶	*Berchemia sinica*	3	0.60	0.82	6.6
2014	02	2×2	粉花绣线菊	*Spiraea japonica*	3	0.50	0.65	4.7
2014	03	2×2	木姜子	*Litsea cubeba*	2	1.40	1.30	26.7
2014	03	2×2	小檗	*Berberis thunbergii*	3	1.20	1.21	46.6

（续）

年份	样方号	样方面积/ （m×m）	种名	拉丁学名	数量/株 （丛）	平均基径/ cm	平均高度/ m	盖度/%
2014	03	2×2	毛榛	*Corylus mandshurica*	2	1.60	1.56	16.7
2014	03	2×2	粉花绣线菊	*Spiraea japonica*	3	1.30	1.91	51.6
2014	04	2×2	峨眉蔷薇	*Rosa omeiensis*	1	2.20	2.65	19.1
2014	04	2×2	南蛇藤	*Celastrus orbiculatus*	31	0.40	0.25	46.7
2014	04	2×2	毛榛	*Corylus mandshurica*	6	1.40	1.25	56.8
2014	04	2×2	鞘柄菝葜	*Smilax stans*	5	0.50	0.35	3.7
2014	05	2×2	南蛇藤	*Celastrus orbiculatus*	31	0.40	0.08	11.7
2014	05	2×2	小檗	*Berberis thunbergii*	4	0.70	0.85	36.8
2014	05	2×2	峨眉蔷薇	*Rosa omeiensis*	1	2.60	2.50	51.1
2014	05	2×2	木姜子	*Litsea cubeba*	3	2.50	2.70	63.6
2015	01	2×2	峨眉蔷薇	*Rosa omeiensis*	1	0.80	0.80	4.0
2015	01	2×2	猕猴桃	*Actinidia chinensis*	3	1.80	1.10	4.0
2015	01	2×2	杜仲	*Eucommia ulmoides*	6	1.70	1.30	19.0
2015	01	2×2	峨眉蔷薇	*Rosa omeiensis*	2	0.30	2.00	10.0
2015	01	2×2	小叶忍冬	*Lonicera microphylla*	2	0.50	0.60	5.0
2015	02	2×2	鞘柄菝葜	*Smilax stans*	3	0.70	0.80	7.0
2015	02	2×2	卫矛	*Euonymus alatus*	3	0.40	1.50	5.0
2015	02	2×2	杜仲	*Eucommia ulmoides*	5	0.50	0.90	16.0
2015	02	2×2	野核桃	*Juglans cathayensis*	1	0.60	0.80	2.0
2015	02	2×2	青荚叶	*Helwingia japonica*	3	0.50	0.50	5.0
2015	03	2×2	中华五味子	*Schisandra chinensis*	4	0.40	1.20	20.0
2015	03	2×2	峨眉蔷薇	*Rosa omeiensis*	3	0.40	1.00	8.0
2015	03	2×2	木姜子	*Litsea cubeba*	1	0.60	0.80	3.0
2015	03	2×2	桦叶荚蒾	*Viburnum betulifolium*	2	0.80	0.90	25.0
2015	03	2×2	细叶樱桃	*Cerasus serrula*	3	0.50	1.30	20.0
2015	04	2×2	青风藤	*Caulis Sinomenii*	12	0.40	1.50	10.0
2015	04	2×2	木姜子	*Litsea cubeba*	5	1.00	1.10	15.0
2015	04	2×2	花楸	*Sorbus pohuashanensis*	1	0.30	1.00	9.0
2015	05	2×2	陇东海棠	*Malus kansuensis*	3	1.20	1.20	1.2
2015	05	2×2	桦叶荚蒾	*Viburnum betulifolium*	5	0.90	0.90	35.0
2015	05	2×2	木姜子	*Litsea cubeba*	3	0.40	1.00	22.0
2015	05	2×2	五角枫	*Acer elegantulum*	1	0.50	0.60	21.0
2016					75	2.40	1.50	50.0
2017	01	2×2	桦叶荚蒾	*Viburnum betulifolium*	8	0.80	1.40	30.0
2017	01	2×2	盘腺野樱桃	*Prunus discadenia*	1	0.80	1.20	3.0
2017	01	2×2	葱皮忍冬	*Lonicera ferdinandi*	1	0.80	1.50	2.0
2017	01	2×2	鞘柄菝葜	*Smilax stans*	2	0.40	0.80	1.0
2017	01	2×2	栓翅卫矛	*Euonymus phellomanus*	1	0.40	0.80	1.0

（续）

年份	样方号	样方面积/ （m×m）	种名	拉丁学名	数量/株 （丛）	平均基径/ cm	平均高度/ m	盖度/%
2017	01	2×2	青荚叶	*Helwingia japonica*	1	0.40	0.60	1.0
2017	02	2×2	桦叶荚蒾	*Viburnum betulifolium*	5	0.40	2.00	45.0
2017	02	2×2	中华绣线梅	*Neillia sinensis*	2	0.60	1.80	10.0
2017	02	2×2	刚毛忍冬	*Lonicera hispida*	2	0.80	2.20	10.0
2017	02	2×2	托柄菝葜	*Smilax discotis*	8	0.40	1.00	4.0
2017	02	2×2	茶条槭	*Acer ginnala*	2	0.80	1.60	10.0
2017	03	2×2	茶条槭	*Acer ginnala*	6	2.00	3.80	50.0
2017	03	2×2	峨眉蔷薇	*Rosa omeiensis*	1	2.20	3.00	10.0
2017	03	2×2	秦岭小檗	*Berberis circumserrata*	2	1.50	2.00	8.0
2017	03	2×2	托柄菝葜	*Smilax discotis*	2	0.40	1.50	3.0
2017	03	2×2	托柄菝葜	*Smilax discotis*	2	0.40	1.40	2.0
2017	04	2×2	峨眉蔷薇	*Rosa omeiensis*	3	1.00	2.60	50.0
2017	04	2×2	桦叶荚蒾	*Viburnum betulifolium*	7	0.60	1.80	45.0
2017	04	2×2	灰栒子	*Cotoneaster acutifolius*	2	0.80	1.80	5.0
2017	04	2×2	栓翅卫矛	*Euonymus phellomanus*	3	0.60	1.00	2.0
2017	05	2×2	尾萼蔷薇	*Rosa caudata*	2	2.00	2.40	4.0
2017	05	2×2	桦叶荚蒾	*Viburnum betulifolium*	8	0.80	1.60	35.0
2017	05	2×2	秦岭小檗	*Berberis circumserrata*	2	1.00	1.80	8.0
2017	05	2×2	栓翅卫矛	*Euonymus phellomanus*	1	0.80	1.80	2.0
2018	01	2×2	箭竹	*Fargesia spathacea*	10	0.20	1.20	10.0
2018	01	2×2	华西忍冬	*Lonicera webbiana*	1	0.20	0.50	15.0
2018	01	2×2	华中五味子	*Schisandra sphenanthera*	1	0.20	0.60	1.0
2018	01	2×2	牛木瓜	*Holboellia grandiflora*	1	0.20	0.80	1.0
2018	02	2×2	华西忍冬	*Lonicera webbiana*	1	0.20	0.60	10.0
2018	02	2×2	峨眉蔷薇	*Rosa omeiensis*	1		1.40	10.0
2018	02	2×2	悬钩子	*Rubus corchorifolius*	2	0.20	0.80	2.0
2018	03	2×2	木姜子	*Litsea cubeba*	1	1.80	2.30	20.0
2018	03	2×2	华西忍冬	*Lonicera webbiana*	1	0.20	0.60	5.0
2018	03	2×2	峨眉蔷薇	*Rosa omeiensis*	1		1.10	10.0
2018	03	2×2	悬钩子	*Rubus corchorifolius*	2	0.20	0.80	2.0
2018	04	2×2	箭竹	*Fargesia spathacea*	3	0.20	0.80	15.0
2018	04	2×2	湖北花楸	*Sorbus hupehensis*	2	0.80	0.40	13.0
2018	04	2×2	悬钩子	*Rubus corchorifolius*	2	0.20	0.80	2.0
2018	05	2×2	峨眉蔷薇	*Rosa omeiensis*	2		0.40	14.0
2018	05	2×2	中华绣线菊	*Spiraea chinensis*	2	0.20	0.70	15.0
2018	05	2×2	悬钩子	*Rubus corchorifolius*	2		0.60	1.0
2018	05	2×2	华中五味子	*Schisandra sphenanthera*	1	0.20	1.50	1.0
2019	01	2×2	桦叶荚蒾	*Viburnum betulifolium*	8	1.00	1.60	35.0

（续）

年份	样方号	样方面积/ （m×m）	种名	拉丁学名	数量/株 （丛）	平均基径/ cm	平均高度/ m	盖度/%
2019	01	2×2	盘腺野樱桃	*Prunus discadenia*	1	1.20	1.30	5.0
2019	01	2×2	葱皮忍冬	*Lonicera ferdinandi*	1	1.20	1.70	3.0
2019	01	2×2	鞘柄菝葜	*Smilax stans*	2	0.50	0.90	1.0
2019	01	2×2	栓翅卫矛	*Euonymus phellomanus*	1	1.20	1.40	2.0
2019	01	2×2	青荚叶	*Helwingia japonica*	1	0.60	0.80	1.0
2019	02	2×2	桦叶荚蒾	*Viburnum betulifolium*	5	0.60	2.20	50.0
2019	02	2×2	中华绣线梅	*Neillia sinensis*	2	0.80	2.20	15.0
2019	02	2×2	刚毛忍冬	*Lonicera hispida*	2	1.40	2.30	15.0
2019	02	2×2	托柄菝葜	*Smilax discotis*	8	0.60	1.20	5.0
2019	02	2×2	茶条槭	*Acer ginnala*	2	1.40	1.70	12.0
2019	03	2×2	茶条槭	*Acer ginnala*	6	2.40	4.00	50.0
2019	03	2×2	峨眉蔷薇	*Rosa omeiensis*	1	2.60	3.20	15.0
2019	03	2×2	秦岭小檗	*Berberis circumserrata*	2	1.80	2.20	10.0
2019	03	2×2	托柄菝葜	*Smilax discotis*	2	0.50	1.60	5.0
2019	03	2×2	托柄菝葜	*Smilax discotis*	2	0.50	1.50	3.0
2019	04	2×2	峨眉蔷薇	*Rosa omeiensis*	3	1.40	2.80	50.0
2019	04	2×2	桦叶荚蒾	*Viburnum betulifolium*	7	0.80	2.00	50.0
2019	04	2×2	灰栒子	*Cotoneaster acutifolius*	2	1.40	2.00	7.0
2019	04	2×2	栓翅卫矛	*Euonymus phellomanus*	3	0.80	1.60	5.0
2019	05	2×2	尾萼蔷薇	*Rosa caudata*	2	2.40	2.40	6.0
2019	05	2×2	桦叶荚蒾	*Viburnum betulifolium*	8	0.90	1.80	40.0
2019	05	2×2	秦岭小檗	*Berberis circumserrata*	2	1.40	2.20	10.0
2019	01	2×2	栓翅卫矛	*Euonymus phellomanus*	1	1.20	2.00	4.00

表 3 - 17　草本层植物组成

年份	样方号	样方面积/ （m×m）	种名	拉丁学名	数量/株 （丛）	平均高度/m	盖度/%
2013	01 - 1	1×1	披针叶薹草	*Carex lanceolata*	5	12.00	4.0
2013	01 - 1	1×1	鳞毛蕨	*Pteridium aquilinum*	8	30.00	60.0
2013	01 - 1	1×1	黄精	*Polygonatum sibiricum*	1	35.00	3.0
2013	02 - 1	1×1	披针叶薹草	*Carex lanceolata*	3	15.00	3.0
2013	02 - 1	1×1	鳞毛蕨	*Pteridium aquilinum*	3	20.00	6.0
2013	02 - 1	1×1	黄精	*Polygonatum sibiricum*	1	45.00	3.0
2013	02 - 1	1×1	细辛	*Asarum sieboldii*	3	8.00	2.0
2013	03 - 1	1×1	鳞毛蕨	*Pteridium aquilinum*	4	25.00	18.0
2013	03 - 1	1×1	披针叶薹草	*Carex lanceolata*	2	14.00	3.0
2013	03 - 1	1×1	类叶升麻	*Actaea asiatica*	1	25.00	5.0
2013	03 - 1	1×1	藜芦	*Veratrum nigrum*	1	25.00	2.0

中国生态系统定位观测与研究数据集
森林生态系统卷

（续）

年份	样方号	样方面积/ （m×m）	种名	拉丁学名	数量/株 （丛）	平均高度/m	盖度/%
2013	03 - 1	1×1	羊角芹	*Aegopodium alpestre*	5	8.00	2.0
2013	04 - 1	1×1	披针叶薹草	*Carex lanceolata*	15	16.00	25.0
2013	04 - 1	1×1	鳞毛蕨	*Pteridium aquilinum*	5	25.00	34.0
2013	04 - 1	1×1	黄精	*Polygonatum sibiricum*	1	26.00	2.0
2013	04 - 1	1×1	类叶升麻	*Actaea asiatica*	1	25.00	3.0
2013	04 - 1	1×1	藜芦	*Veratrum nigrum*	1	34.00	2.0
2013	05 - 1	1×1	披针叶薹草	*Carex lanceolata*	11	16.00	20.0
2013	05 - 1	1×1	披针叶茜草	*Rubia lanceolata*	2	23.00	5.0
2013	05 - 1	1×1	鳞毛蕨	*Pteridium aquilinum*	2	20.00	8.0
2013	05 - 1	1×1	风毛菊	*Saussurea japonica*	1	35.00	2.0
2013	05 - 1	1×1	细辛	*Asarum sieboldii*	8	11.00	8.0
2013	05 - 1	1×1	野青茅	*Deyeuxia sylvatica*	2	20.00	2.0
2014	01 - 1	1×1	黄精	*Polygonatum sibiricum*	1	0.36	4.3
2014	01 - 1	1×1	披针叶薹草	*Carex lanceolata*	8	0.13	5.1
2014	02 - 1	1×1	披针叶薹草	*Carex lanceolata*	6	0.16	3.2
2014	02 - 1	1×1	细辛	*Asarum sieboldii*	3	0.09	2.5
2014	02 - 1	1×1	黄精	*Polygonatum sibiricum*	1	0.46	4.1
2014	02 - 1	1×1	升麻	*Cimicifuga foetida*	2	0.36	29.6
2014	03 - 1	1×1	披针叶薹草	*Carex lanceolata*	35	0.17	26.1
2014	03 - 1	1×1	黄精	*Polygonatum sibiricum*	1	0.27	2.3
2014	03 - 1	1×1	类叶升麻	*Actaea asiatica*	1	0.26	3.1
2014	03 - 1	1×1	藜芦	*Veratrum nigrum*	1	0.35	2.2
2014	04 - 1	1×1	披针叶薹草	*Carex lanceolata*	21	0.17	21.2
2014	04 - 1	1×1	披针叶茜草	*Rubia lanceolata*	2	0.24	6.1
2014	04 - 1	1×1	风毛菊	*Saussurea japonica*	1	0.36	2.5
2014	04 - 1	1×1	细辛	*Asarum sieboldii*	8	0.12	9.3
2014	04 - 1	1×1	野青茅	*Deyeuxia sylvatica*	2	0.21	2.1
2014	05 - 1	1×1	披针叶薹草	*Carex lanceolata*	5	0.15	3.6
2014	05 - 1	1×1	羊角芹	*Aegopodium alpestre*	5	0.09	2.2
2014	05 - 1	1×1	藜芦	*Veratrum nigrum*	1	0.26	2.1
2014	05 - 1	1×1	类叶升麻	*Actaea asiatica*	1	0.26	6.2
2015	01 - 1	1×1	鞘柄菝葜	*Smilax stans*	2	10.00	10.4
2015	01 - 1	1×1	银粉背蕨	*Aleuritopteris argentea*	15	40.00	20.4
2015	01 - 1	1×1	麦冬	*Ophiopogon japonicus*	33	10.00	10.8
2015	01 - 1	1×1	银粉背蕨	*Aleuritopteris argentea*	24	27.00	12.3
2015	02 - 1	1×1	鞘柄菝葜	*Smilax stans*	6	4.00	9.5
2015	02 - 1	1×1	龙须草	*Juncus effusus*	7	2.00	7.9
2015	02 - 1	1×1	水金凤	*Impatiens noli - tangere*	1	0.10	12.4

（续）

年份	样方号	样方面积/ (m×m)	种名	拉丁学名	数量/株 (丛)	平均高度/m	盖度/%
2015	02 - 1	1×1	菝葜	*Smilax china*	1	20.00	10.1
2015	03 - 1	1×1	苔草	*Carex lanceolata*	6	3.00	4.8
2015	03 - 1	1×1	粉背蕨	*Aleuritopteris anceps*	3	25.00	7.9
2015	03 - 1	1×1	粉背蕨	*Aleuritopteris anceps*	4	40.00	12.3
2015	04 - 1	1×1	鞘柄菝葜	*Smilax stans*	2	3.00	17.4
2015	04 - 1	1×1	苔草	*Carex lanceolata*	10	5.00	14.7
2015	04 - 1	1×1	茴芹	*Pimpinella anisum*	2	1.00	15.6
2015	04 - 1	1×1	大叶假冷蕨	*Pseudocystopteris atkinsonii*	10	20.00	25.3
2015	05 - 1	1×1	青风藤	*Sabia japonica*	8	8.00	12.1
2015	05 - 1	1×1	胡枝子	*Lespedeza bicolor*	1	5.00	3.6
2016	05 - 1					17.00	31.0
2017	01 - 1	1×1	宽叶薹草	*Carex siderosticta*	17	0.20	10.0
2017	01 - 1	1×1	杜鹃兰	*Cremastra appendiculata*	1	0.10	1.0
2017	01 - 1	1×1	荷青花	*Hylomecon Japonicum*	1	0.20	1.0
2017	01 - 1	1×1	天蓬草	*Stellaria uliginosa*	4	0.10	0.5
2017	01 - 1	1×1	双蝴蝶	*Tripterospermum chinense*	2	0.10	0.5
2017	01 - 1	1×1	宽叶羊角芹	*Aegopodium latifolium*	5	0.10	0.5
2017	01 - 1	1×1	风毛菊	*Saussurea japonica*	2	0.20	0.5
2017	01 - 1	1×1	藜芦	*Veratrum nigrum*	3	0.50	7.0
2017	02 - 1	1×1	杜鹃兰	*Cremastra appendiculata*	1	0.30	5.0
2017	02 - 1	1×1	宽叶薹草	*Carex siderosticta*	1	3.00	1.0
2017	02 - 1	1×1	双蝴蝶	*Tripterospermum chinense*	4	3.00	1.0
2017	02 - 1	1×1	天蓬草	*Stellaria uliginosa*	5	3.00	1.0
2017	02 - 1	1×1	风毛菊	*Saussurea japonica*	2	3.00	1.0
2017	02 - 1	1×1	风毛菊	*Saussurea japonica*	10	1.00	8.0
2017	03 - 1	1×1	宽叶薹草	*Carex siderosticta*	20	2.00	7.0
2017	03 - 1	1×1	宽叶羊角芹	*Clinopodium chinense*	5	2.00	1.0
2017	03 - 1	1×1	天蓬草	*Stellaria uliginosa*	2	2.00	1.0
2017	03 - 1	1×1	双蝴蝶	*Tripterospermum chinense*	1	2.00	1.0
2017	03 - 1	1×1	风毛菊	*Saussurea japonica*	10	3.00	10.0
2017	03 - 1	1×1	宽叶薹草	*Carex siderosticta*	20	5.00	10.0
2017	03 - 1	1×1	宽叶羊角芹	*Aegopodium latifolium*	5	2.00	1.0
2017	03 - 1	1×1	天蓬草	*Stellaria uliginosa*	2	2.00	1.0
2017	03 - 1	1×1	双蝴蝶	*Tripterospermum chinense*	1	2.00	1.0
2017	03 - 1	1×1	马先蒿	*Pedicularis resupinata*	6	4.00	25.0
2017	04 - 1	1×1	风毛菊	*Saussurea japonica*	1	3.00	5.0
2017	04 - 1	1×1	宽叶羊角芹	*Aegopodium latifolium*	7	5.00	8.0
2017	04 - 1	1×1	宽叶薹草	*Carex siderosticta*	9	4.00	8.0

（续）

年份	样方号	样方面积/ （m×m）	种名	拉丁学名	数量/株 （丛）	平均高度/m	盖度/%
2017	04－1	1×1	蟹甲草	*Parasenecio forrestii*	10	3.00	8.0
2017	04－1	1×1	天蓬草	*Stellaria uliginosa*	3	3.00	5.0
2017	04－1	1×1	双蝴蝶	*Tripterospermum chinense*	2	3.00	5.0
2017	04－1	1×1	宽叶薹草	*Carex siderosticta*	12	5.00	20.0
2017	05－1	1×1	马先蒿	*Pedicularis resupinata*	8	4.00	8.0
2017	05－1	1×1	风毛菊	*Saussurea japonica*	1	3.00	1.0
2017	05－1	1×1	毛细辛	*Asarum pulchellum*	3	2.00	1.0
2017	05－1	1×1	天蓬草	*Stellaria uliginosa*	10	3.00	3.0
2017	05－1	1×1	宽叶羊角芹	*Aegopodium latifolium*	15	4.00	3.0
2018	05－1	1×1	团穗苔草	*Carex agglomerata*	3	20.00	15
2018	01－1	1×1	缬草	*Valeriana officinalis*	10	20.00	3
2018	01－1	1×1	白头翁	*Pulsatilla chinensis*	5	10.00	3
2018	01－1	1×1	小花草玉梅	*Anemone rivularis*	3	60.00	5
2018	01－1	1×1	团穗苔草	*Carex agglomerata*	20	20.00	20
2018	02－1	1×1	缬草	*Valeriana officinalis*	10	20.00	5
2018	02－1	1×1	团穗苔草	*Carex agglomerata*	3	20.00	15
2018	03－1	1×1	缬草	*Valeriana officinalis*	10	20.00	5
2018	03－1	1×1	阔苞凤仙花	*Impatiens latebracteata*	5	30.00	6
2018	03－1	1×1	团穗苔草	*Carex agglomerata*	3	20.00	10
2018	04－1	1×1	缬草	*Valeriana officinalis*	10	20.00	5
2018	04－1	1×1	阔苞凤仙花	*Impatiens latebracteata*	3	60.00	6
2018	04－1	1×1	小银莲花	*Anemone exigua*	4	30.00	5
2018	05－1	1×1	团穗苔草	*Carex agglomerata*	30	40.00	30
2018	05－1	1×1	缬草	*Valeriana officinalis*	6	30.00	3
2019	01－1	1×1	团穗苔草	*Carex agglomerata*	4	22.00	30.0
2019	02－1	1×1	团穗苔草	*Carex agglomerata*	2	24.00	30.0
2019	03－1	1×1	阔苞凤仙花	*Impatiens latebracteata*	3	30.00	28.0
2019	04－1	1×1	阔苞凤仙花	*Impatiens latebracteata*	3	30.00	23.0
2019	05－1	1×1	团穗苔草	*Carex agglomerata*	3	40.00	40

表 3-18　天然更新

年份	样方号	样方面积/ （m×m）	种名	拉丁学名	实生苗/株	萌生苗/株	平均基径/cm	平均高度/cm
2013	01－1	2×2			0	0	0	0
2013	02－1	2×2			0	0	0	0
2013	03－1	2×2			0	0	0	0
2013	04－1	2×2			0	0	0	0
2013	05－1	2×2			0	0	0	0

（续）

年份	样方号	样方面积/（m×m）	种名	拉丁学名	实生苗/株	萌生苗/株	平均基径/cm	平均高度/cm
2014		2×2			0	0	0	0
2015		2×2			0	0	0	0
2016		2×2			0	0	0	0
2017	01-1	2×2	华山松	*Piuns armandii*	0	0	0.5	7.0
2017	02-1	2×2	红桦	*Betula albo-sinensis*	0	3	0.2	8.0
2017	03-1	2×2	红桦	*Betula albo-sinensis*	0	5	0.3	6.0
2017	04-1	2×2	红桦	*Betula albo-sinensis*	0	3	0.3	7.0
2017	05-1	2×2	华山松	*Piuns armandii*	2	0	0.8	12.0
2018	01-1	2×2	华山松	*Piuns armandii*	0	0	0	0
2018	02-1	2×2	红桦	*Betula albo-sinensis*	0	0	0	0
2018	03-1	2×2	红桦	*Betula albo-sinensis*	0	0	0	0
2018	04-1	2×2	红桦	*Betula albo-sinensis*	0	0	0	0
2018	05-1	2×2	华山松	*Piuns armandii*	0	0	0	0
2018	01-1	2×2	华山松	*Piuns armandii*	0	0	0	0
2019	01-1	2×2	华山松	*Pinus armandii*	1	0	6.5	152.0
2019	02-1	2×2	华山松	*Pinus armandii*	1	0	6.6	98.0
2019	03-1	2×2	华山松	*Pinus armandii*	1	0	6.7	133.0

（4）华山松、铁杉林长期观测场

详见表3-19～表3-22。

表3-19　乔木层组成

年份	树种	拉丁学名	数量/株	平均胸径/cm	平均高/m
2013	铁杉	*Tsuga chinensis*	73	13.5	8.4
2013	华山松	*Pinus armandii*	22	16.1	10.2
2013	青榨槭	*Acer grosseri*	12	7.2	7.5
2013	领春木	*Eupulea pleiosperma*	4	4.7	5.4
2013	红桦	*Betula albo-sinensis*	3	9.2	8.2
2013	千金榆	*Carpinus cordata*	3	5.2	4.9
2013	三桠乌药	*Lindera obtusiloba*	1	5.6	5.6
2014	铁杉	*Tsuga chinensis*	29	10.0	8.2
2014	华山松	*Pinus armandii*	22	10.7	8.5
2014	青榨槭	*Acer grosseri*	12	15.7	9.8
2014	领春木	*Eupulea pleiosperma*	4	18.5	9.4
2014	千金榆	*Carpinus cordata*	3	22.0	9.8
2014	红桦	*Betula albo-sinensis*	3	11.9	7.9
2014	五角枫	*Acer elegantulum*	1	4.3	5.5
2014	三桠乌药	*Lindera obtusiloba*	1	22.0	12.9

（续）

年份	树种	拉丁学名	数量/株	平均胸径/cm	平均高/m
2017	华山松	*Pinus armandii*	39	13.3	13.6
2017	铁杉	*Tsuga chinensis*	21	13.8	12.4
2017	鸡爪槭	*Acer palmatum*	14	6.9	8.0
2017	红桦	*Betula albo-sinensis*	12	16.0	16.8
2017	木姜子	*Litsea pungens*	4	5.7	6.4
2017	鹅耳枥	*Sorbus koehneana*	1	17.2	12.8
2017	光皮桦	*Betula luminifera*	1	6.4	5.8
2018	华山松	*Pinus armandii*	28	13.0	14.0
2018	铁杉	*Tsuga chinensis*	21	14.5	12.6
2018	鸡爪槭	*Acer palmatum*	14	7.5	8.8
2018	红桦	*Betula albo-sinensis*	12	16.8	15.6
2018	木姜子	*Litsea pungens*	4	6.2	6.8
2018	鹅耳枥	*Sorbus koehneana*	1	17.5	13.4
2018	光皮桦	*Betula luminifera*	1	6.8	6.4
2019	华山松	*Pinus armandii*	39	15.9	14.1
2019	铁杉	*Tsuga chinensis*	21	14.8	12.7
2019	鸡爪槭	*Acer palmatum*	14	9.5	8.3
2019	红桦	*Betula albo-sinensis*	12	18.0	17.0
2019	木姜子	*Litsea pungens*	4	8.0	6.7
2019	鹅耳枥	*Sorbus koehneana*	1	9.8	6.4
2019	光皮桦	*Betula luminifera*	1	20.2	13.0

表 3-20 灌木层组成

年份	样方号	样方面积/（m×m）	种名	拉丁学名	数量/株（丛）	平均基径/cm	平均高度/m	盖度/%
2013	01-1	2×2	木竹	*Bambusa rutila*	20	0.9	1.30	40.0
2013	01-1	2×2	鞘柄菝葜	*Smilax stans*	5	0.3	0.45	5.0
2013	01-1	2×2	峨眉蔷薇	*Rosa omeiensis*	2	0.6	0.65	5.0
2013	01-1	2×2	南蛇藤	*Celastrus orbiculatus*	3	0.4	0.35	6.0
2013	01-1	2×2	粉花绣线菊	*Spiraea japonica*	4	0.3	0.25	3.0
2013	02-1	2×2	鞘柄菝葜	*Smilax stans*	3	0.5	0.45	2.0
2013	02-1	2×2	粉花绣线菊	*Spiraea japonica*	2	0.3	0.25	2.0
2013	02-1	2×2	木姜子	*Litsea cubeba*	1	0.7	0.50	2.0
2013	02-1	2×2	栓翅卫矛	*Euonymus phellomanus*	1	2.4	2.50	8.0
2013	02-1	2×2	白檀	*Symplocos paniculata*	1	0.5	0.55	3.0
2013	03-1	2×2	峨眉蔷薇	*Rosa omeiensis*	3	0.4	0.35	6.0
2013	03-1	2×2	鞘柄菝葜	*Smilax stans*	4	0.5	0.45	5.0
2013	03-1	2×2	木姜子	*Litsea cubeba*	1	0.8	0.65	2.0
2013	03-1	2×2	陕甘花楸	*Sorbus koehneana*	1	1.3	1.35	10.0

（续）

年份	样方号	样方面积/ (m×m)	种名	拉丁学名	数量/株 (丛)	平均基径/ cm	平均高度/ m	盖度/%
2013	03 - 1	2×2	南蛇藤	*Celastrus orbiculatus*	3	0.5	0.65	3.0
2013	04 - 1	2×2	美丽悬钩子	*Rubus amabilis*	8	0.5	0.46	40.0
2013	04 - 1	2×2	勾儿茶	*Berchemia sinica*	1	0.6	0.42	4.0
2013	04 - 1	2×2	鞘柄菝葜	*Smilax stans*	4	0.4	0.35	2.0
2013	04 - 1	2×2	南蛇藤	*Celastrus orbiculatus*	8	0.3	0.15	4.0
2013	04 - 1	2×2	木姜子	*Litsea cubeba*	4	0.4	0.35	3.0
2013	04 - 1	2×2	粉花绣线菊	*Spiraea japonica*	1	0.3	0.25	1.0
2013	05 - 1	2×2	喜阴悬钩子	*Rubus mesogaeus*	2	0.4	0.37	3.0
2013	05 - 1	2×2	粉花绣线菊	*Spiraea japonica*	2	0.3	0.35	2.0
2013	05 - 1	2×2	鞘柄菝葜	*Smilax stans*	2	0.4	0.32	4.0
2013	05 - 1	2×2	南蛇藤	*Celastrus orbiculatus*	8	0.3	0.16	10.0
2014	01 - 1	2×2	峨眉蔷薇	*Rosa omeiensis*	3	0.6	0.65	6.9
2014	02 - 1	2×2	鞘柄菝葜	*Smilax stans*	6	0.3	0.45	6.7
2014	03 - 1	2×2	粉花绣线菊	*Spiraea japonica*	5	0.3	0.36	3.6
2014	04 - 1	2×2	南蛇藤	*Celastrus orbiculatus*	3	0.4	0.46	7.6
2014	05 - 1	2×2	木竹	*Bambusa rutila*	21	0.9	1.41	41.9
2014	02 - 1	2×2	陕甘花楸	*Sorbus koehneana*	2	1.3	1.46	11.9
2014	02 - 1	2×2	木姜子	*Litsea cubeba*	2	0.8	0.76	2.8
2014	02 - 1	2×2	鞘柄菝葜	*Smilax stans*	4	0.5	0.45	6.7
2014	02 - 1	2×2	南蛇藤	*Celastrus orbiculatus*	4	0.5	0.65	4.9
2014	02 - 1	2×2	峨眉蔷薇	*Rosa omeiensis*	4	0.4	0.35	7.6
2014	03 - 1	2×2	木姜子	*Litsea cubeba*	2	0.7	0.50	2.4
2014	03 - 1	2×2	栓翅卫矛	*Euonymus phellomanus*	1	2.4	2.50	9.6
2014	03 - 1	2×2	白檀	*Symplocos paniculata*	1	0.5	0.55	4.9
2014	03 - 1	2×2	鞘柄菝葜	*Smilax stans*	4	0.5	0.45	2.6
2014	03 - 1	2×2	粉花绣线菊	*Spiraea japonica*	3	0.3	0.25	3.7
2014	04 - 1	2×2	南蛇藤	*Celastrus orbiculatus*	9	0.4	0.16	11.1
2014	04 - 1	2×2	鞘柄菝葜	*Smilax stans*	3	0.5	0.32	5.9
2014	04 - 1	2×2	粉花绣线菊	*Spiraea japonica*	3	0.4	0.35	3.1
2014	04 - 1	2×2	喜阴悬钩子	*Rubus mesogaeus*	2	0.5	0.37	3.9
2014	05 - 1	2×2	木姜子	*Litsea cubeba*	5	0.4	0.46	4.7
2014	05 - 1	2×2	鞘柄菝葜	*Smilax stans*	5	0.4	0.46	2.6
2014	05 - 1	2×2	南蛇藤	*Celastrus orbiculatus*	8	0.3	0.15	5.5
2014	05 - 1	2×2	粉花绣线菊	*Spiraea japonica*	1	0.3	0.25	1.7
2014	05 - 1	2×2	美丽悬钩子	*Rubus amabilis*	9	0.6	0.46	41.5
2014	05 - 1	2×2	勾儿茶	*Berchemia sinica*	1	0.7	0.53	5.1
2015								
2016					48	1.8	1.10	30.0

（续）

年份	样方号	样方面积/ （m×m）	种名	拉丁学名	数量/株 （丛）	平均基径/ cm	平均高度/ m	盖度/%
2017	01-1	2×2	尾萼蔷薇	*Rosa caudata*	1	1.8	2.50	5.0
2017	01-1	2×2	水栒子	*Cotoneaster multiflorus*	2	1.9	1.80	4.0
2017	01-1	2×2	鞘柄菝葜	*Smilax stans*	4	0.3	0.40	1.0
2017	02-1	2×2	鞘柄菝葜	*Smilax stans*	10	0.3	0.50	4.0
2017	02-1	2×2	葱皮忍冬	*Lonicera ferdinandi*	1	1.4	0.80	1.0
2017	02-1	2×2	栓翅卫矛	*Euonymus phellomanus*	2	0.9	0.40	1.0
2017	02-1	2×2	黄蔷薇	*Rosa hugonis*	2	3.0	0.90	2.0
2017	02-1	2×2	水栒子	*Cotoneaster multiflorus*	1	1.8	0.80	2.0
2017	02-1	2×2	托柄菝葜	*Smilax discotis*	15	0.2	0.80	5.0
2017	02-1	2×2	绒毛绣线菊	*Spiraea velutina*	1	0.5	0.30	2.0
2017	03-1	2×2	峨眉蔷薇	*Rosa omeiensis*	2	0.8	0.90	2.0
2017	03-1	2×2	水栒子	*Cotoneaster multiflorus*	1	0.8	1.00	3.0
2017	03-1	2×2	鞘柄菝葜	*Smilax stans*	15	0.3	0.80	8.0
2017	03-1	2×2	华北绣线菊	*Spiraea fritschiana*	1	0.6	0.50	2.0
2017	04-1	2×2	华北绣线菊	*Spiraea fritschiana*	12	0.9	1.80	45.0
2017	04-1	2×2	托柄菝葜	*Smilax discotis*	12	0.3	0.40	3.0
2017	05-1	2×2	刺野梨	*Rosa roxburghii*	1	0.6	1.80	8.0
2017	05-1	2×2	青荚叶	*Helwingia japonica*	2	0.6	0.80	3.0
2017	05-1	2×2	桦叶荚蒾	*Viburnum betulifolium*	1	0.8	0.60	2.0
2017	05-1	2×2	栓翅卫矛	*Euonymus phellomanus*	1	1.8	0.60	1.0
2018	05-1	2×2	美丽胡枝子	*Lespedeza formosa*	3	0.6	1.30	8.0
2018	01-1	2×2	小檗	*Berberis thunbergii*	2	0.2	0.80	4.0
2018	01-1	2×2	栓翅卫矛	*Euonymus phellomanus*	8	0.8	1.50	4.0
2018	01-1	2×2	粉花绣线菊	*Spiraea japonica*	4	0.2	1.20	4.0
2018	01-1	2×2	刚毛忍冬	*Lonicera hispida*	4	0.6	1.40	2.0
2018	01-1	2×2	木姜子	*Litsea cubeba*	4	0.6	1.30	5.0
2018	02-1	2×2	白檀	*Symplocos paniculata*	2	0.2	0.90	5.0
2018	02-1	2×2	栓翅卫矛	*Euonymus phellomanus*	3	0.6	1.30	5.0
2018	02-1	2×2	美丽胡枝子	*Lespedeza formosa*	3	0.6	1.30	2.0
2018	03-1	2×2	鞘柄菝葜	*Smilax stans*	1	0.2	1.10	4.0
2018	03-1	2×2	美丽悬钩子	*Rubus amabilis*	2	0.4	1.40	6.0
2018	03-1	2×2	白檀	*Symplocos paniculata*	3	0.6	1.20	5.0
2018	03-1	2×2	毛榛	*Corylus mandshurica*	3	0.4	1.20	5.0
2018	03-1	2×2	白檀	*Symplocos paniculata*	3	0.4	0.80	5.0
2018	04-1	2×2	美丽胡枝子	*Lespedeza formosa*	2	0.4	0.80	5.0
2018	04-1	2×2	木姜子	*Litsea cubeba*	2	0.4	1.20	5.0
2018	04-1	2×2	栓翅卫矛	*Euonymus phellomanus*	2	0.6	1.20	10.0
2018	04-1	2×2	白檀	*Symplocos paniculata*	4	0.4	0.80	5.0

（续）

年份	样方号	样方面积/ （m×m）	种名	拉丁学名	数量/株 （丛）	平均基径/ cm	平均高度/ m	盖度/%
2018	05-1	2×2	美丽悬钩子	*Rubus amabilis*	2	0.4	1.10	5.0
2018	05-1	2×2	峨眉蔷薇	*Rosa omeiensis*	2	0.4	1.30	5.0
2018	05-1	2×2	美丽胡枝子	*Lespedeza formosa*	2	0.4	0.90	10.0
2018	05-1	2×2	刚毛忍冬	*Lonicera hispida*	3	0.4	1.20	5.0
2018	05-1	2×2	珍珠梅	*Sorbaria sorbifolia*	2	0.4	1.20	4.0
2019	05-1	2×2	尾萼蔷薇	*Rosa caudata*	1	2.0	2.80	7.0
2019	01-1	2×2	水栒子	*Cotoneaster multiflorus*	2	2.4	2.00	6.0
2019	01-1	2×2	鞘柄菝葜	*Smilax stans*	4	0.4	0.50	2.0
2019	01-1	2×2	鞘柄菝葜	*Smilax stans*	10	0.4	0.60	6.0
2019	02-1	2×2	葱皮忍冬	*Lonicera ferdinandi*	1	1.8	1.20	2.0
2019	02-1	2×2	栓翅卫矛	*Euonymus phellomanus*	2	1.4	0.60	2.0
2019	02-1	2×2	黄蔷薇	*Rosa hugonis*	2	3.4	1.20	3.0
2019	02-1	2×2	水栒子	*Cotoneaster multiflorus*	1	2.2	1.40	3.0
2019	02-1	2×2	托柄菝葜	*Smilax discotis*	15	0.3	0.90	6.0
2019	02-1	2×2	绒毛绣线菊	*Spiraea velutina*	1	0.6	0.40	3.0
2019	02-1	2×2	峨眉蔷薇	*Rosa omeiensis*	2	1.2	1.30	3.0
2019	03-1	2×2	水栒子	*Cotoneaster multiflorus*	1	1.4	1.20	4.0
2019	03-1	2×2	鞘柄菝葜	*Smilax stans*	15	0.5	0.80	9.0
2019	03-1	2×2	华北绣线菊	*Spiraea fritschiana*	1	0.8	1.20	4.0
2019	03-1	2×2	华北绣线菊	*Spiraea fritschiana*	12	1.1	2.00	50.0
2019	04-1	2×2	托柄菝葜	*Smilax discotis*	12	0.5	0.50	4.0
2019	04-1	2×2	野刺梨	*Rosa roxburghii*	1	0.8	2.00	10.0
2019	05-1	2×2	青荚叶	*Helwingia japonica*	2	0.8	0.90	4.0
2019	05-1	2×2	桦叶荚蒾	*Viburnum betulifolium*	1	1.2	0.80	3.0
2019	05-1	2×2	栓翅卫矛	*Euonymus phellomanus*	1	2.4	0.80	2.0
2019	05-1	2×2	鞘柄菝葜	*Smilax stans*	6	0.4	0.80	3.0

表 3-21 草本层植物组成

年份	样方号	样方面积/ （m×m）	种名	拉丁学名	数量/株 （丛）	平均高度/m	盖度/%
2013	01-1	1×1	披针叶薹草	*Carex lanceolata*	2	14.00	2.0
2013	01-1	1×1	木贼	*Equisetum hyemale*	23	45.00	28.0
2013	01-1	1×1	堇菜	*Viola verecunda*	1	20.00	2.0
2013	02-1	1×1	披针叶薹草	*Carex lanceolata*	3	15.00	2.0
2013	02-1	1×1	鳞毛蕨	*Pteridium aquilinum*	1	7.00	1.0
2013	02-1	1×1	风毛菊	*Saussurea japonica*	2	8.00	1.0
2013	02-1	1×1	堇菜	*Viola verecunda*	1	12.00	1.0
2013	03-1	1×1	披针叶薹草	*Carex lanceolata*	4	10.00	6.0

（续）

年份	样方号	样方面积/ （m×m）	种名	拉丁学名	数量/株 （丛）	平均高度/m	盖度/%
2013	03-1	1×1	鳞毛蕨	*Pteridium aquilinum*	2	42.00	8.0
2013	03-1	1×1	唐松草	*Thalictrum aquilegiifolium*	2	18.00	2.0
2013	03-1	1×1	风毛菊	*Saussurea japonica*	1	8.00	1.0
2013	04-1	1×1	披针叶薹草	*Carex lanceolata*	6	10.00	3.0
2013	04-1	1×1	野青茅	*Deyeuxia sylvatica*	10	20.00	14.0
2013	04-1	1×1	唐松草	*Thalictrum aquilegiifolium*	2	16.00	4.0
2013	04-1	1×1	鳞毛蕨	*Pteridium aquilinum*	1	8.00	2.0
2013	05-1	1×1	披针叶薹草	*Carex lanceolata*	18	15.00	25.0
2013	05-1	1×1	鳞毛蕨	*Pteridium aquilinum*	2	12.00	4.0
2013	05-1	1×1	风毛菊	*Saussurea japonica*	4	15.00	30.0
2013	05-1	1×1	卵叶茜草	*Rubia ovatifolia*	1	18.00	2.0
2013	05-1	1×1	木贼	*Equisetum hyemale*	10	32.00	8.0
2014	01-1	1×1	披针叶薹草	*Carex lanceolata*	4	0.15	3.6
2014	01-1	1×1	堇菜	*Viola verecunda*	1	0.21	2.2
2014	01-1	1×1	木贼	*Equisetum hyemale*	23	0.46	29.5
2014	02-1	1×1	风毛菊	*Saussurea japonica*	1	0.09	1.1
2014	02-1	1×1	唐松草	*Thalictrum aquilegiifolium*	2	0.19	2.6
2014	02-1	1×1	披针叶薹草	*Carex lanceolata*	8	0.11	7.3
2014	03-1	1×1	堇菜	*Viola verecunda*	1	0.13	1.1
2014	03-1	1×1	风毛菊	*Saussurea japonica*	2	0.09	1.5
2014	03-1	1×1	披针叶薹草	*Carex lanceolata*	3	0.16	2.6
2014	04-1	1×1	披针叶薹草	*Carex lanceolata*	24	0.16	26.5
2014	04-1	1×1	木贼	*Equisetum hyemale*	10	0.33	9.2
2014	04-1	1×1	卵叶茜草	*Rubia ovatifolia*	1	0.19	2.1
2014	04-1	1×1	风毛菊	*Saussurea japonica*	4	0.16	31.3
2014	05-1	1×1	野青茅	*Deyeuxia sylvatica*	10	0.21	15.5
2014	05-1	1×1	唐松草	*Thalictrum aquilegiifolium*	2	0.17	5.6
2014	05-1	1×1	披针叶薹草	*Carex lanceolata*	6	0.11	4.2
2015							
2016						12.00	5.6
2017	01-1	1×1	木贼	*Equisetum hyemale*	10	2.00	50.0
2017	01-1	1×1	披针叶薹草	*Carex lanceolata*	11	3.00	3.0
2017	01-1	1×1	披针叶薹草	*Carex lanceolata*	12	2.00	8.0
2017	02-1	1×1	木贼	*Equisetum hyemale*	10	4.00	5.0
2017	02-1	1×1	卵叶茜草	*Rubia ovatifolia*	1	2.00	2.0
2017	03-1	1×1	黄水枝	*Tiarella polyphylla*	1	2.00	2.0
2017	03-1	1×1	鸡腿堇菜	*Viola acuminata*	6	2.00	2.0
2017	03-1	1×1	木贼	*Equisetum hyemale*	3	2.00	6.0

（续）

年份	样方号	样方面积/ （m×m）	种名	拉丁学名	数量/株 （丛）	平均高度/m	盖度/%
2017	03-1	1×1	披针叶薹草	*Carex lanceolata*	12	3.00	8.0
2017	03-1	1×1	大戟	*Euphorbia pekinensis*	1	2.00	3.0
2017	04-1	1×1	风毛菊	*Saussurea japonica*	1	5.00	3.0
2017	04-1	1×1	披针叶薹草	*Carex lanceolata*	11	0.10	5.0
2017	04-1	1×1	木贼	*Equisetum hyemale*	5	2.00	10.0
2017	04-1	1×1	白花堇菜	*Viola lactiflora*	1	3.00	3.0
2017	05-1	1×1	风毛菊	*Saussurea japonica*	1	2.00	3.0
2017	05-1	1×1	木贼	*Equisetum hyemale*	10	2.00	50.0
2017	05-1	1×1	披针叶薹草	*Carex lanceolata*	11	3.00	3.0
2017	05-1	1×1	披针叶薹草	*Carex lanceolata*	12	2.00	8.0
2018	01-1	1×1	披针叶薹草	*Carex lanceolata*	12	10.00	3
2018	01-1	1×1	披针叶茜草	*Rubia lanceolata*	2	40.00	3.0
2018	01-1	1×1	风毛菊	*Saussurea japonica*	1	30.00	4.0
2018	01-1	1×1	蛇莓	*Duchesnea indica*	3	10.00	4.0
2018	01-1	1×1	野青茅	*Deyeuxia arundinacea*	2	10.00	5.0
2018	01-1	1×1	卵叶茜草	*Rubia ovatifolia*	1	20.00	5.0
2018	02-1	1×1	穿龙薯蓣	*Dioscorea nipponica*	1	30.00	4.0
2018	02-1	1×1	陕西鳞毛蕨	*Matteuccia struthiopteris*	3	10.00	4.0
2018	02-1	1×1	蛇莓	*Duchesnea indica*	6	10.00	4.0
2018	02-1	1×1	龙牙草	*Agrimonia pilosa*	1	10.00	5.0
2018	02-1	1×1	费菜	*Sedum aizoon*	12	10.00	5.0
2018	02-1	1×1	披针叶茜草	*Rubia lanceolata*	1	40.00	5.0
2018	03-1	1×1	披针叶薹草	*Carex lanceolata*	6	30.00	3.0
2018	03-1	1×1	酢浆草	*Oxalis corniculata*	4	10.00	3.0
2018	03-1	1×1	蛇莓	*Duchesnea indica*	2	10.00	5.0
2018	03-1	1×1	牛姆瓜	*Holboellia grandiflora*	1	40.00	5.0
2018	03-1	1×1	龙牙草	*Agrimonia pilosa*	2	30.00	10.0
2018	04-1	1×1	披针叶薹草	*Carex lanceolata*	8	10.00	5.0
2018	04-1	1×1	玉竹	*Polygonatum odoratum*	1	10.00	5.0
2018	04-1	1×1	天门冬	*Radix Asparagi*	1	40.00	5.0
2018	04-1	1×1	牛姆瓜	*Holboellia grandiflora*	1	30.00	3.0
2018	04-1	1×1	酢浆草	*Oxalis corniculata*	4	10.00	10.0
2018	05-1	1×1	披针叶薹草	*Carex lanceolata*	3	10.00	5.0
2018	05-1	1×1	陕西鳞毛蕨	*Matteuccia struthiopteris*	3	20.00	5.0
2018	05-1	1×1	穿龙薯蓣	*Dioscorea nipponica*	1	30.00	5.0
2018	05-1	1×1	酢浆草	*Oxalis corniculata*	22	10.00	10.0
2018	05-1	1×1	牛姆瓜	*Holboellia grandiflora*	1	10.00	5.0
2019	01-1	1×1	披针叶薹草	*Carex lanceolata*	4	80.00	45.0

（续）

年份	样方号	样方面积/(m×m)	种名	拉丁学名	数量/株（丛）	平均高度/m	盖度/%
2019	02-1	1×1	乳毛费菜	*Sedum aizoon*	4	12.00	20.0
2019	03-1	1×1	披针叶薹草	*Carex lanceolata*	5	30.00	30.0
2019	04-1	1×1	山酢浆草	*Oxalis griffithii*	4	12.00	30.0
2019	05-1	1×1	披针叶薹草	*Carex lanceolata*	3	15.00	20.0

表 3-22　天然更新

年份	样方号	样方面积/(m×m)	种名	拉丁学名	实生苗/株	萌生苗/株	平均基径/cm	平均高度/cm
2013	01-1	2×2			0	0	0	0
2013	02-1	2×2	锐齿槲栎	*Quercus aliena* var. *acutiserrata*	2	0	0.5	14.0
2013	03-1	2×2			0	0	0	0
2013	04-1	2×2	油松	*Pinus tabulaeformis*	1		1.4	53.0
2013	05-1	2×2			0	0	0	0
2014	01-1	2×2	铁杉	*Tsuga Chinensis*	2	0	1.2	38.0
2014	02-1	2×2			0	0	0	0
2014	03-1	2×2	铁杉	*Tsuga Chinensis*	2		3.2	95.0
2014	04-1	2×2			0	0	0	0
2014	05-1	2×2	铁杉	*Tsuga Chinensis*	1	0	2.5	88.0
2015					0	0	0	0
2016					0	0	0	0
2017	01-1	2×2	华山松	*Piuns armandii*	3	0	0.6	12.0
2017	02-1	2×2	华山松	*Piuns armandii*	5	0	0.5	9.0
2017	03-1	2×2	华山松	*Piuns armandii*	2	0	2.0	12.0
2017	04-1	2×2	华山松	*Piuns armandii*	3	0	1.8	8.0
2017	05-1	2×2	铁杉	*Tsuga chinensis*	3	0	2.2	9.0
2018	01-1	2×2	铁杉	*Tsuga chinensis*	2	0	1.3	1.6
2018	02-1	2×2	铁杉	*Tsuga chinensis*	1	0	2.8	1.3
2018	03-1	2×2	铁杉	*Tsuga chinensis*	1	0	3.4	5.2
2018	04-1	2×2	铁杉	*Tsuga chinensis*	1	0	2.1	1.6
2018	05-1	2×2	铁杉	*Tsuga chinensis*	2	0	2.6	3.3
2019	01-1	2×2	铁杉	*Tsuga chinensis*	4	0	2.1	113.8
2019	02-1	2×2	铁杉	*Tsuga chinensis*	5	0	1.0	35.9
2019	03-1	2×2	华山松	*Pinus armandii*	2	0	1.0	62.0
2019	03-1	2×2	铁杉	*Tsuga chinensis*	3	0	2.1	80.3
2019	04-1	2×2	铁杉	*Tsuga chinensis*	4	0	1.7	74.3
2019	05-1	2×2	铁杉	*Tsuga chinensis*	3	0	1.2	47.5

（5）青杆林长期观测场

详见表 3-23～表 3-26。

表 3 - 23 乔木层组成

年份	树种	拉丁学名	数量/株	平均胸径/cm	平均高/m
2013	青杆	*Picea wilsonii*	35	15.8	9.0
2013	华山松	*Pinus armandii*	34	13.8	8.5
2013	青榨槭	*Acer grosseri*	23	8.2	7.1
2013	千金榆	*Carpinus cordata*	6	5.2	5.0
2013	红桦	*Betula albo - sinensis*	5	15.4	9.2
2013	陕甘花楸	*Sorbus koehneana*	2	3.0	4.2
2013	野核桃	*Juglans cathayensis*	2	3.3	4.1
2013	鹅耳枥	*Carpinus turczaninowii*	1	16.4	10.2
2013	木姜子	*Litsea cubeba*	1	3.8	2.9
2013	五角枫	*Acer elegantulum*	1	5.5	5.2
2014	青杆	*Picea wilsonii*	35	16.1	9.2
2014	华山松	*Pinus armandii*	34	14.6	9.1
2014	青榨槭	*Acer grosseri*	20	8.9	7.3
2014	千金榆	*Carpinus cordata*	6	5.7	5.3
2014	红桦	*Betula albo - sinensis*	5	16.6	9.6
2014	陕甘花楸	*Sorbus koehneana*	2	3.6	5.0
2014	野核桃	*Juglans cathayensis*	2	4.0	4.4
2014	鹅耳枥	*Carpinus turczaninowii*	1	17.2	10.7
2014	木姜子	*Litsea cubeba*	1	4.6	3.6
2014	五角枫	*Acer elegantulum*	1	5.9	5.6
2015	青杆	*Picea wilsonii*	22	20.7	11.8
2015	华山松	*Pinus armandii*	5	17.0	11.7
2017	青杆	*Picea wilsonii*	42	21.8	13.1
2017	华北落叶松	*Larix principis - rupprechtii*	4	18.9	13.5
2017	华山松	*Pinus armandii*	2	18.4	13.9
2017	青榨槭	*Acer davidii*	2	6.1	4.2
2018	青杆	*Picea wilsonii*	42	22.9	13.4
2018	华北落叶松	*Larix principis - rupprechtii*	4	19.1	13.8
2018	青榨槭	*Acer davidii*	2	6.5	4.4
2018	华山松	*Pinus armandii*	2	18.6	14.2
2019	华北落叶松	*Larix principis - rupprechtii*	4	19.7	13.6
2019	华山松	*Pinus armandii*	2	19.6	13.7
2019	青杆	*Picea wilsonii*	42	22.6	13.4
2019	青榨槭	*Acer davidii*	2	8.0	5.2

表 3 - 24 灌木层组成

年份	样方号	样方面积/(m×m)	种名	拉丁学名	数量/株（丛）	平均基径/cm	平均高度/m	盖度/%
2013	01 - 1	2×2	木竹	*Bambusa rutila*	8	0.8	0.70	30.0

（续）

年份	样方号	样方面积/ （m×m）	种名	拉丁学名	数量/株 （丛）	平均基径/ cm	平均高度/ m	盖度/%
2013	01–1	2×2	粉花绣线菊	*Spiraea japonica*	5	0.6	0.80	20.0
2013	01–1	2×2	陇东海棠	*Malus kansuensis*	1	1.8	1.20	2.0
2013	02–1	2×2	粉花绣线菊	*Spiraea japonica*	2	0.4	0.60	5.0
2013	02–1	2×2	木姜子	*Litsea cubeba*	3	0.7	0.80	3.0
2013	02–1	2×2	木竹	*Bambusa rutila*	3	1.1	0.80	5.0
2013	02–1	2×2	峨眉蔷薇	*Rosa omeiensis*	1	0.6	0.50	2.0
2013	03–1	2×2	粉花绣线菊	*Spiraea japonica*	2	0.4	0.50	3.0
2013	03–1	2×2	刚毛忍冬	*Lonicera hispida*	1	0.8	0.70	2.0
2013	03–1	2×2	鞘柄菝葜	*Smilax stans*	2	0.4	0.40	3.0
2013	03–1	2×2	连翘	*Forsythia suspensa*	1	0.5	0.60	8.0
2013	03–1	2×2	小檗	*Berberis thunbergii*	1	0.3	0.50	4.0
2013	04–1	2×2	小檗	*Berberis thunbergii*	2	0.4	0.50	3.0
2013	04–1	2×2	峨眉蔷薇	*Rosa omeiensis*	1	0.5	0.60	18.0
2013	04–1	2×2	木姜子	*Litsea cubeba*	4	0.7	0.60	10.0
2013	04–1	2×2	陇东海棠	*Malus kansuensis*	1	0.7	0.80	2.0
2013	05–1	2×2	粉花绣线菊	*Spiraea japonica*	4	0.5	0.70	10.0
2013	05–1	2×2	峨眉蔷薇	*Rosa omeiensis*	1	0.4	0.40	3.0
2013	05–1	2×2	连翘	*Forsythia suspensa*	2	0.4	0.40	8.0
2013	05–1	2×2	小檗	*Berberis thunbergii*	3	0.5	0.50	5.0
2013	05–1	2×2	木姜子	*Litsea cubeba*	1	0.8	0.70	3.0
2014	01–1	2×2	粉花绣线菊	*Spiraea japonica*	3	0.4	0.55	5.7
2014	01–1	2×2	木竹	*Bambusa rutila*	4	1.1	0.91	6.2
2014	01–1	2×2	木姜子	*Litsea cubeba*	4	0.7	0.86	4.1
2014	01–1	2×2	峨眉蔷薇	*Rosa omeiensis*	2	0.6	0.56	2.9
2014	02–1	2×2	粉花绣线菊	*Spiraea japonica*	6	0.6	0.75	21.6
2014	02–1	2×2	陇东海棠	*Malus kansuensis*	1	1.8	1.22	3.5
2014	02–1	2×2	木竹	*Bambusa rutila*	9	0.8	0.65	31.7
2014	03–1	2×2	连翘	*Forsythia suspensa*	2	0.5	0.64	9.7
2014	03–1	2×2	刚毛忍冬	*Lonicera hispida*	2	0.8	0.66	3.7
2014	03–1	2×2	鞘柄菝葜	*Smilax stans*	3	0.4	0.36	3.1
2014	03–1	2×2	粉花绣线菊	*Spiraea japonica*	3	0.5	0.54	4.7
2014	03–1	2×2	小檗	*Berberis thunbergii*	1	0.4	0.46	5.5
2014	04–1	2×2	木姜子	*Litsea cubeba*	5	0.8	0.55	11.1
2014	04–1	2×2	峨眉蔷薇	*Rosa omeiensis*	2	0.6	0.55	19.1
2014	04–1	2×2	陇东海棠	*Malus kansuensis*	2	0.8	0.75	3.2
2014	04–1	2×2	小檗	*Berberis thunbergii*	3	0.5	0.56	3.9
2014	05–1	2×2	木姜子	*Litsea cubeba*	1	0.8	0.76	4.7
2014	05–1	2×2	峨眉蔷薇	*Rosa omeiensis*	1	0.4	0.35	3.6

（续）

年份	样方号	样方面积/（m×m）	种名	拉丁学名	数量/株（丛）	平均基径/cm	平均高度/m	盖度/%
2014	05-1	2×2	连翘	*Forsythia suspensa*	3	0.4	0.40	9.1
2014	05-1	2×2	粉花绣线菊	*Spiraea japonica*	5	0.5	0.65	11.6
2014	05-1	2×2	小檗	*Berberis thunbergii*	4	0.5	0.45	6.7
2015	01-1	2×2	细叶樱桃	*Cerasus serrula*	1	2.6	1.00	1.0
2015	01-1	2×2	桑	*Morus alba*	1	0.3	0.50	3.0
2015	01-1	2×2	唐松草	*Thalictrum aquilegiifolium*	2	0.5	0.60	3.0
2015	01-1	2×2	覆盆子	*Rubus idaeus*	10	0.4	0.70	30.0
2015	02-1	2×2	苦糖果	*Lonicera stanishii*	1	0.4	0.40	15.0
2015	02-1	2×2	鞘柄菝葜	*Smilax stans*	1	1.5	0.33	5.0
2015	03-1	2×2	桦叶荚迷	*Viburnum betulifolium*	8	1.8	0.70	10.0
2015	03-1	2×2	木姜子	*Litsea cubeba*	3	3.4	0.80	8.0
2015	03-1	2×2	悬钩子	*Rubus amabilis*	2	2.1	2.10	13.0
2015	03-1	2×2	红麸杨		5	1.6	1.00	47.0
2015	04-1	2×2	山核桃	*Juglans cathayensis*	2	0.5	1.10	21.0
2015	04-1	2×2	五味子	*Schisandrachinensls*	6	0.8	1.10	7.0
2015	04-1	2×2	榛子	*Corylus heterophylla*	2	1.7	1.50	2.0
2016						1.6	1.20	24.0
2017	01-1	2×2	桦叶荚蒾	*Viburnum betulifolium*	3	0.4	1.20	3.0
2017	01-1	2×2	藤山柳	*Clematoclethra lasioclada*	1	0.4	0.60	1.0
2017	02-1	2×2	峨眉蔷薇	*Rosa omeiensis*	2	0.5	0.80	2.0
2017	02-1	2×2	大叶铁线莲	*Clematis heracleifolia*	1	0.3	0.60	1.0
2017	02-1	2×2	秦岭丁香	*Syringa giraldiana*	1	1.0	1.80	5.0
2017	02-1	2×2	华北绣线菊	*Spiraea fritschiana*	4	0.6	0.80	2.0
2017	03-1	2×2	茶条槭	*Acer ginnala*	3	0.6	1.40	8.0
2017	03-1	2×2	桦叶荚蒾	*Viburnum betulifolium*	1	0.5	0.80	3.0
2017	04-1	2×2	桦叶荚蒾	*Viburnum betulifolium*	1	2.0	2.80	8.0
2017	04-1	2×2	灰栒子	*Cotoneaster acutifolius*	3	1.5	2.40	5.0
2017	04-1	2×2	葱皮忍冬	*Lonicera ferdinandi*	2	0.8	1.80	3.0
2017	05-1	2×2	茶条槭	*Acer ginnala*	2	0.8	1.90	5.0
2017	05-1	2×2	桦叶荚蒾	*Viburnum betulifolium*	3	0.5	1.80	8.0
2017	05-1	2×2	小叶柳	*Salix hypoleuca*	1	0.8	0.50	3.0
2018	01-1	2×2	美丽悬钩子	*Rubus amabilis*	2	0.4	1.30	8.0
2018	01-1	2×2	刺叶栎	*Quercus spinosa*	1	0.2	0.80	5.0
2018	01-1	2×2	刚毛忍冬	*Lonicera hispida*	1	0.8	1.50	5.0
2018	02-1	2×2	披针叶胡颓子	*Elaeagnus lanceolata*	1	0.2	1.20	5.0
2018	02-1	2×2	木姜子	*Litsea cubeba*	1	1.2	0.80	5.0
2018	02-1	2×2	猕猴桃	*Actinidia chinensis*	2	0.4	1.50	5.0
2018	02-1	2×2	美丽胡枝子	*Lespedeza formosa*	1	0.2	0.90	10.0

（续）

年份	样方号	样方面积/ （m×m）	种名	拉丁学名	数量/株 （丛）	平均基径/ cm	平均高度/ m	盖度/%
2018	03-1	2×2	木姜子	*Litsea cubeba*	1	1.6	1.30	5.0
2018	03-1	2×2	美丽胡枝子	*Lespedeza formosa*	2	0.2	0.80	5.0
2018	03-1	2×2	珍珠梅	*Sorbaria sorbifolia*	1	0.2	0.80	10.0
2018	03-1	2×2	棣棠	*Kerria japonica*	1	0.4	1.50	5.0
2018	04-1	2×2	假豪猪刺	*Berberis soulieana*	1	0.2	1.20	5.0
2018	04-1	2×2	木姜子	*Litsea cubeba*	2	1.0	0.80	5.0
2018	04-1	2×2	美丽胡枝子	*Lespedeza formosa*	3	0.2	1.50	5.0
2018	04-1	2×2	刚毛忍冬	*Lonicera hispida*	1	0.6	1.20	5.0
2018	04-1	2×2	鞘柄菝葜	*Smilax stans*	1	0.2	1.20	10.0
2018	05-1	2×2	鞘柄菝葜	*Smilax stans*	2	0.2	1.20	4.0
2018	05-1	2×2	栓翅卫矛	*Euonymus phellomanus*	8	0.6	1.10	4.0
2018	05-1	2×2	木姜子	*Litsea cubeba*	3	1.6	1.30	6.0
2018	05-1	2×2	披针叶胡颓子	*Elaeagnus lanceolata*	1	0.2	0.90	6.0
2018	05-1	2×2	小檗	*Berberis thunbergii*	1	0.4	1.20	6.0
2018	05-1	2×2	勾儿茶	*Berchemia sinica*	3	0.2	1.20	6.0
2019	01-1	2×2	桦叶荚蒾	*Viburnum betulifolium*	3	0.6	1.40	5.0
2019	01-1	2×2	藤山柳	*Clematoclethra lasioclada*	1	0.6	1.00	2.0
2019	02-1	2×2	峨眉蔷薇	*Rosa omeiensis*	2	0.8	1.00	3.0
2019	02-1	2×2	大叶铁线莲	*Clematis heracleifolia*	1	0.5	0.90	2.0
2019	02-1	2×2	秦岭丁香	*Syringa giraldiana*	1	1.2	2.00	7.0
2019	02-1	2×2	华北绣线菊	*Spiraea fritschiana*	4	0.8	1.20	2.2
2019	03-1	2×2	茶条槭	*Acer ginnala*	3	1.0	1.50	10.0
2019	03-1	2×2	桦叶荚蒾	*Viburnum betulifolium*	1	0.8	1.00	3.0
2019	04-1	2×2	桦叶荚蒾	*Viburnum betulifolium*	1	2.2	2.90	10.0
2019	04-1	2×2	灰栒子	*Cotoneaster acutifolius*	3	2.0	2.80	7.0
2019	04-1	2×2	葱皮忍冬	*Lonicera ferdinandi*	2	1.0	2.00	4.0
2019	05-1	2×2	茶条槭	*Acer ginnala*	2	1.4	2.10	7.0
2019	05-1	2×2	桦叶荚蒾	*Viburnum betulifolium*	3	0.6	2.00	10.0
2019	05-1	2×2	小叶柳	*Salix hypoleuca*	1	1.2	1.40	5.0

表 3-25　草本层植物组成

年份	样方号	样方面积/ （m×m）	种名	拉丁学名	数量/株 （丛）	平均高度/m	盖度/%
2013	01-1	1×1	披针叶薹草	*Carex lanceolata*	20	16.00	65.0
2013	01-1	1×1	木贼	*Equisetum hyemale*	13	24.00	20.0
2013	01-1	1×1	羽裂蟹甲草	*Sinacalia tangutica*	1	25.00	2.0
2013	01-1	1×1	山酢浆草	*Oxalis griffithii*	5	8.00	1.0
2013	01-1	1×1	类叶升麻	*Actaea asiatica*	1	12.00	2.0

（续）

年份	样方号	样方面积/ (m×m)	种名	拉丁学名	数量/株 (丛)	平均高度/m	盖度/%
2013	02 - 1	1×1	披针叶薹草	*Carex lanceolata*	6	10.00	2.0
2013	02 - 1	1×1	卵叶茜草	*Rubia ovatifolia*	1	25.00	2.0
2013	02 - 1	1×1	香青	*Anaphalis sinica*	1	26.00	2.0
2013	02 - 1	1×1	木贼	*Equisetum hyemale*	25	38.00	22.0
2013	02 - 1	1×1	羽裂蟹甲草	*Sinacalia tangutica*	1	25.00	2.0
2013	03 - 1	1×1	披针叶薹草	*Carex lanceolata*	2	16.00	2.0
2013	03 - 1	1×1	木贼	*Equisetum hyemale*	18	32.00	15.0
2013	03 - 1	1×1	风毛菊	*Saussurea japonica*	3	25.00	6.0
2013	03 - 1	1×1	山酢浆草	*Oxalis griffithii*	10	8.00	2.0
2013	03 - 1	1×1	鳞毛蕨	*Pteridium aquilinum*	5	40.00	22.0
2013	03 - 1	1×1	黄精	*Polygonatum sibiricum*	1	65.00	2.0
2013	04 - 1	1×1	披针叶薹草	*Carex lanceolata*	2	15.00	1.0
2013	04 - 1	1×1	木贼	*Equisetum hyemale*	55	40.00	60.0
2013	04 - 1	1×1	披针叶茜草	*Rubia lanceolata*	2	20.00	3.0
2013	04 - 1	1×1	风毛菊	*Saussurea japonica*	3	40.00	8.0
2013	04 - 1	1×1	山酢浆草	*Oxalis griffithii*	15	9.00	8.0
2013	04 - 1	1×1	红升麻	*Astilbe chinensis*	1	55.00	4.0
2013	05 - 1	1×1	木贼	*Equisetum hyemale*	42	45.00	45.0
2013	05 - 1	1×1	羽裂蟹甲草	*Sinacalia tangutica*	1	35.00	3.0
2013	05 - 1	1×1	风毛菊	*Saussurea japonica*	1	30.00	2.0
2013	05 - 1	1×1	山酢浆草	*Oxalis griffithii*	12	8.00	8.0
2013	05 - 1	1×1	类叶升麻	*Actaea asiatica*	1	25.00	2.0
2014	01 - 1	1×1	披针叶薹草	*Carex lanceolata*	5	0.17	2.1
2014	01 - 1	1×1	黄精	*Polygonatum sibiricum*	1	0.66	2.5
2014	01 - 1	1×1	风毛菊	*Saussurea japonica*	3	0.26	7.1
2014	01 - 1	1×1	山酢浆草	*Oxalis griffithii*	10	0.09	2.2
2014	01 - 1	1×1	木贼	*Equisetum hyemale*	18	0.33	16.2
2014	02 - 1	1×1	披针叶薹草	*Carex lanceolata*	61	0.17	66.2
2014	02 - 1	1×1	木贼	*Equisetum hyemale*	13	0.25	21.1
2014	02 - 1	1×1	类叶升麻	*Actaea asiatica*	1	0.13	3.6
2014	02 - 1	1×1	山酢浆草	*Oxalis griffithii*	5	0.09	1.1
2014	02 - 1	1×1	羽裂蟹甲草	*Sinacalia tangutica*	1	0.26	2.2
2014	03 - 1	1×1	香青	*Anaphalis sinica*	1	0.27	2.2
2014	03 - 1	1×1	披针叶薹草	*Carex lanceolata*	6	0.11	3.5
2014	03 - 1	1×1	羽裂蟹甲草	*Sinacalia tangutica*	1	0.26	2.1
2014	03 - 1	1×1	卵叶茜草	*Rubia ovatifolia*	1	0.26	2.3
2014	03 - 1	1×1	木贼	*Equisetum hyemale*	25	0.39	23.2
2014	04 - 1	1×1	类叶升麻	*Actaea asiatica*	1	0.26	2.3

（续）

年份	样方号	样方面积/ （m×m）	种名	拉丁学名	数量/株 （丛）	平均高度/m	盖度/%
2014	04－1	1×1	风毛菊	*Saussurea japonica*	1	0.31	3.6
2014	04－1	1×1	山酢浆草	*Oxalis griffithii*	12	0.09	9.1
2014	04－1	1×1	木贼	*Equisetum hyemale*	42	0.46	46.2
2014	04－1	1×1	羽裂蟹甲草	*Sinacalia tangutica*	1	0.36	4.2
2014	05－1	1×1	风毛菊	*Saussurea japonica*	3	0.41	9.2
2014	05－1	1×1	木贼	*Equisetum hyemale*	55	0.41	61.2
2014	05－1	1×1	披针叶茜草	*Rubia lanceolata*	2	0.21	4.1
2014	05－1	1×1	红升麻	*Astilbe chinensis*	1	0.56	5.1
2014	05－1	1×1	山酢浆草	*Oxalis griffithii*	15	0.10	9.6
2014	05－1	1×1	披针叶薹草	*Carex lanceolata*	2	0.16	1.2
2015	01－1	1×1	木贼	*Equisetum hyemale*	118	40.00	40.2
2015	01－1	1×1	小碎米莎草	*Cyperus microiria*	13	22.00	90.1
2015	02－1	1×1	木贼	*Equisetum hyemale*	125	77.00	10.3
2015	02－1	1×1	山酢浆草	*Oxalis griffithii*	226	9.00	63.2
2015	03－1	1×1	木贼	*Equisetum hyemale*	98	36.00	15.2
2015	03－1	1×1	大花糙苏	*Phlomoides megalantha*	17	8.00	3.0
2015	03－1	1×1	山酢浆草	*Oxalis griffithii*	56	6.00	6.2
2015	03－1	1×1	川陕风毛菊	*Saussurea licentiana*	4	25.00	12.2
2015	03－1	1×1	小碎米莎草	*Cyperus microiria*	261	23.00	8.9
2015	04－1	1×1	木贼	*Equisetum hyemale*	231	56.00	34.1
2015	04－1	1×1	密鳞鳞毛蕨	*Dryopteris pycnopteroides*	56	15.00	3.3
2015	04－1	1×1	小碎米莎草	*Cyperus microiria*	152	25.00	70.1
2015	05－1	1×1	木贼	*Equisetum hyemale*	97	46.00	41.1
2015	05－1	1×1	山酢浆草	*Oxalis griffithii*	166	4.00	63.5
2016						22.00	5.6
2017	01－1	1×1	木贼	*Equisetum hyemale*	20	50.00	60.0
2017	01－1	1×1	披针叶薹草	*Carex lanceolata*	15	15.00	30.0
2017	01－1	1×1	山酢浆草	*Oxalis griffithii*	11	8.00	5.0
2017	01－1	1×1	水金凤	*Impatiens noli-tangere*	1	30.00	3.0
2017	01－1	1×1	荷青花	*Hylomecon Japonicum*	1	50.00	2.0
2017	02－1	1×1	木贼	*Equisetum hyemale*	30	60.00	50.0
2017	02－1	1×1	蟹甲草	*Parasenecio forrestii*	6	60.00	20.0
2017	02－1	1×1	水金凤	*Impatiens noli-tangere*	2	120.00	5.0
2017	02－1	1×1	西固凤仙花	*Impatiens notolophora*	11	45.00	3.0
2017	02－1	1×1	六叶葎	*Galium asperuloides*	3	35.00	2.0
2017	02－1	1×1	狗筋蔓	*Cucubalus baccifer*	2	15.00	2.0
2017	03－1	1×1	披针叶薹草	*Carex lanceolata*	60	18.00	80.0
2017	03－1	1×1	羊角芹	*Aegopodium latifolium*	18	20.00	8.0

（续）

年份	样方号	样方面积/（m×m）	种名	拉丁学名	数量/株（丛）	平均高度/m	盖度/%
2017	03-1	1×1	山酢浆草	*Oxalis griffithii*	10	12.00	2.0
2017	03-1	1×1	鳞毛蕨	*Pteridium aquilinum*	1	20.00	2.0
2017	03-1	1×1	大戟	*Euphorbia pekinensis*	2	35.00	3.0
2017	03-1	1×1	风毛菊	*Saussurea japonica*	1	35.00	3.0
2017	04-1	1×1	木贼	*Equisetum hyemale*	10	45.00	15.0
2017	04-1	1×1	散碎地杨梅	*Luzula campestris*	10	20.00	18.0
2017	04-1	1×1	披针叶薹草	*Carex lanceolata*	10	15.00	10.0
2017	04-1	1×1	羊角芹	*Aegopodium podagraria*	16	12.00	3.0
2017	04-1	1×1	天蓬草	*Stellaria uliginosa*	2	7.00	3.0
2017	04-1	1×1	狗筋蔓	*Cucubalus baccifer*	6	10.00	3.0
2017	04-1	1×1	山酢浆草	*Oxalis griffithii*	15	5.00	3.0
2017	04-1	1×1	风毛菊	*Saussurea japonica*	6	15.00	3.0
2017	04-1	1×1	黄水枝	*Aster ageratoides*	3	10.00	2.0
2017	05-1	1×1	木贼	*Equisetum hyemale*	12	45.00	30.0
2017	05-1	1×1	三褶脉紫菀	*Aster ageratoides*	5	50.00	3.0
2017	05-1	1×1	拟鞘藠头	*Allium macrostemon*	5	12.00	2.0
2017	05-1	1×1	紫堇	*Corydalis edulis*	1	15.00	2.0
2017	05-1	1×1	山酢浆草	*Oxalis griffithii*	20	7.00	8.0
2017	05-1	1×1	狗筋蔓	*Cucubalus baccifer*	24	12.00	10.0
2017	05-1	1×1	宽叶羊角芹	*Aegopodium latifolium*	30	12.00	10.0
2017	05-1	1×1	大戟	*Euphorbia pekinensis*	1	12.00	3.0
2017	05-1	1×1	风轮菜	*Clinopodium chinense*	1	7.00	3.0
2018	01-1	1×1	红升麻	*Astilbe chinensis*	8	10.00	3.0
2018	01-1	1×1	披针叶薹草	*Carex lanceolata*	20	40.00	20.0
2018	01-1	1×1	披针叶茜草	*Rubia lanceolata*	1	30.00	10.0
2018	01-1	1×1	蛇莓	*Duchesnea indica*	3	10.00	3.0
2018	01-1	1×1	东亚唐松草	*Thalictrum minus* var. *hypoleucum*	2	10.00	3.0
2018	01-1	1×1	铁线莲	*Clematis florida*	1	20.00	3.0
2018	02-1	1×1	披针叶薹草	*Carex lanceolata*	6	30.00	3.0
2018	02-1	1×1	红升麻	*Astilbe chinensis*	16	10.00	3.0
2018	02-1	1×1	龙牙草	*Agrimonia pilosa*	1	10.00	4.0
2018	02-1	1×1	野青茅	*Deyeuxia arundinacea*	2	10.00	4.0
2018	02-1	1×1	牛尾蒿	*Artemisia dubia*	1	10.00	5.0
2018	03-1	1×1	红升麻	*Astilbe chinensis*	15	40.00	5.0
2018	03-1	1×1	蛇莓	*Duchesnea indica*	2	30.00	5.0
2018	03-1	1×1	披针叶茜草	*Rubia lanceolata*	3	10.00	5.0
2018	03-1	1×1	大戟	*Euphorbia pekinensis*	1	10.00	10.0
2018	04-1	1×1	红升麻	*Astilbe chinensis*	4	40.00	2.0

（续）

年份	样方号	样方面积/（m×m）	种名	拉丁学名	数量/株（丛）	平均高度/m	盖度/%
2018	04-1	1×1	蛇莓	*Duchesnea indica*	2	30.00	3.0
2018	04-1	1×1	龙牙草	*Agrimonia pilosa*	3	10.00	4.0
2018	04-1	1×1	披针叶茜草	*Rubia lanceolata*	1	10.00	4.0
2018	04-1	1×1	铁线莲	*Clematis florida*	1	10.00	10.0
2018	05-1	1×1	红升麻	*Astilbe chinensis*	4	30.00	3.0
2018	05-1	1×1	蛇莓	*Duchesnea indica*	4	10.00	3.0
2018	05-1	1×1	陕西鳞毛蕨	*Matteuccia struthiopteris*	1	10.00	4.0
2018	05-1	1×1	牛姆瓜	*Holboellia grandiflora*	1	40.00	4.0
2018	05-1	1×1	野青茅	*Deyeuxia arundinacea*	1	10.00	5.0
2018	05-1	1×1	黄水枝	*Tiarella polyphylla*	3	10.00	5.0
2018	05-1	1×1	野胡萝卜	*Daucus carota*	1	30.00	10.0
2019	01-1	1×1	披针叶茜草	*Rubia lanceolata*	6	30.00	45.0
2019	02-1	1×1	披针叶薹草	*Carex lanceolata*	5	30.00	25.0
2019	03-1	1×1	披针叶薹草	*Carex lanceolata*	5	12.00	25.0
2019	04-1	1×1	大戟	*Euphorbia pekinensis*	4	14.00	25.0
2019	05-1	1×1	野胡萝卜	*Daucus carota*	7	30.00	40.0
2019	05-1	1×1	披针叶茜草	*Rubia lanceolata*	6	30.00	45.0

表 3-26　天然更新

年份	样方号	样方面积/（m×m）	种名	拉丁学名	实生苗/（株/样方）	萌生苗/（株/样方）	平均基径/cm	平均高度/cm
2013	01-1	2×2	青杆	*Picea wilsonii*	1	0	0.7	26.0
2013	02-1	2×2			0	0	0	0
2013	03-1	2×2			0	0	0	0
2013	04-1	2×2			0	0	0	0
2013	05-1	2×2			0	0	0	0
2014	01-1	1×1	青杆	*Picea wilsonii*	1	0	0.6	29
2014	02-1	1×1			0	0	0	0
2014	03-1	1×1			0	0	0	0
2014	04-1	1×1			0	0	0	0
2014	05-1	1×1			0	0	0	0
2015	01-1	1×1	青杆	*Picea wilsonii*	1		0.6	26.0
2016					0	0	0	0
2017	01-1	2×2	华山松	*Piuns armandii*	3	0	0.6	12.0
2017	02-1	2×2	华山松	*Piuns armandii*	5	0	0.5	9.0
2017	03-1	2×2	华山松	*Piuns armandii*	2	0	2.0	12.0
2017	04-1	2×2	华山松	*Piuns armandii*	3	0	1.8	8.0
2017	05-1	2×2	铁杉	*Tsuga chinensis*	3	0	2.2	9.0

（续）

年份	样方号	样方面积/ （m×m）	种名	拉丁学名	实生苗/ （株/样方）	萌生苗/ （株/样方）	平均基径/ cm	平均高度/ cm
2018	01-1	2×2			0	0	0	0
2018	02-1	2×2			0	0	0	0
2018	03-1	2×2			0	0	0	0
2018	04-1	2×2			0	0	0	0
2018	05-1	2×2			0	0	0	0
2019	01-1	2×2			0	0	0	0
2019	02-1	2×2			0	0	0	0
2019	03-1	2×2			0	0	0	0
2019	04-1	2×2			0	0	0	0
2019	05-1	2×2			0	0	0	0

（6）华山松、锐齿槲栎混交林长期观测场

详见表 3-27～表 3-30。

表 3-27　乔木层组成

年份	树种	拉丁学名	数量/株	平均胸径/cm	平均高/m
2013	光皮桦	*Betula luminifera*	10	12.3	9.8
2013	锐齿槲栎	*Quercus aliena* var. *acutiserrata*	8	24.5	12.3
2013	稠李	*Prunus padus*	5	5.4	6.5
2013	华山松	*Pinus armandii*	5	25.0	13.6
2013	青榨槭	*Acer grosseri*	5	8.6	5.9
2013	茶条槭	*Acer ginnala*	1	10.6	12.3
2013	红桦	*Betula albo-sinensis*	1	15.1	12.5
2013	毛榛	*Corylus mandshurica*	1	6.7	5.8
2013	五角枫	*Acer elegantulum*	1	13.7	11.3
2013	栓皮栎	*Quercus variabilis*	1	6.0	6.3
2014	华山松	*Pinus armandii*	25	25.5	10.1
2014	锐齿槲栎	*Quercus aliena* var. *acutiserrata*	8	25.0	7.8
2014	青榨槭	*Acer grosseri*	5	8.8	6.3
2014	稠李	*Prunus padus*	5	5.5	11.9
2014	光皮桦	*Betula luminifera*	4	12.5	11.2
2014	红桦	*Betula albo-sinensis*	1	15.4	11.4
2014	五角枫	*Acer elegantulum*	1	14.0	10.9
2014	茶条槭	*Acer ginnala*	1	10.8	15.7
2014	毛榛	*Corylus mandshurica*	1	6.8	13.5
2014	三桠乌药	*Lindera obtusiloba*	1	3.8	15.1
2014	栓皮栎	*Quercus variabilis*	1	6.1	8.0
2014	野核桃	*Juglans cathayensis*	1	7.7	12.5
2015	华山松	*Pinus armandii*	19	32.2	20.6

（续）

年份	树种	拉丁学名	数量/株	平均胸径/cm	平均高/m
2015	锐齿槲栎	*Quercus aliena* var. *acutiserrata*	17	14.8	14.4
2015	油松	*Pinus tabulaeformis*	7	23.5	17.9
2015	三角枫	*Acer buergerianum*	6	11.6	9.6
2015	漆树	*Toxicodendron vernicifluum*	5	17.1	13.2
2015	山核桃	*Juglans cathayensis*	3	22.0	14.2
2015	三桠乌药	*Lindera obtusiloba*	1	12.8	9.5
2015	落叶松	*Larix principis-rupprechtii*	39	17.6	20.3
2017	华山松	*Pinus armandii*	13	26.0	16.8
2017	漆树	*Toxicodendron vernicifluum*	9	14.3	14.5
2017	锐齿槲栎	*Quercus aliena* var. *acutiserrata*	9	21.9	14.4
2017	稠李	*Prunus padus*	6	15.0	11.3
2017	领春木	*Euptelea pleiosperma*	3	4.5	4.7
2017	铁木	*Ostrya japonica*	3	11.6	9.1
2017	网脉椴	*Tilia dictyoneura*	3	6.6	6.4
2017	梾木	*Swida macrophylla*	2	14.2	11.2
2017	刺楸	*Kalopanax septemlobus*	1	11.4	11.8
2017	鸡爪槭	*Acer palmatum*	1	5.0	5.8
2017	三角枫	*Acer buergerianum*	1	17.6	14.8
2018	华山松	*Pinus armandii*	5	33.0	17.2
2018	锐齿槲栎	*Quercus aliena* var. *acutiserrata*	9	23.0	14.9
2018	漆树	*Toxicodendron vernicifluum*	9	14.5	14.7
2018	稠李	*Prunus padus*	6	15.4	11.6
2018	领春木	*Euptelea pleiosperma*	3	4.8	5.0
2018	铁木	*Ostrya japonica*	3	11.8	9.3
2018	网脉椴	*Tilia dictyoneura*	3	7.2	6.6
2018	梾木	*Swida macrophylla*	2	14.5	11.6
2018	刺楸	*Kalopanax septemlobus*	1	11.6	12.0
2018	鸡爪槭	*Acer palmatum*	1	6.5	6.4
2018	三角枫	*Acer buergerianum*	1	18.2	15.4
2019	华山松	*Pinus armandii*	13	27.3	17.1
2019	锐齿槲栎	*Quercus aliena* var. *acutiserrata*	9	23.9	14.7
2019	漆树	*Toxicodendron vernicifluum*	9	16.0	14.8
2019	稠李	*Prunus padus*	6	16.6	11.6
2019	网脉椴	*Tilia dictyoneura*	3	8.8	6.7
2019	铁木	*Ostrya japonica*	3	11.9	9.3
2019	领春木	*Euptelea pleiosperma*	3	5.8	5.0
2019	梾木	*Swida macrophylla*	2	16.0	11.6
2019	三角枫	*Acer buergerianum*	1	19.8	15.1

（续）

年份	树种	拉丁学名	数量/株	平均胸径/cm	平均高/m
2019	鸡爪槭	*Acer palmatum*	1	7.4	6.4
2019	刺楸	*Kalopanax septemlobus*	1	13.8	12.4

表 3-28　灌木层组成

年份	样方号	样方面积/（m×m）	种名	拉丁学名	数量/株（丛）	平均基径/cm	平均高度/m	盖度/%
2013	01-1	2×2	美丽悬钩子	*Rubus amabilis*	5	0.4	0.35	15.0
2013	01-1	2×2	刚毛忍冬	*Lonicera hispida*	2	1.5	2.10	50.0
2013	01-1	2×2	木姜子	*Litsea cubeba*	2	1.8	1.80	12.0
2013	01-1	2×2	鸡桑	*Morus australis*	1	3.4	3.20	61.0
2013	01-1	2×2	峨眉蔷薇	*Rosa omeiensis*	1	2.1	1.85	5.0
2013	02-1	2×2	美丽悬钩子	*Rubus amabilis*	2	1.6	1.50	8.0
2013	02-1	2×2	粉花绣线菊	*Spiraea japonica*	2	0.5	0.80	15.0
2013	02-1	2×2	栓翅卫矛	*Euonymus phellomanus*	1	0.8	0.70	5.0
2013	02-1	2×2	木姜子	*Litsea cubeba*	1	1.7	1.80	35.0
2013	02-1	2×2	峨眉蔷薇	*Rosa omeiensis*	2	1.5	1.20	18.0
2013	02-1	2×2	鸡桑	*Morus australis*	1	1.6	1.95	6.0
2013	03-1	2×2	木姜子	*Litsea cubeba*	1	0.9	1.52	15.0
2013	03-1	2×2	喜阴悬钩子	*Rubus mesogaeus*	2	0.7	1.65	6.0
2013	03-1	2×2	鸡桑	*Morus australis*	1	1.1	1.48	8.0
2013	03-1	2×2	粉花绣线菊	*Spiraea japonica*	1	0.8	1.12	6.0
2013	03-1	2×2	五味子	*Schisandra chinensis*	1	0.7	1.00	30.0
2013	04-1	2×2	木姜子	*Litsea cubeba*	1	1.8	1.54	70.0
2013	04-1	2×2	白檀	*Symplocos paniculata*	1	2.1	1.80	52.0
2013	04-1	2×2	美丽悬钩子	*Rubus amabilis*	3	0.5	0.70	15.0
2013	04-1	2×2	鸡桑	*Morus australis*	1	1.7	1.80	20.0
2013	05-1	2×2	美丽悬钩子	*Rubus amabilis*	2	1.8	1.80	16.0
2013	05-1	2×2	木姜子	*Litsea cubeba*	3	1.3	1.50	20.0
2013	05-1	2×2	美丽胡枝子	*Lespedeza bicolor*	2	0.7	0.68	16.0
2013	05-1	2×2	披针叶胡颓子	*Elaeagnus lanceolata*	1	1.1	0.85	25.0
2013	05-1	2×2	刚毛忍冬	*Lonicera hispida*	1	1.2	1.10	15.0
2013	05-1	2×2	毛榛	*Corylus mandshurica*	1	1.3	0.75	5.0
2013	05-1	2×2	美丽胡枝子	*Lespedeza bicolor*	1	1.4	2.10	25.0
2014	01-1	2×2	刚毛忍冬	*Lonicera hispida*	2	1.3	1.10	16.5
2014	01-1	2×2	美丽悬钩子	*Rubus amabilis*	3	1.9	1.80	17.7
2014	01-1	2×2	披针叶胡颓子	*Elaeagnus lanceolata*	1	1.2	0.85	26.6
2014	01-1	2×2	毛榛	*Corylus mandshurica*	1	1.4	0.75	6.4
2014	01-1	2×2	美丽胡枝子	*Lespedeza bicolor*	3	0.8	0.68	17.7

（续）

年份	样方号	样方面积/ （m×m）	种名	拉丁学名	数量/株 （丛）	平均基径/ cm	平均高度/ m	盖度/%
2014	01-1	2×2	木姜子	*Litsea cubeba*	4	1.4	1.50	21.5
2014	02-1	2×2	峨眉蔷薇	*Rosa omeiensis*	3	1.6	1.31	19.3
2014	02-1	2×2	粉花绣线菊	*Spiraea japonica*	3	0.6	0.91	16.1
2014	02-1	2×2	鸡桑	*Morus australis*	1	1.7	2.06	7.6
2014	02-1	2×2	美丽悬钩子	*Rubus amabilis*	3	1.7	1.50	8.5
2014	02-1	2×2	木姜子	*Litsea cubeba*	1	1.7	1.80	36.7
2014	02-1	2×2	栓翅卫矛	*Euonymus phellomanus*	2	0.8	0.70	6.4
2014	03-1	2×2	美丽悬钩子	*Rubus amabilis*	6	0.4	0.35	16.1
2014	03-1	2×2	峨眉蔷薇	*Rosa omeiensis*	2	2.1	1.85	6.3
2014	03-1	2×2	木姜子	*Litsea cubeba*	3	1.8	1.80	12.9
2014	03-1	2×2	鸡桑	*Morus australis*	1	3.4	3.20	62.1
2014	03-1	2×2	刚毛忍冬	*Lonicera hispida*	3	1.6	2.21	51.9
2014	04-1	2×2	木姜子	*Litsea cubeba*	2	1.9	1.65	71.6
2014	04-1	2×2	美丽悬钩子	*Rubus amabilis*	4	0.6	0.81	16.6
2014	04-1	2×2	白檀	*Symplocos paniculata*	1	2.2	1.80	53.9
2014	04-1	2×2	鸡桑	*Morus australis*	2	1.8	1.80	21.7
2014	05-1	2×2	木姜子	*Litsea cubeba*	2	1.0	1.52	16.1
2014	05-1	2×2	粉花绣线菊	*Spiraea japonica*	2	0.8	1.12	7.9
2014	05-1	2×2	鸡桑	*Morus australis*	1	1.1	1.48	9.1
2014	05-1	2×2	喜阴悬钩子	*Rubus mesogaeus*	3	0.7	1.65	7.1
2014	05-1	2×2	五味子	*Schisandra chinensis*	1	0.7	1.00	31.9
2015	01-1	2×2	白檀	*Symplocos paniculata*	5	0.7	1.00	9.0
2015	01-1	2×2	木姜子	*Litsea cubeba*	3	0.9	0.50	4.0
2015	01-1	2×2	苦皮藤	*Celastrus angulatus*	1	0.5	0.60	20.0
2015	01-1	2×2	小叶忍冬	*Lonicera microphylla*	3	0.5	0.80	7.0
2015	01-1	2×2	五味子	*Schisandra chinensis*	3	0.6	1.10	8.0
2015	01-1	2×2	杭子梢	*Campylotropis macrocarpa*	2	0.4	0.90	4.0
2015	01-1	2×2	秦岭小檗	*Berberis circumserrata*	1	0.3	0.50	60.0
2015	01-1	2×2	绣球	*Hydrangea macrophylla*	4	0.3	0.70	10.0
2015	02-1	2×2	荚迷	*Viburnum dilatatum*	3	1.7	0.40	5.0
2015	02-1	2×2	忍冬	*Lonicera Japonica*	1	0.3	0.70	5.0
2015	02-1	2×2	荚迷	*Viburnum dilatatum*	1	0.4	0.50	26.0
2015	02-1	2×2	绣球	*Hydrangea macrophylla*	3	0.4	0.70	20.0
2015	02-1	2×2	木姜子	*Litsea cubeba*	2	0.5	1.10	3.0
2015	02-1	2×2	青榨槭	*Acer davidii*	3	1.5	1.30	3.0
2015	02-1	2×2	栓翅卫矛	*Euonymus phellomanus*	1	1.9	0.60	3.0
2015	02-1	2×2	绣线菊	*Spiraea salicifolia*	2	0.8	0.50	2.0
2015	03-1	2×2	忍冬	*Lonicera Japonica*	2	0.6	0.40	13.0

（续）

年份	样方号	样方面积/ （m×m）	种名	拉丁学名	数量/株 （丛）	平均基径/ cm	平均高度/ m	盖度/%
2015	03-1	2×2	秦岭小檗	*Berberis circumserrata*	3	1.1	0.40	21.0
2015	03-1	2×2	荚迷	*Viburnum dilatatum*	1	0.5	0.40	5.0
2015	03-1	2×2	青榨槭	*Acer davidii*	1	0.7	1.20	6.0
2015	03-1	2×2	峨眉蔷薇	*Rosa omeiensis*	2	1.3	0.90	11.0
2015	03-1	2×2	悬钩子	*Rubus amabilis*	1	0.6	0.70	1.0
2015	03-1	2×2	鞘柄菝葜	*Smilax stans*	1	0.5	0.80	1.0
2015	04-1	2×2	白檀	*Symplocos paniculata*	4	0.4	0.40	5.0
2015	04-1	2×2	茶条槭	*Acer ginnala*	1	0.8	0.70	1.0
2015	04-1	2×2	鞘柄菝葜	*Smilax stans*	2	0.5	0.50	2.0
2015	04-1	2×2	悬钩子	*Rubus amabilis*	2	0.4	0.70	1.0
2015	05-1	2×2	悬钩子	*Rubus amabilis*	3	0.6	0.70	1.0
2016					134	2.6	1.40	10.0
2017	01-1	2×2	麻叶绣线菊	*Spiraea cantoniensis*	5	0.3	0.60	10.0
2017	01-1	2×2	桦叶荚蒾	*Viburnum betulifolium*	2	0.5	1.00	1.0
2017	01-1	2×2	美丽悬钩子	*Rubus amabilis*	10	0.3	0.50	15.0
2017	01-1	2×2	铁线莲	*Clematis florida*	10	1.3	0.80	10.0
2017	02-1	2×2	茶条槭	*Acer ginnala*	2	3.0	1.20	2.0
2017	02-1	2×2	葱皮忍冬	*Lonicera ferdinandi*	3	1.8	0.60	5.0
2017	02-1	2×2	茶藨子	*Ribes tenui* var. *viridiflorum*	2	2.2	0.80	1.0
2017	02-1	2×2	桦叶荚蒾	*Viburnum betulifolium*	5	0.6	0.80	1.0
2017	02-1	2×2	弓茎悬钩子	*Rubus feddei*	5	0.2	0.50	5.0
2017	02-1	2×2	鞘柄菝葜	*Smilax stans*	6	0.1	0.90	2.0
2017	02-1	2×2	绿叶胡枝子	*Lespedeza buergeri*	1	0.6	0.80	2.0
2017	03-1	2×2	盘叶忍冬	*Lonicera tragophylla*	2	1.8	2.20	5.0
2017	03-1	2×2	三桠乌药	*Lindera obtusiloba*	1	1.8	2.20	8.0
2017	03-1	2×2	桦叶荚蒾	*Viburnum betulifolium*	5	0.6	1.20	3.0
2017	03-1	2×2	鸡桑	*Morus australis*	3	0.8	1.80	1.0
2017	03-1	2×2	茶条槭	*Acer ginnala*	2	1.0	2.20	5.0
2017	03-1	2×2	弓茎悬钩子	*Rubus feddei*	1	0.5	1.80	2.0
2017	04-1	2×2	白檀	*Symplocos paniculata*	1	2.4	2.80	8.0
2017	04-1	2×2	水枸子	*Cotoneaster multiflorus*	1	0.8	0.80	1.0
2017	04-1	2×2	鸡桑	*Morus australis*	2	3.0	1.50	3.0
2017	04-1	2×2	弓茎悬钩子	*Rubus feddei*	1	0.3	2.20	1.0
2017	04-1	2×2	鸡爪槭	*Acer palmatum*	1	1.8	1.20	2.0
2017	04-1	2×2	桦叶荚蒾	*Viburnum betulifolium*	5	0.8	0.40	2.0
2017	04-1	2×2	托柄菝葜	*Smilax discotis*	2	0.2	0.80	1.0
2017	04-1	2×2	盘叶忍冬	*Lonicera tragophylla*	5	0.6	4.00	5.0
2017	05-1	2×2	三桠乌药	*Lindera obtusiloba*	2	4.0	4.20	50.0

（续）

年份	样方号	样方面积/ （m×m）	种名	拉丁学名	数量/株 （丛）	平均基径/ cm	平均高度/ m	盖度/%
2017	05－1	2×2	栓翅卫矛	*Euonymus phellomanus*	3	2.6	1.80	10.0
2017	05－1	2×2	鸡爪槭	*Acer palmatum*	1	2.2	1.80	5.0
2017	05－1	2×2	桦叶荚蒾	*Viburnum betulifolium*	2	1.9	0.80	4.0
2017	05－1	2×2	白檀	*Symplocos paniculata*	2	0.8	1.70	3.0
2017	05－1	2×2	铁线莲	*Clematis florida*	20	0.4	0.60	5.0
2018	01－1	2×2	美丽悬钩子	*Rubus amabilis*	3	0.2	1.20	2.0
2018	01－1	2×2	栓翅卫矛	*Euonymus phellomanus*	5	0.8	1.50	8.0
2018	01－1	2×2	刚毛忍冬	*Lonicera hispida*	5	0.6	2.10	2.0
2018	01－1	2×2	白檀	*Symplocos paniculata*	3	0.8	1.70	2.0
2018	01－1	2×2	鞘柄菝葜	*Smilax stans*	2	0.2	1.20	3.0
2018	02－1	2×2	美丽悬钩子	*Rubus amabilis*	4	0.2	1.20	4.0
2018	02－1	2×2	白檀	*Symplocos paniculata*	3	0.8	1.40	4.0
2018	02－1	2×2	栓翅卫矛	*Euonymus phellomanus*	4	0.8	1.40	10.0
2018	03－1	2×2	美丽悬钩子	*Rubus amabilis*	2	0.2	1.60	5.0
2018	03－1	2×2	栓翅卫矛	*Euonymus phellomanus*	2	1.2	1.80	5.0
2018	03－1	2×2	鞘柄菝葜	*Smilax stans*	2	0.2	0.60	15.0
2018	04－1	2×2	美丽悬钩子	*Rubus amabilis*	3	0.2	1.30	10.0
2018	04－1	2×2	栓翅卫矛	*Euonymus phellomanus*	2	0.6	1.20	10.0
2018	05－1	2×2	栓翅卫矛	*Euonymus phellomanus*	5	0.4	1.20	5.0
2018	05－1	2×2	美丽悬钩子	*Rubus amabilis*	2	0.2	1.60	5.0
2018	05－1	2×2	连翘	*Forsythia suspensa*	2	0.2	1.80	15.0
2019	01－1	2×2	麻叶绣线菊	*Spiraea cantoniensis*	5	0.5	0.80	13.0
2019	01－1	2×2	桦叶荚蒾	*Viburnum betulifolium*	2	0.6	1.20	2.0
2019	01－1	2×2	美丽悬钩子	*Rubus amabilis*	10	0.5	0.60	17.0
2019	01－1	2×2	铁线莲	*Clematis florida*	10	1.5	1.00	12.0
2019	02－1	2×2	茶条槭	*Acer ginnala*	2	3.4	1.80	3.0
2019	02－1	2×2	葱皮忍冬	*Lonicera ferdinandi*	3	2.4	0.90	7.0
2019	02－1	2×2	茶藨子	*Ribes tenui* var. *viridiflorum*	2	2.8	1.40	2.0
2019	02－1	2×2	桦叶荚蒾	*Viburnum betulifolium*	5	0.8	1.00	2.0
2019	02－1	2×2	弓茎悬钩子	*Rubus feddei*	5	0.4	0.60	7.0
2019	02－1	2×2	鞘柄菝葜	*Smilax stans*	6	0.2	1.10	3.0
2019	02－1	2×2	绿叶胡枝子	*Lespedeza buergeri*	1	0.8	1.00	3.0
2019	03－1	2×2	盘叶忍冬	*Lonicera tragophylla*	2	2.6	2.40	7.0
2019	03－1	2×2	三桠乌药	*Lindera obtusiloba*	1	2.4	2.30	10.0
2019	03－1	2×2	桦叶荚蒾	*Viburnum betulifolium*	5	0.8	1.40	4.0
2019	03－1	2×2	鸡桑	*Morus australis*	3	1.2	2.00	3.0
2019	03－1	2×2	茶条槭	*Acer ginnala*	2	2.0	2.40	7.0
2019	03－1	2×2	弓茎悬钩子	*Rubus feddei*	1	0.6	2.00	3.0

（续）

年份	样方号	样方面积/ （m×m）	种名	拉丁学名	数量/株 （丛）	平均基径/ cm	平均高度/ m	盖度/%
2019	04-1	2×2	白檀	*Symplocos paniculata*	1	2.6	3.00	10.0
2019	04-1	2×2	水栒子	*Cotoneaster multiflorus*	1	1.2	0.90	2.0
2019	04-1	2×2	鸡桑	*Morus australis*	2	3.2	1.90	5.0
2019	04-1	2×2	弓茎悬钩子	*Rubus feddei*	1	0.4	2.80	2.0
2019	04-1	2×2	鸡爪槭	*Acer palmatum*	1	2.8	2.20	4.0
2019	04-1	2×2	桦叶荚蒾	*Viburnum betulifolium*	5	0.9	0.60	3.0
2019	04-1	2×2	托柄菝葜	*Smilax discotis*	2	0.3	0.90	2.0
2019	04-1	2×2	盘叶忍冬	*Lonicera tragophylla*	5	0.8	4.20	7.0
2019	05-1	2×2	三桠乌药	*Lindera obtusiloba*	2	4.8	4.40	55.0
2019	05-1	2×2	栓翅卫矛	*Euonymus phellomanus*	3	3.4	2.20	15.0
2019	05-1	2×2	鸡爪槭	*Acer palmatum*	1	2.8	2.00	7.0
2019	05-1	2×2	桦叶荚蒾	*Viburnum betulifolium*	2	2.4	1.30	6.0
2019	05-1	2×2	白檀	*Symplocos paniculata*	2	1.4	2.10	5.0
2019	05-1	2×2	铁线莲	*Clematis florida*	20	0.6	0.60	7.0

表 3-29　草本层植物组成

年份	样方号	样方面积/ （m×m）	种名	拉丁学名	数量/株 （丛）	平均高度/m	盖度/%
2013	01-1	1×1	鳞毛蕨	*Pteridium aquilinum*	4	55.00	62.0
2013	01-1	1×1	升麻	*Cimicifuga foetida*	2	35.00	28.0
2013	01-1	1×1	鸡屎藤	*Paederia scandens*	1	85.00	6.0
2013	01-1	1×1	索骨丹	*Rodgersia aesculifolia*	1	72.00	33.0
2013	02-1	1×1	披针叶薹草	*Carex lanceolata*	4	25.00	24.0
2013	02-1	1×1	鳞毛蕨	*Pteridium aquilinum*	2	45.00	34.0
2013	02-1	1×1	索骨丹	*Rodgersia aesculifolia*	2	58.00	48.0
2013	02-1	1×1	红升麻	*Astilbe chinensis*	1	65.00	3.0
2013	03-1	1×1	鳞毛蕨	*Pteridium aquilinum*	1	55.00	68.0
2013	03-1	1×1	披针叶薹草	*Carex lanceolata*	3	25.00	6.0
2013	03-1	1×1	索骨丹	*Rodgersia aesculifolia*	1	54.00	50.0
2013	03-1	1×1	卵叶茜草	*Rubia ovatifolia*	3	22.00	5.0
2013	04-1	1×1	鳞毛蕨	*Pteridium aquilinum*	1	63.00	72.0
2013	04-1	1×1	披针叶薹草	*Carex lanceolata*	2	17.00	3.0
2013	04-1	1×1	披针叶茜草	*Rubia lanceolata*	2	15.00	1.0
2013	05-1	1×1	鳞毛蕨	*Pteridium aquilinum*	1	62.00	55.0
2013	05-1	1×1	卵叶茜草	*Rubia ovatifolia*	1	36.00	3.0
2013	05-1	1×1	披针叶薹草	*Carex lanceolata*	3	14.00	2.0
2014	01-1	1×1	卵叶茜草	*Rubia ovatifolia*	3	0.23	6.5
2014	01-1	1×1	索骨丹	*Rodgersia aesculifolia*	1	0.55	51.1

（续）

年份	样方号	样方面积/ （m×m）	种名	拉丁学名	数量/株 （丛）	平均高度/m	盖度/%
2014	01-1	1×1	披针叶薹草	*Carex lanceolata*	7	0.26	7.2
2014	02-1	1×1	披针叶茜草	*Rubia lanceolata*	2	0.16	1.2
2014	02-1	1×1	披针叶薹草	*Carex lanceolata*	5	0.18	4.6
2014	03-1	1×1	披针叶薹草	*Carex lanceolata*	34	0.26	25.3
2014	03-1	1×1	卵叶茜草	*Rubia ovatifolia*	3	0.23	6.1
2014	03-1	1×1	索骨丹	*Rodgersia aesculifolia*	2	0.59	49.1
2014	03-1	1×1	红升麻	*Astilbe chinensis*	1	0.66	3.2
2014	03-1	1×1	鸡屎藤	*Paederia scandens*	1	0.86	7.2
2014	04-1	1×1	披针叶薹草	*Carex lanceolata*	3	0.15	2.5
2014	04-1	1×1	卵叶茜草	*Rubia ovatifolia*	1	0.37	3.1
2014	05-1	1×1	索骨丹	*Rodgersia aesculifolia*	1	0.73	34.6
2014	05-1	1×1	鸡屎藤	*Paederia scandens*	1	0.86	6.2
2015	01-1	1×1	败酱草	*Patrinia scabiosifolia*	6	0.50	6.3
2015	01-1	1×1	茜草	*Rubia cordifolia*	3	0.50	7.5
2015	01-1	1×1	苔草	*Carex lanceolata*	9	0.80	2.4
2015	01-1	1×1	茜草	*Rubia cordifoli*	1	0.80	5.1
2015	02-1	1×1	苔草	*Carex lanceolata*	5	0.40	15.3
2015	02-1	1×1	茅草	*Imperata cylindrica*	8	0.40	14.2
2015	02-1	1×1	龙牙草	*Agrimonia pilosa*	2	0.20	6.8
2015	02-1	1×1	茜草	*Rubia cordifolia*	4	1.20	5.4
2015	03-1	1×1	茅草	*Imperata cylindrica*	6	0.80	4.9
2015	03-1	1×1	唐松草	*Thalictrum aquilegiifolium*	1	0.30	6.7
2015	03-1	1×1	苔草	*Carex lanceolata*	9	0.30	12.6
2015	04-1	1×1	披针叶薹草	*Carex lanceolata*	34	0.26	25.3
2015	05-1	1×1	卵叶茜草	*Rubia ovatifolia*	3	0.23	6.1
2016						19.00	10.0
2017	01-1	1×1	披针叶薹草	*Carex lanceolata*	4	16.00	5.0
2017	02-1	1×1	披针叶茜草	*Rubia lanceolata*	2	12.00	1.0
2017	02-1	1×1	红升麻	*Astilbe chinensis*	2	22.00	1.0
2017	03-1	1×1	大肺经草	*Sanicula lamelligera*	3	8.00	15.0
2017	03-1	1×1	鬼灯擎	*Rodgersia aesculifolia*	8	30.00	10.0
2017	03-1	1×1	披针叶茜草	*Rubia lanceolata*	2	1.50	3.0
2017	03-1	1×1	双蝴蝶	*Tripterospermum chinense*	1	2.00	2.0
2017	04-1	1×1	披针叶薹草	*Carex lanceolata*	15	25.00	30.0
2017	04-1	1×1	风轮菜	*Clinopodium chinense*	5	12.00	5.0
2017	04-1	1×1	类叶升麻	*Actaea asiatica*	1	36.00	5.0
2017	04-1	1×1	大戟	*Euphorbia pekinensis*	2	10.00	5.0
2017	04-1	1×1	紫花堇菜	*Viola grypoceras*	2	5.00	3.0

（续）

年份	样方号	样方面积/ （m×m）	种名	拉丁学名	数量/株 （丛）	平均高度/m	盖度/%
2017	05-1	1×1	披针叶茜草	*Rubia lanceolata*	2	0.80	2.0
2018	01-1	1×1	野青茅	*Deyeuxia arundinacea*	12	10.00	5.0
2018	01-1	1×1	穿龙薯蓣	*Dioscorea nipponica*	1	20.00	5.0
2018	01-1	1×1	披针叶薹草	*Carex lanceolata*	5	10.00	3.0
2018	01-1	1×1	陕西鳞毛蕨	*Matteuccia struthiopteris*	9	10.00	4.0
2018	01-1	1×1	缬草	*Valeriana officinalis*	1	30.00	6.0
2018	01-1	1×1	求米草	*Oplismenus undulatifolius*	2	10.00	5.0
2018	01-1	1×1	紫菀	*Aster tataricus*	1	60.00	5.0
2018	02-1	1×1	野青茅	*Deyeuxia arundinacea*	8	40.00	3.0
2018	02-1	1×1	披针叶薹草	*Carex lanceolata*	3	10.00	3.0
2018	02-1	1×1	一年蓬	*Erigeron annuus*	1	20.00	4.0
2018	02-1	1×1	荩草	*Arthraxon hispidus*	2	10.00	5.0
2018	02-1	1×1	鸡腿堇菜	*Viola acuminata*	3	10.00	6.0
2018	02-1	1×1	林地早熟禾	*Poa nemoralis*	3	30.00	5.0
2018	03-1	1×1	披针叶薹草	*Carex lanceolata*	20	10.00	2.0
2018	03-1	1×1	宽叶薹草	*Carex siderosticta*	2	60.00	5.0
2018	03-1	1×1	大戟	*Euphorbia pekinensis*	11	40.00	4.0
2018	03-1	1×1	四叶葎	*Galium bungei*	2	10.00	4.0
2018	03-1	1×1	繁缕	*Stellaria media*	1	20.00	5.0
2018	03-1	1×1	透茎冷水花	*Pilea pumila*	1	10.00	3.0
2018	04-1	1×1	披针叶薹草	*Carex lanceolata*	30	10.00	20.0
2018	04-1	1×1	宽叶薹草	*Carex siderosticta*	20	30.00	20.0
2018	05-1	1×1	陕西鳞毛蕨	*Matteuccia struthiopteris*	5	10.00	3.0
2018	05-1	1×1	披针叶薹草	*Carex lanceolata*	20	60.00	15.0
2018	05-1	1×1	宽叶薹草	*Carex siderosticta*	10	40.00	20.0
2018	05-1	1×1	穿龙薯蓣	*Dioscorea nipponica*	1	20.00	2.0
2019	01-1	1×1	披针叶薹草	*Carex lanceolata*	4	18.00	8.0
2019	02-1	1×1	披针叶茜草	*Rubia lanceolata*	2	12.00	3.0
2019	02-1	1×1	红升麻	*Astilbe chinensis*	2	24.00	3.0
2019	03-1	1×1	大肺经草	*Sanicula lamelligera*	3	10.00	18.0
2019	03-1	1×1	鬼灯擎	*Rodgersia aesculifolia*	8	35.00	15.0
2019	03-1	1×1	披针叶茜草	*Rubia lanceolata*	2	2.00	4.0
2019	03-1	1×1	双蝴蝶	*Tripterospermum chinense*	1	3.00	4.0
2019	04-1	1×1	披针叶薹草	*Carex lanceolata*	15	30.00	35.0
2019	04-1	1×1	风轮菜	*Clinopodium chinense*	5	14.00	8.0
2019	04-1	1×1	类叶升麻	*Actaea asiatica*	1	38.00	8.0
2019	04-1	1×1	大戟	*Euphorbia pekinensis*	2	14.00	8.0
2019	04-1	1×1	紫花堇菜	*Viola grypoceras*	2	6.00	4.0

表 3 - 30　天然更新

年份	样方号	样方面积/ (m×m)	种名	拉丁学名	实生苗/ 株	萌生苗/ 株	平均基径/ cm	平均高度/ cm
2013	01 - 1	2×2			0	0	0	0
2013	02 - 1	2×2	锐齿槲栎	*Quercus aliena* var. *acutiserrata*	2	0	0.5	14.0
2013	03 - 1	2×2			0	0	0	0
2013	04 - 1	2×2	油松	*Pinus tabulae formis*	1		1.4	53.0
2013	05 - 1	2×2			0	0	0	0
2014	01 - 1	2×2			0	0	0	0
2014	02 - 1	2×2	锐齿槲栎	*Quercus aliena* var. *acutiserrata*	2	0	0.5	14.8
2014	03 - 1	2×2			0	0	0	0
2014	04 - 1	2×2	油松	*Pinus tabulae formis*	1	0	1.4	53.3
2014	05 - 1	2×2	华山松	*Pinus armandii*	1	0	1.2	55.7
2015	01 - 1	2×2	油松	*Pinus tabulae formis*	1		1.3	40.0
2015	02 - 1	2×2	华山松	*Pinus armandii*	2		1.6	47.0
2016					0	0	0	0
2017	01 - 1	2×2	华山松	*Piuns armandii*	4	0	0.2	12.0
2017	02 - 1	2×2	华山松	*Piuns armandii*	3	0	0.2	8.0
2017	03 - 1	2×2	华山松	*Piuns armandii*	3	0	0.2	7.0
2017	04 - 1	2×2	华山松	*Piuns armandii*	2	0	0.2	9.0
2017	05 - 1	2×2	华山松	*Piuns armandii*	2	0	0.2	5.0
2018	01 - 1	2×2			0	0	0	0
2018	02 - 1	2×2			0	0	0	0
2018	03 - 1	2×2			0	0	0	0
2018	04 - 1	2×2			0	0	0	0
2018	05 - 1	2×2			0	0	0	0
2019	01 - 1	2×2			0	0	0	0
2019	02 - 1	2×2			0	0	0	0
2019	03 - 1	2×2			0	0	0	0
2019	04 - 1	2×2			0	0	0	0
2019	05 - 1	2×2			0	0	0	0

3.2　气象观测数据

3.2.1　数据采集和处理方法

数据采集由观测系统配置的数据采集器自动完成，该系统由 CR1000 数据采集器和 LI200X 辐射传感器、TE525MM 或者 52202 雨量筒、LI190SB 光合有效辐射计、HMP45C 温湿度传感器、CS616 土壤含水量传感器、107 温度传感器、CS105 大气压传感器、FS01 蒸发传感器、A100LM 风速传感器、W200P 风向传感器、CSD1 日照时数计组成。

首先，要与一个数据采集器连接，必须在 Stations 中单击选择要连接的数据采集器；其次，点击 Connect 按钮，使计算机和数据采集器连接，等到 Connect 按钮变为 Disconnect 时，说明已经建立了通讯，就可以进行数据采集。

3.2.2 数据质量控制和评估

每次采集数据时，看每个观测指标数值是不是在正常的范围内，定期清理雨量筒并给蒸发池加水，定期请专业工程师进行检修和维护，并更换损坏的传感器。

原始数据质控措施，剔除无效或数值明显超出范围的数据。

3.2.3 数据价值/数据使用方法和建议

秦岭站大气数据集中体现了秦岭南坡中段 2009—2019 年近 11 年气象要素的变化情况，能为区域气候变化评估提供基础数据，另外还可为在本区域开展的研究提供基础数据。

需要说明的是，降水数据自动观测，由于雨量计受到落叶的堵塞，测得的数据值偏小。

3.2.4 气压

本数据集包括 2009—2019 年自动观测气压数据，包括大气压（P 表）、水汽压（HB 表）月极大值、月极小值和月平均日平均值、日最大值、日最小值。

3.2.4.1 数据采集和处理方法

数据获取方法：CS105 大气压传感器观测，每 10 s 采测 1 个气压值，每分钟采测 6 个气压值，去除 1 个最大值和 1 个最小值后取平均值，作为每分钟的气压值，正点时采测的气压值作为正点数据存储。

3.2.4.2 数据质量控制和评估

（1）超出气候学界限值域 300～1 100 hPa 的数据为错误数据；

（2）所观测的气压不小于日最低气压且不大于日最高气压，海拔高度大于 0 m 时，台站气压小于海平面气压；海拔高度等于 0 m 时，台站气压等于海平面气压；海拔高度小于 0 m 时，台站气压大于海平面气压；

（3）24 小时变压的绝对值小于 50 hPa；

（4）1 min 内允许的最大变化值为 1.0 hPa，1 h 内变化幅度的最小值为 0.1 hPa；

（5）某一定时气压缺测时，用前、后两定时数据内插求得，按正常数据统计，若连续 2 个或以上定时数据缺测时，不能内插，仍按缺测处理；

（6）一日中若 24 次定时观测记录有缺测时，该日按照 2：00、8：00、14：00、20：00 共 4 次定时记录做日平均，若 4 次定时记录缺测 1 次或以上，但该日各定时记录缺测 5 次或以下时，按实有记录做日统计，缺测 6 次或以上时，不做日平均。

3.2.4.3 数据价值/数据使用方法和建议

用质控后的日均值合计值除以日数获得月平均值。日平均值缺测 6 次及以上时，不做月统计（表 3 - 31，表 3 - 32）。

表 3 - 31　自动观测气象要素——大气压

单位：hPa

年份	项目	月份											
		1	2	3	4	5	6	7	8	9	10	11	12
2009	日平均值月平均	851.8	—	846.7	844.7	844.7	701.5	637.9	633.4	631.2	626.2	613.2	609.5
	日最大值月平均	854.7	—	848.0	847.1	847.2	707.3	642.4	638.5	638.5	633.8	622.3	619.7
	日最小值月平均	783.5	—	507.6	814.8	842.8	657.5	612.8	629.8	626.3	621.0	586.0	602.4
	月极大值	860.0	—	850.0	854.0	853.0	847.0	648.8	642.2	645.9	639.1	635.2	628.4
	月极小值	841.0	—	845.0	836.0	837.0	620.8	625.8	625.0	614.9	615.1	591.8	585.0
2010	日平均值月平均	610.7	612.2	616.3	621.9	626.3	628.3	629.1	629.9	618.0	600.2	769.4	847.0
	日最大值月平均	622.8	621.9	624.8	628.9	631.4	632.0	632.3	635.4	625.8	600.2	768.0	850.1

（续）

年份	项目	月份											
		1	2	3	4	5	6	7	8	9	10	11	12
2010	日最小值月平均	602.3	604.3	608.6	614.4	621.6	624.7	626.8	605.9	595.5	600.2	756.4	844.7
	月极大值	630.6	637.9	634.4	634.6	635.1	634.3	634.4	639.9	645.9	600.2	859.0	857.0
	月极小值	590.3	590.3	587.0	604.6	618.5	619.8	624.5	0.0	0.0	600.2	600.2	837.0
2011	日平均值月平均	849.6	844.7	848.9	845.6	844.0	840.9	841.2	843.0	846.5	850.5	849.5	851.9
	日最大值月平均	852.3	847.1	852.0	847.9	846.1	842.5	842.6	844.2	848.4	852.2	851.5	854.1
	日最小值月平均	846.9	842.5	845.9	843.2	842.1	839.5	839.9	841.6	845.1	823.0	847.6	849.6
	月极大值	858.0	852.0	860.0	852.0	851.0	847.0	846.0	848.0	854.0	857.0	857.0	859.0
	月极小值	841.0	835.0	838.0	834.0	833.0	838.0	835.0	839.0	840.0	0.0	842.0	844.0
2012	日平均值月平均	848.2	845.9	846.0	843.3	843.9	840.4	840.7	844.3	848.5	849.9	847.7	848.1
	日最大值月平均	850.3	848.9	848.6	846.1	845.8	842.1	842.3	845.8	850.1	852.0	850.7	851.3
	日最小值月平均	846.1	843.6	843.4	840.7	842.0	838.9	839.4	842.7	846.7	847.9	845.0	845.5
	月极大值	856.0	854.0	858.0	854.0	849.0	848.0	845.0	851.0	855.0	858.0	855.0	859.0
	月极小值	839.0	838.0	837.0	831.0	838.0	836.0	836.0	840.0	842.0	844.0	841.0	839.0
2013	日平均值月平均	848.5	847.1	845.8	844.5	843.4	841.3	840.0	843.0	847.4	850.8	850.7	850.0
	日最大值月平均	851.2	850.2	848.6	847.0	845.5	843.0	841.5	844.5	849.1	852.7	853.0	852.5
	日最小值月平均	846.1	844.4	845.0	841.9	841.6	839.6	838.5	841.5	845.8	849.0	848.6	847.8
	月极大值	858.0	855.0	857.0	852.0	852.0	848.0	844.0	847.0	855.0	857.0	858.0	856.0
	月极小值	842.0	838.0	836.0	835.0	836.0	834.0	835.0	838.0	841.0	845.0	843.0	843.0
2014	日平均值月平均	848.7	846.0	846.7	845.7	843.9	841.9	842.4	842.2	—	—	—	851.8
	日最大值月平均	851.6	848.6	849.1	848.0	846.2	843.6	843.8	843.6	—	—	—	854.6
	日最小值月平均	846.5	843.8	844.4	843.3	841.7	840.5	840.8	840.6	—	—	—	849.0
	月极大值	857.0	853.0	857.0	852.0	853.0	846.0	847.0	847.0	—	—	—	861.0
	月极小值	839.0	836.0	838.0	840.0	837.0	836.0	837.0	838.0	—	—	—	844.0
2015	日平均值月平均	849.6	847.2	846.9	845.8	843.2	841.5	843.4	844.6	847.5	850.9	849.2	851.2
	日最大值月平均	852.1	849.8	849.8	848.4	845.8	843.4	853.1	846.1	849.4	852.8	851.5	853.5
	日最小值月平均	847.3	844.8	844.5	843.5	841.1	840.1	841.5	843.0	845.9	849.0	847.3	849.1
	月极大值	857.0	857.0	856.0	857.0	851.0	848.0	1 108.0	849.0	855.0	860.0	858.0	858.0
	月极小值	838.0	839.0	836.0	832.0	837.0	835.0	841.0	840.0	841.0	844.0	842.0	844.0
2016	日平均值月平均	849.1	850.9	847.0	843.8	844.1	842.3	841.5	843.9	847.3	848.9	850.2	850.4
	日最大值月平均	851.7	854.1	849.7	845.9	846.6	844.3	843.1	845.3	848.8	851.0	852.8	853.3
	日最小值月平均	846.7	848.1	844.7	813.7	814.6	840.7	840.2	842.2	845.7	847.2	847.9	847.8
	月极大值	864.0	860.0	856.0	849.0	853.0	847.0	846.0	851.0	853.0	858.0	858.0	859.0
	月极小值	840.0	837.0	839.0	0.0	0.0	837.0	836.0	837.0	839.0	842.0	842.0	840.0
2017	日平均值月平均	849.3	848.9	846.7	844.9	845.8	842.4	842.3	843.3	846.7	851.2	850.8	851.6
	日最大值月平均	851.5	851.2	849.1	847.1	847.6	843.8	843.8	844.6	848.2	853.1	853.0	854.4
	日最小值月平均	847.0	846.6	844.4	842.5	843.8	841.0	840.6	841.9	845.3	849.5	848.8	849.2
	月极大值	856.0	856.0	856.0	854.0	854.0	848.0	846.0	849.0	851.0	860.0	858.0	861.0
	月极小值	839.0	836.0	839.0	838.0	838.0	837.0	838.0	837.0	842.0	843.0	843.0	842.0

（续）

年份	项目	月份											
		1	2	3	4	5	6	7	8	9	10	11	12
2018	日平均值月平均	847.0	846.5	845.9	845.4	843.9	842.0	841.0	843.1	848.0	851.2	850.0	850.6
	日最大值月平均	849.5	849.1	848.0	847.8	846.1	843.6	842.4	844.3	849.5	853.0	852.0	853.2
	日最小值月平均	844.6	844.1	843.8	843.1	841.9	840.5	839.6	841.5	846.5	849.5	848.1	848.6
	月极大值	855.0	855.0	854.0	858.0	852.0	849.0	844.0	847.0	854.0	857.0	855.0	858.0
	月极小值	839.0	838.0	833.0	837.0	833.0	836.0	834.0	839.0	841.0	845.0	844.0	842.0
2019	日平均值月平均	850.2	—	—	—	844.3	841.7	841.7	843.8	849.4	851.0	850.7	—
	日最大值月平均	852.2	—	—	—	846.2	843.1	845.0	833.7	838.0	852.5	853.0	—
	日最小值月平均	848.2	—	—	—	842.4	840.1	840.2	842.2	847.9	849.4	848.4	—
	月极大值	858.0	—	—	—	851.0	847.0	846.0	850.0	857.0	858.0	860.0	—
	月极小值	843.0	—	—	—	839.0	835.0	837.0	838.0	841.0	845.0	841.0	—

表 3-32　自动观测气象要素——水气压

单位：hPa

年份	项目	月份											
		1	2	3	4	5	6	7	8	9	10	11	12
2009	日平均值月平均	0.3	—	0.7	0.9	1.1	1.4	1.8	1.8	1.5	1.0	0.6	0.4
	日最大值月平均	0.4	—	0.8	1.0	1.3	1.7	2.1	2.0	1.7	1.2	0.7	0.5
	日最小值月平均	0.2	—	0.6	0.7	1.0	1.1	1.6	1.6	1.2	0.9	0.5	0.3
	月极大值	0.6	—	1.1	1.3	1.8	2.2	2.5	2.3	2.3	1.7	1.2	0.7
	月极小值	0.1	—	0.4	0.2	0.3	0.6	0.9	1.1	0.5	0.5	0.2	0.1
2010	日平均值月平均	0.4	0.5	0.6	0.7	1.2	1.5	2.0	1.8	1.5	1.0	0.5	0.3
	日最大值月平均	0.5	0.5	0.7	0.9	1.3	1.7	2.2	2.1	1.7	1.1	0.7	0.4
	日最小值月平均	0.3	0.4	0.4	0.6	1.0	1.3	1.7	1.7	1.3	0.8	0.4	0.2
	月极大值	0.7	0.9	1.2	1.2	1.7	2.4	2.5	2.6	2.3	1.4	1.0	0.7
	月极小值	0.2	0.2	0.1	0.2	0.4	0.9	1.3	1.1	0.9	0.6	0.1	0.1
2011	日平均值月平均	0.3	0.5	0.4	0.7	1.1	1.5	1.8	1.8	1.4	1.0	0.9	0.4
	日最大值月平均	0.3	0.6	0.5	1.0	1.3	1.9	2.2	2.1	1.6	1.2	1.0	0.5
	日最小值月平均	0.2	0.4	0.3	0.5	0.8	1.2	1.4	1.5	1.2	0.8	0.7	0.3
	月极大值	0.4	0.9	0.8	1.8	2.0	2.4	2.5	2.6	2.2	1.7	1.2	0.7
	月极小值	0.1	0.1	0.1	0.2	0.3	0.7	0.4	1.2	0.7	0.3	0.3	0.1
2012	日平均值月平均	0.4	0.4	0.6	0.8	1.2	1.5	1.9	1.9	1.3	0.9	0.6	0.4
	日最大值月平均	0.4	0.5	0.7	1.0	1.5	1.8	2.3	2.2	1.6	1.2	0.7	0.5
	日最小值月平均	0.3	0.3	0.4	0.6	1.0	1.1	1.6	1.6	1.1	0.7	0.4	0.3
	月极大值	0.6	0.6	1.0	1.6	1.9	2.3	2.5	2.7	2.1	1.4	1.0	0.7
	月极小值	0.1	0.2	0.1	0.2	0.3	0.5	1.0	1.0	0.5	0.2	0.1	0.1
2013	日平均值月平均	0.4	0.5	0.6	0.1	0.1	0.2	0.2	0.2	0.1	0.1	0.1	0.0
	日最大值月平均	0.4	0.6	0.7	1.0	1.5	1.9	2.4	2.3	1.7	1.2	0.8	0.4
	日最小值月平均	0.3	0.4	0.4	0.5	0.9	1.3	1.8	1.6	1.1	0.8	0.5	0.2
	月极大值	0.7	0.8	0.1	0.2	0.2	0.3	0.3	0.3	0.2	0.2	0.1	0.1
	月极小值	0.2	0.1	0.0	0.0	0.0	0.1	0.1	0.1	0.1	0.0	0.0	0.0

（续）

年份	项目	月份											
		1	2	3	4	5	6	7	8	9	10	11	12
2014	日平均值月平均	0.4	0.5	0.6	1.0	1.1	1.6	1.8	1.8	—	—	—	0.3
	日最大值月平均	0.5	0.5	0.7	1.2	1.4	1.9	2.2	2.2	—	—	—	0.4
	日最小值月平均	0.3	0.4	0.5	0.7	0.7	1.2	1.5	1.6	—	—	—	0.2
	月极大值	0.8	0.8	1.2	1.5	2.0	2.2	2.6	2.6	—	—	—	0.7
	月极小值	0.1	0.2	0.2	0.3	0.2	0.9	1.0	1.1	—	—	—	0.1
2015	日平均值月平均	0.4	0.4	0.7	0.8	1.2	1.5	1.7	1.7	1.4	1.0	0.8	0.4
	日最大值月平均	0.5	0.6	0.8	1.1	1.5	1.9	2.0	2.1	1.7	1.3	0.9	0.5
	日最小值月平均	0.3	0.3	0.5	0.6	0.9	1.3	1.3	1.4	1.2	0.8	0.7	0.3
	月极大值	0.8	0.9	1.4	1.5	1.9	2.3	2.5	2.5	2.1	1.6	1.2	1.0
	月极小值	0.1	0.1	0.1	0.1	0.3	0.4	1.0	0.8	0.7	0.2	0.3	0.1
2016	日平均值月平均	0.4	0.4	0.6	0.9	1.1	1.5	1.8	1.9	1.4	1.1	0.7	0.5
	日最大值月平均	0.4	0.5	0.7	1.1	1.4	2.0	2.3	2.4	1.7	1.3	0.8	0.6
	日最小值月平均	0.3	0.2	0.5	0.7	0.9	1.3	1.6	1.7	1.2	1.0	0.6	0.4
	月极大值	0.6	0.8	1.1	1.4	2.0	2.5	2.8	2.8	2.1	1.7	1.2	0.7
	月极小值	0.0	0.1	0.1	0.2	0.3	0.7	1.2	0.8	0.6	0.5	0.2	0.1
2017	日平均值月平均	0.5	0.5	0.6	0.9	1.1	1.5	1.9	1.9	1.5	1.1	0.7	0.4
	日最大值月平均	0.5	0.6	0.7	1.0	1.3	1.7	2.2	2.2	1.7	1.2	0.8	0.5
	日最小值月平均	0.4	0.4	0.4	0.7	0.9	1.3	1.7	1.7	1.3	1.0	0.6	0.3
	月极大值	0.8	0.8	1.1	1.3	1.9	2.1	2.7	2.5	2.0	1.8	1.1	0.6
	月极小值	0.2	0.2	0.1	0.2	0.4	1.0	1.2	1.2	0.9	0.7	0.2	0.1
2018	日平均值月平均	0.3	0.4	0.7	0.9	1.2	1.6	2.0	1.9	1.2	0.8	0.6	0.4
	日最大值月平均	0.4	0.5	0.9	1.2	1.5	1.9	2.4	2.4	1.7	1.1	0.7	0.5
	日最小值月平均	0.3	0.3	0.5	0.7	0.9	1.2	1.7	1.6	1.2	0.7	0.5	0.4
	月极大值	0.6	0.8	1.2	1.5	2.0	2.5	2.6	2.6	2.2	1.4	0.9	0.9
	月极小值	0.1	0.2	0.3	0.1	0.4	0.7	1.5	1.2	0.7	0.2	0.3	0.2
2019	日平均值月平均	0.4	—	—	—	1.1	1.5	1.8	1.8	1.4	1.0	0.7	—
	日最大值月平均	0.4	—	—	—	1.4	1.8	2.2	2.2	1.7	1.2	0.8	—
	日最小值月平均	0.6	—	—	—	0.8	1.2	1.5	1.5	1.2	0.9	0.6	—
	月极大值	0.5	—	—	—	1.8	2.1	2.5	2.5	2.2	1.8	1.2	—
	月极小值	0.1	—	—	—	0.5	0.9	1.1	0.8	0.8	0.0	0.0	—

3.2.5　风速和风向

本数据集包括 2009—2019 年月极大风速和极大风风向。

3.2.5.1　数据采集和处理方法

数据获取方法：A100LM 风速传感器和 W200P 风向传感器观测，每秒采测 1 次风速数据，以 1 s 为步长求 3 s 滑动平均值，以 3 s 为步长求 1 min 滑动平均风速，然后以 1 min 为步长求 10 min 滑动平均风速。正点时存储 10 min 平均风速值。

3.2.5.2　数据质量控制和评估

数据质量控制采用以下原则：超出气候学界限值域 0～75 m/s 的数据为错误数据。

3.2.5.3　数据价值/数据使用方法和建议

用质控后的日均值合计值除以日数获得月平均值。日平均值缺测 6 次及以上时，不做月统计。

3.2.5.4　数据

具体数据见表 3-33。

表 3-33　自动观测气象要素——月极大风速和极大风向

单位：m/s

年份	项目	月份											
		1	2	3	4	5	6	7	8	9	10	11	12
2009	月极大风速	8.6	—	9.4	10.6	10.3	8.8	8.3	8.8	9.2	7.5	9.7	9.2
	月极大风风向	219.1	—	280.9	308.0	294.3	284.2	308.7	280.6	209.8	280.1	309.5	284.4
2010	月极大风速	9.1	7.6	12.8	11.7	10.3	8.1	7.6	10.9	8.6	7.5	9.3	11.5
	月极大风风向	116.5	297.3	306.4	138.1	236.8	277.5	307.4	303.7	231.1	270.0	313.3	118.0
2011	月极大风速	8.0	7.8	9.5	10.8	10.5	8.4	11.0	9.5	6.8	8.8	10.0	8.7
	月极大风风向	240.9	351.7	343.9	326.2	358.3	328.6	356.9	347.5	341.3	350.5	350.9	353.8
2012	月极大风速	6.9	7.0	11.4	14.8	11.7	9.5	12.3	10.6	10.5	14.2	9.9	10.4
	月极大风风向	286.8	128.6	253.5	236.3	219.2	282.2	303.3	127.4	283.5	293.9	295.5	303.6
2013	月极大风速	9.2	11.3	12.3	12.7	9.8	9.2	11.5	19.5	11.8	8.2	7.8	8.1
	月极大风风向	285.2	200.2	222.5	321.1	23.9	289.2	300.2	312.0	112.2	277.1	244.9	288.7
2014	月极大风速	8.6	8.5	11.5	8.5	11.7	8.1	8.7	7.7	—	—	—	8.4
	月极大风风向	247.0	265.0	292.0	296.0	133.0	293.0	276.0	246.0	—	—	—	238.0
2015	月极大风速	8.6	8.8	9.7	14.7	10.1	9.3	12.0	14.8	9.6	7.8	7.3	8.8
	月极大风风向	300.0	244.3	259.4	307.3	115.3	113.9	112.9	312.5	286.2	291.1	283.8	243.3
2016	月极大风速	9.2	13.5	11.1	11.8	11.1	16.8	13.8	19.8	9.5	9.7	7.5	10.5
	月极大风风向	328.5	317.4	340.5	323.8	314.8	328.0	349.4	333.7	318.2	321.0	325.7	315.0
2017	月极大风速	3.2	3.4	4.8	4.2	4.0	3.2	3.1	3.1	2.8	2.6	3.3	3.1
	月极大风风向	349.4	332.2	358.2	359.8	357.9	356.9	355.5	358.0	356.4	359.8	352.5	338.8
2018	月极大风速	3.5	3.9	4.0	4.0	3.7	3.2	3.3	3.2	2.9	3.4	3.9	2.4
	月极大风风向	347.3	356.4	357.0	356.9	358.4	357.4	284.9	285.6	284.2	290.4	278.9	283.2
2019	月极大风速	2.7	—	—	3.5	3.2	3.3	2.9	2.8	3.7	2.7	—	
	月极大风风向	104.0	—	—	104.0	104.0	104.0	104.0	104.0	104.0	104.0	—	

3.2.6　大气温度

3.2.6.1　概述

本数据集包括 2009—2019 年自动观测温度数据，包括大气温度（T 表）月极大值、月极小值和月平均日平均值、日最大值、日最小值。

3.2.6.2　数据采集和处理方法

采用 HMP45C 温湿度传感器观测。每 10 s 采测 1 个温度值，每分钟采测 6 个温度值，去除 1 个最大值和 1 个最小值后取平均值，作为每分钟的温度值存储。正点时采测的温度值作为正点数据存储。

3.2.6.3　数据质量控制和评估

数据质量控制采用以下原则：

(1) 超出气候学界限值域－80～60℃的数据为错误数据；

(2) 1 min 内允许的最大变化值为 3℃，1 h 内变化幅度的最小值为 0.1℃；

(3) 定时气温大于等于日最低地温且小于等于日最高气温；

(4) 24 小时气温变化范围小于 50℃；

(5) 利用与台站下垫面及周围环境相似的一个或多个邻近站观测数据计算本站气温值，比较台站观测值和计算值，如果超出阈值即认为观测数据可疑；

(6) 某一定时气温缺测时，用前、后两定时数据内插求得，按正常数据统计，若连续 2 个或以上定时数据缺测时，不能内插，仍按缺测处理；

(7) 一日中若 24 次定时观测记录有缺测时，该日按照 2：00、8：00、14：00、20：00 共 4 次定时记录做日平均，若 4 次定时记录缺测 1 次或以上，但该日各定时记录缺测 5 次或以下时，按实有记录做日统计，缺测 6 次或以上时，不做日平均。

3.2.6.4　数据价值/数据使用方法和建议

用质控后的日均值合计值除以日数获得月平均值。日平均值缺测 6 次及以上时，不做月统计。

3.2.6.5　数据

具体数据见表 3－34。

表 3－34　自动观测气象要素——大气温度

单位：℃

年份	项目	月份											
		1	2	3	4	5	6	7	8	9	10	11	12
2009	日平均值月平均	－2.4	—	4.5	9.7	12.5	17.4	19.3	17.8	14.5	10.1	2.0	－1.1
	日最大值月平均	3.9	—	8.5	15.3	17.3	23.8	25.3	22.8	20.3	15.6	7.3	3.7
	日最小值月平均	－6.5	—	1.1	5.2	8.2	12.1	15.0	14.3	10.7	6.4	－1.6	－4.3
	月极大值	8.1	—	13.1	22.9	22.3	29.7	31.6	27.4	27.0	22.1	18.5	8.5
	月极小值	－10.6	—	－2.6	－0.1	0.5	7.9	10.5	8.2	2.6	2.8	－10.5	－11.5
2010	日平均值月平均	0.4	0.2	3.6	8.1	12.8	16.2	19.2	18.3	14.9	8.5	4.3	－0.8
	日最大值月平均	5.3	5.1	9.2	13.7	18.3	21.5	24.0	23.9	19.5	14.2	11.4	6.0
	日最小值月平均	4.2	3.8	－0.9	3.0	8.4	11.7	15.7	14.9	11.6	4.7	－0.3	－4.9
	月极大值	10.1	16.2	21.8	22.2	26.4	27.6	29.7	29.9	26.1	20.1	15.0	12.3
	月极小值	－9.5	－9.5	－10.9	－3.1	5.9	7.5	11.4	8.6	6.2	－1.0	－3.2	－15.1
2011	日平均值月平均	－6.4	0.2	2.2	10.6	12.9	16.6	17.8	18.1	12.9	9.1	6.1	－1.6
	日最大值月平均	－1.7	5.1	7.9	17.2	19.5	22.8	23.2	23.9	16.8	13.7	9.7	2.8
	日最小值月平均	－10.4	－3.6	－2.5	5.0	7.2	11.8	13.6	14.0	9.9	5.4	3.5	－4.7
	月极大值	3.1	16.4	15.7	26.7	28.2	28.0	28.7	29.1	25.8	22.8	13.5	5.9
	月极小值	－14.1	－11.1	－8.9	－1.5	1.0	8.5	10.0	9.8	3.8	－0.1	－1.5	－10.9
2012	日平均值月平均	－3.8	－2.3	3.4	10.4	13.3	17.0	19.0	18.3	13.2	9.0	2.7	－2.2
	日最大值月平均	－0.2	1.1	8.9	16.8	19.1	23.3	24.0	23.9	19.1	14.6	7.7	2.1
	日最小值月平均	－6.9	－5.2	－1.0	5.0	8.6	12.1	15.3	14.3	8.7	4.9	－1.3	－5.4
	月极大值	5.7	8.3	19.1	22.6	24.7	28.2	28.8	27.9	23.4	18.9	13.7	7.4
	月极小值	－11.9	－10.7	－6.4	－0.7	4.0	9.3	10.7	10.1	3.5	－0.4	－7.1	－15.1

（续）

年份	项目	月份											
		1	2	3	4	5	6	7	8	9	10	11	12
2013	日平均值月平均	−1.9	0.8	7.2	10.0	13.5	17.8	20.0	19.5	14.4	10.4	3.4	−1.3
	日最大值月平均	4.1	5.6	14.2	16.9	19.1	24.5	25.2	25.5	20.3	17.0	9.1	5.1
	日最小值月平均	−5.9	−3.0	2.0	4.4	9.0	12.5	16.3	15.0	10.3	5.9	−0.2	−5.3
	月极大值	11.3	13.8	22.0	23.4	26.2	30.0	30.6	29.9	26.7	25.2	14.4	10.9
	月极小值	−11.7	−8.1	−3.4	−4.3	3.5	5.1	11.7	10.1	5.7	2.6	−7.3	−10.2
2014	日平均值月平均	−0.5	−1.9	5.4	9.8	12.6	16.6	19.3	18.2	—	—	—	−1.5
	日最大值月平均	5.8	1.6	11.3	15.2	18.7	22.8	26.1	24.8	—	—	—	4.0
	日最小值月平均	−4.9	−4.7	0.8	5.3	7.2	11.8	14.4	14.4	—	—	—	−5.3
	月极大值	13.2	15.3	20.4	20.5	24.2	27.7	30.9	29.9	—	—	—	9.4
	月极小值	−9.4	−11.5	−3.9	0.0	1.5	8.4	11.3	9.5	—	—	—	−11.1
2015	日平均值月平均	−0.8	0.2	5.3	9.9	13.2	16.1	18.1	17.7	14.1	9.8	5.0	−0.5
	日最大值月平均	4.2	5.2	10.7	16.3	19.8	21.1	25.0	24.2	19.0	15.5	8.9	4.5
	日最小值月平均	−4.3	−3.4	1.2	4.6	7.5	12.1	13.0	13.0	10.4	5.8	2.1	−3.7
	月极大值	9.4	12.5	19.3	25.5	26.3	25.9	28.6	28.4	27.0	21.7	13.2	11.5
	月极小值	−9.3	−8.7	−7.4	−2.0	1.4	8.1	9.3	9.0	5.5	−1.3	−4.9	−10.9
2016	日平均值月平均	−2.1	−0.1	5.1	10.6	12.1	16.9	19.3	19.3	14.5	9.4	4.1	1.0
	日最大值月平均	2.1	5.6	10.3	16.8	17.9	23.4	25.5	25.4	20.0	13.4	9.0	6.0
	日最小值月平均	−6.6	−5.0	0.4	5.5	7.3	11.7	14.8	15.4	10.7	6.9	0.5	−2.5
	月极大值	10.7	13.6	19.9	22.1	24.3	28.7	29.4	30.0	25.9	23.7	15.4	12.7
	月极小值	−19.1	−11.0	−6.9	1.2	2.7	8.1	9.3	8.7	7.0	0.4	−6.3	−7.6
2017	日平均值月平均	−1.0	0.3	3.4	10.1	13.1	16.3	20.0	18.8	14.2	8.9	4.2	−0.5
	日最大值月平均	2.6	4.9	7.8	15.7	19.4	21.7	25.0	23.6	18.1	11.6	8.7	4.8
	日最小值月平均	−3.5	−3.2	−0.1	5.0	7.8	11.9	15.4	15.3	10.9	6.8	1.2	−3.8
	月极大值	7.4	12.4	17.7	21.5	24.8	26.1	30.9	28.5	22.9	17.2	16.3	8.8
	月极小值	−7.2	−8.6	−3.8	0.2	2.2	9.3	10.9	12.3	5.6	2.9	−4.4	−7.8
2018	日平均值月平均	−3.6	2.4	7.0	10.7	13.6	16.7	19.7	19.0	13.5	7.9	3.3	−2.2
	日最大值月平均	0.6	5.7	12.6	16.6	18.4	21.5	24.4	24.9	17.5	13.1	7.4	0.6
	日最小值月平均	−6.5	−0.9	2.5	5.6	9.6	12.9	16.3	14.8	10.4	4.3	0.1	−4.3
	月极大值	7.6	13.6	21.0	25.1	26.4	28.7	28.8	27.8	24.7	17.5	16.7	8.9
	月极小值	−12.3	−8.7	−2.9	−2.6	3.9	5.8	13.4	10.8	4.2	0.2	−3.5	−9.8
2019	日平均值月平均	−3.8	—	—	—	12.7	15.9	17.9	18.8	13.5	8.9	4.0	—
	日最大值月平均	−0.1	—	—	—	17.9	20.5	23.1	24.3	17.3	12.2	7.4	—
	日最小值月平均	−6.2	—	—	—	8.6	12.1	14.2	14.6	10.7	6.6	1.3	—
	月极大值	−11.1	—	—	—	3.8	7.6	10.2	9.1	5.4	1.3	−3.3	—
	月极小值	5.6	—	—	—	25.2	26.9	28.0	28.1	23.5	18.0	14.4	—

3.2.7　相对湿度

3.2.7.1　概述

本数据集包括 2009—2019 年自动观测相对湿度数据（RH 表），包括月极小值和月平均日平均值、日最小值。

3.2.7.2　数据采集和处理方法

HMP45C 温湿度传感器观测。每 10 s 采测 1 个湿度值，每分钟采测 6 个湿度值，去除 1 个最大值和 1 个最小值后取平均值，作为每分钟的湿度值存储。正点时采测的湿度值作为正点数据存储。

3.2.7.3　数据质量控制和评估

数据质量控制采用以下原则：

（1）相对湿度在 0%～100%；

（2）定时相对湿度大于等于日最小相对湿度；

（3）干球温度大于等于湿球温度（结冰期除外）；

（4）某一定时相对湿度缺测时，用前、后两定时数据内插求得，按正常数据统计，若连续 2 个或以上定时数据缺测时，不能内插，仍按缺测处理；

（5）一日中若 24 次定时观测记录有缺测时，该日按照 2：00、8：00、14：00、20：00 共 4 次定时记录做日平均，若 4 次定时记录缺测 1 次或以上，但该日各定时记录缺测 5 次或以下时，按实有记录做日统计，缺测 6 次或以上时，不做日平均。

3.2.7.4　数据价值/数据使用方法和建议

用质控后的日均值合计值除以日数获得月平均值。日平均值缺测 6 次及以上时，不做月统计。

3.2.7.5　数据

具体数据见表 3‑35。

表 3‑35　自动观测气象要素——大气相对湿度（%）

年份	项目	月份											
		1	2	3	4	5	6	7	8	9	10	11	12
2009	日平均值月平均	63	—	77	74	80	73	83	88	87	86	83	77
	日最大值月平均	80	—	95	92	94	91	94	96	96	96	95	91
	日最小值月平均	37	—	52	52	58	46	60	70	65	63	62	53
	月极大值	96	—	98	98	98	97	97	97	98	98	100	100
	月极小值	23	—	29	17	16	19	20	41	23	27	25	24
2010	日平均值月平均	70	78	73	68	79	85	89	87	89	86	67	57
	日最大值月平均	86	92	90	89	94	96	96	96	97	97	86	76
	日最小值月平均	47	58	49	44	56	65	74	67	71	62	39	32
	月极大值	94	99	100	100	98	98	98	98	99	100	99	95
	月极小值	25	28	14	10	25	25	47	43	50	29	10	13
2011	日平均值月平均	71	79	64	63	75	82	88	87	92	85	89	74
	日最大值月平均	84	92	84	85	94	96	97	97	98	96	98	88
	日最小值月平均	51	55	37	34	45	54	64	62	74	63	71	50
	月极大值	95	100	99	100	96	98	98	98	99	100	100	100
	月极小值	14	15	16	9	9	27	13	46	40	14	17	16
2012	日平均值月平均	80	77	73	65	82	78	88	88	85	81	74	78
	日最大值月平均	93	89	90	86	96	95	97	98	97	95	91	91
	日最小值月平均	59	57	46	36	53	47	65	63	55	48	47	56
	月极大值	100	100	100	98	98	98	98	99	99	99	100	100
	月极小值	21	29	10	13	13	17	34	44	28	11	10	18

（续）

年份	项目	月份											
		1	2	3	4	5	6	7	8	9	10	11	12
2013	日平均值月平均	69	79	57	65	80	80	89	85	85	80	79	63
	日最大值月平均	85	94	80	88	95	95	98	97	97	96	91	80
	日最小值月平均	41	53	30	33	52	49	64	58	56	48	51	34
	月极大值	100	100	100	100	99	99	99	99	99	100	100	97
	月极小值	12	12	10	8	18	23	19	35	16	13	14	11
2014	日平均值月平均	64	88	70	80	74	85	84	87	—	—	—	60
	日最大值月平均	80	96	88	95	93	98	98	98	—	—	—	80
	日最小值月平均	36	69	44	52	43	55	53	58	—	—	—	34
	月极大值	100	100	100	100	99	99	99	99	—	—	—	99
	月极小值	8	24	12	15	8	28	31	36	—	—	—	11
2015	日平均值月平均	76	74	75	71	79	85	82	85	88	85	92	76
	日最大值月平均	92	90	92	92	96	96	98	97	98	97	99	91
	日最小值月平均	49	49	49	28	47	63	50	54	64	55	73	49
	月极大值	100	100	100	100	100	99	100	99	100	100	100	100
	月极小值	14	11	18	8	19	13	33	23	25	11	29	18
2016	日平均值月平均	72	60	70	74	80	82	87	87	88	93	83	76
	日最大值月平均	86	78	88	94	96	97	99	98	98	100	96	91
	日最小值月平均	47	34	47	42	51	50	57	59	62	73	58	49
	月极大值	100	100	100	100	100	100	100	100	100	100	100	100
	月极小值	11	9	12	15	13	19	36	29	19	40	26	16
2017	日平均值月平均	80	77	73	72	74	82	83	88	92	95	80	63
	日最大值月平均	93	92	90	93	95	97	98	98	99	100	95	80
	日最小值月平均	59	57	49	48	44	57	59	66	74	81	56	38
	月极大值	100	100	100	100	100	100	100	100	100	100	100	100
	月极小值	26	27	13	14	17	34	40	34	41	48	21	13
2018	日平均值月平均	75	67	75	72	79	43	89	87	89	80	81	85
	日最大值月平均	88	87	93	93	96	97	99	99	98	94	95	95
	日最小值月平均	54	48	50	45	53	62	69	62	70	54	59	67
	月极大值	100	100	100	100	100	100	100	100	100	100	100	100
	月极小值	18	17	10	11	15	23	48	48	38	12	25	30
2019	日平均值月平均	80	—	—	—	77	87	88	83	91	91	86	—
	日最大值月平均	92	—	—	—	95	98	98	97	99	99	96	—
	日最小值月平均	60	—	—	—	52	66	66	59	72	73	68	—
	月极大值	100	—	—	—	100	100	100	100	100	100	100	—
	月极小值	14	—	—	—	25	31	34	27	37	21	29	—

3.2.8　土壤温度（10 cm、20 cm 和 40 cm）

3.2.8.1　概述

　　本数据集包括 2009—2019 年自动观测不同深度土壤温度数据（Tg10 表、Tg20 表和 Tg40 表），包括月极大值、月极小值和月平均日平均值、日最大值、日最小值。

3.2.8.2　数据采集和处理方法

QMT110 地温传感器。每 10 s 采测 1 次不同深度土壤温度值，每分钟采测 6 次，去除 1 个最大值和 1 个最小值后取平均值，作为每分钟的地表温度值存储。正点时采测的地表温度值作为正点数据存储。

3.2.8.3　数据质量控制和评估

数据质量控制采用以下原则：

（1）超出气候学界限值域 $-80 \sim 80℃$ 的数据为错误数据；

（2）1 min 内允许的最大变化值为 1℃，2 h 内变化幅度的最小值为 0.1℃；

（3）某一定时土壤温度（10 cm）缺测时，用前、后两定时数据内插求得，按正常数据统计，若连续两个或以上定时数据缺测时，不能内插，仍按缺测处理；

（4）一日中若 24 次定时观测记录有缺测时，该日按照 2：00、8：00、14：00、20：00 共 4 次定时记录做日平均，若 4 次定时记录缺测 1 次或以上，但该日各定时记录缺测 5 次或以下时，按实有记录做日统计，缺测 6 次或以上时，不做日平均。

3.2.8.4　数据价值/数据使用方法和建议

用质控后的日均值合计值除以日数获得月平均值。日平均值缺测 6 次及以上时，不做月统计。

3.2.8.5　数据

具体数据见表 3-36～表 3-38。

表 3-36　自动观测气象要素——10 cm 土壤温度

单位：℃

年份	项目	月份											
		1	2	3	4	5	6	7	8	9	10	11	12
2009	日平均值月平均	0.0	—	8.5	11.3	15.2	20.1	22.4	20.9	18.6	13.7	6.4	1.9
	日最大值月平均	0.1	—	9.3	12.6	16.7	22.7	24.4	22.2	20.2	14.8	7.3	2.3
	日最小值月平均	0.1	—	7.5	10.2	14.0	17.8	20.7	19.7	17.3	12.6	5.6	1.7
	月极大值	0.6	—	10.2	16.0	20.2	27.6	29.1	24.2	23.7	19.2	12.3	4.4
	月极小值	-0.5	—	5.6	6.1	12.3	14.3	18.9	16.9	14.1	10.2	2.6	0.1
2010	日平均值月平均	0.0	1.4	5.1	9.8	18.3	18.6	21.7	22.4	18.8	13.1	6.4	1.6
	日最大值月平均	0.1	2.0	6.5	11.7	20.9	20.3	23.2	23.7	19.7	13.8	6.9	1.9
	日最小值月平均	-0.1	1.0	4.0	8.2	16.3	17.1	20.4	21.3	18.0	12.4	5.9	1.4
	月极大值	0.4	7.1	10.9	15.7	20.9	23.5	27.1	27.1	21.6	16.0	10.3	5.3
	月极小值	-0.5	0.3	1.4	4.9	11.1	14.1	18.3	17.8	15.2	8.7	3.6	0.0
2011	日平均值月平均	-0.6	-0.2	1.6	9.7	15.0	18.0	20.8	20.8	17.0	12.5	8.8	2.5
	日最大值月平均	-0.4	-0.1	2.2	11.0	16.3	19.0	21.8	21.7	17.6	13.0	9.2	2.7
	日最小值月平均	-0.8	-0.3	1.1	8.5	13.9	17.1	20.0	20.1	16.5	12.1	8.5	2.3
	月极大值	0.1	0.2	6.4	16.8	19.4	22.3	23.9	24.3	21.9	15.4	11.1	7.5
	月极小值	-1.4	-1.3	0.0	4.8	10.7	14.9	18.6	18.4	13.6	9.2	6.4	0.7
2012	日平均值月平均	0.5	0.2	2.1	9.1	14.8	18.2	20.6	21.3	16.9	12.2	6.2	2.2
	日最大值月平均	0.5	0.2	2.6	10.0	15.7	19.4	21.3	21.9	17.3	12.6	6.5	2.4
	日最小值月平均	0.4	0.1	1.7	8.4	14.0	17.5	20.1	20.7	16.4	12.0	5.9	2.0
	月极大值	0.8	0.3	7.0	13.4	17.8	21.5	24.5	23.0	19.8	15.1	9.2	3.9
	月极小值	0.2	0.0	0.1	4.9	11.9	14.9	17.9	19.2	14.5	8.7	2.8	0.5

（续）

年份	项目	月份											
		1	2	3	4	5	6	7	8	9	10	11	12
2013	日平均值月平均	0.1	0.1	4.1	9.9	14.1	18.6	21.8	21.3	17.3	12.8	6.7	0.9
	日最大值月平均	0.1	0.2	5.0	11.0	14.9	19.7	22.5	21.9	17.8	13.5	7.1	1.0
	日最小值月平均	0.0	0.1	3.5	9.0	13.4	17.7	21.1	20.7	16.7	12.2	6.4	0.8
	月极大值	0.6	0.2	9.1	14.3	17.7	22.5	24.1	23.2	19.8	16.3	10.9	1.9
	月极小值	−0.3	−0.1	0.1	5.9	11.9	12.9	20.0	18.9	14.2	9.7	1.8	−0.1
2014	日平均值月平均	−0.2	0.0	3.7	10.6	13.3	18.1	20.9	21.2	—	—	—	1.5
	日最大值月平均	−0.1	0.1	4.6	11.6	14.3	18.9	22.0	22.0	—	—	—	1.7
	日最小值月平均	−0.3	−0.1	3.0	9.6	12.4	17.3	19.9	20.4	—	—	—	1.3
	月极大值	0.1	0.2	10.4	14.7	16.5	21.0	24.3	25.1	—	—	—	5.1
	月极小值	−1.0	−0.2	0.1	6.7	9.5	14.9	18.6	18.4	—	—	—	0.0
2015	日平均值月平均	0.1	0.1	3.4	9.7	14.9	17.9	19.9	19.9	16.6	12.1	8.3	2.4
	日最大值月平均	0.2	0.1	4.0	10.7	16.2	18.9	20.9	20.6	17.0	12.5	8.6	2.7
	日最小值月平均	0.0	0.0	3.0	8.9	13.8	17.1	19.0	19.3	16.2	11.6	7.9	2.2
	月极大值	0.3	0.2	9.6	15.7	18.6	21.3	23.6	23.9	19.6	15.4	10.2	5.1
	月极小值	−0.2	−0.2	0.1	5.9	11.5	15.1	17.1	17.6	14.3	9.5	4.3	0.4
2016	日平均值月平均	0.1	−0.4	2.0	10.0	13.7	18.6	20.8	21.0	17.0	13.0	7.2	2.9
	日最大值月平均	0.2	−0.2	2.3	10.7	14.9	19.6	21.5	21.6	17.5	13.7	7.8	3.3
	日最小值月平均	0.0	−0.6	1.4	8.8	12.5	17.4	20.2	20.6	16.6	12.9	7.0	2.7
	月极大值	0.6	0.1	7.0	14.6	17.6	22.1	22.9	23.7	19.3	16.8	10.1	4.9
	月极小值	−1.4	−1.5	−0.1	5.1	6.3	14.0	18.6	18.3	15.0	9.4	3.5	1.0
2017	日平均值月平均	1.1	0.6	3.2	8.8	13.5	17.5	20.8	20.8	16.9	12.3	7.2	1.6
	日最大值月平均	1.2	0.7	3.7	9.5	14.3	18.1	21.4	21.2	17.4	12.7	7.6	1.8
	日最小值月平均	1.0	0.6	2.8	8.3	12.8	16.9	20.2	20.4	16.5	12.0	6.9	1.5
	月极大值	2.7	2.1	6.2	12.2	17.4	20.1	22.8	22.7	18.9	15.9	11.0	4.3
	月极小值	0.5	0.4	0.7	4.6	10.2	15.3	17.8	18.4	14.0	9.4	3.1	0.4
2018	日平均值月平均	0.3	−0.3	2.7	9.6	14.5	17.4	20.5	20.4	16.8	11.2	6.2	2.6
	日最大值月平均	0.3	−0.2	3.2	10.3	15.2	18.0	20.8	20.8	17.1	11.5	6.5	2.8
	日最小值月平均	0.0	−0.4	2.4	9.0	13.9	16.9	20.2	20.0	16.5	11.0	6.0	2.5
	月极大值	0.5	0.1	8.3	12.8	17.8	20.8	21.8	21.8	20.5	14.5	8.5	5.9
	月极小值	0.0	−1.4	0.1	5.6	12.0	14.0	19.1	18.3	13.7	7.8	4.1	1.0
2019	日平均值月平均	0.6	—	—	—	13.4	16.6	19.1	20.1	16.2	12.2	7.4	—
	日最大值月平均	0.6	—	—	—	14.0	17.1	19.6	20.5	16.6	12.5	7.7	—
	日最小值月平均	0.6	—	—	—	13.0	16.3	18.7	19.8	15.9	12.0	7.2	—
	月极大值	1.0	—	—	—	16.2	18.3	21.7	21.3	19.1	15.5	10.2	—
	月极小值	0.4	—	—	—	10.7	13.6	16.8	18.5	13.2	9.0	4.3	—

表 3 - 37　自动观测气象要素——20 cm 土壤温度

单位：℃

年份	项目	月份											
		1	2	3	4	5	6	7	8	9	10	11	12
2009	日平均值月平均	0.5	—	8.3	10.9	14.8	19.3	21.9	20.9	18.8	14.2	7.4	2.6
	日最大值月平均	0.6	—	8.8	11.7	15.6	20.5	22.9	21.5	19.5	14.7	7.9	2.9
	日最小值月平均	0.4	—	7.9	10.4	14.3	18.4	21.2	20.4	18.2	13.7	7.0	2.5
	月极大值	1.0	—	9.5	14.2	17.3	23.9	25.3	22.5	22.0	18.1	12.5	4.7
	月极小值	0.1	—	6.6	6.7	12.6	15.4	19.9	19.1	16.1	11.9	4.0	0.9
2010	日平均值月平均	0.6	1.7	5.0	9.4	14.5	18.1	21.2	22.3	19.0	13.7	7.2	2.4
	日最大值月平均	0.7	1.8	5.6	10.0	15.2	18.8	21.7	23.1	19.6	14.3	7.7	2.7
	日最小值月平均	0.5	1.3	4.4	8.5	13.6	17.4	20.5	21.9	18.7	13.6	7.1	2.4
	月极大值	1.1	5.2	8.5	13.0	18.2	20.8	24.5	25.3	20.7	16.5	10.5	5.3
	月极小值	0.3	0.8	2.0	5.9	11.5	14.9	19.1	18.9	16.2	10.0	4.7	0.7
2011	日平均值月平均	0.0	−0.1	1.6	8.9	14.6	17.5	20.5	20.6	17.3	13.0	9.2	3.3
	日最大值月平均	0.0	0.0	1.9	9.6	15.2	18.0	21.0	21.0	17.7	13.2	9.4	3.5
	日最小值月平均	−0.1	−0.2	1.3	8.5	14.1	17.1	20.2	20.3	17.0	12.7	9.0	3.2
	月极大值	0.8	0.1	5.3	14.4	17.3	20.9	22.4	22.8	21.1	15.1	11.1	8.1
	月极小值	−0.5	−0.6	0.0	4.9	11.5	15.1	19.3	18.9	14.4	10.1	7.3	1.3
2012	日平均值月平均	0.9	0.4	2.1	8.7	14.3	17.9	20.2	21.2	17.2	12.8	6.9	2.7
	日最大值月平均	0.9	0.4	2.4	9.1	14.7	18.3	20.5	21.5	17.5	13.0	7.1	2.9
	日最小值月平均	0.8	0.3	1.9	8.3	13.9	17.5	19.9	20.9	17.0	12.6	6.7	2.6
	月极大值	1.4	0.6	6.1	12.2	16.4	20.2	23.0	22.6	20.0	15.5	9.7	4.3
	月极小值	0.5	0.2	0.2	5.1	11.7	15.1	18.3	19.7	15.1	9.6	3.7	1.1
2013	日平均值月平均	0.5	0.3	4.0	9.6	13.8	18.1	21.4	21.2	17.7	13.5	7.6	1.7
	日最大值月平均	0.5	0.4	4.4	10.1	14.2	18.6	21.8	21.6	18.0	13.8	7.9	1.8
	日最小值月平均	0.4	0.3	3.8	9.2	13.5	17.7	21.1	21.0	17.4	13.2	7.4	1.6
	月极大值	1.2	0.5	8.1	13.0	16.3	21.1	22.7	22.4	20.0	16.2	11.2	3.0
	月极小值	0.1	0.1	0.4	6.7	12.1	13.5	20.1	19.6	15.3	10.9	3.0	0.6
2014	日平均值月平均	0.2	0.2	3.5	10.1	12.8	17.5	20.5	21.2	—	—	—	2.3
	日最大值月平均	0.3	0.3	4.0	10.6	13.3	18.0	21.0	21.6	—	—	—	2.5
	日最小值月平均	0.2	0.1	3.2	9.7	12.4	17.2	20.0	20.8	—	—	—	2.2
	月极大值	0.7	0.3	8.8	13.0	15.4	19.7	22.6	23.3	—	—	—	5.6
	月极小值	−0.2	0.1	0.2	7.3	10.1	14.8	18.8	19.1	—	—	—	0.6
2015	日平均值月平均	0.5	0.3	3.3	9.4	14.5	17.5	19.6	19.9	16.8	12.5	8.7	3.2
	日最大值月平均	0.6	0.4	3.6	10.0	15.1	18.1	20.1	20.3	17.1	12.8	8.9	3.3
	日最小值月平均	0.5	0.3	3.1	9.1	13.9	17.1	19.1	19.6	16.6	12.2	8.5	3.0
	月极大值	0.7	0.5	8.6	14.1	17.1	19.9	22.1	22.8	19.1	15.5	10.3	5.5
	月极小值	0.3	0.2	0.3	6.9	12.2	15.6	17.5	18.2	15.0	10.2	5.3	1.0
2016	日平均值月平均	0.6	−0.1	1.8	9.5	13.4	18.1	20.6	21.0	17.3	13.4	7.8	3.4
	日最大值月平均	0.7	0.0	1.9	9.7	14.1	18.5	20.9	21.4	17.7	13.9	8.3	3.8
	日最小值月平均	0.6	−0.2	1.4	8.9	12.8	17.4	20.2	20.8	17.2	13.4	7.8	3.4

（续）

年份	项目	1	2	3	4	5	6	7	8	9	10	11	12
2016	月极大值	1.2	0.1	5.8	13.1	15.6	20.7	22.2	22.9	19.3	16.5	10.4	5.2
	月极小值	−0.2	−0.5	0.0	5.2	10.3	14.2	19.2	19.0	15.7	10.1	4.6	1.6
2017	日平均值月平均	1.4	0.9	3.2	8.5	13.1	17.1	20.4	20.7	17.1	12.7	7.8	2.3
	日最大值月平均	1.5	1.0	3.5	8.9	13.5	17.4	20.8	21.0	17.4	12.9	8.1	2.4
	日最小值月平均	1.4	0.9	3.0	8.3	12.8	16.8	20.2	20.6	16.9	12.5	7.7	2.2
	月极大值	2.7	1.9	5.7	11.3	16.2	18.8	22.1	22.1	19.1	15.7	10.9	4.6
	月极小值	0.9	0.6	1.0	4.9	10.4	15.4	18.0	18.8	15.0	10.3	4.2	0.9
2018	日平均值月平均	0.7	−0.1	2.4	9.9	14.1	17.1	21.4	21.4	18.2	13.1	7.9	4.2
	日最大值月平均	0.7	−0.1	2.7	9.7	14.5	17.5	21.6	21.6	18.4	13.3	8.1	4.3
	日最小值月平均	0.7	−0.1	2.3	9.0	13.9	16.9	21.2	21.3	18.1	13.0	7.8	4.1
	月极大值	0.9	0.1	7.4	12.1	16.4	21.8	22.4	22.4	21.2	16.3	10.0	7.1
	月极小值	0.4	−0.4	0.1	6.3	11.9	14.2	20.4	19.8	15.9	9.9	5.9	2.4
2019	日平均值月平均	2.0	—	—	—	13.1	16.3	18.9	20.1	16.5	12.7	8.1	—
	日最大值月平均	2.0	—	—	—	13.4	16.5	19.1	20.2	16.7	12.8	8.2	—
	日最小值月平均	2.0	—	—	—	13.0	16.1	18.7	19.9	16.3	12.5	7.9	—
	月极大值	2.4	—	—	—	15.3	17.8	21.2	20.8	19.0	15.6	10.3	—
	月极小值	1.6	—	—	—	10.9	13.7	16.9	18.9	13.8	9.7	5.2	—

表 3-38　自动观测气象要素——40 cm 土壤温度

单位:℃

年份	项目	1	2	3	4	5	6	7	8	9	10	11	12
2009	日平均值月平均	1.2	—	8.0	10.2	14.2	18.2	21.2	20.8	19.0	14.8	8.7	3.5
	日最大值月平均	1.4	—	8.2	10.3	14.3	18.3	21.4	21.1	19.3	15.1	9.2	3.8
	日最小值月平均	1.2	—	7.9	9.9	13.9	17.8	20.9	20.7	18.9	14.7	8.7	3.5
	月极大值	1.9	—	8.6	12.2	15.7	21.3	22.6	21.8	20.9	17.6	13.6	5.7
	月极小值	0.9	—	7.4	7.3	12.2	14.6	19.6	19.5	17.1	12.9	5.5	1.8
2010	日平均值月平均	1.3	1.8	4.7	8.7	13.5	17.3	20.4	22.1	19.1	14.4	8.3	3.5
	日最大值月平均	1.3	1.8	4.8	8.8	13.6	17.4	20.5	22.3	19.4	14.8	8.6	3.7
	日最小值月平均	1.2	1.6	4.4	8.3	13.2	17.0	20.1	21.9	19.1	14.4	8.3	3.5
	月极大值	1.8	3.8	6.9	11.6	16.3	18.9	22.8	23.9	20.2	16.8	11.2	5.7
	月极小值	1.0	1.3	2.6	6.2	11.5	15.2	18.7	19.7	16.7	11.1	5.6	1.7
2011	日平均值月平均	0.7	0.2	1.6	8.0	13.9	16.8	20.1	20.3	17.7	13.5	9.6	4.4
	日最大值月平均	0.8	0.2	1.7	8.2	14.1	16.9	20.2	20.5	17.8	13.6	9.8	4.5
	日最小值月平均	0.6	0.1	1.4	7.8	13.7	16.6	19.9	20.2	17.5	13.3	9.5	4.2
	月极大值	1.7	0.3	4.2	12.7	15.6	19.4	21.1	21.7	20.6	15.2	11.2	8.6
	月极小值	0.1	0.0	0.2	4.1	11.7	14.6	19.3	19.1	15.0	11.0	8.1	2.0
2012	日平均值月平均	1.4	0.7	1.9	7.9	13.5	17.0	19.6	20.9	17.5	13.4	7.9	3.5
	日最大值月平均	1.5	0.8	2.0	8.1	13.6	17.2	19.7	21.0	17.7	13.5	8.0	3.6
	日最小值月平均	1.3	0.6	1.8	7.8	13.3	16.9	19.5	20.7	17.4	13.2	7.7	3.4

（续）

年份	项目	月份											
		1	2	3	4	5	6	7	8	9	10	11	12
2012	月极大值	2.1	1.0	5.0	11.1	15.2	18.9	21.6	21.6	20.0	15.7	10.8	5.0
	月极小值	0.9	0.5	0.5	4.8	11.0	14.8	18.4	19.9	15.6	10.7	4.9	1.9
2013	日平均值月平均	1.0	0.7	3.7	9.0	13.2	17.2	20.7	21.0	18.1	14.2	8.8	2.7
	日最大值月平均	1.1	0.9	3.9	9.2	13.3	17.4	20.9	21.2	18.2	14.4	8.9	2.8
	日最小值月平均	1.0	0.6	3.6	8.8	13.1	17.0	20.6	20.9	17.9	14.1	8.6	2.6
	月极大值	2.0	4.9	7.2	11.7	15.2	19.7	21.7	21.7	20.2	16.4	11.9	4.6
	月极小值	0.5	0.5	0.7	7.1	11.6	13.8	19.6	20.2	16.1	11.7	4.5	1.5
2014	日平均值月平均	0.9	0.7	3.1	9.3	12.1	16.6	19.6	20.8	—	—	—	3.4
	日最大值月平均	1.0	0.7	3.2	9.4	12.2	16.8	19.8	21.0	—	—	—	3.5
	日最小值月平均	0.8	0.6	2.9	9.1	11.9	16.5	19.5	20.6	—	—	—	3.3
	月极大值	1.6	0.8	7.3	11.1	14.2	18.5	21.1	21.7	—	—	—	6.7
	月极小值	0.5	0.5	0.6	7.2	10.3	14.1	18.2	19.5	—	—	—	1.4
2015	日平均值月平均	1.1	0.7	3.0	8.8	13.6	16.7	18.9	19.7	17.1	13.0	9.4	4.2
	日最大值月平均	1.2	0.8	3.2	9.0	13.7	16.9	19.1	19.8	17.2	13.2	9.5	4.3
	日最小值月平均	1.0	0.7	2.8	8.6	13.4	16.6	18.8	19.6	17.0	12.9	9.3	4.1
	月极大值	1.5	1.0	7.1	11.8	15.7	18.5	20.6	21.5	18.8	15.6	11.3	6.6
	月极小值	0.8	0.6	0.7	7.1	11.9	15.3	17.6	18.5	15.4	11.2	6.6	1.9
2016	日平均值月平均	0.7	−0.2	1.5	8.7	12.8	17.0	19.9	20.8	17.7	14.0	8.8	4.3
	日最大值月平均	1.4	0.4	1.7	8.6	12.9	17.1	20.0	21.0	17.9	14.4	9.1	4.5
	日最小值月平均	1.3	0.3	1.4	8.3	12.5	16.7	19.7	20.7	17.6	14.0	8.8	4.3
	月极大值	2.1	0.6	4.7	11.2	13.9	19.4	21.4	22.0	19.8	16.5	11.4	6.1
	月极小值	0.5	0.2	0.2	4.6	11.2	13.7	18.8	19.7	16.3	11.3	6.0	2.7
2017	日平均值月平均	2.1	1.3	3.0	7.9	12.3	16.3	19.7	20.6	17.4	13.3	8.8	3.3
	日最大值月平均	2.1	1.3	3.1	8.0	12.5	16.4	19.7	20.7	17.5	13.4	8.9	3.4
	日最小值月平均	2.1	1.3	3.0	7.8	12.2	16.2	19.6	20.5	17.3	13.2	8.7	3.3
	月极大值	3.0	1.7	5.0	10.2	14.9	17.8	21.4	21.4	19.3	15.7	11.2	5.5
	月极小值	1.4	1.1	1.4	4.9	10.2	15.0	17.7	19.3	15.7	11.1	5.5	1.7
2018	日平均值月平均	1.3	0.3	2.1	8.6	13.4	16.2	19.7	20.3	17.5	12.4	7.5	3.9
	日最大值月平均	1.3	0.4	2.2	8.8	13.5	16.3	19.7	20.3	17.5	12.5	7.6	4.0
	日最小值月平均	1.3	0.3	2.0	8.5	13.3	16.1	19.6	20.2	17.4	12.3	7.5	3.9
	月极大值	1.7	0.5	6.3	11.1	15.2	18.8	20.8	20.9	19.8	15.2	9.6	6.2
	月极小值	0.9	0.2	0.3	6.4	11.2	14.1	18.8	19.2	15.1	9.6	5.7	2.2
2019	日平均值月平均	1.6	—	—	—	12.6	15.6	18.2	19.8	16.8	13.0	8.6	—
	日最大值月平均	1.6	—	—	—	12.6	15.7	18.3	19.9	16.9	13.1	8.7	—
	日最小值月平均	1.6	—	—	—	12.5	15.5	18.1	19.7	16.7	12.9	8.5	—
	月极大值	2.2	—	—	—	14.1	17.1	20.2	20.2	19.1	15.2	10.6	—
	月极小值	1.1	—	—	—	11.0	13.4	16.6	19.2	14.4	10.5	6.0	—

3.2.9　降水量

3.2.9.1　概述

本数据集包括 2009—2019 年自动观测降水量数据（R3 表），包括月降水量值、月小时降水极大值。

3.2.9.2　数据采集和处理方法

利用 TE525MM 或者 52202 雨量筒（带有加热功能）每天的累计降水量。距地面高度 70 cm。

3.2.9.3　数据质量控制和评估

当降水量＞0.0 mm 或者微量时，应有降水或者雪暴天气现象。

3.2.9.4　数据价值/数据使用方法和建议

（1）降水量的日总量由该日降水量各时值累加获得。一日中定时记录缺测 1 次，另一定时记录未缺测时，按实有记录做日合计，全天缺测时不做日合计。

（2）月累计降水量由日总量累加而得。一月中降水量缺测 7 d 及以上时，该月不做月合计，按缺测处理。

3.2.9.5　数据

具体数据见表 3-39。

表 3-39　自动观测气象要素——降水量

单位：mm

年份	项目	月份											
		1	2	3	4	5	6	7	8	9	10	11	12
2009	月合计值	0	—	20.3	94.3	211.3	0.8	48.8	199.2	56.5	52	122.6	6.7
	月小时降水极大值	0	—	3.2	8.3	9.2	0.1	3.9	7.5	0.3	0.5	5.2	0.6
2010	月合计值	0	4.2	42.1	21.2	4.9	80.5	207.4	132.1	44.3	56	15.4	0.2
	月小时降水极大值	0	0.7	1.8	3.1	0.2	26.6	7.6	5.3	5.3	5.1	2.6	0.1
2011	月合计值	0.9	17.5	8.7	40.4	32.1	45.9	459.6	235.2	427	77	120.8	6
	月小时降水极大值	0.1	3.3	1.2	5.3	4.2	45.7	136.8	67.1	14.1	6.3	17.8	0.8
2012	月合计值	4.4	3.0	36.2	16.2	50.7	0.1	62.3	1.5	211.4	51.3	27.2	3.0
	月小时降水极大值	0.5	0.3	0.9	2.9	7.8	0.1	37.2	0.2	7.1	5.1	1.9	0.6
2013	月合计值	2.7	20.4	9.5	22.7	1.1	114.8	196.5	95.2	25.0	38.0	45.2	0.7
	月小时降水极大值	1.4	8.7	4.4	6.6	0.3	64.7	85.5	16.2	1.8	14.8	7.5	0.2
2014	月合计值	1.5	19.6	17.3	1.7	41.2	40.0	104.9	90.9	—	—	—	0.4
	月小时降水极大值	0.4	2.3	0.7	0.2	18.9	11.6	9.1	13.8	—	—	—	0.1
2015	月合计值	4.1	11.3	29.1	99.7	4.9	187.6	49.7	82.1	118.0	106.1	69.7	3.2
	月小时降水极大值	0.5	1.8	1.8	9.7	0.6	16.1	13.5	8.5	4.3	6.6	3.0	2.7
2016	月合计值	0.5	4.2	8.2	35.9	74	156.2	179.9	201.4	134.6	135.9	28	5.2
	月小时降水极大值	7.4	10.3	30.5	62.4	115.3	42.4	22.9	40.8	9.4	21.2	2.1	0.9
2017	月合计值	12.7	11.1	30.2	61.1	88.5	82.4	87.5	116.1	168.4	48.4	39.1	0
	月小时降水极大值	1.3	1	2.1	5.3	4.4	8.1	17.7	26.9	5.9	1.2	26.7	0
2018	月合计值	2.9	4.5	32.2	26.2	55.7	104.8	72.6	88.5	87.6	30.4	23.0	4.8
	月小时降水极大值	0.4	0.5	3.9	2.5	5.8	10.4	13.6	26.9	5.1	11.0	2.0	0.7
2019	月合计值	1.0	—	—	37.9	198.4	162.8	68.9	239.9	75.1	12.4	—	
	月小时降水极大值	0.5	—	—	11.3	43.1	24.8	22.3	69.8	16.4	2.3	—	

3.2.10　辐射

3.2.10.1　概述

本数据集包括 2009—2019 年自动观测总辐射、光合有效辐射和日照时数月值。

3.2.10.2　数据采集和处理方法

利用 LI200X 辐射传感器、LI190SB 光合有效辐射计、CSD1 日照时数计观测。每 10 s 采测 1 次，每分钟采测 6 次辐照度（瞬时值），去除 1 个最大值和 1 个最小值后取平均值。

3.2.10.3　数据质量控制和评估

数据质量控制采用以下原则：

（1）总辐射最大值不能超过气候学界限值 2 000 W/m²；

（2）当前瞬时值与前一次值的差异小于最大变幅 800 W/m²；

（3）除阴天、雨天和雪天外总辐射一般在中午前后出现极大值；

（4）小时总辐射累积值应小于同一地理位置大气层顶的辐射总量，小时总辐射累积值可以稍微大于同一地理位置在大气具有很大透过率和非常晴朗天空状态下的小时总辐射累积值，所有夜间观测的小时总辐射累积值小于 0 时用 0 代替；

（5）辐射曝辐量缺测数小时但不是全天缺测时，按实有记录做日合计，全天缺测时，不做日合计。

3.2.10.4　数据价值/数据使用方法和建议

一月中辐射曝辐量日总量缺测 9 d 及以下时，月平均日合计等于实有记录之和除以实有记录天数。缺测 10 d 或以上时，该月不做月统计，按缺测处理。

3.2.10.5　数据

具体数据见表 3-40。

表 3-40　自动观测气象要素——月平均辐射总量和月平均日照时数

年份	项目	月份											
		1	2	3	4	5	6	7	8	9	10	11	12
2009	总辐射总量平均值/（MJ/m²）	6.730	—	6.960	10.190	10.590	15.360	12.690	10.650	9.830	7.930	5.350	5.530
	光合有效辐射总量平均值/（mol/m²）	12.120	—	13.820	19.100	19.590	27.270	22.160	18.330	16.940	13.950	9.380	9.540
	日照小时数平均值/h	4.220	—	3.140	4.090	3.620	5.610	4.120	3.260	3.630	3.480	2.830	3.070
2010	总辐射总量平均值/（MJ/m²）	6.610	6.777	8.470	11.469	12.422	13.101	10.912	12.405	8.779	9.051	9.150	7.123
	光合有效辐射总量平均值/（mol/m²）	10.972	10.938	14.087	19.961	22.342	22.803	19.021	21.491	16.302	17.185	16.870	12.963
	日照小时数平均值/h	4.332	3.049	3.945	4.730	4.284	4.074	3.050	4.385	2.708	3.840	5.252	4.037
2011	总辐射总量月合计值/（MJ/m²）	185.507	180.173	303.356	416.807	444.918	452.413	394.245	418.616	215.388	246.722	133.932	179.056
	光合有效辐射总量月合计值/（mol/m²）	313.422	325.596	564.192	775.099	833.707	819.623	664.905	689.703	359.39	415.531	227.094	303.801

（续）

年份	项目	月份											
		1	2	3	4	5	6	7	8	9	10	11	12
2011	日照小时数月合计值/h	85.039	88.797	141.532	185.645	162.726	162.072	128.724	155.836	63.96	98.724	52.894	99.353
2012	总辐射总量月合计值/（MJ/m²）	235.711	182.594	337.215	433.672	396.497	487.95	349.869	444.064	300.332	332.182	187.215	217.004
	光合有效辐射总量月合计值/（mol/m²）	361.458	292.133	533.17	691.549	632.269	779.97	522.867	686.706	452.578	533.21	290.157	339.384
	日照小时数月合计值/h	141.873	80.343	173.764	193.896	133.115	175.695	104.366	182.798	106.623	163.82	96.551	118.939
2013	总辐射总量平均值/（MJ/m²）	150.42	156.766	286.154	394.817	412.5	482.964	361.478	371.841	346.681	248.179	199.168	153.239
	光合有效辐射总量平均值/（mol/m²）	254.552	259.567	490.77	691.509	719.031	860.037	616.734	608.382	565.232	406.189	325.199	250.016
	日照小时数月合计值/h	52.538	44.889	128.434	175.063	135.228	171.900	104.256	121.887	136.128	97.499	94.083	70.197
2014	总辐射总量月合计值/（MJ/m²）	221.056	126.507	304.051	288.892	419.360	413.948	475.218	203.212	—	—	—	191.609
	光合有效辐射总量月合计值/（mol/m²）	356.212	209.933	492.380	446.118	671.677	658.382	718.444	314.299	—	—	—	325.571
	日照小时数月合计值/h	120	38	123	106	151	135	186	76	—	—	—	108
2015	总辐射总量月合计值/（MJ/m²）	179.858	189.783	269.718	394.556	489.717	353.973	539.681	447.355	277.496	254.883	140.377	178.822
	光合有效辐射总量月合计值/（mol/m²）	296.777	318.786	467.874	705.067	848.786	629.947	942.480	781.210	451.823	415.491	228.044	292.332
	日照小时数月合计值/h	92	90	120	162	187	107	212	167	92	105	59	101
2016	总辐射总量月合计值/（MJ/m²）	199.384	268.248	270.975	332.746	408.511	500.600	440.349	382.280	306.447	189.504	168.510	176.961
	光合有效辐射总量月合计值/（mol/m²）	319.539	418.739	436.673	565.063	709.342	869.683	704.446	620.851	521.560	296.204	257.631	286.736
	日照小时数月合计值/h	107	141	109	125	146	185	151	147	121	62	76	109
2017	总辐射总量月合计值/（MJ/m²）	164.306	200.011	274.924	398.090	497.583	448.780	479.943	384.512	271.716	143.519	176.195	195.668
	光合有效辐射总量月合计值/（mol/m²）	268.732	320.263	440.647	654.373	812.327	752.602	827.556	620.379	402.858	217.122	269.606	300.59
	日照小时数月合计值/h	83	102	105	173	190	153	173	137	93	35	85	121

（续）

年份	项目	月份											
		1	2	3	4	5	6	7	8	9	10	11	12
2018	总辐射总量月合计值/（MJ/m²）	183.19	199.005	315.103	428.683	410.738	288.203	23.170	5.181	1.38	1.72	1.165	2.873
	光合有效辐射总量月合计值/（mol/m²）	213.498	302.273	498.080	683.005	617.017	518.147	571.189	642.4	344.73	406.029	257.619	155.179
	日照小时数月合计值/h	70.412	96.335	138.964	194.518	134.965	118.602	124.970	183.275	75.152	122.955	82.122	41.759
2019	总辐射总量月合计值/（MJ/m²）	—	—	—	—	—	—	—	—	—	—	—	—
	光合有效辐射总量月合计值/（mol/m²）	143.306	—	—	—	506.507	466.320	566.52	570.056	326.739	255.928	162.029	—
	日照小时数月合计值/h	40.710	—	—	—	123.649	101.373	129.861	160.367	74.185	54.978	44.768	—

3.3　水质与水量长期观测数据

3.3.1　概述

本数据主要来源于秦岭火地塘林区火地沟流域降雨、地表径流水样水化学物质测定及流域出口径流流量观测数据。

3.3.2　数据采集和处理方法

水位数据分别使用两种不同的仪器，分别是 ODYSSEY 水位记录系统和 HOBO 水位计，一般情况下每月采集 1 次数据。然后进行数据处理，处理的目的是得到实际水位，并将水位转化为流量，从而求得流量随时间变化的相关数据。数据处理首先需明确水位的零点。巴歇尔量水堰水位的零点定为堰窄颈段的堰顶部位，三角形量水堰水位的零点取在三角形缺口的顶点。

获得时间、水位数据后，便可据此求得流量与时间的关系曲线（或数据）。

（1）巴歇尔量水槽。水位和流量之间的关系采用下式计算：

$$Q = 4WH_a^{1.5\,2W^{0.02}}\tag{3-1}$$

式中：Q 为流量（英尺[*]³/秒）；

　　　W 为巴歇尔量水堰窄颈段宽度（英尺）；

　　　H_a 为堰顶水深（英尺）。

该公式使用英尺作为长度单位，故计算后需将英尺化为国际单位长度 m，即可得到流量的有关数据。

（2）三角形量水堰。当三角形的缺口为 90°时，流量的计算采用下式：

$$Q = 1.343\ H^{2.47}\tag{3-2}$$

式中：Q 为过堰流量（m³/s）；

　　　H 为堰顶水深（m）。

---

[*]　英尺为已废弃单位名称，1 英尺＝0.340 8 米。——编者注

该公式适用条件：$B>5H$，$H=0.06\sim0.65$ m，$H\div P_1<0.5$。

三角形量水堰流量和水位之间的关系拟采用该公式求得（图 3-2）。同时，为保证计算结果的准确性，需要对公式中的系数进行率定。率定时，先实测水位和对应流量，然后根据实测水位采用公式 $Q=1.343H2.47$ 求得计算流量，将两者进行比较，以确定是否修改流量系数。

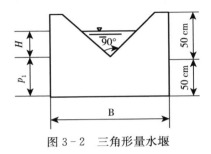

图 3-2　三角形量水堰

水样采集后，装于聚氯乙烯塑料瓶内，0℃以下保存，待测。测定水化学成分时，一般测定 3 次，并取 3 次测定结果的平均值作为最终结果。

3.3.3　数据质量控制和评估

（1）对历年数据进行对比；

（2）对水位数据采用率定的方法以保证计算公式的准确，再将仪器水位转换数据与实际人工观测数据对比，以确保仪器观测水位转换数据的准确性；

（3）水样测定数据，采用 3 次测定结果取平均值作为最终结果，以及将降雨水化学物质浓度测定数据与径流观测数据对比并分析变化成因的方法，以保证数据的准确性。

3.3.4　数据价值

水质与水量数据是评价森林生态系统生态环境功能的基础数据，也是评价森林生态系统健康与否的重要指标。长期的监测数据更是了解森林与水关系的基础性资料。火地塘林区地处秦岭南坡中山地带中部，秦岭南坡中山地带又是国家战略性工程——南水北调中线工程的重要水源区，故水质与水量长期监测数据对水源区管理也具有十分重要的参考价值。

3.3.5　数据

具体数据见表 3-41～表 3-43。

表 3-41　森林地表径流量日汇总

生态站代码	年-月-日	径流观测样地代码	样地名称	集水面积/m²	径流观测点描述	植被名称	地表径流量总量/mm	地表径流量数目
QLF	2013-04-29	QLFFZ12CRJ_03	1 支沟集水区	86 000	沟口三角形锐缘薄壁堰	松栎混交林	0.100	48
QLF	2013-04-30	QLFFZ12CRJ_03	1 支沟集水区	86 000	沟口三角形锐缘薄壁堰	松栎混交林	0.000	48
QLF	2013-05-09	QLFFZ12CRJ_03	1 支沟集水区	86 000	沟口三角形锐缘薄壁堰	松栎混交林	0.400	48
QLF	2013-05-10	QLFFZ12CRJ_03	1 支沟集水区	86 000	沟口三角形锐缘薄壁堰	松栎混交林	0.040	48
QLF	2013-05-24	QLFFZ12CRJ_03	1 支沟集水区	86 000	沟口三角形锐缘薄壁堰	松栎混交林	1.260	48
QLF	2013-05-25	QLFFZ12CRJ_03	1 支沟集水区	86 000	沟口三角形锐缘薄壁堰	松栎混交林	0.740	48
QLF	2013-05-26	QLFFZ12CRJ_03	1 支沟集水区	86 000	沟口三角形锐缘薄壁堰	松栎混交林	0.460	48
QLF	2013-05-27	QLFFZ12CRJ_03	1 支沟集水区	86 000	沟口三角形锐缘薄壁堰	松栎混交林	0.290	48

（续）

生态站代码	年-月-日	径流观测样地代码	样地名称	集水面积/m²	径流观测点描述	植被名称	地表径流量总量/mm	地表径流量数目
QLF	2013-06-01	QLFFZ12CRJ_03	1支沟集水区	86 000	沟口三角形锐缘薄壁堰	松栎混交林	0.930	48
QLF	2013-06-02	QLFFZ12CRJ_03	1支沟集水区	86 000	沟口三角形锐缘薄壁堰	松栎混交林	0.740	48
QLF	2013-06-03	QLFFZ12CRJ_03	1支沟集水区	86 000	沟口三角形锐缘薄壁堰	松栎混交林	0.170	48
QLF	2013-06-04	QLFFZ12CRJ_03	1支沟集水区	86 000	沟口三角形锐缘薄壁堰	松栎混交林	0.070	48
QLF	2013-06-06	QLFFZ12CRJ_03	1支沟集水区	86 000	沟口三角形锐缘薄壁堰	松栎混交林	0.090	48
QLF	2013-06-20	QLFFZ12CRJ_03	1支沟集水区	86 000	沟口三角形锐缘薄壁堰	松栎混交林	1.340	48
QLF	2013-06-21	QLFFZ12CRJ_03	1支沟集水区	86 000	沟口三角形锐缘薄壁堰	松栎混交林	0.730	48
QLF	2013-06-22	QLFFZ12CRJ_03	1支沟集水区	86 000	沟口三角形锐缘薄壁堰	松栎混交林	0.520	48
QLF	2013-06-23	QLFFZ12CRJ_03	1支沟集水区	86 000	沟口三角形锐缘薄壁堰	松栎混交林	0.070	48
QLF	2013-07-10	QLFFZ12CRJ_03	1支沟集水区	86 000	沟口三角形锐缘薄壁堰	松栎混交林	0.000	48
QLF	2013-07-17	QLFFZ12CRJ_03	1支沟集水区	86 000	沟口三角形锐缘薄壁堰	松栎混交林	0.310	48
QLF	2013-07-18	QLFFZ12CRJ_03	1支沟集水区	86 000	沟口三角形锐缘薄壁堰	松栎混交林	6.910	48
QLF	2013-07-19	QLFFZ12CRJ_03	1支沟集水区	86 000	沟口三角形锐缘薄壁堰	松栎混交林	8.580	48
QLF	2013-07-20	QLFFZ12CRJ_03	1支沟集水区	86 000	沟口三角形锐缘薄壁堰	松栎混交林	6.500	48
QLF	2013-07-21	QLFFZ12CRJ_03	1支沟集水区	86 000	沟口三角形锐缘薄壁堰	松栎混交林	1.710	48
QLF	2013-07-22	QLFFZ12CRJ_03	1支沟集水区	86 000	沟口三角形锐缘薄壁堰	松栎混交林	12.290	48
QLF	2013-07-23	QLFFZ12CRJ_03	1支沟集水区	86 000	沟口三角形锐缘薄壁堰	松栎混交林	6.860	48
QLF	2013-07-24	QLFFZ12CRJ_03	1支沟集水区	86 000	沟口三角形锐缘薄壁堰	松栎混交林	1.110	48
QLF	2013-07-25	QLFFZ12CRJ_03	1支沟集水区	86 000	沟口三角形锐缘薄壁堰	松栎混交林	0.350	48
QLF	2013-07-26	QLFFZ12CRJ_03	1支沟集水区	86 000	沟口三角形锐缘薄壁堰	松栎混交林	0.210	48
QLF	2013-08-01	QLFFZ12CRJ_03	1支沟集水区	86 000	沟口三角形锐缘薄壁堰	松栎混交林	0.080	48
QLF	2013-08-02	QLFFZ12CRJ_03	1支沟集水区	86 000	沟口三角形锐缘薄壁堰	松栎混交林	0.150	48
QLF	2013-08-03	QLFFZ12CRJ_03	1支沟集水区	86 000	沟口三角形锐缘薄壁堰	松栎混交林	0.200	48
QLF	2013-08-09	QLFFZ12CRJ_03	1支沟集水区	86 000	沟口三角形锐缘薄壁堰	松栎混交林	0.490	48
QLF	2013-08-10	QLFFZ12CRJ_03	1支沟集水区	86 000	沟口三角形锐缘薄壁堰	松栎混交林	1.360	48
QLF	2013-08-11	QLFFZ12CRJ_03	1支沟集水区	86 000	沟口三角形锐缘薄壁堰	松栎混交林	2.390	48
QLF	2013-08-12	QLFFZ12CRJ_03	1支沟集水区	86 000	沟口三角形锐缘薄壁堰	松栎混交林	2.610	48
QLF	2013-08-13	QLFFZ12CRJ_03	1支沟集水区	86 000	沟口三角形锐缘薄壁堰	松栎混交林	1.220	48
QLF	2013-08-14	QLFFZ12CRJ_03	1支沟集水区	86 000	沟口三角形锐缘薄壁堰	松栎混交林	0.630	48
QLF	2013-08-15	QLFFZ12CRJ_03	1支沟集水区	86 000	沟口三角形锐缘薄壁堰	松栎混交林	0.210	48
QLF	2013-08-16	QLFFZ12CRJ_03	1支沟集水区	86 000	沟口三角形锐缘薄壁堰	松栎混交林	0.010	48
QLF	2013-09-10	QLFFZ12CRJ_03	1支沟集水区	86 000	沟口三角形锐缘薄壁堰	松栎混交林	1.220	48
QLF	2013-09-11	QLFFZ12CRJ_03	1支沟集水区	86 000	沟口三角形锐缘薄壁堰	松栎混交林	0.880	48
QLF	2013-09-12	QLFFZ12CRJ_03	1支沟集水区	86 000	沟口三角形锐缘薄壁堰	松栎混交林	0.020	48
QLF	2014-04-11	QLFFZ12CRJ_03	1支沟集水区	86 000	沟口三角形锐缘薄壁堰	松栎混交林	1.640	48
QLF	2014-04-12	QLFFZ12CRJ_03	1支沟集水区	86 000	沟口三角形锐缘薄壁堰	松栎混交林	0.730	48

（续）

生态站代码	年-月-日	径流观测样地代码	样地名称	集水面积/m²	径流观测点描述	植被名称	地表径流量总量/mm	地表径流量数目
QLF	2014 - 04 - 18	QLFFZ12CRJ _ 03	1 支沟集水区	86 000	沟口三角形锐缘薄壁堰	松栎混交林	0.610	48
QLF	2014 - 04 - 19	QLFFZ12CRJ _ 03	1 支沟集水区	86 000	沟口三角形锐缘薄壁堰	松栎混交林	0.630	48
QLF	2014 - 04 - 24	QLFFZ12CRJ _ 03	1 支沟集水区	86 000	沟口三角形锐缘薄壁堰	松栎混交林	0.000	48
QLF	2014 - 05 - 03	QLFFZ12CRJ _ 03	1 支沟集水区	86 000	沟口三角形锐缘薄壁堰	松栎混交林	1.210	48
QLF	2014 - 05 - 04	QLFFZ12CRJ _ 03	1 支沟集水区	86 000	沟口三角形锐缘薄壁堰	松栎混交林	1.810	48
QLF	2014 - 05 - 10	QLFFZ12CRJ _ 03	1 支沟集水区	86 000	沟口三角形锐缘薄壁堰	松栎混交林	0.630	48
QLF	2014 - 05 - 11	QLFFZ12CRJ _ 03	1 支沟集水区	86 000	沟口三角形锐缘薄壁堰	松栎混交林	0.410	48
QLF	2014 - 05 - 13	QLFFZ12CRJ _ 03	1 支沟集水区	86 000	沟口三角形锐缘薄壁堰	松栎混交林	0.960	48
QLF	2014 - 05 - 17	QLFFZ12CRJ _ 03	1 支沟集水区	86 000	沟口三角形锐缘薄壁堰	松栎混交林	0.530	48
QLF	2014 - 05 - 21	QLFFZ12CRJ _ 03	1 支沟集水区	86 000	沟口三角形锐缘薄壁堰	松栎混交林	0.890	48
QLF	2014 - 05 - 24	QLFFZ12CRJ _ 03	1 支沟集水区	86 000	沟口三角形锐缘薄壁堰	松栎混交林	1.860	48
QLF	2014 - 05 - 25	QLFFZ12CRJ _ 03	1 支沟集水区	86 000	沟口三角形锐缘薄壁堰	松栎混交林	1.880	48
QLF	2014 - 05 - 26	QLFFZ12CRJ _ 03	1 支沟集水区	86 000	沟口三角形锐缘薄壁堰	松栎混交林	1.200	48
QLF	2014 - 06 - 14	QLFFZ12CRJ _ 03	1 支沟集水区	86 000	沟口三角形锐缘薄壁堰	松栎混交林	0.790	48
QLF	2014 - 06 - 15	QLFFZ12CRJ _ 03	1 支沟集水区	86 000	沟口三角形锐缘薄壁堰	松栎混交林	0.200	48
QLF	2014 - 06 - 23	QLFFZ12CRJ _ 03	1 支沟集水区	86 000	沟口三角形锐缘薄壁堰	松栎混交林	0.690	48
QLF	2014 - 06 - 24	QLFFZ12CRJ _ 03	1 支沟集水区	86 000	沟口三角形锐缘薄壁堰	松栎混交林	0.230	48
QLF	2014 - 06 - 25	QLFFZ12CRJ _ 03	1 支沟集水区	86 000	沟口三角形锐缘薄壁堰	松栎混交林	0.500	48
QLF	2014 - 06 - 26	QLFFZ12CRJ _ 03	1 支沟集水区	86 000	沟口三角形锐缘薄壁堰	松栎混交林	0.180	48
QLF	2014 - 07 - 01	QLFFZ12CRJ _ 03	1 支沟集水区	86 000	沟口三角形锐缘薄壁堰	松栎混交林	0.610	48
QLF	2014 - 07 - 04	QLFFZ12CRJ _ 03	1 支沟集水区	86 000	沟口三角形锐缘薄壁堰	松栎混交林	0.350	48
QLF	2014 - 07 - 05	QLFFZ12CRJ _ 03	1 支沟集水区	86 000	沟口三角形锐缘薄壁堰	松栎混交林	0.260	48
QLF	2014 - 07 - 10	QLFFZ12CRJ _ 03	1 支沟集水区	86 000	沟口三角形锐缘薄壁堰	松栎混交林	1.810	48
QLF	2014 - 07 - 11	QLFFZ12CRJ _ 03	1 支沟集水区	86 000	沟口三角形锐缘薄壁堰	松栎混交林	1.520	48
QLF	2014 - 07 - 12	QLFFZ12CRJ _ 03	1 支沟集水区	86 000	沟口三角形锐缘薄壁堰	松栎混交林	0.540	48
QLF	2014 - 08 - 09	QLFFZ12CRJ _ 03	1 支沟集水区	86 000	沟口三角形锐缘薄壁堰	松栎混交林	0.190	48
QLF	2014 - 08 - 31	QLFFZ12CRJ _ 03	1 支沟集水区	86 000	沟口三角形锐缘薄壁堰	松栎混交林	0.210	48
QLF	2014 - 09 - 07	QLFFZ12CRJ _ 03	1 支沟集水区	86 000	沟口三角形锐缘薄壁堰	松栎混交林	3.010	48
QLF	2014 - 09 - 09	QLFFZ12CRJ _ 03	1 支沟集水区	86 000	沟口三角形锐缘薄壁堰	松栎混交林	13.080	48
QLF	2014 - 09 - 11	QLFFZ12CRJ _ 03	1 支沟集水区	86 000	沟口三角形锐缘薄壁堰	松栎混交林	7.210	48
QLF	2014 - 09 - 13	QLFFZ12CRJ _ 03	1 支沟集水区	86 000	沟口三角形锐缘薄壁堰	松栎混交林	9.530	48
QLF	2014 - 09 - 15	QLFFZ12CRJ _ 03	1 支沟集水区	86 000	沟口三角形锐缘薄壁堰	松栎混交林	10.830	48
QLF	2014 - 09 - 17	QLFFZ12CRJ _ 03	1 支沟集水区	86 000	沟口三角形锐缘薄壁堰	松栎混交林	4.750	48
QLF	2014 - 09 - 19	QLFFZ12CRJ _ 03	1 支沟集水区	86 000	沟口三角形锐缘薄壁堰	松栎混交林	3.200	48
QLF	2014 - 09 - 21	QLFFZ12CRJ _ 03	1 支沟集水区	86 000	沟口三角形锐缘薄壁堰	松栎混交林	0.670	48
QLF	2014 - 09 - 23	QLFFZ12CRJ _ 03	1 支沟集水区	86 000	沟口三角形锐缘薄壁堰	松栎混交林	0.240	48
QLF	2014 - 09 - 25	QLFFZ12CRJ _ 03	1 支沟集水区	86 000	沟口三角形锐缘薄壁堰	松栎混交林	0.210	48
QLF	2014 - 09 - 27	QLFFZ12CRJ _ 03	1 支沟集水区	86 000	沟口三角形锐缘薄壁堰	松栎混交林	0.120	48

（续）

生态站代码	年-月-日	径流观测样地代码	样地名称	集水面积/m²	径流观测点描述	植被名称	地表径流量总量/mm	地表径流量数目
QLF	2014 – 09 – 30	QLFFZ12CRJ_03	1 支沟集水区	86 000	沟口三角形锐缘薄壁堰	松栎混交林	0.220	48
QLF	2014 – 10 – 01	QLFFZ12CRJ_03	1 支沟集水区	86 000	沟口三角形锐缘薄壁堰	松栎混交林	0.810	48
QLF	2014 – 10 – 02	QLFFZ12CRJ_03	1 支沟集水区	86 000	沟口三角形锐缘薄壁堰	松栎混交林	0.410	48
QLF	2014 – 10 – 03	QLFFZ12CRJ_03	1 支沟集水区	86 000	沟口三角形锐缘薄壁堰	松栎混交林	0.100	48
QLF	2014 – 10 – 05	QLFFZ12CRJ_03	1 支沟集水区	86 000	沟口三角形锐缘薄壁堰	松栎混交林	0.180	48
QLF	2014 – 10 – 06	QLFFZ12CRJ_03	1 支沟集水区	86 000	沟口三角形锐缘薄壁堰	松栎混交林	0.290	48
QLF	2014 – 10 – 07	QLFFZ12CRJ_03	1 支沟集水区	86 000	沟口三角形锐缘薄壁堰	松栎混交林	0.210	48
QLF	2014 – 10 – 08	QLFFZ12CRJ_03	1 支沟集水区	86 000	沟口三角形锐缘薄壁堰	松栎混交林	0.080	48
QLF	2014 – 10 – 22	QLFFZ12CRJ_03	1 支沟集水区	86 000	沟口三角形锐缘薄壁堰	松栎混交林	0.070	48
QLF	2014 – 10 – 23	QLFFZ12CRJ_03	1 支沟集水区	86 000	沟口三角形锐缘薄壁堰	松栎混交林	0.130	48
QLF	2015 – 04 – 01	QLFZQ01CTJ_01	火地沟流域天然径流观测样地	7 290 000	流域出口巴歇尔量水槽	松栎混交林	1.290	48
QLF	2015 – 04 – 02	QLFZQ01CTJ_01	火地沟流域天然径流观测样地	7 290 000	流域出口巴歇尔量水槽	松栎混交林	2.570	48
QLF	2015 – 04 – 03	QLFZQ01CTJ_01	火地沟流域天然径流观测样地	7 290 000	流域出口巴歇尔量水槽	松栎混交林	2.200	48
QLF	2015 – 04 – 04	QLFZQ01CTJ_01	火地沟流域天然径流观测样地	7 290 000	流域出口巴歇尔量水槽	松栎混交林	2.390	48
QLF	2015 – 04 – 05	QLFZQ01CTJ_01	火地沟流域天然径流观测样地	7 290 000	流域出口巴歇尔量水槽	松栎混交林	3.270	48
QLF	2015 – 04 – 06	QLFZQ01CTJ_01	火地沟流域天然径流观测样地	7 290 000	流域出口巴歇尔量水槽	松栎混交林	3.220	48
QLF	2015 – 04 – 07	QLFZQ01CTJ_01	火地沟流域天然径流观测样地	7 290 000	流域出口巴歇尔量水槽	松栎混交林	3.580	48
QLF	2015 – 04 – 08	QLFZQ01CTJ_01	火地沟流域天然径流观测样地	7 290 000	流域出口巴歇尔量水槽	松栎混交林	2.980	48
QLF	2015 – 04 – 09	QLFZQ01CTJ_01	火地沟流域天然径流观测样地	7 290 000	流域出口巴歇尔量水槽	松栎混交林	3.080	48
QLF	2015 – 04 – 10	QLFZQ01CTJ_01	火地沟流域天然径流观测样地	7 290 000	流域出口巴歇尔量水槽	松栎混交林	3.720	48

（续）

生态站代码	年-月-日	径流观测样地代码	样地名称	集水面积/m²	径流观测点描述	植被名称	地表径流量总量/mm	地表径流量数目
QLF	2015-04-11	QLFZQ01CTJ_01	火地沟流域天然径流观测样地	7 290 000	流域出口巴歇尔量水槽	松栎混交林	3.950	48
QLF	2015-04-12	QLFZQ01CTJ_01	火地沟流域天然径流观测样地	7 290 000	流域出口巴歇尔量水槽	松栎混交林	2.950	48
QLF	2015-04-13	QLFZQ01CTJ_01	火地沟流域天然径流观测样地	7 290 000	流域出口巴歇尔量水槽	松栎混交林	2.620	48
QLF	2015-04-14	QLFZQ01CTJ_01	火地沟流域天然径流观测样地	7 290 000	流域出口巴歇尔量水槽	松栎混交林	2.260	48
QLF	2015-04-15	QLFZQ01CTJ_01	火地沟流域天然径流观测样地	7 290 000	流域出口巴歇尔量水槽	松栎混交林	1.920	48
QLF	2015-04-16	QLFZQ01CTJ_01	火地沟流域天然径流观测样地	7 290 000	流域出口巴歇尔量水槽	松栎混交林	1.580	48
QLF	2015-04-17	QLFZQ01CTJ_01	火地沟流域天然径流观测样地	7 290 000	流域出口巴歇尔量水槽	松栎混交林	1.120	48
QLF	2015-04-18	QLFZQ01CTJ_01	火地沟流域天然径流观测样地	7 290 000	流域出口巴歇尔量水槽	松栎混交林	1.270	48
QLF	2015-04-19	QLFZQ01CTJ_01	火地沟流域天然径流观测样地	7 290 000	流域出口巴歇尔量水槽	松栎混交林	2.290	48
QLF	2015-04-20	QLFZQ01CTJ_01	火地沟流域天然径流观测样地	7 290 000	流域出口巴歇尔量水槽	松栎混交林	2.720	48
QLF	2015-04-21	QLFZQ01CTJ_01	火地沟流域天然径流观测样地	7 290 000	流域出口巴歇尔量水槽	松栎混交林	2.960	48
QLF	2015-04-22	QLFZQ01CTJ_01	火地沟流域天然径流观测样地	7 290 000	流域出口巴歇尔量水槽	松栎混交林	2.750	48
QLF	2015-04-23	QLFZQ01CTJ_01	火地沟流域天然径流观测样地	7 290 000	流域出口巴歇尔量水槽	松栎混交林	2.140	48

（续）

生态站代码	年-月-日	径流观测样地代码	样地名称	集水面积/m²	径流观测点描述	植被名称	地表径流量总量/mm	地表径流量数目
QLF	2015-04-24	QLFZQ01CTJ_01	火地沟流域天然径流观测样地	7 290 000	流域出口巴歇尔量水槽	松栎混交林	2.590	48
QLF	2015-04-25	QLFZQ01CTJ_01	火地沟流域天然径流观测样地	7 290 000	流域出口巴歇尔量水槽	松栎混交林	2.510	48
QLF	2015-04-26	QLFZQ01CTJ_01	火地沟流域天然径流观测样地	7 290 000	流域出口巴歇尔量水槽	松栎混交林	2.290	48
QLF	2015-04-27	QLFZQ01CTJ_01	火地沟流域天然径流观测样地	7 290 000	流域出口巴歇尔量水槽	松栎混交林	2.270	48
QLF	2015-04-28	QLFZQ01CTJ_01	火地沟流域天然径流观测样地	7 290 000	流域出口巴歇尔量水槽	松栎混交林	2.670	48
QLF	2015-04-29	QLFZQ01CTJ_01	火地沟流域天然径流观测样地	7 290 000	流域出口巴歇尔量水槽	松栎混交林	3.080	48
QLF	2015-04-30	QLFZQ01CTJ_01	火地沟流域天然径流观测样地	7 290 000	流域出口巴歇尔量水槽	松栎混交林	3.220	48
QLF	2015-05-01	QLFZQ01CTJ_01	火地沟流域天然径流观测样地	7 290 000	流域出口巴歇尔量水槽	松栎混交林	3.660	48
QLF	2015-05-02	QLFZQ01CTJ_01	火地沟流域天然径流观测样地	7 290 000	流域出口巴歇尔量水槽	松栎混交林	3.480	48
QLF	2015-05-03	QLFZQ01CTJ_01	火地沟流域天然径流观测样地	7 290 000	流域出口巴歇尔量水槽	松栎混交林	3.180	48
QLF	2015-05-04	QLFZQ01CTJ_01	火地沟流域天然径流观测样地	7 290 000	流域出口巴歇尔量水槽	松栎混交林	3.450	48
QLF	2015-05-05	QLFZQ01CTJ_01	火地沟流域天然径流观测样地	7 290 000	流域出口巴歇尔量水槽	松栎混交林	2.490	48
QLF	2015-05-06	QLFZQ01CTJ_01	火地沟流域天然径流观测样地	7 290 000	流域出口巴歇尔量水槽	松栎混交林	2.140	48

（续）

生态站代码	年-月-日	径流观测样地代码	样地名称	集水面积/m²	径流观测点描述	植被名称	地表径流量总量/mm	地表径流量数目
QLF	2015-05-07	QLFZQ01CTJ_01	火地沟流域天然径流观测样地	7 290 000	流域出口巴歇尔量水槽	松栎混交林	2.250	48
QLF	2015-05-08	QLFZQ01CTJ_01	火地沟流域天然径流观测样地	7 290 000	流域出口巴歇尔量水槽	松栎混交林	2.880	48
QLF	2015-05-09	QLFZQ01CTJ_01	火地沟流域天然径流观测样地	7 290 000	流域出口巴歇尔量水槽	松栎混交林	1.950	48
QLF	2015-05-10	QLFZQ01CTJ_01	火地沟流域天然径流观测样地	7 290 000	流域出口巴歇尔量水槽	松栎混交林	1.930	48
QLF	2015-05-11	QLFZQ01CTJ_01	火地沟流域天然径流观测样地	7 290 000	流域出口巴歇尔量水槽	松栎混交林	2.710	48
QLF	2015-05-12	QLFZQ01CTJ_01	火地沟流域天然径流观测样地	7 290 000	流域出口巴歇尔量水槽	松栎混交林	2.580	48
QLF	2015-05-13	QLFZQ01CTJ_01	火地沟流域天然径流观测样地	7 290 000	流域出口巴歇尔量水槽	松栎混交林	1.840	48
QLF	2015-05-14	QLFZQ01CTJ_01	火地沟流域天然径流观测样地	7 290 000	流域出口巴歇尔量水槽	松栎混交林	2.360	48
QLF	2015-05-15	QLFZQ01CTJ_01	火地沟流域天然径流观测样地	7 290 000	流域出口巴歇尔量水槽	松栎混交林	2.180	48
QLF	2015-05-16	QLFZQ01CTJ_01	火地沟流域天然径流观测样地	7 290 000	流域出口巴歇尔量水槽	松栎混交林	1.630	48
QLF	2015-05-17	QLFZQ01CTJ_01	火地沟流域天然径流观测样地	7 290 000	流域出口巴歇尔量水槽	松栎混交林	1.190	48
QLF	2015-05-18	QLFZQ01CTJ_01	火地沟流域天然径流观测样地	7 290 000	流域出口巴歇尔量水槽	松栎混交林	1.690	48
QLF	2015-05-19	QLFZQ01CTJ_01	火地沟流域天然径流观测样地	7 290 000	流域出口巴歇尔量水槽	松栎混交林	2.170	48

（续）

生态站代码	年-月-日	径流观测样地代码	样地名称	集水面积/m²	径流观测点描述	植被名称	地表径流量总量/mm	地表径流量数目
QLF	2015-05-20	QLFZQ01CTJ_01	火地沟流域天然径流观测样地	7 290 000	流域出口巴歇尔量水槽	松栎混交林	2.610	48
QLF	2015-05-21	QLFZQ01CTJ_01	火地沟流域天然径流观测样地	7 290 000	流域出口巴歇尔量水槽	松栎混交林	3.630	48
QLF	2015-05-22	QLFZQ01CTJ_01	火地沟流域天然径流观测样地	7 290 000	流域出口巴歇尔量水槽	松栎混交林	4.380	48
QLF	2015-05-23	QLFZQ01CTJ_01	火地沟流域天然径流观测样地	7 290 000	流域出口巴歇尔量水槽	松栎混交林	4.160	48
QLF	2015-05-24	QLFZQ01CTJ_01	火地沟流域天然径流观测样地	7 290 000	流域出口巴歇尔量水槽	松栎混交林	4.030	48
QLF	2015-05-25	QLFZQ01CTJ_01	火地沟流域天然径流观测样地	7 290 000	流域出口巴歇尔量水槽	松栎混交林	3.770	48
QLF	2015-05-26	QLFZQ01CTJ_01	火地沟流域天然径流观测样地	7 290 000	流域出口巴歇尔量水槽	松栎混交林	3.070	48
QLF	2015-05-27	QLFZQ01CTJ_01	火地沟流域天然径流观测样地	7 290 000	流域出口巴歇尔量水槽	松栎混交林	3.120	48
QLF	2015-05-28	QLFZQ01CTJ_01	火地沟流域天然径流观测样地	7 290 000	流域出口巴歇尔量水槽	松栎混交林	2.600	48
QLF	2015-05-29	QLFZQ01CTJ_01	火地沟流域天然径流观测样地	7 290 000	流域出口巴歇尔量水槽	松栎混交林	2.040	48
QLF	2015-05-30	QLFZQ01CTJ_01	火地沟流域天然径流观测样地	7 290 000	流域出口巴歇尔量水槽	松栎混交林	1.730	48
QLF	2015-05-31	QLFZQ01CTJ_01	火地沟流域天然径流观测样地	7 290 000	流域出口巴歇尔量水槽	松栎混交林	1.440	48
QLF	2015-06-01	QLFZQ01CTJ_01	火地沟流域天然径流观测样地	7 290 000	流域出口巴歇尔量水槽	松栎混交林	1.810	48

（续）

生态站代码	年-月-日	径流观测样地代码	样地名称	集水面积/m²	径流观测点描述	植被名称	地表径流量总量/mm	地表径流量数目
QLF	2015-06-02	QLFZQ01CTJ_01	火地沟流域天然径流观测样地	7 290 000	流域出口巴歇尔量水槽	松栎混交林	1.900	48
QLF	2015-06-03	QLFZQ01CTJ_01	火地沟流域天然径流观测样地	7 290 000	流域出口巴歇尔量水槽	松栎混交林	2.310	48
QLF	2015-06-04	QLFZQ01CTJ_01	火地沟流域天然径流观测样地	7 290 000	流域出口巴歇尔量水槽	松栎混交林	2.610	48
QLF	2015-06-05	QLFZQ01CTJ_01	火地沟流域天然径流观测样地	7 290 000	流域出口巴歇尔量水槽	松栎混交林	2.370	48
QLF	2015-06-06	QLFZQ01CTJ_01	火地沟流域天然径流观测样地	7 290 000	流域出口巴歇尔量水槽	松栎混交林	1.810	48
QLF	2015-06-07	QLFZQ01CTJ_01	火地沟流域天然径流观测样地	7 290 000	流域出口巴歇尔量水槽	松栎混交林	1.480	48
QLF	2015-06-08	QLFZQ01CTJ_01	火地沟流域天然径流观测样地	7 290 000	流域出口巴歇尔量水槽	松栎混交林	1.480	48
QLF	2015-06-09	QLFZQ01CTJ_01	火地沟流域天然径流观测样地	7 290 000	流域出口巴歇尔量水槽	松栎混交林	1.690	48
QLF	2015-06-10	QLFZQ01CTJ_01	火地沟流域天然径流观测样地	7 290 000	流域出口巴歇尔量水槽	松栎混交林	1.960	48
QLF	2015-06-11	QLFZQ01CTJ_01	火地沟流域天然径流观测样地	7 290 000	流域出口巴歇尔量水槽	松栎混交林	2.320	48
QLF	2015-06-12	QLFZQ01CTJ_01	火地沟流域天然径流观测样地	7 290 000	流域出口巴歇尔量水槽	松栎混交林	2.900	48
QLF	2015-06-13	QLFZQ01CTJ_01	火地沟流域天然径流观测样地	7 290 000	流域出口巴歇尔量水槽	松栎混交林	2.700	48
QLF	2015-06-14	QLFZQ01CTJ_01	火地沟流域天然径流观测样地	7 290 000	流域出口巴歇尔量水槽	松栎混交林	2.820	48

（续）

生态站代码	年-月-日	径流观测样地代码	样地名称	集水面积/m²	径流观测点描述	植被名称	地表径流量总量/mm	地表径流量数目
QLF	2015-06-15	QLFZQ01CTJ_01	火地沟流域天然径流观测样地	7 290 000	流域出口巴歇尔量水槽	松栎混交林	2.760	48
QLF	2015-06-16	QLFZQ01CTJ_01	火地沟流域天然径流观测样地	7 290 000	流域出口巴歇尔量水槽	松栎混交林	2.700	48
QLF	2015-06-17	QLFZQ01CTJ_01	火地沟流域天然径流观测样地	7 290 000	流域出口巴歇尔量水槽	松栎混交林	2.650	48
QLF	2015-06-18	QLFZQ01CTJ_01	火地沟流域天然径流观测样地	7 290 000	流域出口巴歇尔量水槽	松栎混交林	2.590	48
QLF	2015-06-19	QLFZQ01CTJ_01	火地沟流域天然径流观测样地	7 290 000	流域出口巴歇尔量水槽	松栎混交林	2.660	48
QLF	2015-06-20	QLFZQ01CTJ_01	火地沟流域天然径流观测样地	7 290 000	流域出口巴歇尔量水槽	松栎混交林	2.590	48
QLF	2015-06-21	QLFZQ01CTJ_01	火地沟流域天然径流观测样地	7 290 000	流域出口巴歇尔量水槽	松栎混交林	2.590	48
QLF	2015-06-22	QLFZQ01CTJ_01	火地沟流域天然径流观测样地	7 290 000	流域出口巴歇尔量水槽	松栎混交林	2.600	48
QLF	2015-06-23	QLFZQ01CTJ_01	火地沟流域天然径流观测样地	7 290 000	流域出口巴歇尔量水槽	松栎混交林	3.030	48
QLF	2015-06-24	QLFZQ01CTJ_01	火地沟流域天然径流观测样地	7 290 000	流域出口巴歇尔量水槽	松栎混交林	3.160	48
QLF	2015-06-25	QLFZQ01CTJ_01	火地沟流域天然径流观测样地	7 290 000	流域出口巴歇尔量水槽	松栎混交林	2.860	48
QLF	2015-06-26	QLFZQ01CTJ_01	火地沟流域天然径流观测样地	7 290 000	流域出口巴歇尔量水槽	松栎混交林	2.490	48
QLF	2015-06-27	QLFZQ01CTJ_01	火地沟流域天然径流观测样地	7 290 000	流域出口巴歇尔量水槽	松栎混交林	2.550	48

（续）

生态站代码	年-月-日	径流观测样地代码	样地名称	集水面积/m²	径流观测点描述	植被名称	地表径流量总量/mm	地表径流量数目
QLF	2015 – 06 – 28	QLFZQ01CTJ_01	火地沟流域天然径流观测样地	7 290 000	流域出口巴歇尔量水槽	松栎混交林	2.660	48
QLF	2015 – 06 – 29	QLFZQ01CTJ_01	火地沟流域天然径流观测样地	7 290 000	流域出口巴歇尔量水槽	松栎混交林	3.050	48
QLF	2015 – 06 – 30	QLFZQ01CTJ_01	火地沟流域天然径流观测样地	7 290 000	流域出口巴歇尔量水槽	松栎混交林	2.150	48
QLF	2015 – 07 – 01	QLFZQ01CTJ_01	火地沟流域天然径流观测样地	7 290 000	流域出口巴歇尔量水槽	松栎混交林	1.740	48
QLF	2015 – 07 – 02	QLFZQ01CTJ_01	火地沟流域天然径流观测样地	7 290 000	流域出口巴歇尔量水槽	松栎混交林	1.090	48
QLF	2015 – 07 – 03	QLFZQ01CTJ_01	火地沟流域天然径流观测样地	7 290 000	流域出口巴歇尔量水槽	松栎混交林	1.040	48
QLF	2015 – 07 – 04	QLFZQ01CTJ_01	火地沟流域天然径流观测样地	7 290 000	流域出口巴歇尔量水槽	松栎混交林	1.010	48
QLF	2015 – 07 – 05	QLFZQ01CTJ_01	火地沟流域天然径流观测样地	7 290 000	流域出口巴歇尔量水槽	松栎混交林	1.000	48
QLF	2015 – 07 – 06	QLFZQ01CTJ_01	火地沟流域天然径流观测样地	7 290 000	流域出口巴歇尔量水槽	松栎混交林	1.010	48
QLF	2015 – 07 – 07	QLFZQ01CTJ_01	火地沟流域天然径流观测样地	7 290 000	流域出口巴歇尔量水槽	松栎混交林	0.950	48
QLF	2015 – 07 – 08	QLFZQ01CTJ_01	火地沟流域天然径流观测样地	7 290 000	流域出口巴歇尔量水槽	松栎混交林	0.910	48
QLF	2015 – 07 – 09	QLFZQ01CTJ_01	火地沟流域天然径流观测样地	7 290 000	流域出口巴歇尔量水槽	松栎混交林	0.890	48
QLF	2015 – 07 – 10	QLFZQ01CTJ_01	火地沟流域天然径流观测样地	7 290 000	流域出口巴歇尔量水槽	松栎混交林	0.880	48

（续）

生态站 代码	年-月-日	径流观测样 地代码	样地名称	集水面 积/m²	径流观测 点描述	植被名称	地表径流量 总量/mm	地表径流 量数目
QLF	2015 - 07 - 11	QLFZQ01CTJ _ 01	火地沟流域 天然径流 观测样地	7 290 000	流域出口巴歇尔量水槽	松栎混交林	0.870	48
QLF	2015 - 07 - 12	QLFZQ01CTJ _ 01	火地沟流域 天然径流 观测样地	7 290 000	流域出口巴歇尔量水槽	松栎混交林	0.860	48
QLF	2015 - 07 - 13	QLFZQ01CTJ _ 01	火地沟流域 天然径流 观测样地	7 290 000	流域出口巴歇尔量水槽	松栎混交林	0.840	48
QLF	2015 - 07 - 14	QLFZQ01CTJ _ 01	火地沟流域 天然径流 观测样地	7 290 000	流域出口巴歇尔量水槽	松栎混交林	0.850	48
QLF	2015 - 07 - 15	QLFZQ01CTJ _ 01	火地沟流域 天然径流 观测样地	7 290 000	流域出口巴歇尔量水槽	松栎混交林	0.850	48
QLF	2015 - 07 - 16	QLFZQ01CTJ _ 01	火地沟流域 天然径流 观测样地	7 290 000	流域出口巴歇尔量水槽	松栎混交林	0.870	48
QLF	2015 - 07 - 17	QLFZQ01CTJ _ 01	火地沟流域 天然径流 观测样地	7 290 000	流域出口巴歇尔量水槽	松栎混交林	1.170	48
QLF	2015 - 07 - 18	QLFZQ01CTJ _ 01	火地沟流域 天然径流 观测样地	7 290 000	流域出口巴歇尔量水槽	松栎混交林	0.840	48
QLF	2015 - 07 - 19	QLFZQ01CTJ _ 01	火地沟流域 天然径流 观测样地	7 290 000	流域出口巴歇尔量水槽	松栎混交林	0.890	48
QLF	2015 - 07 - 20	QLFZQ01CTJ _ 01	火地沟流域 天然径流 观测样地	7 290 000	流域出口巴歇尔量水槽	松栎混交林	0.870	48
QLF	2015 - 07 - 21	QLFZQ01CTJ _ 01	火地沟流域 天然径流 观测样地	7 290 000	流域出口巴歇尔量水槽	松栎混交林	0.920	48
QLF	2015 - 07 - 22	QLFZQ01CTJ _ 01	火地沟流域 天然径流 观测样地	7 290 000	流域出口巴歇尔量水槽	松栎混交林	1.140	48
QLF	2015 - 07 - 23	QLFZQ01CTJ _ 01	火地沟流域 天然径流 观测样地	7 290 000	流域出口巴歇尔量水槽	松栎混交林	0.970	48

（续）

生态站代码	年-月-日	径流观测样地代码	样地名称	集水面积/m²	径流观测点描述	植被名称	地表径流量总量/mm	地表径流量数目
QLF	2015-07-24	QLFZQ01CTJ_01	火地沟流域天然径流观测样地	7 290 000	流域出口巴歇尔量水槽	松栎混交林	0.830	48
QLF	2015-07-25	QLFZQ01CTJ_01	火地沟流域天然径流观测样地	7 290 000	流域出口巴歇尔量水槽	松栎混交林	0.870	48
QLF	2015-07-26	QLFZQ01CTJ_01	火地沟流域天然径流观测样地	7 290 000	流域出口巴歇尔量水槽	松栎混交林	0.890	48
QLF	2015-07-27	QLFZQ01CTJ_01	火地沟流域天然径流观测样地	7 290 000	流域出口巴歇尔量水槽	松栎混交林	0.880	48
QLF	2015-07-28	QLFZQ01CTJ_01	火地沟流域天然径流观测样地	7 290 000	流域出口巴歇尔量水槽	松栎混交林	0.860	48
QLF	2015-07-29	QLFZQ01CTJ_01	火地沟流域天然径流观测样地	7 290 000	流域出口巴歇尔量水槽	松栎混交林	0.850	48
QLF	2015-07-30	QLFZQ01CTJ_01	火地沟流域天然径流观测样地	7 290 000	流域出口巴歇尔量水槽	松栎混交林	0.840	48
QLF	2015-07-31	QLFZQ01CTJ_01	火地沟流域天然径流观测样地	7 290 000	流域出口巴歇尔量水槽	松栎混交林	0.830	48
QLF	2015-08-01	QLFZQ01CTJ_01	火地沟流域天然径流观测样地	7 290 000	流域出口巴歇尔量水槽	松栎混交林	0.820	48
QLF	2015-08-02	QLFZQ01CTJ_01	火地沟流域天然径流观测样地	7 290 000	流域出口巴歇尔量水槽	松栎混交林	0.840	48
QLF	2015-08-03	QLFZQ01CTJ_01	火地沟流域天然径流观测样地	7 290 000	流域出口巴歇尔量水槽	松栎混交林	0.850	48
QLF	2015-08-04	QLFZQ01CTJ_01	火地沟流域天然径流观测样地	7 290 000	流域出口巴歇尔量水槽	松栎混交林	0.850	48
QLF	2015-08-05	QLFZQ01CTJ_01	火地沟流域天然径流观测样地	7 290 000	流域出口巴歇尔量水槽	松栎混交林	0.810	48

（续）

生态站代码	年-月-日	径流观测样地代码	样地名称	集水面积/m²	径流观测点描述	植被名称	地表径流量总量/mm	地表径流量数目
QLF	2015 - 08 - 06	QLFZQ01CTJ _ 01	火地沟流域天然径流观测样地	7 290 000	流域出口巴歇尔量水槽	松栎混交林	0.810	48
QLF	2015 - 08 - 07	QLFZQ01CTJ _ 01	火地沟流域天然径流观测样地	7 290 000	流域出口巴歇尔量水槽	松栎混交林	0.900	48
QLF	2015 - 08 - 08	QLFZQ01CTJ _ 01	火地沟流域天然径流观测样地	7 290 000	流域出口巴歇尔量水槽	松栎混交林	0.740	48
QLF	2015 - 08 - 09	QLFZQ01CTJ _ 01	火地沟流域天然径流观测样地	7 290 000	流域出口巴歇尔量水槽	松栎混交林	0.730	48
QLF	2015 - 08 - 10	QLFZQ01CTJ _ 01	火地沟流域天然径流观测样地	7 290 000	流域出口巴歇尔量水槽	松栎混交林	0.800	48
QLF	2015 - 08 - 11	QLFZQ01CTJ _ 01	火地沟流域天然径流观测样地	7 290 000	流域出口巴歇尔量水槽	松栎混交林	0.800	48
QLF	2015 - 08 - 12	QLFZQ01CTJ _ 01	火地沟流域天然径流观测样地	7 290 000	流域出口巴歇尔量水槽	松栎混交林	1.120	48
QLF	2015 - 08 - 13	QLFZQ01CTJ _ 01	火地沟流域天然径流观测样地	7 290 000	流域出口巴歇尔量水槽	松栎混交林	0.810	48
QLF	2015 - 08 - 14	QLFZQ01CTJ _ 01	火地沟流域天然径流观测样地	7 290 000	流域出口巴歇尔量水槽	松栎混交林	0.800	48
QLF	2015 - 08 - 15	QLFZQ01CTJ _ 01	火地沟流域天然径流观测样地	7 290 000	流域出口巴歇尔量水槽	松栎混交林	0.830	48
QLF	2015 - 08 - 16	QLFZQ01CTJ _ 01	火地沟流域天然径流观测样地	7 290 000	流域出口巴歇尔量水槽	松栎混交林	0.860	48
QLF	2015 - 08 - 17	QLFZQ01CTJ _ 01	火地沟流域天然径流观测样地	7 290 000	流域出口巴歇尔量水槽	松栎混交林	1.030	48
QLF	2015 - 08 - 18	QLFZQ01CTJ _ 01	火地沟流域天然径流观测样地	7 290 000	流域出口巴歇尔量水槽	松栎混交林	1.330	48

（续）

生态站代码	年-月-日	径流观测样地代码	样地名称	集水面积/m²	径流观测点描述	植被名称	地表径流量总量/mm	地表径流量数目
QLF	2015-08-19	QLFZQ01CTJ_01	火地沟流域天然径流观测样地	7 290 000	流域出口巴歇尔量水槽	松栎混交林	0.800	48
QLF	2015-08-20	QLFZQ01CTJ_01	火地沟流域天然径流观测样地	7 290 000	流域出口巴歇尔量水槽	松栎混交林	0.760	48
QLF	2015-08-21	QLFZQ01CTJ_01	火地沟流域天然径流观测样地	7 290 000	流域出口巴歇尔量水槽	松栎混交林	0.730	48
QLF	2015-08-22	QLFZQ01CTJ_01	火地沟流域天然径流观测样地	7 290 000	流域出口巴歇尔量水槽	松栎混交林	0.810	48
QLF	2015-08-23	QLFZQ01CTJ_01	火地沟流域天然径流观测样地	7 290 000	流域出口巴歇尔量水槽	松栎混交林	0.840	48
QLF	2015-08-24	QLFZQ01CTJ_01	火地沟流域天然径流观测样地	7 290 000	流域出口巴歇尔量水槽	松栎混交林	0.900	48
QLF	2015-08-25	QLFZQ01CTJ_01	火地沟流域天然径流观测样地	7 290 000	流域出口巴歇尔量水槽	松栎混交林	0.840	48
QLF	2015-08-26	QLFZQ01CTJ_01	火地沟流域天然径流观测样地	7 290 000	流域出口巴歇尔量水槽	松栎混交林	0.830	48
QLF	2015-08-27	QLFZQ01CTJ_01	火地沟流域天然径流观测样地	7 290 000	流域出口巴歇尔量水槽	松栎混交林	0.800	48
QLF	2015-08-28	QLFZQ01CTJ_01	火地沟流域天然径流观测样地	7 290 000	流域出口巴歇尔量水槽	松栎混交林	0.850	48
QLF	2015-08-29	QLFZQ01CTJ_01	火地沟流域天然径流观测样地	7 290 000	流域出口巴歇尔量水槽	松栎混交林	0.980	48
QLF	2015-08-30	QLFZQ01CTJ_01	火地沟流域天然径流观测样地	7 290 000	流域出口巴歇尔量水槽	松栎混交林	0.930	48
QLF	2015-08-31	QLFZQ01CTJ_01	火地沟流域天然径流观测样地	7 290 000	流域出口巴歇尔量水槽	松栎混交林	0.880	48

（续）

生态站代码	年-月-日	径流观测样地代码	样地名称	集水面积/m²	径流观测点描述	植被名称	地表径流量总量/mm	地表径流量数目
QLF	2015-09-01	QLFZQ01CTJ_01	火地沟流域天然径流观测样地	7 290 000	流域出口巴歇尔量水槽	松栎混交林	1.000	48
QLF	2015-09-02	QLFZQ01CTJ_01	火地沟流域天然径流观测样地	7 290 000	流域出口巴歇尔量水槽	松栎混交林	0.850	48
QLF	2015-09-03	QLFZQ01CTJ_01	火地沟流域天然径流观测样地	7 290 000	流域出口巴歇尔量水槽	松栎混交林	0.900	48
QLF	2015-09-04	QLFZQ01CTJ_01	火地沟流域天然径流观测样地	7 290 000	流域出口巴歇尔量水槽	松栎混交林	0.950	48
QLF	2015-09-05	QLFZQ01CTJ_01	火地沟流域天然径流观测样地	7 290 000	流域出口巴歇尔量水槽	松栎混交林	0.870	48
QLF	2015-09-06	QLFZQ01CTJ_01	火地沟流域天然径流观测样地	7 290 000	流域出口巴歇尔量水槽	松栎混交林	0.860	48
QLF	2015-09-07	QLFZQ01CTJ_01	火地沟流域天然径流观测样地	7 290 000	流域出口巴歇尔量水槽	松栎混交林	0.880	48
QLF	2015-09-08	QLFZQ01CTJ_01	火地沟流域天然径流观测样地	7 290 000	流域出口巴歇尔量水槽	松栎混交林	0.970	48
QLF	2015-09-09	QLFZQ01CTJ_01	火地沟流域天然径流观测样地	7 290 000	流域出口巴歇尔量水槽	松栎混交林	1.370	48
QLF	2015-09-10	QLFZQ01CTJ_01	火地沟流域天然径流观测样地	7 290 000	流域出口巴歇尔量水槽	松栎混交林	2.210	48
QLF	2015-09-11	QLFZQ01CTJ_01	火地沟流域天然径流观测样地	7 290 000	流域出口巴歇尔量水槽	松栎混交林	1.820	48
QLF	2015-09-12	QLFZQ01CTJ_01	火地沟流域天然径流观测样地	7 290 000	流域出口巴歇尔量水槽	松栎混交林	0.730	48
QLF	2015-09-13	QLFZQ01CTJ_01	火地沟流域天然径流观测样地	7 290 000	流域出口巴歇尔量水槽	松栎混交林	0.840	48

（续）

生态站代码	年-月-日	径流观测样地代码	样地名称	集水面积/m²	径流观测点描述	植被名称	地表径流量总量/mm	地表径流量数目
QLF	2015-09-14	QLFZQ01CTJ_01	火地沟流域天然径流观测样地	7 290 000	流域出口巴歇尔量水槽	松栎混交林	0.830	48
QLF	2015-09-15	QLFZQ01CTJ_01	火地沟流域天然径流观测样地	7 290 000	流域出口巴歇尔量水槽	松栎混交林	0.820	48
QLF	2015-09-16	QLFZQ01CTJ_01	火地沟流域天然径流观测样地	7 290 000	流域出口巴歇尔量水槽	松栎混交林	0.820	48
QLF	2015-09-17	QLFZQ01CTJ_01	火地沟流域天然径流观测样地	7 290 000	流域出口巴歇尔量水槽	松栎混交林	0.830	48
QLF	2015-09-18	QLFZQ01CTJ_01	火地沟流域天然径流观测样地	7 290 000	流域出口巴歇尔量水槽	松栎混交林	0.830	48
QLF	2015-09-19	QLFZQ01CTJ_01	火地沟流域天然径流观测样地	7 290 000	流域出口巴歇尔量水槽	松栎混交林	0.840	48
QLF	2015-09-20	QLFZQ01CTJ_01	火地沟流域天然径流观测样地	7 290 000	流域出口巴歇尔量水槽	松栎混交林	0.830	48
QLF	2015-09-21	QLFZQ01CTJ_01	火地沟流域天然径流观测样地	7 290 000	流域出口巴歇尔量水槽	松栎混交林	0.820	48
QLF	2015-09-22	QLFZQ01CTJ_01	火地沟流域天然径流观测样地	7 290 000	流域出口巴歇尔量水槽	松栎混交林	0.820	48
QLF	2015-09-23	QLFZQ01CTJ_01	火地沟流域天然径流观测样地	7 290 000	流域出口巴歇尔量水槽	松栎混交林	0.820	48
QLF	2015-09-24	QLFZQ01CTJ_01	火地沟流域天然径流观测样地	7 290 000	流域出口巴歇尔量水槽	松栎混交林	0.820	48
QLF	2015-09-25	QLFZQ01CTJ_01	火地沟流域天然径流观测样地	7 290 000	流域出口巴歇尔量水槽	松栎混交林	0.820	48
QLF	2015-09-26	QLFZQ01CTJ_01	火地沟流域天然径流观测样地	7 290 000	流域出口巴歇尔量水槽	松栎混交林	0.820	48

（续）

生态站代码	年-月-日	径流观测样地代码	样地名称	集水面积/m²	径流观测点描述	植被名称	地表径流量总量/mm	地表径流量数目
QLF	2015-09-27	QLFZQ01CTJ_01	火地沟流域天然径流观测样地	7 290 000	流域出口巴歇尔量水槽	松栎混交林	0.820	48
QLF	2015-09-28	QLFZQ01CTJ_01	火地沟流域天然径流观测样地	7 290 000	流域出口巴歇尔量水槽	松栎混交林	0.810	48
QLF	2015-09-29	QLFZQ01CTJ_01	火地沟流域天然径流观测样地	7 290 000	流域出口巴歇尔量水槽	松栎混交林	0.820	48
QLF	2015-09-30	QLFZQ01CTJ_01	火地沟流域天然径流观测样地	7 290 000	流域出口巴歇尔量水槽	松栎混交林	0.930	48
QLF	2015-10-01	QLFZQ01CTJ_01	火地沟流域天然径流观测样地	7 290 000	流域出口巴歇尔量水槽	松栎混交林	0.840	48
QLF	2015-10-02	QLFZQ01CTJ_01	火地沟流域天然径流观测样地	7 290 000	流域出口巴歇尔量水槽	松栎混交林	0.820	48
QLF	2015-10-03	QLFZQ01CTJ_01	火地沟流域天然径流观测样地	7 290 000	流域出口巴歇尔量水槽	松栎混交林	0.840	48
QLF	2015-10-04	QLFZQ01CTJ_01	火地沟流域天然径流观测样地	7 290 000	流域出口巴歇尔量水槽	松栎混交林	0.830	48
QLF	2015-10-05	QLFZQ01CTJ_01	火地沟流域天然径流观测样地	7 290 000	流域出口巴歇尔量水槽	松栎混交林	0.830	48
QLF	2015-10-06	QLFZQ01CTJ_01	火地沟流域天然径流观测样地	7 290 000	流域出口巴歇尔量水槽	松栎混交林	1.010	48
QLF	2015-10-07	QLFZQ01CTJ_01	火地沟流域天然径流观测样地	7 290 000	流域出口巴歇尔量水槽	松栎混交林	1.040	48
QLF	2015-10-08	QLFZQ01CTJ_01	火地沟流域天然径流观测样地	7 290 000	流域出口巴歇尔量水槽	松栎混交林	0.850	48
QLF	2015-10-09	QLFZQ01CTJ_01	火地沟流域天然径流观测样地	7 290 000	流域出口巴歇尔量水槽	松栎混交林	0.830	48

（续）

生态站代码	年-月-日	径流观测样地代码	样地名称	集水面积/m²	径流观测点描述	植被名称	地表径流量总量/mm	地表径流量数目
QLF	2015-10-10	QLFZQ01CTJ_01	火地沟流域天然径流观测样地	7 290 000	流域出口巴歇尔量水槽	松栎混交林	0.820	48
QLF	2015-10-11	QLFZQ01CTJ_01	火地沟流域天然径流观测样地	7 290 000	流域出口巴歇尔量水槽	松栎混交林	0.830	48
QLF	2015-10-12	QLFZQ01CTJ_01	火地沟流域天然径流观测样地	7 290 000	流域出口巴歇尔量水槽	松栎混交林	0.840	48
QLF	2015-10-13	QLFZQ01CTJ_01	火地沟流域天然径流观测样地	7 290 000	流域出口巴歇尔量水槽	松栎混交林	0.830	48
QLF	2015-10-14	QLFZQ01CTJ_01	火地沟流域天然径流观测样地	7 290 000	流域出口巴歇尔量水槽	松栎混交林	0.830	48
QLF	2015-10-15	QLFZQ01CTJ_01	火地沟流域天然径流观测样地	7 290 000	流域出口巴歇尔量水槽	松栎混交林	0.830	48
QLF	2015-10-16	QLFZQ01CTJ_01	火地沟流域天然径流观测样地	7 290 000	流域出口巴歇尔量水槽	松栎混交林	0.820	48
QLF	2015-10-17	QLFZQ01CTJ_01	火地沟流域天然径流观测样地	7 290 000	流域出口巴歇尔量水槽	松栎混交林	0.900	48
QLF	2015-10-18	QLFZQ01CTJ_01	火地沟流域天然径流观测样地	7 290 000	流域出口巴歇尔量水槽	松栎混交林	0.810	48
QLF	2015-10-19	QLFZQ01CTJ_01	火地沟流域天然径流观测样地	7 290 000	流域出口巴歇尔量水槽	松栎混交林	0.820	48
QLF	2015-10-20	QLFZQ01CTJ_01	火地沟流域天然径流观测样地	7 290 000	流域出口巴歇尔量水槽	松栎混交林	0.820	48
QLF	2015-10-21	QLFZQ01CTJ_01	火地沟流域天然径流观测样地	7 290 000	流域出口巴歇尔量水槽	松栎混交林	0.820	48
QLF	2015-10-22	QLFZQ01CTJ_01	火地沟流域天然径流观测样地	7 290 000	流域出口巴歇尔量水槽	松栎混交林	0.820	48

（续）

生态站代码	年-月-日	径流观测样地代码	样地名称	集水面积/m²	径流观测点描述	植被名称	地表径流量总量/mm	地表径流量数目
QLF	2015-10-23	QLFZQ01CTJ_01	火地沟流域天然径流观测样地	7 290 000	流域出口巴歇尔量水槽	松栎混交林	0.820	48
QLF	2015-10-24	QLFZQ01CTJ_01	火地沟流域天然径流观测样地	7 290 000	流域出口巴歇尔量水槽	松栎混交林	0.920	48
QLF	2015-10-25	QLFZQ01CTJ_01	火地沟流域天然径流观测样地	7 290 000	流域出口巴歇尔量水槽	松栎混交林	1.100	48
QLF	2015-10-26	QLFZQ01CTJ_01	火地沟流域天然径流观测样地	7 290 000	流域出口巴歇尔量水槽	松栎混交林	1.060	48
QLF	2015-10-27	QLFZQ01CTJ_01	火地沟流域天然径流观测样地	7 290 000	流域出口巴歇尔量水槽	松栎混交林	1.050	48
QLF	2015-10-28	QLFZQ01CTJ_01	火地沟流域天然径流观测样地	7 290 000	流域出口巴歇尔量水槽	松栎混交林	0.950	48
QLF	2015-10-29	QLFZQ01CTJ_01	火地沟流域天然径流观测样地	7 290 000	流域出口巴歇尔量水槽	松栎混交林	0.820	48
QLF	2015-10-30	QLFZQ01CTJ_01	火地沟流域天然径流观测样地	7 290 000	流域出口巴歇尔量水槽	松栎混交林	0.810	48
QLF	2015-10-31	QLFZQ01CTJ_01	火地沟流域天然径流观测样地	7 290 000	流域出口巴歇尔量水槽	松栎混交林	0.830	48
QLF	2015-11-01	QLFZQ01CTJ_01	火地沟流域天然径流观测样地	7 290 000	流域出口巴歇尔量水槽	松栎混交林	0.820	48
QLF	2015-11-02	QLFZQ01CTJ_01	火地沟流域天然径流观测样地	7 290 000	流域出口巴歇尔量水槽	松栎混交林	0.820	48
QLF	2015-11-03	QLFZQ01CTJ_01	火地沟流域天然径流观测样地	7 290 000	流域出口巴歇尔量水槽	松栎混交林	0.820	48
QLF	2015-11-04	QLFZQ01CTJ_01	火地沟流域天然径流观测样地	7 290 000	流域出口巴歇尔量水槽	松栎混交林	0.830	48

（续）

生态站代码	年-月-日	径流观测样地代码	样地名称	集水面积/m²	径流观测点描述	植被名称	地表径流量总量/mm	地表径流量数目
QLF	2015 - 11 - 05	QLFZQ01CTJ_01	火地沟流域天然径流观测样地	7 290 000	流域出口巴歇尔量水槽	松栎混交林	0.840	48
QLF	2015 - 11 - 06	QLFZQ01CTJ_01	火地沟流域天然径流观测样地	7 290 000	流域出口巴歇尔量水槽	松栎混交林	1.080	48
QLF	2015 - 11 - 07	QLFZQ01CTJ_01	火地沟流域天然径流观测样地	7 290 000	流域出口巴歇尔量水槽	松栎混交林	1.130	48
QLF	2015 - 11 - 08	QLFZQ01CTJ_01	火地沟流域天然径流观测样地	7 290 000	流域出口巴歇尔量水槽	松栎混交林	1.200	48
QLF	2015 - 11 - 09	QLFZQ01CTJ_01	火地沟流域天然径流观测样地	7 290 000	流域出口巴歇尔量水槽	松栎混交林	1.170	48
QLF	2015 - 11 - 10	QLFZQ01CTJ_01	火地沟流域天然径流观测样地	7 290 000	流域出口巴歇尔量水槽	松栎混交林	1.090	48
QLF	2015 - 11 - 11	QLFZQ01CTJ_01	火地沟流域天然径流观测样地	7 290 000	流域出口巴歇尔量水槽	松栎混交林	0.940	48
QLF	2015 - 11 - 12	QLFZQ01CTJ_01	火地沟流域天然径流观测样地	7 290 000	流域出口巴歇尔量水槽	松栎混交林	0.860	48
QLF	2015 - 11 - 13	QLFZQ01CTJ_01	火地沟流域天然径流观测样地	7 290 000	流域出口巴歇尔量水槽	松栎混交林	0.860	48
QLF	2015 - 11 - 14	QLFZQ01CTJ_01	火地沟流域天然径流观测样地	7 290 000	流域出口巴歇尔量水槽	松栎混交林	0.830	48
QLF	2015 - 11 - 15	QLFZQ01CTJ_01	火地沟流域天然径流观测样地	7 290 000	流域出口巴歇尔量水槽	松栎混交林	0.820	48
QLF	2015 - 11 - 16	QLFZQ01CTJ_01	火地沟流域天然径流观测样地	7 290 000	流域出口巴歇尔量水槽	松栎混交林	0.820	48
QLF	2015 - 11 - 17	QLFZQ01CTJ_01	火地沟流域天然径流观测样地	7 290 000	流域出口巴歇尔量水槽	松栎混交林	0.790	48

（续）

生态站代码	年-月-日	径流观测样地代码	样地名称	集水面积/m²	径流观测点描述	植被名称	地表径流量总量/mm	地表径流量数目
QLF	2015-11-18	QLFZQ01CTJ_01	火地沟流域天然径流观测样地	7 290 000	流域出口巴歇尔量水槽	松栎混交林	0.820	48
QLF	2015-11-19	QLFZQ01CTJ_01	火地沟流域天然径流观测样地	7 290 000	流域出口巴歇尔量水槽	松栎混交林	0.830	48
QLF	2015-11-20	QLFZQ01CTJ_01	火地沟流域天然径流观测样地	7 290 000	流域出口巴歇尔量水槽	松栎混交林	0.830	48
QLF	2015-11-21	QLFZQ01CTJ_01	火地沟流域天然径流观测样地	7 290 000	流域出口巴歇尔量水槽	松栎混交林	0.820	48
QLF	2015-11-22	QLFZQ01CTJ_01	火地沟流域天然径流观测样地	7 290 000	流域出口巴歇尔量水槽	松栎混交林	0.820	48
QLF	2015-11-23	QLFZQ01CTJ_01	火地沟流域天然径流观测样地	7 290 000	流域出口巴歇尔量水槽	松栎混交林	0.930	48
QLF	2015-11-24	QLFZQ01CTJ_01	火地沟流域天然径流观测样地	7 290 000	流域出口巴歇尔量水槽	松栎混交林	1.050	48
QLF	2015-11-25	QLFZQ01CTJ_01	火地沟流域天然径流观测样地	7 290 000	流域出口巴歇尔量水槽	松栎混交林	1.070	48
QLF	2015-11-26	QLFZQ01CTJ_01	火地沟流域天然径流观测样地	7 290 000	流域出口巴歇尔量水槽	松栎混交林	1.000	48
QLF	2015-11-27	QLFZQ01CTJ_01	火地沟流域天然径流观测样地	7 290 000	流域出口巴歇尔量水槽	松栎混交林	0.950	48
QLF	2015-11-28	QLFZQ01CTJ_01	火地沟流域天然径流观测样地	7 290 000	流域出口巴歇尔量水槽	松栎混交林	0.980	48
QLF	2015-11-29	QLFZQ01CTJ_01	火地沟流域天然径流观测样地	7 290 000	流域出口巴歇尔量水槽	松栎混交林	1.010	48
QLF	2015-11-30	QLFZQ01CTJ_01	火地沟流域天然径流观测样地	7 290 000	流域出口巴歇尔量水槽	松栎混交林	1.010	48

（续）

生态站代码	年-月-日	径流观测样地代码	样地名称	集水面积/m²	径流观测点描述	植被名称	地表径流量总量/mm	地表径流量数目
QLF	2015-12-01	QLFZQ01CTJ_01	火地沟流域天然径流观测样地	7 290 000	流域出口巴歇尔量水槽	松栎混交林	1.130	48
QLF	2015-12-02	QLFZQ01CTJ_01	火地沟流域天然径流观测样地	7 290 000	流域出口巴歇尔量水槽	松栎混交林	1.060	48
QLF	2016-04-13	QLFZQ01CTJ_01	火地沟流域天然径流观测样地	7 290 000	流域出口巴歇尔量水槽	松栎混交林	1.730	48
QLF	2016-04-14	QLFZQ01CTJ_01	火地沟流域天然径流观测样地	7 290 000	流域出口巴歇尔量水槽	松栎混交林	1.540	48
QLF	2016-04-15	QLFZQ01CTJ_01	火地沟流域天然径流观测样地	7 290 000	流域出口巴歇尔量水槽	松栎混交林	1.610	48
QLF	2016-04-16	QLFZQ01CTJ_01	火地沟流域天然径流观测样地	7 290 000	流域出口巴歇尔量水槽	松栎混交林	2.950	48
QLF	2016-04-17	QLFZQ01CTJ_01	火地沟流域天然径流观测样地	7 290 000	流域出口巴歇尔量水槽	松栎混交林	1.720	48
QLF	2016-04-18	QLFZQ01CTJ_01	火地沟流域天然径流观测样地	7 290 000	流域出口巴歇尔量水槽	松栎混交林	1.340	48
QLF	2016-04-19	QLFZQ01CTJ_01	火地沟流域天然径流观测样地	7 290 000	流域出口巴歇尔量水槽	松栎混交林	1.200	48
QLF	2016-04-20	QLFZQ01CTJ_01	火地沟流域天然径流观测样地	7 290 000	流域出口巴歇尔量水槽	松栎混交林	1.090	48
QLF	2016-04-21	QLFZQ01CTJ_01	火地沟流域天然径流观测样地	7 290 000	流域出口巴歇尔量水槽	松栎混交林	0.800	48
QLF	2016-04-22	QLFZQ01CTJ_01	火地沟流域天然径流观测样地	7 290 000	流域出口巴歇尔量水槽	松栎混交林	0.870	48
QLF	2016-04-23	QLFZQ01CTJ_01	火地沟流域天然径流观测样地	7 290 000	流域出口巴歇尔量水槽	松栎混交林	0.730	48

（续）

生态站代码	年-月-日	径流观测样地代码	样地名称	集水面积/m²	径流观测点描述	植被名称	地表径流量总量/mm	地表径流量数目
QLF	2016-04-24	QLFZQ01CTJ_01	火地沟流域天然径流观测样地	7 290 000	流域出口巴歇尔量水槽	松栎混交林	0.600	48
QLF	2016-04-25	QLFZQ01CTJ_01	火地沟流域天然径流观测样地	7 290 000	流域出口巴歇尔量水槽	松栎混交林	0.660	48
QLF	2016-04-26	QLFZQ01CTJ_01	火地沟流域天然径流观测样地	7 290 000	流域出口巴歇尔量水槽	松栎混交林	0.480	48
QLF	2016-04-27	QLFZQ01CTJ_01	火地沟流域天然径流观测样地	7 290 000	流域出口巴歇尔量水槽	松栎混交林	0.360	48
QLF	2016-04-28	QLFZQ01CTJ_01	火地沟流域天然径流观测样地	7 290 000	流域出口巴歇尔量水槽	松栎混交林	0.360	48
QLF	2016-04-29	QLFZQ01CTJ_01	火地沟流域天然径流观测样地	7 290 000	流域出口巴歇尔量水槽	松栎混交林	0.390	48
QLF	2016-04-30	QLFZQ01CTJ_01	火地沟流域天然径流观测样地	7 290 000	流域出口巴歇尔量水槽	松栎混交林	0.360	48
QLF	2016-05-01	QLFZQ01CTJ_01	火地沟流域天然径流观测样地	7 290 000	流域出口巴歇尔量水槽	松栎混交林	0.350	48
QLF	2016-05-02	QLFZQ01CTJ_01	火地沟流域天然径流观测样地	7 290 000	流域出口巴歇尔量水槽	松栎混交林	0.220	48
QLF	2016-05-03	QLFZQ01CTJ_01	火地沟流域天然径流观测样地	7 290 000	流域出口巴歇尔量水槽	松栎混交林	0.240	48
QLF	2016-05-04	QLFZQ01CTJ_01	火地沟流域天然径流观测样地	7 290 000	流域出口巴歇尔量水槽	松栎混交林	0.100	48
QLF	2016-05-05	QLFZQ01CTJ_01	火地沟流域天然径流观测样地	7 290 000	流域出口巴歇尔量水槽	松栎混交林	0.120	48
QLF	2016-05-06	QLFZQ01CTJ_01	火地沟流域天然径流观测样地	7 290 000	流域出口巴歇尔量水槽	松栎混交林	1.030	48

（续）

生态站代码	年-月-日	径流观测样地代码	样地名称	集水面积/m²	径流观测点描述	植被名称	地表径流量总量/mm	地表径流量数目
QLF	2016-05-07	QLFZQ01CTJ_01	火地沟流域天然径流观测样地	7 290 000	流域出口巴歇尔量水槽	松栎混交林	0.680	48
QLF	2016-05-08	QLFZQ01CTJ_01	火地沟流域天然径流观测样地	7 290 000	流域出口巴歇尔量水槽	松栎混交林	0.340	48
QLF	2016-05-09	QLFZQ01CTJ_01	火地沟流域天然径流观测样地	7 290 000	流域出口巴歇尔量水槽	松栎混交林	0.000	48
QLF	2016-05-10	QLFZQ01CTJ_01	火地沟流域天然径流观测样地	7 290 000	流域出口巴歇尔量水槽	松栎混交林	0.000	48
QLF	2016-05-11	QLFZQ01CTJ_01	火地沟流域天然径流观测样地	7 290 000	流域出口巴歇尔量水槽	松栎混交林	0.000	48
QLF	2016-05-12	QLFZQ01CTJ_01	火地沟流域天然径流观测样地	7 290 000	流域出口巴歇尔量水槽	松栎混交林	0.000	48
QLF	2016-05-13	QLFZQ01CTJ_01	火地沟流域天然径流观测样地	7 290 000	流域出口巴歇尔量水槽	松栎混交林	0.280	48
QLF	2016-05-14	QLFZQ01CTJ_01	火地沟流域天然径流观测样地	7 290 000	流域出口巴歇尔量水槽	松栎混交林	1.900	48
QLF	2016-05-15	QLFZQ01CTJ_01	火地沟流域天然径流观测样地	7 290 000	流域出口巴歇尔量水槽	松栎混交林	0.530	48
QLF	2016-05-16	QLFZQ01CTJ_01	火地沟流域天然径流观测样地	7 290 000	流域出口巴歇尔量水槽	松栎混交林	0.270	48
QLF	2016-05-17	QLFZQ01CTJ_01	火地沟流域天然径流观测样地	7 290 000	流域出口巴歇尔量水槽	松栎混交林	0.000	48
QLF	2016-05-18	QLFZQ01CTJ_01	火地沟流域天然径流观测样地	7 290 000	流域出口巴歇尔量水槽	松栎混交林	0.000	48
QLF	2016-05-19	QLFZQ01CTJ_01	火地沟流域天然径流观测样地	7 290 000	流域出口巴歇尔量水槽	松栎混交林	0.000	48

（续）

生态站代码	年-月-日	径流观测样地代码	样地名称	集水面积/m²	径流观测点描述	植被名称	地表径流量总量/mm	地表径流量数目
QLF	2016－05－20	QLFZQ01CTJ＿01	火地沟流域天然径流观测样地	7 290 000	流域出口巴歇尔量水槽	松栎混交林	0.000	48
QLF	2016－05－21	QLFZQ01CTJ＿01	火地沟流域天然径流观测样地	7 290 000	流域出口巴歇尔量水槽	松栎混交林	0.000	48
QLF	2016－05－22	QLFZQ01CTJ＿01	火地沟流域天然径流观测样地	7 290 000	流域出口巴歇尔量水槽	松栎混交林	0.000	48
QLF	2016－05－23	QLFZQ01CTJ＿01	火地沟流域天然径流观测样地	7 290 000	流域出口巴歇尔量水槽	松栎混交林	0.000	48
QLF	2016－05－24	QLFZQ01CTJ＿01	火地沟流域天然径流观测样地	7 290 000	流域出口巴歇尔量水槽	松栎混交林	0.000	48
QLF	2016－05－25	QLFZQ01CTJ＿01	火地沟流域天然径流观测样地	7 290 000	流域出口巴歇尔量水槽	松栎混交林	0.000	48
QLF	2016－05－26	QLFZQ01CTJ＿01	火地沟流域天然径流观测样地	7 290 000	流域出口巴歇尔量水槽	松栎混交林	0.000	48
QLF	2016－05－27	QLFZQ01CTJ＿01	火地沟流域天然径流观测样地	7 290 000	流域出口巴歇尔量水槽	松栎混交林	0.000	48
QLF	2016－05－28	QLFZQ01CTJ＿01	火地沟流域天然径流观测样地	7 290 000	流域出口巴歇尔量水槽	松栎混交林	0.000	48
QLF	2016－05－29	QLFZQ01CTJ＿01	火地沟流域天然径流观测样地	7 290 000	流域出口巴歇尔量水槽	松栎混交林	0.000	48
QLF	2016－05－30	QLFZQ01CTJ＿01	火地沟流域天然径流观测样地	7 290 000	流域出口巴歇尔量水槽	松栎混交林	0.000	48
QLF	2016－05－31	QLFZQ01CTJ＿01	火地沟流域天然径流观测样地	7 290 000	流域出口巴歇尔量水槽	松栎混交林	0.000	48
QLF	2016－06－01	QLFZQ01CTJ＿01	火地沟流域天然径流观测样地	7 290 000	流域出口巴歇尔量水槽	松栎混交林	0.000	48

（续）

生态站代码	年-月-日	径流观测样地代码	样地名称	集水面积/m²	径流观测点描述	植被名称	地表径流量总量/mm	地表径流量数目
QLF	2016-06-02	QLFZQ01CTJ_01	火地沟流域天然径流观测样地	7 290 000	流域出口巴歇尔量水槽	松栎混交林	0.250	48
QLF	2016-06-03	QLFZQ01CTJ_01	火地沟流域天然径流观测样地	7 290 000	流域出口巴歇尔量水槽	松栎混交林	0.030	48
QLF	2016-06-04	QLFZQ01CTJ_01	火地沟流域天然径流观测样地	7 290 000	流域出口巴歇尔量水槽	松栎混交林	0.000	48
QLF	2016-06-05	QLFZQ01CTJ_01	火地沟流域天然径流观测样地	7 290 000	流域出口巴歇尔量水槽	松栎混交林	0.010	48
QLF	2016-06-06	QLFZQ01CTJ_01	火地沟流域天然径流观测样地	7 290 000	流域出口巴歇尔量水槽	松栎混交林	0.000	48
QLF	2016-06-07	QLFZQ01CTJ_01	火地沟流域天然径流观测样地	7 290 000	流域出口巴歇尔量水槽	松栎混交林	0.000	48
QLF	2016-06-08	QLFZQ01CTJ_01	火地沟流域天然径流观测样地	7 290 000	流域出口巴歇尔量水槽	松栎混交林	0.000	48
QLF	2016-06-09	QLFZQ01CTJ_01	火地沟流域天然径流观测样地	7 290 000	流域出口巴歇尔量水槽	松栎混交林	0.000	48
QLF	2016-06-10	QLFZQ01CTJ_01	火地沟流域天然径流观测样地	7 290 000	流域出口巴歇尔量水槽	松栎混交林	0.000	48
QLF	2016-06-11	QLFZQ01CTJ_01	火地沟流域天然径流观测样地	7 290 000	流域出口巴歇尔量水槽	松栎混交林	0.000	48
QLF	2016-06-12	QLFZQ01CTJ_01	火地沟流域天然径流观测样地	7 290 000	流域出口巴歇尔量水槽	松栎混交林	0.000	48
QLF	2016-06-13	QLFZQ01CTJ_01	火地沟流域天然径流观测样地	7 290 000	流域出口巴歇尔量水槽	松栎混交林	0.000	48
QLF	2016-06-14	QLFZQ01CTJ_01	火地沟流域天然径流观测样地	7 290 000	流域出口巴歇尔量水槽	松栎混交林	0.000	48

（续）

生态站代码	年-月-日	径流观测样地代码	样地名称	集水面积/m²	径流观测点描述	植被名称	地表径流量总量/mm	地表径流量数目
QLF	2016-06-15	QLFZQ01CTJ_01	火地沟流域天然径流观测样地	7 290 000	流域出口巴歇尔量水槽	松栎混交林	0.000	48
QLF	2016-06-16	QLFZQ01CTJ_01	火地沟流域天然径流观测样地	7 290 000	流域出口巴歇尔量水槽	松栎混交林	0.000	48
QLF	2016-06-17	QLFZQ01CTJ_01	火地沟流域天然径流观测样地	7 290 000	流域出口巴歇尔量水槽	松栎混交林	0.000	48
QLF	2016-06-18	QLFZQ01CTJ_01	火地沟流域天然径流观测样地	7 290 000	流域出口巴歇尔量水槽	松栎混交林	0.000	48
QLF	2016-06-19	QLFZQ01CTJ_01	火地沟流域天然径流观测样地	7 290 000	流域出口巴歇尔量水槽	松栎混交林	0.000	48
QLF	2016-06-20	QLFZQ01CTJ_01	火地沟流域天然径流观测样地	7 290 000	流域出口巴歇尔量水槽	松栎混交林	0.000	48
QLF	2016-06-21	QLFZQ01CTJ_01	火地沟流域天然径流观测样地	7 290 000	流域出口巴歇尔量水槽	松栎混交林	0.000	48
QLF	2016-06-22	QLFZQ01CTJ_01	火地沟流域天然径流观测样地	7 290 000	流域出口巴歇尔量水槽	松栎混交林	0.000	48
QLF	2016-06-23	QLFZQ01CTJ_01	火地沟流域天然径流观测样地	7 290 000	流域出口巴歇尔量水槽	松栎混交林	0.950	48
QLF	2016-06-24	QLFZQ01CTJ_01	火地沟流域天然径流观测样地	7 290 000	流域出口巴歇尔量水槽	松栎混交林	0.550	48
QLF	2016-06-25	QLFZQ01CTJ_01	火地沟流域天然径流观测样地	7 290 000	流域出口巴歇尔量水槽	松栎混交林	0.160	48
QLF	2016-06-26	QLFZQ01CTJ_01	火地沟流域天然径流观测样地	7 290 000	流域出口巴歇尔量水槽	松栎混交林	0.000	48
QLF	2016-06-27	QLFZQ01CTJ_01	火地沟流域天然径流观测样地	7 290 000	流域出口巴歇尔量水槽	松栎混交林	0.000	48

（续）

生态站代码	年-月-日	径流观测样地代码	样地名称	集水面积/m²	径流观测点描述	植被名称	地表径流量总量/mm	地表径流量数目
QLF	2016-06-28	QLFZQ01CTJ_01	火地沟流域天然径流观测样地	7 290 000	流域出口巴歇尔量水槽	松栎混交林	0.000	48
QLF	2016-06-29	QLFZQ01CTJ_01	火地沟流域天然径流观测样地	7 290 000	流域出口巴歇尔量水槽	松栎混交林	0.000	48
QLF	2016-06-30	QLFZQ01CTJ_01	火地沟流域天然径流观测样地	7 290 000	流域出口巴歇尔量水槽	松栎混交林	0.620	48
QLF	2016-07-01	QLFZQ01CTJ_01	火地沟流域天然径流观测样地	7 290 000	流域出口巴歇尔量水槽	松栎混交林	0.060	48
QLF	2016-07-02	QLFZQ01CTJ_01	火地沟流域天然径流观测样地	7 290 000	流域出口巴歇尔量水槽	松栎混交林	0.000	48
QLF	2016-07-03	QLFZQ01CTJ_01	火地沟流域天然径流观测样地	7 290 000	流域出口巴歇尔量水槽	松栎混交林	0.000	48
QLF	2016-07-04	QLFZQ01CTJ_01	火地沟流域天然径流观测样地	7 290 000	流域出口巴歇尔量水槽	松栎混交林	0.000	48
QLF	2016-07-05	QLFZQ01CTJ_01	火地沟流域天然径流观测样地	7 290 000	流域出口巴歇尔量水槽	松栎混交林	0.000	48
QLF	2016-07-06	QLFZQ01CTJ_01	火地沟流域天然径流观测样地	7 290 000	流域出口巴歇尔量水槽	松栎混交林	0.000	48
QLF	2016-07-07	QLFZQ01CTJ_01	火地沟流域天然径流观测样地	7 290 000	流域出口巴歇尔量水槽	松栎混交林	0.000	48
QLF	2016-07-08	QLFZQ01CTJ_01	火地沟流域天然径流观测样地	7 290 000	流域出口巴歇尔量水槽	松栎混交林	0.000	48
QLF	2016-07-09	QLFZQ01CTJ_01	火地沟流域天然径流观测样地	7 290 000	流域出口巴歇尔量水槽	松栎混交林	0.000	48
QLF	2016-07-10	QLFZQ01CTJ_01	火地沟流域天然径流观测样地	7 290 000	流域出口巴歇尔量水槽	松栎混交林	0.000	48

（续）

生态站代码	年-月-日	径流观测样地代码	样地名称	集水面积/m²	径流观测点描述	植被名称	地表径流量总量/mm	地表径流量数目
QLF	2016-07-11	QLFZQ01CTJ_01	火地沟流域天然径流观测样地	7 290 000	流域出口巴歇尔量水槽	松栎混交林	0.000	48
QLF	2016-07-12	QLFZQ01CTJ_01	火地沟流域天然径流观测样地	7 290 000	流域出口巴歇尔量水槽	松栎混交林	0.000	48
QLF	2016-07-13	QLFZQ01CTJ_01	火地沟流域天然径流观测样地	7 290 000	流域出口巴歇尔量水槽	松栎混交林	0.000	48
QLF	2016-07-14	QLFZQ01CTJ_01	火地沟流域天然径流观测样地	7 290 000	流域出口巴歇尔量水槽	松栎混交林	0.100	48
QLF	2016-07-15	QLFZQ01CTJ_01	火地沟流域天然径流观测样地	7 290 000	流域出口巴歇尔量水槽	松栎混交林	0.000	48
QLF	2016-07-16	QLFZQ01CTJ_01	火地沟流域天然径流观测样地	7 290 000	流域出口巴歇尔量水槽	松栎混交林	0.000	48
QLF	2016-07-17	QLFZQ01CTJ_01	火地沟流域天然径流观测样地	7 290 000	流域出口巴歇尔量水槽	松栎混交林	0.090	48
QLF	2016-07-18	QLFZQ01CTJ_01	火地沟流域天然径流观测样地	7 290 000	流域出口巴歇尔量水槽	松栎混交林	0.060	48
QLF	2016-07-19	QLFZQ01CTJ_01	火地沟流域天然径流观测样地	7 290 000	流域出口巴歇尔量水槽	松栎混交林	2.020	48
QLF	2016-07-20	QLFZQ01CTJ_01	火地沟流域天然径流观测样地	7 290 000	流域出口巴歇尔量水槽	松栎混交林	0.760	48
QLF	2016-07-21	QLFZQ01CTJ_01	火地沟流域天然径流观测样地	7 290 000	流域出口巴歇尔量水槽	松栎混交林	0.110	48
QLF	2016-07-22	QLFZQ01CTJ_01	火地沟流域天然径流观测样地	7 290 000	流域出口巴歇尔量水槽	松栎混交林	0.070	48
QLF	2016-07-23	QLFZQ01CTJ_01	火地沟流域天然径流观测样地	7 290 000	流域出口巴歇尔量水槽	松栎混交林	0.970	48

（续）

生态站代码	年-月-日	径流观测样地代码	样地名称	集水面积/m²	径流观测点描述	植被名称	地表径流量总量/mm	地表径流量数目
QLF	2016-07-24	QLFZQ01CTJ_01	火地沟流域天然径流观测样地	7 290 000	流域出口巴歇尔量水槽	松栎混交林	0.230	48
QLF	2016-07-25	QLFZQ01CTJ_01	火地沟流域天然径流观测样地	7 290 000	流域出口巴歇尔量水槽	松栎混交林	3.160	48
QLF	2016-07-26	QLFZQ01CTJ_01	火地沟流域天然径流观测样地	7 290 000	流域出口巴歇尔量水槽	松栎混交林	1.440	48
QLF	2016-07-27	QLFZQ01CTJ_01	火地沟流域天然径流观测样地	7 290 000	流域出口巴歇尔量水槽	松栎混交林	1.770	48
QLF	2016-07-28	QLFZQ01CTJ_01	火地沟流域天然径流观测样地	7 290 000	流域出口巴歇尔量水槽	松栎混交林	1.460	48
QLF	2016-07-29	QLFZQ01CTJ_01	火地沟流域天然径流观测样地	7 290 000	流域出口巴歇尔量水槽	松栎混交林	1.280	48
QLF	2016-07-30	QLFZQ01CTJ_01	火地沟流域天然径流观测样地	7 290 000	流域出口巴歇尔量水槽	松栎混交林	0.790	48
QLF	2016-07-31	QLFZQ01CTJ_01	火地沟流域天然径流观测样地	7 290 000	流域出口巴歇尔量水槽	松栎混交林	1.520	48
QLF	2016-08-01	QLFZQ01CTJ_01	火地沟流域天然径流观测样地	7 290 000	流域出口巴歇尔量水槽	松栎混交林	2.030	48
QLF	2016-08-02	QLFZQ01CTJ_01	火地沟流域天然径流观测样地	7 290 000	流域出口巴歇尔量水槽	松栎混交林	1.750	48
QLF	2016-08-03	QLFZQ01CTJ_01	火地沟流域天然径流观测样地	7 290 000	流域出口巴歇尔量水槽	松栎混交林	1.960	48
QLF	2016-08-04	QLFZQ01CTJ_01	火地沟流域天然径流观测样地	7 290 000	流域出口巴歇尔量水槽	松栎混交林	1.590	48
QLF	2016-08-05	QLFZQ01CTJ_01	火地沟流域天然径流观测样地	7 290 000	流域出口巴歇尔量水槽	松栎混交林	1.620	48

（续）

生态站代码	年-月-日	径流观测样地代码	样地名称	集水面积/m²	径流观测点描述	植被名称	地表径流量总量/mm	地表径流量数目
QLF	2016-08-06	QLFZQ01CTJ_01	火地沟流域天然径流观测样地	7 290 000	流域出口巴歇尔量水槽	松栎混交林	2.480	48
QLF	2016-08-07	QLFZQ01CTJ_01	火地沟流域天然径流观测样地	7 290 000	流域出口巴歇尔量水槽	松栎混交林	2.250	48
QLF	2016-08-08	QLFZQ01CTJ_01	火地沟流域天然径流观测样地	7 290 000	流域出口巴歇尔量水槽	松栎混交林	2.280	48
QLF	2016-08-09	QLFZQ01CTJ_01	火地沟流域天然径流观测样地	7 290 000	流域出口巴歇尔量水槽	松栎混交林	1.280	48
QLF	2016-08-10	QLFZQ01CTJ_01	火地沟流域天然径流观测样地	7 290 000	流域出口巴歇尔量水槽	松栎混交林	1.780	48
QLF	2016-08-11	QLFZQ01CTJ_01	火地沟流域天然径流观测样地	7 290 000	流域出口巴歇尔量水槽	松栎混交林	2.280	48
QLF	2016-08-12	QLFZQ01CTJ_01	火地沟流域天然径流观测样地	7 290 000	流域出口巴歇尔量水槽	松栎混交林	2.150	48
QLF	2016-08-13	QLFZQ01CTJ_01	火地沟流域天然径流观测样地	7 290 000	流域出口巴歇尔量水槽	松栎混交林	1.910	48
QLF	2016-08-14	QLFZQ01CTJ_01	火地沟流域天然径流观测样地	7 290 000	流域出口巴歇尔量水槽	松栎混交林	2.030	48
QLF	2016-08-15	QLFZQ01CTJ_01	火地沟流域天然径流观测样地	7 290 000	流域出口巴歇尔量水槽	松栎混交林	1.820	48
QLF	2016-08-16	QLFZQ01CTJ_01	火地沟流域天然径流观测样地	7 290 000	流域出口巴歇尔量水槽	松栎混交林	2.070	48
QLF	2016-08-17	QLFZQ01CTJ_01	火地沟流域天然径流观测样地	7 290 000	流域出口巴歇尔量水槽	松栎混交林	1.960	48
QLF	2016-08-18	QLFZQ01CTJ_01	火地沟流域天然径流观测样地	7 290 000	流域出口巴歇尔量水槽	松栎混交林	2.030	48

（续）

生态站代码	年-月-日	径流观测样地代码	样地名称	集水面积/m²	径流观测点描述	植被名称	地表径流量总量/mm	地表径流量数目
QLF	2016-08-19	QLFZQ01CTJ_01	火地沟流域天然径流观测样地	7 290 000	流域出口巴歇尔量水槽	松栎混交林	2.140	48
QLF	2016-08-20	QLFZQ01CTJ_01	火地沟流域天然径流观测样地	7 290 000	流域出口巴歇尔量水槽	松栎混交林	2.430	48
QLF	2016-08-21	QLFZQ01CTJ_01	火地沟流域天然径流观测样地	7 290 000	流域出口巴歇尔量水槽	松栎混交林	2.320	48
QLF	2016-08-22	QLFZQ01CTJ_01	火地沟流域天然径流观测样地	7 290 000	流域出口巴歇尔量水槽	松栎混交林	2.200	48
QLF	2016-08-23	QLFZQ01CTJ_01	火地沟流域天然径流观测样地	7 290 000	流域出口巴歇尔量水槽	松栎混交林	2.540	48
QLF	2016-08-24	QLFZQ01CTJ_01	火地沟流域天然径流观测样地	7 290 000	流域出口巴歇尔量水槽	松栎混交林	2.130	48
QLF	2016-08-25	QLFZQ01CTJ_01	火地沟流域天然径流观测样地	7 290 000	流域出口巴歇尔量水槽	松栎混交林	3.050	48
QLF	2016-08-26	QLFZQ01CTJ_01	火地沟流域天然径流观测样地	7 290 000	流域出口巴歇尔量水槽	松栎混交林	3.260	48
QLF	2016-08-27	QLFZQ01CTJ_01	火地沟流域天然径流观测样地	7 290 000	流域出口巴歇尔量水槽	松栎混交林	2.780	48
QLF	2016-08-28	QLFZQ01CTJ_01	火地沟流域天然径流观测样地	7 290 000	流域出口巴歇尔量水槽	松栎混交林	2.250	48
QLF	2016-08-29	QLFZQ01CTJ_01	火地沟流域天然径流观测样地	7 290 000	流域出口巴歇尔量水槽	松栎混交林	2.610	48
QLF	2016-08-30	QLFZQ01CTJ_01	火地沟流域天然径流观测样地	7 290 000	流域出口巴歇尔量水槽	松栎混交林	2.650	48
QLF	2016-08-31	QLFZQ01CTJ_01	火地沟流域天然径流观测样地	7 290 000	流域出口巴歇尔量水槽	松栎混交林	2.930	48

（续）

生态站代码	年-月-日	径流观测样地代码	样地名称	集水面积/m²	径流观测点描述	植被名称	地表径流量总量/mm	地表径流量数目
QLF	2016 – 09 – 01	QLFZQ01CTJ _ 01	火地沟流域天然径流观测样地	7 290 000	流域出口巴歇尔量水槽	松栎混交林	3.060	48
QLF	2016 – 09 – 02	QLFZQ01CTJ _ 01	火地沟流域天然径流观测样地	7 290 000	流域出口巴歇尔量水槽	松栎混交林	3.050	48
QLF	2016 – 09 – 03	QLFZQ01CTJ _ 01	火地沟流域天然径流观测样地	7 290 000	流域出口巴歇尔量水槽	松栎混交林	4.060	48
QLF	2016 – 09 – 04	QLFZQ01CTJ _ 01	火地沟流域天然径流观测样地	7 290 000	流域出口巴歇尔量水槽	松栎混交林	3.680	48
QLF	2016 – 09 – 05	QLFZQ01CTJ _ 01	火地沟流域天然径流观测样地	7 290 000	流域出口巴歇尔量水槽	松栎混交林	3.640	48
QLF	2016 – 09 – 06	QLFZQ01CTJ _ 01	火地沟流域天然径流观测样地	7 290 000	流域出口巴歇尔量水槽	松栎混交林	3.550	48
QLF	2016 – 09 – 07	QLFZQ01CTJ _ 01	火地沟流域天然径流观测样地	7 290 000	流域出口巴歇尔量水槽	松栎混交林	2.720	48
QLF	2016 – 09 – 08	QLFZQ01CTJ _ 01	火地沟流域天然径流观测样地	7 290 000	流域出口巴歇尔量水槽	松栎混交林	3.220	48
QLF	2016 – 09 – 09	QLFZQ01CTJ _ 01	火地沟流域天然径流观测样地	7 290 000	流域出口巴歇尔量水槽	松栎混交林	3.750	48
QLF	2016 – 09 – 10	QLFZQ01CTJ _ 01	火地沟流域天然径流观测样地	7 290 000	流域出口巴歇尔量水槽	松栎混交林	3.170	48
QLF	2016 – 09 – 11	QLFZQ01CTJ _ 01	火地沟流域天然径流观测样地	7 290 000	流域出口巴歇尔量水槽	松栎混交林	3.150	48
QLF	2016 – 09 – 12	QLFZQ01CTJ _ 01	火地沟流域天然径流观测样地	7 290 000	流域出口巴歇尔量水槽	松栎混交林	3.560	48
QLF	2016 – 09 – 13	QLFZQ01CTJ _ 01	火地沟流域天然径流观测样地	7 290 000	流域出口巴歇尔量水槽	松栎混交林	3.150	48

（续）

生态站代码	年-月-日	径流观测样地代码	样地名称	集水面积/m²	径流观测点描述	植被名称	地表径流量总量/mm	地表径流量数目
QLF	2016-09-14	QLFZQ01CTJ_01	火地沟流域天然径流观测样地	7 290 000	流域出口巴歇尔量水槽	松栎混交林	3.750	48
QLF	2016-09-15	QLFZQ01CTJ_01	火地沟流域天然径流观测样地	7 290 000	流域出口巴歇尔量水槽	松栎混交林	3.040	48
QLF	2016-09-16	QLFZQ01CTJ_01	火地沟流域天然径流观测样地	7 290 000	流域出口巴歇尔量水槽	松栎混交林	2.960	48
QLF	2016-09-17	QLFZQ01CTJ_01	火地沟流域天然径流观测样地	7 290 000	流域出口巴歇尔量水槽	松栎混交林	3.080	48
QLF	2016-09-18	QLFZQ01CTJ_01	火地沟流域天然径流观测样地	7 290 000	流域出口巴歇尔量水槽	松栎混交林	3.010	48
QLF	2016-09-19	QLFZQ01CTJ_01	火地沟流域天然径流观测样地	7 290 000	流域出口巴歇尔量水槽	松栎混交林	3.410	48
QLF	2016-09-20	QLFZQ01CTJ_01	火地沟流域天然径流观测样地	7 290 000	流域出口巴歇尔量水槽	松栎混交林	3.470	48
QLF	2016-09-21	QLFZQ01CTJ_01	火地沟流域天然径流观测样地	7 290 000	流域出口巴歇尔量水槽	松栎混交林	3.170	48
QLF	2016-09-22	QLFZQ01CTJ_01	火地沟流域天然径流观测样地	7 290 000	流域出口巴歇尔量水槽	松栎混交林	2.780	48
QLF	2016-09-23	QLFZQ01CTJ_01	火地沟流域天然径流观测样地	7 290 000	流域出口巴歇尔量水槽	松栎混交林	2.470	48
QLF	2016-09-24	QLFZQ01CTJ_01	火地沟流域天然径流观测样地	7 290 000	流域出口巴歇尔量水槽	松栎混交林	3.070	48
QLF	2016-09-25	QLFZQ01CTJ_01	火地沟流域天然径流观测样地	7 290 000	流域出口巴歇尔量水槽	松栎混交林	3.250	48
QLF	2016-09-26	QLFZQ01CTJ_01	火地沟流域天然径流观测样地	7 290 000	流域出口巴歇尔量水槽	松栎混交林	3.550	48

（续）

生态站代码	年-月-日	径流观测样地代码	样地名称	集水面积/m²	径流观测点描述	植被名称	地表径流量总量/mm	地表径流量数目
QLF	2016 - 09 - 27	QLFZQ01CTJ _ 01	火地沟流域天然径流观测样地	7 290 000	流域出口巴歇尔量水槽	松栎混交林	3.350	48
QLF	2016 - 09 - 28	QLFZQ01CTJ _ 01	火地沟流域天然径流观测样地	7 290 000	流域出口巴歇尔量水槽	松栎混交林	2.770	48
QLF	2016 - 09 - 29	QLFZQ01CTJ _ 01	火地沟流域天然径流观测样地	7 290 000	流域出口巴歇尔量水槽	松栎混交林	2.510	48
QLF	2016 - 09 - 30	QLFZQ01CTJ _ 01	火地沟流域天然径流观测样地	7 290 000	流域出口巴歇尔量水槽	松栎混交林	2.040	48
QLF	2016 - 10 - 01	QLFZQ01CTJ _ 01	火地沟流域天然径流观测样地	7 290 000	流域出口巴歇尔量水槽	松栎混交林	2.390	48
QLF	2016 - 10 - 02	QLFZQ01CTJ _ 01	火地沟流域天然径流观测样地	7 290 000	流域出口巴歇尔量水槽	松栎混交林	2.230	48
QLF	2016 - 10 - 03	QLFZQ01CTJ _ 01	火地沟流域天然径流观测样地	7 290 000	流域出口巴歇尔量水槽	松栎混交林	2.000	48
QLF	2016 - 10 - 04	QLFZQ01CTJ _ 01	火地沟流域天然径流观测样地	7 290 000	流域出口巴歇尔量水槽	松栎混交林	2.160	48
QLF	2016 - 10 - 05	QLFZQ01CTJ _ 01	火地沟流域天然径流观测样地	7 290 000	流域出口巴歇尔量水槽	松栎混交林	2.180	48
QLF	2016 - 10 - 06	QLFZQ01CTJ _ 01	火地沟流域天然径流观测样地	7 290 000	流域出口巴歇尔量水槽	松栎混交林	2.670	48
QLF	2016 - 10 - 07	QLFZQ01CTJ _ 01	火地沟流域天然径流观测样地	7 290 000	流域出口巴歇尔量水槽	松栎混交林	2.930	48
QLF	2016 - 10 - 08	QLFZQ01CTJ _ 01	火地沟流域天然径流观测样地	7 290 000	流域出口巴歇尔量水槽	松栎混交林	2.770	48
QLF	2016 - 10 - 09	QLFZQ01CTJ _ 01	火地沟流域天然径流观测样地	7 290 000	流域出口巴歇尔量水槽	松栎混交林	3.300	48

（续）

生态站代码	年-月-日	径流观测样地代码	样地名称	集水面积/m²	径流观测点描述	植被名称	地表径流量总量/mm	地表径流量数目
QLF	2016-10-10	QLFZQ01CTJ_01	火地沟流域天然径流观测样地	7 290 000	流域出口巴歇尔量水槽	松栎混交林	2.840	48
QLF	2016-10-11	QLFZQ01CTJ_01	火地沟流域天然径流观测样地	7 290 000	流域出口巴歇尔量水槽	松栎混交林	3.160	48
QLF	2016-10-12	QLFZQ01CTJ_01	火地沟流域天然径流观测样地	7 290 000	流域出口巴歇尔量水槽	松栎混交林	3.880	48
QLF	2016-10-13	QLFZQ01CTJ_01	火地沟流域天然径流观测样地	7 290 000	流域出口巴歇尔量水槽	松栎混交林	3.550	48
QLF	2016-10-14	QLFZQ01CTJ_01	火地沟流域天然径流观测样地	7 290 000	流域出口巴歇尔量水槽	松栎混交林	3.130	48
QLF	2016-10-15	QLFZQ01CTJ_01	火地沟流域天然径流观测样地	7 290 000	流域出口巴歇尔量水槽	松栎混交林	3.330	48
QLF	2016-10-16	QLFZQ01CTJ_01	火地沟流域天然径流观测样地	7 290 000	流域出口巴歇尔量水槽	松栎混交林	2.890	48
QLF	2016-10-17	QLFZQ01CTJ_01	火地沟流域天然径流观测样地	7 290 000	流域出口巴歇尔量水槽	松栎混交林	1.890	48
QLF	2016-10-18	QLFZQ01CTJ_01	火地沟流域天然径流观测样地	7 290 000	流域出口巴歇尔量水槽	松栎混交林	2.280	48
QLF	2016-10-19	QLFZQ01CTJ_01	火地沟流域天然径流观测样地	7 290 000	流域出口巴歇尔量水槽	松栎混交林	1.900	48
QLF	2016-10-20	QLFZQ01CTJ_01	火地沟流域天然径流观测样地	7 290 000	流域出口巴歇尔量水槽	松栎混交林	2.220	48
QLF	2016-10-21	QLFZQ01CTJ_01	火地沟流域天然径流观测样地	7 290 000	流域出口巴歇尔量水槽	松栎混交林	6.550	48
QLF	2016-10-22	QLFZQ01CTJ_01	火地沟流域天然径流观测样地	7 290 000	流域出口巴歇尔量水槽	松栎混交林	3.520	48

（续）

生态站代码	年-月-日	径流观测样地代码	样地名称	集水面积/m²	径流观测点描述	植被名称	地表径流量总量/mm	地表径流量数目
QLF	2016-10-23	QLFZQ01CTJ_01	火地沟流域天然径流观测样地	7 290 000	流域出口巴歇尔量水槽	松栎混交林	3.690	48
QLF	2016-10-24	QLFZQ01CTJ_01	火地沟流域天然径流观测样地	7 290 000	流域出口巴歇尔量水槽	松栎混交林	4.390	48
QLF	2016-10-25	QLFZQ01CTJ_01	火地沟流域天然径流观测样地	7 290 000	流域出口巴歇尔量水槽	松栎混交林	3.450	48
QLF	2016-10-26	QLFZQ01CTJ_01	火地沟流域天然径流观测样地	7 290 000	流域出口巴歇尔量水槽	松栎混交林	3.020	48
QLF	2016-10-27	QLFZQ01CTJ_01	火地沟流域天然径流观测样地	7 290 000	流域出口巴歇尔量水槽	松栎混交林	3.590	48
QLF	2016-10-28	QLFZQ01CTJ_01	火地沟流域天然径流观测样地	7 290 000	流域出口巴歇尔量水槽	松栎混交林	3.310	48
QLF	2016-10-29	QLFZQ01CTJ_01	火地沟流域天然径流观测样地	7 290 000	流域出口巴歇尔量水槽	松栎混交林	3.380	48
QLF	2016-10-30	QLFZQ01CTJ_01	火地沟流域天然径流观测样地	7 290 000	流域出口巴歇尔量水槽	松栎混交林	2.870	48
QLF	2016-10-31	QLFZQ01CTJ_01	火地沟流域天然径流观测样地	7 290 000	流域出口巴歇尔量水槽	松栎混交林	3.050	48
QLF	2016-11-01	QLFZQ01CTJ_01	火地沟流域天然径流观测样地	7 290 000	流域出口巴歇尔量水槽	松栎混交林	3.250	48
QLF	2016-11-02	QLFZQ01CTJ_01	火地沟流域天然径流观测样地	7 290 000	流域出口巴歇尔量水槽	松栎混交林	2.850	48
QLF	2016-11-03	QLFZQ01CTJ_01	火地沟流域天然径流观测样地	7 290 000	流域出口巴歇尔量水槽	松栎混交林	2.350	48
QLF	2016-11-04	QLFZQ01CTJ_01	火地沟流域天然径流观测样地	7 290 000	流域出口巴歇尔量水槽	松栎混交林	2.370	48

（续）

生态站代码	年-月-日	径流观测样地代码	样地名称	集水面积/m²	径流观测点描述	植被名称	地表径流量总量/mm	地表径流量数目
QLF	2016-11-05	QLFZQ01CTJ_01	火地沟流域天然径流观测样地	7 290 000	流域出口巴歇尔量水槽	松栎混交林	2.970	48
QLF	2016-11-06	QLFZQ01CTJ_01	火地沟流域天然径流观测样地	7 290 000	流域出口巴歇尔量水槽	松栎混交林	3.600	48
QLF	2016-11-07	QLFZQ01CTJ_01	火地沟流域天然径流观测样地	7 290 000	流域出口巴歇尔量水槽	松栎混交林	4.320	48
QLF	2016-11-08	QLFZQ01CTJ_01	火地沟流域天然径流观测样地	7 290 000	流域出口巴歇尔量水槽	松栎混交林	2.770	48
QLF	2016-11-09	QLFZQ01CTJ_01	火地沟流域天然径流观测样地	7 290 000	流域出口巴歇尔量水槽	松栎混交林	2.700	48
QLF	2016-11-10	QLFZQ01CTJ_01	火地沟流域天然径流观测样地	7 290 000	流域出口巴歇尔量水槽	松栎混交林	2.810	48
QLF	2016-11-11	QLFZQ01CTJ_01	火地沟流域天然径流观测样地	7 290 000	流域出口巴歇尔量水槽	松栎混交林	3.020	48
QLF	2016-11-12	QLFZQ01CTJ_01	火地沟流域天然径流观测样地	7 290 000	流域出口巴歇尔量水槽	松栎混交林	3.000	48
QLF	2016-11-13	QLFZQ01CTJ_01	火地沟流域天然径流观测样地	7 290 000	流域出口巴歇尔量水槽	松栎混交林	3.200	48
QLF	2016-11-14	QLFZQ01CTJ_01	火地沟流域天然径流观测样地	7 290 000	流域出口巴歇尔量水槽	松栎混交林	3.550	48
QLF	2016-11-15	QLFZQ01CTJ_01	火地沟流域天然径流观测样地	7 290 000	流域出口巴歇尔量水槽	松栎混交林	2.840	48
QLF	2016-11-16	QLFZQ01CTJ_01	火地沟流域天然径流观测样地	7 290 000	流域出口巴歇尔量水槽	松栎混交林	3.540	48
QLF	2016-11-17	QLFZQ01CTJ_01	火地沟流域天然径流观测样地	7 290 000	流域出口巴歇尔量水槽	松栎混交林	2.990	48

（续）

生态站代码	年-月-日	径流观测样地代码	样地名称	集水面积/m²	径流观测点描述	植被名称	地表径流量总量/mm	地表径流量数目
QLF	2016-11-18	QLFZQ01CTJ_01	火地沟流域天然径流观测样地	7 290 000	流域出口巴歇尔量水槽	松栎混交林	2.890	48
QLF	2016-11-19	QLFZQ01CTJ_01	火地沟流域天然径流观测样地	7 290 000	流域出口巴歇尔量水槽	松栎混交林	2.750	48
QLF	2016-11-20	QLFZQ01CTJ_01	火地沟流域天然径流观测样地	7 290 000	流域出口巴歇尔量水槽	松栎混交林	2.450	48
QLF	2016-11-21	QLFZQ01CTJ_01	火地沟流域天然径流观测样地	7 290 000	流域出口巴歇尔量水槽	松栎混交林	3.270	48
QLF	2016-11-22	QLFZQ01CTJ_01	火地沟流域天然径流观测样地	7 290 000	流域出口巴歇尔量水槽	松栎混交林	3.420	48
QLF	2016-11-23	QLFZQ01CTJ_01	火地沟流域天然径流观测样地	7 290 000	流域出口巴歇尔量水槽	松栎混交林	3.160	48
QLF	2016-11-24	QLFZQ01CTJ_01	火地沟流域天然径流观测样地	7 290 000	流域出口巴歇尔量水槽	松栎混交林	2.790	48
QLF	2016-11-25	QLFZQ01CTJ_01	火地沟流域天然径流观测样地	7 290 000	流域出口巴歇尔量水槽	松栎混交林	2.970	48
QLF	2016-11-26	QLFZQ01CTJ_01	火地沟流域天然径流观测样地	7 290 000	流域出口巴歇尔量水槽	松栎混交林	2.640	48
QLF	2016-11-27	QLFZQ01CTJ_01	火地沟流域天然径流观测样地	7 290 000	流域出口巴歇尔量水槽	松栎混交林	3.450	48
QLF	2016-11-28	QLFZQ01CTJ_01	火地沟流域天然径流观测样地	7 290 000	流域出口巴歇尔量水槽	松栎混交林	3.070	48
QLF	2016-11-29	QLFZQ01CTJ_01	火地沟流域天然径流观测样地	7 290 000	流域出口巴歇尔量水槽	松栎混交林	3.280	48
QLF	2016-11-30	QLFZQ01CTJ_01	火地沟流域天然径流观测样地	7 290 000	流域出口巴歇尔量水槽	松栎混交林	2.550	48

（续）

生态站代码	年-月-日	径流观测样地代码	样地名称	集水面积/m²	径流观测点描述	植被名称	地表径流量总量/mm	地表径流量数目
QLF	2016 - 12 - 01	QLFZQ01CTJ _ 01	火地沟流域天然径流观测样地	7 290 000	流域出口巴歇尔量水槽	松栎混交林	2.880	48
QLF	2016 - 12 - 02	QLFZQ01CTJ _ 01	火地沟流域天然径流观测样地	7 290 000	流域出口巴歇尔量水槽	松栎混交林	2.830	48
QLF	2016 - 12 - 03	QLFZQ01CTJ _ 01	火地沟流域天然径流观测样地	7 290 000	流域出口巴歇尔量水槽	松栎混交林	2.840	48
QLF	2016 - 12 - 04	QLFZQ01CTJ _ 01	火地沟流域天然径流观测样地	7 290 000	流域出口巴歇尔量水槽	松栎混交林	2.620	48
QLF	2017 - 03 - 25	QLFZQ01CTJ _ 01	火地沟流域天然径流观测样地	7 290 000	流域出口巴歇尔量水槽	松栎混交林	1.086	20
QLF	2017 - 03 - 26	QLFZQ01CTJ _ 01	火地沟流域天然径流观测样地	7 290 000	流域出口巴歇尔量水槽	松栎混交林	0.016	48
QLF	2017 - 03 - 27	QLFZQ01CTJ _ 01	火地沟流域天然径流观测样地	7 290 000	流域出口巴歇尔量水槽	松栎混交林	0.000	48
QLF	2017 - 03 - 28	QLFZQ01CTJ _ 01	火地沟流域天然径流观测样地	7 290 000	流域出口巴歇尔量水槽	松栎混交林	0.000	48
QLF	2017 - 03 - 29	QLFZQ01CTJ _ 01	火地沟流域天然径流观测样地	7 290 000	流域出口巴歇尔量水槽	松栎混交林	0.000	48
QLF	2017 - 03 - 30	QLFZQ01CTJ _ 01	火地沟流域天然径流观测样地	7 290 000	流域出口巴歇尔量水槽	松栎混交林	0.000	48
QLF	2017 - 03 - 31	QLFZQ01CTJ _ 01	火地沟流域天然径流观测样地	7 290 000	流域出口巴歇尔量水槽	松栎混交林	0.000	48
QLF	2017 - 04 - 01	QLFZQ01CTJ _ 01	火地沟流域天然径流观测样地	7 290 000	流域出口巴歇尔量水槽	松栎混交林	0.000	48
QLF	2017 - 04 - 02	QLFZQ01CTJ _ 01	火地沟流域天然径流观测样地	7 290 000	流域出口巴歇尔量水槽	松栎混交林	0.000	48

（续）

生态站代码	年-月-日	径流观测样地代码	样地名称	集水面积/m²	径流观测点描述	植被名称	地表径流量总量/mm	地表径流量数目
QLF	2017 - 04 - 03	QLFZQ01CTJ_01	火地沟流域天然径流观测样地	7 290 000	流域出口巴歇尔量水槽	松栎混交林	0.000	48
QLF	2017 - 04 - 04	QLFZQ01CTJ_01	火地沟流域天然径流观测样地	7 290 000	流域出口巴歇尔量水槽	松栎混交林	0.000	48
QLF	2017 - 04 - 05	QLFZQ01CTJ_01	火地沟流域天然径流观测样地	7 290 000	流域出口巴歇尔量水槽	松栎混交林	0.000	48
QLF	2017 - 04 - 06	QLFZQ01CTJ_01	火地沟流域天然径流观测样地	7 290 000	流域出口巴歇尔量水槽	松栎混交林	0.000	48
QLF	2017 - 04 - 07	QLFZQ01CTJ_01	火地沟流域天然径流观测样地	7 290 000	流域出口巴歇尔量水槽	松栎混交林	0.000	48
QLF	2017 - 04 - 08	QLFZQ01CTJ_01	火地沟流域天然径流观测样地	7 290 000	流域出口巴歇尔量水槽	松栎混交林	0.000	48
QLF	2017 - 04 - 09	QLFZQ01CTJ_01	火地沟流域天然径流观测样地	7 290 000	流域出口巴歇尔量水槽	松栎混交林	0.000	48
QLF	2017 - 04 - 10	QLFZQ01CTJ_01	火地沟流域天然径流观测样地	7 290 000	流域出口巴歇尔量水槽	松栎混交林	0.000	48
QLF	2017 - 04 - 11	QLFZQ01CTJ_01	火地沟流域天然径流观测样地	7 290 000	流域出口巴歇尔量水槽	松栎混交林	0.000	48
QLF	2017 - 04 - 12	QLFZQ01CTJ_01	火地沟流域天然径流观测样地	7 290 000	流域出口巴歇尔量水槽	松栎混交林	0.000	48
QLF	2017 - 04 - 13	QLFZQ01CTJ_01	火地沟流域天然径流观测样地	7 290 000	流域出口巴歇尔量水槽	松栎混交林	0.050	48
QLF	2017 - 04 - 14	QLFZQ01CTJ_01	火地沟流域天然径流观测样地	7 290 000	流域出口巴歇尔量水槽	松栎混交林	0.132	48
QLF	2017 - 04 - 15	QLFZQ01CTJ_01	火地沟流域天然径流观测样地	7 290 000	流域出口巴歇尔量水槽	松栎混交林	0.198	48

（续）

生态站代码	年-月-日	径流观测样地代码	样地名称	集水面积/m²	径流观测点描述	植被名称	地表径流量总量/mm	地表径流量数目
QLF	2017-04-16	QLFZQ01CTJ_01	火地沟流域天然径流观测样地	7 290 000	流域出口巴歇尔量水槽	松栎混交林	0.000	48
QLF	2017-04-17	QLFZQ01CTJ_01	火地沟流域天然径流观测样地	7 290 000	流域出口巴歇尔量水槽	松栎混交林	0.000	48
QLF	2017-04-18	QLFZQ01CTJ_01	火地沟流域天然径流观测样地	7 290 000	流域出口巴歇尔量水槽	松栎混交林	0.136	48
QLF	2017-04-19	QLFZQ01CTJ_01	火地沟流域天然径流观测样地	7 290 000	流域出口巴歇尔量水槽	松栎混交林	0.284	48
QLF	2017-04-20	QLFZQ01CTJ_01	火地沟流域天然径流观测样地	7 290 000	流域出口巴歇尔量水槽	松栎混交林	0.534	48
QLF	2017-04-21	QLFZQ01CTJ_01	火地沟流域天然径流观测样地	7 290 000	流域出口巴歇尔量水槽	松栎混交林	0.694	48
QLF	2017-04-22	QLFZQ01CTJ_01	火地沟流域天然径流观测样地	7 290 000	流域出口巴歇尔量水槽	松栎混交林	0.753	48
QLF	2017-04-23	QLFZQ01CTJ_01	火地沟流域天然径流观测样地	7 290 000	流域出口巴歇尔量水槽	松栎混交林	0.707	48
QLF	2017-04-24	QLFZQ01CTJ_01	火地沟流域天然径流观测样地	7 290 000	流域出口巴歇尔量水槽	松栎混交林	0.787	48
QLF	2017-04-25	QLFZQ01CTJ_01	火地沟流域天然径流观测样地	7 290 000	流域出口巴歇尔量水槽	松栎混交林	0.810	48
QLF	2017-04-26	QLFZQ01CTJ_01	火地沟流域天然径流观测样地	7 290 000	流域出口巴歇尔量水槽	松栎混交林	1.028	48
QLF	2017-04-27	QLFZQ01CTJ_01	火地沟流域天然径流观测样地	7 290 000	流域出口巴歇尔量水槽	松栎混交林	1.086	48
QLF	2017-04-28	QLFZQ01CTJ_01	火地沟流域天然径流观测样地	7 290 000	流域出口巴歇尔量水槽	松栎混交林	1.269	48

（续）

生态站代码	年-月-日	径流观测样地代码	样地名称	集水面积/m²	径流观测点描述	植被名称	地表径流量总量/mm	地表径流量数目
QLF	2017-04-29	QLFZQ01CTJ_01	火地沟流域天然径流观测样地	7 290 000	流域出口巴歇尔量水槽	松栎混交林	1.373	48
QLF	2017-04-30	QLFZQ01CTJ_01	火地沟流域天然径流观测样地	7 290 000	流域出口巴歇尔量水槽	松栎混交林	1.299	48
QLF	2017-05-01	QLFZQ01CTJ_01	火地沟流域天然径流观测样地	7 290 000	流域出口巴歇尔量水槽	松栎混交林	1.438	48
QLF	2017-05-02	QLFZQ01CTJ_01	火地沟流域天然径流观测样地	7 290 000	流域出口巴歇尔量水槽	松栎混交林	1.674	48
QLF	2017-05-03	QLFZQ01CTJ_01	火地沟流域天然径流观测样地	7 290 000	流域出口巴歇尔量水槽	松栎混交林	0.000	48
QLF	2017-05-04	QLFZQ01CTJ_01	火地沟流域天然径流观测样地	7 290 000	流域出口巴歇尔量水槽	松栎混交林	0.782	48
QLF	2017-05-05	QLFZQ01CTJ_01	火地沟流域天然径流观测样地	7 290 000	流域出口巴歇尔量水槽	松栎混交林	1.239	48
QLF	2017-05-06	QLFZQ01CTJ_01	火地沟流域天然径流观测样地	7 290 000	流域出口巴歇尔量水槽	松栎混交林	1.416	48
QLF	2017-05-07	QLFZQ01CTJ_01	火地沟流域天然径流观测样地	7 290 000	流域出口巴歇尔量水槽	松栎混交林	1.528	48
QLF	2017-05-08	QLFZQ01CTJ_01	火地沟流域天然径流观测样地	7 290 000	流域出口巴歇尔量水槽	松栎混交林	1.447	48
QLF	2017-05-09	QLFZQ01CTJ_01	火地沟流域天然径流观测样地	7 290 000	流域出口巴歇尔量水槽	松栎混交林	1.455	48
QLF	2017-05-10	QLFZQ01CTJ_01	火地沟流域天然径流观测样地	7 290 000	流域出口巴歇尔量水槽	松栎混交林	1.410	48
QLF	2017-05-11	QLFZQ01CTJ_01	火地沟流域天然径流观测样地	7 290 000	流域出口巴歇尔量水槽	松栎混交林	1.217	48

（续）

生态站代码	年-月-日	径流观测样地代码	样地名称	集水面积/m²	径流观测点描述	植被名称	地表径流量总量/mm	地表径流量数目
QLF	2017-05-12	QLFZQ01CTJ_01	火地沟流域天然径流观测样地	7 290 000	流域出口巴歇尔量水槽	松栎混交林	1.359	48
QLF	2017-05-13	QLFZQ01CTJ_01	火地沟流域天然径流观测样地	7 290 000	流域出口巴歇尔量水槽	松栎混交林	1.438	48
QLF	2017-05-14	QLFZQ01CTJ_01	火地沟流域天然径流观测样地	7 290 000	流域出口巴歇尔量水槽	松栎混交林	1.521	48
QLF	2017-05-15	QLFZQ01CTJ_01	火地沟流域天然径流观测样地	7 290 000	流域出口巴歇尔量水槽	松栎混交林	1.678	48
QLF	2017-05-16	QLFZQ01CTJ_01	火地沟流域天然径流观测样地	7 290 000	流域出口巴歇尔量水槽	松栎混交林	1.700	48
QLF	2017-05-17	QLFZQ01CTJ_01	火地沟流域天然径流观测样地	7 290 000	流域出口巴歇尔量水槽	松栎混交林	1.424	48
QLF	2017-05-18	QLFZQ01CTJ_01	火地沟流域天然径流观测样地	7 290 000	流域出口巴歇尔量水槽	松栎混交林	1.374	48
QLF	2017-05-19	QLFZQ01CTJ_01	火地沟流域天然径流观测样地	7 290 000	流域出口巴歇尔量水槽	松栎混交林	1.326	48
QLF	2017-05-20	QLFZQ01CTJ_01	火地沟流域天然径流观测样地	7 290 000	流域出口巴歇尔量水槽	松栎混交林	1.392	48
QLF	2017-05-21	QLFZQ01CTJ_01	火地沟流域天然径流观测样地	7 290 000	流域出口巴歇尔量水槽	松栎混交林	1.474	48
QLF	2017-05-22	QLFZQ01CTJ_01	火地沟流域天然径流观测样地	7 290 000	流域出口巴歇尔量水槽	松栎混交林	1.401	48
QLF	2017-05-23	QLFZQ01CTJ_01	火地沟流域天然径流观测样地	7 290 000	流域出口巴歇尔量水槽	松栎混交林	1.039	48
QLF	2017-05-24	QLFZQ01CTJ_01	火地沟流域天然径流观测样地	7 290 000	流域出口巴歇尔量水槽	松栎混交林	1.393	48

（续）

生态站代码	年-月-日	径流观测样地代码	样地名称	集水面积/m²	径流观测点描述	植被名称	地表径流量总量/mm	地表径流量数目
QLF	2017 - 05 - 25	QLFZQ01CTJ _ 01	火地沟流域天然径流观测样地	7 290 000	流域出口巴歇尔量水槽	松栎混交林	1.494	48
QLF	2017 - 05 - 26	QLFZQ01CTJ _ 01	火地沟流域天然径流观测样地	7 290 000	流域出口巴歇尔量水槽	松栎混交林	1.542	48
QLF	2017 - 05 - 27	QLFZQ01CTJ _ 01	火地沟流域天然径流观测样地	7 290 000	流域出口巴歇尔量水槽	松栎混交林	1.670	48
QLF	2017 - 05 - 28	QLFZQ01CTJ _ 01	火地沟流域天然径流观测样地	7 290 000	流域出口巴歇尔量水槽	松栎混交林	1.689	48
QLF	2017 - 05 - 29	QLFZQ01CTJ _ 01	火地沟流域天然径流观测样地	7 290 000	流域出口巴歇尔量水槽	松栎混交林	1.778	48
QLF	2017 - 05 - 30	QLFZQ01CTJ _ 01	火地沟流域天然径流观测样地	7 290 000	流域出口巴歇尔量水槽	松栎混交林	1.788	48
QLF	2017 - 05 - 31	QLFZQ01CTJ _ 01	火地沟流域天然径流观测样地	7 290 000	流域出口巴歇尔量水槽	松栎混交林	1.862	48
QLF	2017 - 06 - 01	QLFZQ01CTJ _ 01	火地沟流域天然径流观测样地	7 290 000	流域出口巴歇尔量水槽	松栎混交林	1.975	48
QLF	2017 - 06 - 02	QLFZQ01CTJ _ 01	火地沟流域天然径流观测样地	7 290 000	流域出口巴歇尔量水槽	松栎混交林	2.174	48
QLF	2017 - 06 - 03	QLFZQ01CTJ _ 01	火地沟流域天然径流观测样地	7 290 000	流域出口巴歇尔量水槽	松栎混交林	2.288	48
QLF	2017 - 06 - 04	QLFZQ01CTJ _ 01	火地沟流域天然径流观测样地	7 290 000	流域出口巴歇尔量水槽	松栎混交林	1.460	48
QLF	2017 - 06 - 05	QLFZQ01CTJ _ 01	火地沟流域天然径流观测样地	7 290 000	流域出口巴歇尔量水槽	松栎混交林	0.845	48
QLF	2017 - 06 - 06	QLFZQ01CTJ _ 01	火地沟流域天然径流观测样地	7 290 000	流域出口巴歇尔量水槽	松栎混交林	1.639	48

（续）

生态站代码	年-月-日	径流观测样地代码	样地名称	集水面积/m²	径流观测点描述	植被名称	地表径流量总量/mm	地表径流量数目
QLF	2017 - 06 - 07	QLFZQ01CTJ_01	火地沟流域天然径流观测样地	7 290 000	流域出口巴歇尔量水槽	松栎混交林	1.833	48
QLF	2017 - 06 - 08	QLFZQ01CTJ_01	火地沟流域天然径流观测样地	7 290 000	流域出口巴歇尔量水槽	松栎混交林	1.878	48
QLF	2017 - 06 - 09	QLFZQ01CTJ_01	火地沟流域天然径流观测样地	7 290 000	流域出口巴歇尔量水槽	松栎混交林	1.887	48
QLF	2017 - 06 - 10	QLFZQ01CTJ_01	火地沟流域天然径流观测样地	7 290 000	流域出口巴歇尔量水槽	松栎混交林	1.861	48
QLF	2017 - 06 - 11	QLFZQ01CTJ_01	火地沟流域天然径流观测样地	7 290 000	流域出口巴歇尔量水槽	松栎混交林	2.063	48
QLF	2017 - 06 - 12	QLFZQ01CTJ_01	火地沟流域天然径流观测样地	7 290 000	流域出口巴歇尔量水槽	松栎混交林	2.148	48
QLF	2017 - 06 - 13	QLFZQ01CTJ_01	火地沟流域天然径流观测样地	7 290 000	流域出口巴歇尔量水槽	松栎混交林	2.077	48
QLF	2017 - 06 - 14	QLFZQ01CTJ_01	火地沟流域天然径流观测样地	7 290 000	流域出口巴歇尔量水槽	松栎混交林	2.136	48
QLF	2017 - 06 - 15	QLFZQ01CTJ_01	火地沟流域天然径流观测样地	7 290 000	流域出口巴歇尔量水槽	松栎混交林	2.100	48
QLF	2017 - 06 - 16	QLFZQ01CTJ_01	火地沟流域天然径流观测样地	7 290 000	流域出口巴歇尔量水槽	松栎混交林	2.192	48
QLF	2017 - 06 - 17	QLFZQ01CTJ_01	火地沟流域天然径流观测样地	7 290 000	流域出口巴歇尔量水槽	松栎混交林	2.238	48
QLF	2017 - 06 - 18	QLFZQ01CTJ_01	火地沟流域天然径流观测样地	7 290 000	流域出口巴歇尔量水槽	松栎混交林	2.284	48
QLF	2017 - 06 - 19	QLFZQ01CTJ_01	火地沟流域天然径流观测样地	7 290 000	流域出口巴歇尔量水槽	松栎混交林	2.271	48

（续）

生态站代码	年-月-日	径流观测样地代码	样地名称	集水面积/m²	径流观测点描述	植被名称	地表径流量总量/mm	地表径流量数目
QLF	2017－06－20	QLFZQ01CTJ_01	火地沟流域天然径流观测样地	7 290 000	流域出口巴歇尔量水槽	松栎混交林	2.033	48
QLF	2017－06－21	QLFZQ01CTJ_01	火地沟流域天然径流观测样地	7 290 000	流域出口巴歇尔量水槽	松栎混交林	2.163	48
QLF	2017－06－22	QLFZQ01CTJ_01	火地沟流域天然径流观测样地	7 290 000	流域出口巴歇尔量水槽	松栎混交林	2.325	48
QLF	2017－06－23	QLFZQ01CTJ_01	火地沟流域天然径流观测样地	7 290 000	流域出口巴歇尔量水槽	松栎混交林	2.352	48
QLF	2017－06－24	QLFZQ01CTJ_01	火地沟流域天然径流观测样地	7 290 000	流域出口巴歇尔量水槽	松栎混交林	2.503	48
QLF	2017－06－25	QLFZQ01CTJ_01	火地沟流域天然径流观测样地	7 290 000	流域出口巴歇尔量水槽	松栎混交林	2.642	48
QLF	2017－06－26	QLFZQ01CTJ_01	火地沟流域天然径流观测样地	7 290 000	流域出口巴歇尔量水槽	松栎混交林	2.643	48
QLF	2017－06－27	QLFZQ01CTJ_01	火地沟流域天然径流观测样地	7 290 000	流域出口巴歇尔量水槽	松栎混交林	2.628	48
QLF	2017－06－28	QLFZQ01CTJ_01	火地沟流域天然径流观测样地	7 290 000	流域出口巴歇尔量水槽	松栎混交林	2.496	48
QLF	2017－06－29	QLFZQ01CTJ_01	火地沟流域天然径流观测样地	7 290 000	流域出口巴歇尔量水槽	松栎混交林	2.493	48
QLF	2017－06－30	QLFZQ01CTJ_01	火地沟流域天然径流观测样地	7 290 000	流域出口巴歇尔量水槽	松栎混交林	2.212	48
QLF	2017－07－01	QLFZQ01CTJ_01	火地沟流域天然径流观测样地	7 290 000	流域出口巴歇尔量水槽	松栎混交林	2.271	48
QLF	2017－07－02	QLFZQ01CTJ_01	火地沟流域天然径流观测样地	7 290 000	流域出口巴歇尔量水槽	松栎混交林	2.167	48

（续）

生态站代码	年-月-日	径流观测样地代码	样地名称	集水面积/m²	径流观测点描述	植被名称	地表径流量总量/mm	地表径流量数目
QLF	2017 - 07 - 03	QLFZQ01CTJ_01	火地沟流域天然径流观测样地	7 290 000	流域出口巴歇尔量水槽	松栎混交林	2.047	48
QLF	2017 - 07 - 04	QLFZQ01CTJ_01	火地沟流域天然径流观测样地	7 290 000	流域出口巴歇尔量水槽	松栎混交林	1.931	48
QLF	2017 - 07 - 05	QLFZQ01CTJ_01	火地沟流域天然径流观测样地	7 290 000	流域出口巴歇尔量水槽	松栎混交林	1.765	48
QLF	2017 - 07 - 06	QLFZQ01CTJ_01	火地沟流域天然径流观测样地	7 290 000	流域出口巴歇尔量水槽	松栎混交林	0.000	48
QLF	2017 - 07 - 07	QLFZQ01CTJ_01	火地沟流域天然径流观测样地	7 290 000	流域出口巴歇尔量水槽	松栎混交林	0.802	48
QLF	2017 - 07 - 08	QLFZQ01CTJ_01	火地沟流域天然径流观测样地	7 290 000	流域出口巴歇尔量水槽	松栎混交林	1.467	48
QLF	2017 - 07 - 09	QLFZQ01CTJ_01	火地沟流域天然径流观测样地	7 290 000	流域出口巴歇尔量水槽	松栎混交林	1.469	48
QLF	2017 - 07 - 10	QLFZQ01CTJ_01	火地沟流域天然径流观测样地	7 290 000	流域出口巴歇尔量水槽	松栎混交林	1.455	48
QLF	2017 - 07 - 11	QLFZQ01CTJ_01	火地沟流域天然径流观测样地	7 290 000	流域出口巴歇尔量水槽	松栎混交林	1.325	48
QLF	2017 - 07 - 12	QLFZQ01CTJ_01	火地沟流域天然径流观测样地	7 290 000	流域出口巴歇尔量水槽	松栎混交林	1.175	48
QLF	2017 - 07 - 13	QLFZQ01CTJ_01	火地沟流域天然径流观测样地	7 290 000	流域出口巴歇尔量水槽	松栎混交林	1.103	48
QLF	2017 - 07 - 14	QLFZQ01CTJ_01	火地沟流域天然径流观测样地	7 290 000	流域出口巴歇尔量水槽	松栎混交林	1.093	48
QLF	2017 - 07 - 15	QLFZQ01CTJ_01	火地沟流域天然径流观测样地	7 290 000	流域出口巴歇尔量水槽	松栎混交林	0.832	48

（续）

生态站代码	年-月-日	径流观测样地代码	样地名称	集水面积/m²	径流观测点描述	植被名称	地表径流量总量/mm	地表径流量数目
QLF	2017-07-16	QLFZQ01CTJ_01	火地沟流域天然径流观测样地	7 290 000	流域出口巴歇尔量水槽	松栎混交林	0.773	48
QLF	2017-07-17	QLFZQ01CTJ_01	火地沟流域天然径流观测样地	7 290 000	流域出口巴歇尔量水槽	松栎混交林	0.000	48
QLF	2017-07-18	QLFZQ01CTJ_01	火地沟流域天然径流观测样地	7 290 000	流域出口巴歇尔量水槽	松栎混交林	0.361	48
QLF	2017-07-19	QLFZQ01CTJ_01	火地沟流域天然径流观测样地	7 290 000	流域出口巴歇尔量水槽	松栎混交林	0.525	48
QLF	2017-07-20	QLFZQ01CTJ_01	火地沟流域天然径流观测样地	7 290 000	流域出口巴歇尔量水槽	松栎混交林	0.685	48
QLF	2017-07-21	QLFZQ01CTJ_01	火地沟流域天然径流观测样地	7 290 000	流域出口巴歇尔量水槽	松栎混交林	0.704	48
QLF	2017-07-22	QLFZQ01CTJ_01	火地沟流域天然径流观测样地	7 290 000	流域出口巴歇尔量水槽	松栎混交林	0.729	48
QLF	2017-07-23	QLFZQ01CTJ_01	火地沟流域天然径流观测样地	7 290 000	流域出口巴歇尔量水槽	松栎混交林	0.656	48
QLF	2017-07-24	QLFZQ01CTJ_01	火地沟流域天然径流观测样地	7 290 000	流域出口巴歇尔量水槽	松栎混交林	0.586	48
QLF	2017-07-25	QLFZQ01CTJ_01	火地沟流域天然径流观测样地	7 290 000	流域出口巴歇尔量水槽	松栎混交林	0.641	48
QLF	2017-07-26	QLFZQ01CTJ_01	火地沟流域天然径流观测样地	7 290 000	流域出口巴歇尔量水槽	松栎混交林	0.731	48
QLF	2017-07-27	QLFZQ01CTJ_01	火地沟流域天然径流观测样地	7 290 000	流域出口巴歇尔量水槽	松栎混交林	0.831	48
QLF	2017-07-28	QLFZQ01CTJ_01	火地沟流域天然径流观测样地	7 290 000	流域出口巴歇尔量水槽	松栎混交林	0.000	48

（续）

生态站代码	年-月-日	径流观测样地代码	样地名称	集水面积/m²	径流观测点描述	植被名称	地表径流量总量/mm	地表径流量数目
QLF	2017-07-29	QLFZQ01CTJ_01	火地沟流域天然径流观测样地	7 290 000	流域出口巴歇尔量水槽	松栎混交林	0.000	48
QLF	2017-07-30	QLFZQ01CTJ_01	火地沟流域天然径流观测样地	7 290 000	流域出口巴歇尔量水槽	松栎混交林	0.000	48
QLF	2017-07-31	QLFZQ01CTJ_01	火地沟流域天然径流观测样地	7 290 000	流域出口巴歇尔量水槽	松栎混交林	0.204	48
QLF	2017-08-01	QLFZQ01CTJ_01	火地沟流域天然径流观测样地	7 290 000	流域出口巴歇尔量水槽	松栎混交林	0.332	48
QLF	2017-08-02	QLFZQ01CTJ_01	火地沟流域天然径流观测样地	7 290 000	流域出口巴歇尔量水槽	松栎混交林	0.000	48
QLF	2017-08-03	QLFZQ01CTJ_01	火地沟流域天然径流观测样地	7 290 000	流域出口巴歇尔量水槽	松栎混交林	0.000	48
QLF	2017-08-04	QLFZQ01CTJ_01	火地沟流域天然径流观测样地	7 290 000	流域出口巴歇尔量水槽	松栎混交林	0.213	48
QLF	2017-08-05	QLFZQ01CTJ_01	火地沟流域天然径流观测样地	7 290 000	流域出口巴歇尔量水槽	松栎混交林	0.232	48
QLF	2017-08-06	QLFZQ01CTJ_01	火地沟流域天然径流观测样地	7 290 000	流域出口巴歇尔量水槽	松栎混交林	0.248	48
QLF	2017-08-07	QLFZQ01CTJ_01	火地沟流域天然径流观测样地	7 290 000	流域出口巴歇尔量水槽	松栎混交林	0.000	48
QLF	2017-08-08	QLFZQ01CTJ_01	火地沟流域天然径流观测样地	7 290 000	流域出口巴歇尔量水槽	松栎混交林	0.000	48
QLF	2017-08-09	QLFZQ01CTJ_01	火地沟流域天然径流观测样地	7 290 000	流域出口巴歇尔量水槽	松栎混交林	0.065	48
QLF	2017-08-10	QLFZQ01CTJ_01	火地沟流域天然径流观测样地	7 290 000	流域出口巴歇尔量水槽	松栎混交林	0.144	48

（续）

生态站代码	年-月-日	径流观测样地代码	样地名称	集水面积/m²	径流观测点描述	植被名称	地表径流量总量/mm	地表径流量数目
QLF	2017 - 08 - 11	QLFZQ01CTJ _ 01	火地沟流域天然径流观测样地	7 290 000	流域出口巴歇尔量水槽	松栎混交林	0.204	48
QLF	2017 - 08 - 12	QLFZQ01CTJ _ 01	火地沟流域天然径流观测样地	7 290 000	流域出口巴歇尔量水槽	松栎混交林	0.268	48
QLF	2017 - 08 - 13	QLFZQ01CTJ _ 01	火地沟流域天然径流观测样地	7 290 000	流域出口巴歇尔量水槽	松栎混交林	0.684	48
QLF	2017 - 08 - 14	QLFZQ01CTJ _ 01	火地沟流域天然径流观测样地	7 290 000	流域出口巴歇尔量水槽	松栎混交林	0.356	48
QLF	2017 - 08 - 15	QLFZQ01CTJ _ 01	火地沟流域天然径流观测样地	7 290 000	流域出口巴歇尔量水槽	松栎混交林	0.330	48
QLF	2017 - 08 - 16	QLFZQ01CTJ _ 01	火地沟流域天然径流观测样地	7 290 000	流域出口巴歇尔量水槽	松栎混交林	0.376	48
QLF	2017 - 08 - 17	QLFZQ01CTJ _ 01	火地沟流域天然径流观测样地	7 290 000	流域出口巴歇尔量水槽	松栎混交林	0.393	48
QLF	2017 - 08 - 18	QLFZQ01CTJ _ 01	火地沟流域天然径流观测样地	7 290 000	流域出口巴歇尔量水槽	松栎混交林	0.429	48
QLF	2017 - 08 - 19	QLFZQ01CTJ _ 01	火地沟流域天然径流观测样地	7 290 000	流域出口巴歇尔量水槽	松栎混交林	0.315	48
QLF	2017 - 08 - 20	QLFZQ01CTJ _ 01	火地沟流域天然径流观测样地	7 290 000	流域出口巴歇尔量水槽	松栎混交林	0.425	48
QLF	2017 - 08 - 21	QLFZQ01CTJ _ 01	火地沟流域天然径流观测样地	7 290 000	流域出口巴歇尔量水槽	松栎混交林	0.434	48
QLF	2017 - 08 - 22	QLFZQ01CTJ _ 01	火地沟流域天然径流观测样地	7 290 000	流域出口巴歇尔量水槽	松栎混交林	0.492	48
QLF	2017 - 08 - 23	QLFZQ01CTJ _ 01	火地沟流域天然径流观测样地	7 290 000	流域出口巴歇尔量水槽	松栎混交林	0.339	48

（续）

生态站代码	年-月-日	径流观测样地代码	样地名称	集水面积/m²	径流观测点描述	植被名称	地表径流量总量/mm	地表径流量数目
QLF	2017 - 08 - 24	QLFZQ01CTJ_01	火地沟流域天然径流观测样地	7 290 000	流域出口巴歇尔量水槽	松栎混交林	0.414	48
QLF	2017 - 08 - 25	QLFZQ01CTJ_01	火地沟流域天然径流观测样地	7 290 000	流域出口巴歇尔量水槽	松栎混交林	0.406	48
QLF	2017 - 08 - 26	QLFZQ01CTJ_01	火地沟流域天然径流观测样地	7 290 000	流域出口巴歇尔量水槽	松栎混交林	0.466	48
QLF	2017 - 08 - 27	QLFZQ01CTJ_01	火地沟流域天然径流观测样地	7 290 000	流域出口巴歇尔量水槽	松栎混交林	0.517	48
QLF	2017 - 08 - 28	QLFZQ01CTJ_01	火地沟流域天然径流观测样地	7 290 000	流域出口巴歇尔量水槽	松栎混交林	0.523	48
QLF	2017 - 08 - 29	QLFZQ01CTJ_01	火地沟流域天然径流观测样地	7 290 000	流域出口巴歇尔量水槽	松栎混交林	0.383	48
QLF	2017 - 08 - 30	QLFZQ01CTJ_01	火地沟流域天然径流观测样地	7 290 000	流域出口巴歇尔量水槽	松栎混交林	0.000	48
QLF	2017 - 08 - 31	QLFZQ01CTJ_01	火地沟流域天然径流观测样地	7 290 000	流域出口巴歇尔量水槽	松栎混交林	0.000	48
QLF	2017 - 09 - 01	QLFZQ01CTJ_01	火地沟流域天然径流观测样地	7 290 000	流域出口巴歇尔量水槽	松栎混交林	0.000	48
QLF	2017 - 09 - 02	QLFZQ01CTJ_01	火地沟流域天然径流观测样地	7 290 000	流域出口巴歇尔量水槽	松栎混交林	0.000	48
QLF	2017 - 09 - 03	QLFZQ01CTJ_01	火地沟流域天然径流观测样地	7 290 000	流域出口巴歇尔量水槽	松栎混交林	0.000	48
QLF	2017 - 09 - 04	QLFZQ01CTJ_01	火地沟流域天然径流观测样地	7 290 000	流域出口巴歇尔量水槽	松栎混交林	0.027	48
QLF	2017 - 09 - 05	QLFZQ01CTJ_01	火地沟流域天然径流观测样地	7 290 000	流域出口巴歇尔量水槽	松栎混交林	0.000	48

（续）

生态站代码	年-月-日	径流观测样地代码	样地名称	集水面积/m²	径流观测点描述	植被名称	地表径流量总量/mm	地表径流量数目
QLF	2017-09-06	QLFZQ01CTJ_01	火地沟流域天然径流观测样地	7 290 000	流域出口巴歇尔量水槽	松栎混交林	0.000	48
QLF	2017-09-07	QLFZQ01CTJ_01	火地沟流域天然径流观测样地	7 290 000	流域出口巴歇尔量水槽	松栎混交林	0.000	48
QLF	2017-09-08	QLFZQ01CTJ_01	火地沟流域天然径流观测样地	7 290 000	流域出口巴歇尔量水槽	松栎混交林	0.000	48
QLF	2017-09-09	QLFZQ01CTJ_01	火地沟流域天然径流观测样地	7 290 000	流域出口巴歇尔量水槽	松栎混交林	0.000	48
QLF	2017-09-10	QLFZQ01CTJ_01	火地沟流域天然径流观测样地	7 290 000	流域出口巴歇尔量水槽	松栎混交林	0.000	48
QLF	2017-09-11	QLFZQ01CTJ_01	火地沟流域天然径流观测样地	7 290 000	流域出口巴歇尔量水槽	松栎混交林	0.000	48
QLF	2017-09-12	QLFZQ01CTJ_01	火地沟流域天然径流观测样地	7 290 000	流域出口巴歇尔量水槽	松栎混交林	0.000	48
QLF	2017-09-13	QLFZQ01CTJ_01	火地沟流域天然径流观测样地	7 290 000	流域出口巴歇尔量水槽	松栎混交林	0.000	48
QLF	2017-09-14	QLFZQ01CTJ_01	火地沟流域天然径流观测样地	7 290 000	流域出口巴歇尔量水槽	松栎混交林	0.107	48
QLF	2017-09-15	QLFZQ01CTJ_01	火地沟流域天然径流观测样地	7 290 000	流域出口巴歇尔量水槽	松栎混交林	0.188	48
QLF	2017-09-16	QLFZQ01CTJ_01	火地沟流域天然径流观测样地	7 290 000	流域出口巴歇尔量水槽	松栎混交林	0.154	48
QLF	2017-09-17	QLFZQ01CTJ_01	火地沟流域天然径流观测样地	7 290 000	流域出口巴歇尔量水槽	松栎混交林	0.144	48
QLF	2017-09-18	QLFZQ01CTJ_01	火地沟流域天然径流观测样地	7 290 000	流域出口巴歇尔量水槽	松栎混交林	0.229	48

（续）

生态站 代码	年-月-日	径流观测样 地代码	样地名称	集水面 积/m²	径流观测 点描述	植被名称	地表径流量 总量/mm	地表径流 量数目
QLF	2017 - 09 - 19	QLFZQ01CTJ _ 01	火地沟流域 天然径流 观测样地	7 290 000	流域出口巴歇尔量水槽	松栎混交林	0.185	48
QLF	2017 - 09 - 20	QLFZQ01CTJ _ 01	火地沟流域 天然径流 观测样地	7 290 000	流域出口巴歇尔量水槽	松栎混交林	0.000	48
QLF	2017 - 09 - 21	QLFZQ01CTJ _ 01	火地沟流域 天然径流 观测样地	7 290 000	流域出口巴歇尔量水槽	松栎混交林	0.000	48
QLF	2017 - 09 - 22	QLFZQ01CTJ _ 01	火地沟流域 天然径流 观测样地	7 290 000	流域出口巴歇尔量水槽	松栎混交林	0.000	48
QLF	2017 - 09 - 23	QLFZQ01CTJ _ 01	火地沟流域 天然径流 观测样地	7 290 000	流域出口巴歇尔量水槽	松栎混交林	0.000	48
QLF	2017 - 09 - 24	QLFZQ01CTJ _ 01	火地沟流域 天然径流 观测样地	7 290 000	流域出口巴歇尔量水槽	松栎混交林	0.000	48
QLF	2017 - 09 - 25	QLFZQ01CTJ _ 01	火地沟流域 天然径流 观测样地	7 290 000	流域出口巴歇尔量水槽	松栎混交林	0.100	48
QLF	2017 - 09 - 26	QLFZQ01CTJ _ 01	火地沟流域 天然径流 观测样地	7 290 000	流域出口巴歇尔量水槽	松栎混交林	2.275	48
QLF	2017 - 09 - 27	QLFZQ01CTJ _ 01	火地沟流域 天然径流 观测样地	7 290 000	流域出口巴歇尔量水槽	松栎混交林	3.239	48
QLF	2017 - 09 - 28	QLFZQ01CTJ _ 01	火地沟流域 天然径流 观测样地	7 290 000	流域出口巴歇尔量水槽	松栎混交林	1.780	48
QLF	2017 - 09 - 29	QLFZQ01CTJ _ 01	火地沟流域 天然径流 观测样地	7 290 000	流域出口巴歇尔量水槽	松栎混交林	1.051	48
QLF	2017 - 09 - 30	QLFZQ01CTJ _ 01	火地沟流域 天然径流 观测样地	7 290 000	流域出口巴歇尔量水槽	松栎混交林	0.660	48
QLF	2017 - 10 - 01	QLFZQ01CTJ _ 01	火地沟流域 天然径流 观测样地	7 290 000	流域出口巴歇尔量水槽	松栎混交林	0.957	48

（续）

生态站代码	年-月-日	径流观测样地代码	样地名称	集水面积/m²	径流观测点描述	植被名称	地表径流量总量/mm	地表径流量数目
QLF	2017-10-02	QLFZQ01CTJ_01	火地沟流域天然径流观测样地	7 290 000	流域出口巴歇尔量水槽	松栎混交林	0.969	48
QLF	2017-10-03	QLFZQ01CTJ_01	火地沟流域天然径流观测样地	7 290 000	流域出口巴歇尔量水槽	松栎混交林	1.538	48
QLF	2017-10-04	QLFZQ01CTJ_01	火地沟流域天然径流观测样地	7 290 000	流域出口巴歇尔量水槽	松栎混交林	2.639	48
QLF	2017-10-05	QLFZQ01CTJ_01	火地沟流域天然径流观测样地	7 290 000	流域出口巴歇尔量水槽	松栎混交林	1.660	48
QLF	2017-10-06	QLFZQ01CTJ_01	火地沟流域天然径流观测样地	7 290 000	流域出口巴歇尔量水槽	松栎混交林	1.204	48
QLF	2017-10-07	QLFZQ01CTJ_01	火地沟流域天然径流观测样地	7 290 000	流域出口巴歇尔量水槽	松栎混交林	0.995	48
QLF	2017-10-08	QLFZQ01CTJ_01	火地沟流域天然径流观测样地	7 290 000	流域出口巴歇尔量水槽	松栎混交林	0.920	48
QLF	2017-10-09	QLFZQ01CTJ_01	火地沟流域天然径流观测样地	7 290 000	流域出口巴歇尔量水槽	松栎混交林	0.799	48
QLF	2017-10-10	QLFZQ01CTJ_01	火地沟流域天然径流观测样地	7 290 000	流域出口巴歇尔量水槽	松栎混交林	1.426	48
QLF	2017-10-11	QLFZQ01CTJ_01	火地沟流域天然径流观测样地	7 290 000	流域出口巴歇尔量水槽	松栎混交林	2.567	48
QLF	2017-10-12	QLFZQ01CTJ_01	火地沟流域天然径流观测样地	7 290 000	流域出口巴歇尔量水槽	松栎混交林	2.580	48
QLF	2017-10-13	QLFZQ01CTJ_01	火地沟流域天然径流观测样地	7 290 000	流域出口巴歇尔量水槽	松栎混交林	1.601	48
QLF	2017-10-14	QLFZQ01CTJ_01	火地沟流域天然径流观测样地	7 290 000	流域出口巴歇尔量水槽	松栎混交林	1.297	48

（续）

生态站代码	年-月-日	径流观测样地代码	样地名称	集水面积/m²	径流观测点描述	植被名称	地表径流量总量/mm	地表径流量数目
QLF	2017-10-15	QLFZQ01CTJ_01	火地沟流域天然径流观测样地	7 290 000	流域出口巴歇尔量水槽	松栎混交林	0.941	48
QLF	2017-10-16	QLFZQ01CTJ_01	火地沟流域天然径流观测样地	7 290 000	流域出口巴歇尔量水槽	松栎混交林	0.715	48
QLF	2017-10-17	QLFZQ01CTJ_01	火地沟流域天然径流观测样地	7 290 000	流域出口巴歇尔量水槽	松栎混交林	0.646	48
QLF	2017-10-18	QLFZQ01CTJ_01	火地沟流域天然径流观测样地	7 290 000	流域出口巴歇尔量水槽	松栎混交林	0.763	48
QLF	2017-10-19	QLFZQ01CTJ_01	火地沟流域天然径流观测样地	7 290 000	流域出口巴歇尔量水槽	松栎混交林	0.682	48
QLF	2017-10-20	QLFZQ01CTJ_01	火地沟流域天然径流观测样地	7 290 000	流域出口巴歇尔量水槽	松栎混交林	0.698	48
QLF	2017-10-21	QLFZQ01CTJ_01	火地沟流域天然径流观测样地	7 290 000	流域出口巴歇尔量水槽	松栎混交林	0.667	48
QLF	2017-10-22	QLFZQ01CTJ_01	火地沟流域天然径流观测样地	7 290 000	流域出口巴歇尔量水槽	松栎混交林	0.584	48
QLF	2017-10-23	QLFZQ01CTJ_01	火地沟流域天然径流观测样地	7 290 000	流域出口巴歇尔量水槽	松栎混交林	0.436	48
QLF	2017-10-24	QLFZQ01CTJ_01	火地沟流域天然径流观测样地	7 290 000	流域出口巴歇尔量水槽	松栎混交林	0.281	48
QLF	2017-10-25	QLFZQ01CTJ_01	火地沟流域天然径流观测样地	7 290 000	流域出口巴歇尔量水槽	松栎混交林	0.311	48
QLF	2017-10-26	QLFZQ01CTJ_01	火地沟流域天然径流观测样地	7 290 000	流域出口巴歇尔量水槽	松栎混交林	0.221	48
QLF	2017-10-27	QLFZQ01CTJ_01	火地沟流域天然径流观测样地	7 290 000	流域出口巴歇尔量水槽	松栎混交林	0.176	48

（续）

生态站代码	年-月-日	径流观测样地代码	样地名称	集水面积/m²	径流观测点描述	植被名称	地表径流量总量/mm	地表径流量数目
QLF	2017 - 10 - 28	QLFZQ01CTJ _ 01	火地沟流域天然径流观测样地	7 290 000	流域出口巴歇尔量水槽	松栎混交林	0.290	48
QLF	2017 - 10 - 29	QLFZQ01CTJ _ 01	火地沟流域天然径流观测样地	7 290 000	流域出口巴歇尔量水槽	松栎混交林	0.267	48
QLF	2017 - 10 - 30	QLFZQ01CTJ _ 01	火地沟流域天然径流观测样地	7 290 000	流域出口巴歇尔量水槽	松栎混交林	0.246	48
QLF	2017 - 10 - 31	QLFZQ01CTJ _ 01	火地沟流域天然径流观测样地	7 290 000	流域出口巴歇尔量水槽	松栎混交林	0.247	48
QLF	2017 - 11 - 01	QLFZQ01CTJ _ 01	火地沟流域天然径流观测样地	7 290 000	流域出口巴歇尔量水槽	松栎混交林	0.295	48
QLF	2017 - 11 - 02	QLFZQ01CTJ _ 01	火地沟流域天然径流观测样地	7 290 000	流域出口巴歇尔量水槽	松栎混交林	0.320	48
QLF	2017 - 11 - 03	QLFZQ01CTJ _ 01	火地沟流域天然径流观测样地	7 290 000	流域出口巴歇尔量水槽	松栎混交林	0.311	48
QLF	2017 - 11 - 04	QLFZQ01CTJ _ 01	火地沟流域天然径流观测样地	7 290 000	流域出口巴歇尔量水槽	松栎混交林	0.221	48
QLF	2017 - 11 - 05	QLFZQ01CTJ _ 01	火地沟流域天然径流观测样地	7 290 000	流域出口巴歇尔量水槽	松栎混交林	0.191	48
QLF	2017 - 11 - 06	QLFZQ01CTJ _ 01	火地沟流域天然径流观测样地	7 290 000	流域出口巴歇尔量水槽	松栎混交林	0.289	48
QLF	2017 - 11 - 07	QLFZQ01CTJ _ 01	火地沟流域天然径流观测样地	7 290 000	流域出口巴歇尔量水槽	松栎混交林	0.259	48
QLF	2017 - 11 - 08	QLFZQ01CTJ _ 01	火地沟流域天然径流观测样地	7 290 000	流域出口巴歇尔量水槽	松栎混交林	0.136	48
QLF	2017 - 11 - 09	QLFZQ01CTJ _ 01	火地沟流域天然径流观测样地	7 290 000	流域出口巴歇尔量水槽	松栎混交林	0.194	48

（续）

生态站代码	年-月-日	径流观测样地代码	样地名称	集水面积/m²	径流观测点描述	植被名称	地表径流量总量/mm	地表径流量数目
QLF	2017-11-10	QLFZQ01CTJ_01	火地沟流域天然径流观测样地	7 290 000	流域出口巴歇尔量水槽	松栎混交林	0.138	48
QLF	2017-11-11	QLFZQ01CTJ_01	火地沟流域天然径流观测样地	7 290 000	流域出口巴歇尔量水槽	松栎混交林	0.115	48
QLF	2017-11-12	QLFZQ01CTJ_01	火地沟流域天然径流观测样地	7 290 000	流域出口巴歇尔量水槽	松栎混交林	0.199	48
QLF	2017-11-13	QLFZQ01CTJ_01	火地沟流域天然径流观测样地	7 290 000	流域出口巴歇尔量水槽	松栎混交林	0.207	48
QLF	2017-11-14	QLFZQ01CTJ_01	火地沟流域天然径流观测样地	7 290 000	流域出口巴歇尔量水槽	松栎混交林	0.169	48
QLF	2017-11-15	QLFZQ01CTJ_01	火地沟流域天然径流观测样地	7 290 000	流域出口巴歇尔量水槽	松栎混交林	0.100	48
QLF	2017-11-16	QLFZQ01CTJ_01	火地沟流域天然径流观测样地	7 290 000	流域出口巴歇尔量水槽	松栎混交林	0.104	48
QLF	2017-11-17	QLFZQ01CTJ_01	火地沟流域天然径流观测样地	7 290 000	流域出口巴歇尔量水槽	松栎混交林	0.310	48
QLF	2017-11-18	QLFZQ01CTJ_01	火地沟流域天然径流观测样地	7 290 000	流域出口巴歇尔量水槽	松栎混交林	0.122	48
QLF	2017-11-19	QLFZQ01CTJ_01	火地沟流域天然径流观测样地	7 290 000	流域出口巴歇尔量水槽	松栎混交林	0.169	48
QLF	2017-11-20	QLFZQ01CTJ_01	火地沟流域天然径流观测样地	7 290 000	流域出口巴歇尔量水槽	松栎混交林	0.000	48
QLF	2017-11-21	QLFZQ01CTJ_01	火地沟流域天然径流观测样地	7 290 000	流域出口巴歇尔量水槽	松栎混交林	0.000	48
QLF	2017-11-22	QLFZQ01CTJ_01	火地沟流域天然径流观测样地	7 290 000	流域出口巴歇尔量水槽	松栎混交林	0.000	48

（续）

生态站代码	年-月-日	径流观测样地代码	样地名称	集水面积/m²	径流观测点描述	植被名称	地表径流量总量/mm	地表径流量数目
QLF	2017 - 11 - 23	QLFZQ01CTJ _ 01	火地沟流域天然径流观测样地	7 290 000	流域出口巴歇尔量水槽	松栎混交林	0.000	48
QLF	2017 - 11 - 24	QLFZQ01CTJ _ 01	火地沟流域天然径流观测样地	7 290 000	流域出口巴歇尔量水槽	松栎混交林	0.000	48
QLF	2017 - 11 - 25	QLFZQ01CTJ _ 01	火地沟流域天然径流观测样地	7 290 000	流域出口巴歇尔量水槽	松栎混交林	0.000	48
QLF	2017 - 11 - 26	QLFZQ01CTJ _ 01	火地沟流域天然径流观测样地	7 290 000	流域出口巴歇尔量水槽	松栎混交林	0.000	48
QLF	2017 - 11 - 27	QLFZQ01CTJ _ 01	火地沟流域天然径流观测样地	7 290 000	流域出口巴歇尔量水槽	松栎混交林	0.000	48
QLF	2017 - 11 - 28	QLFZQ01CTJ _ 01	火地沟流域天然径流观测样地	7 290 000	流域出口巴歇尔量水槽	松栎混交林	0.000	48
QLF	2017 - 11 - 29	QLFZQ01CTJ _ 01	火地沟流域天然径流观测样地	7 290 000	流域出口巴歇尔量水槽	松栎混交林	0.000	48
QLF	2017 - 11 - 30	QLFZQ01CTJ _ 01	火地沟流域天然径流观测样地	7 290 000	流域出口巴歇尔量水槽	松栎混交林	0.000	48
QLF	2017 - 12 - 01	QLFZQ01CTJ _ 01	火地沟流域天然径流观测样地	7 290 000	流域出口巴歇尔量水槽	松栎混交林	0.000	48
QLF	2017 - 12 - 02	QLFZQ01CTJ _ 01	火地沟流域天然径流观测样地	7 290 000	流域出口巴歇尔量水槽	松栎混交林	0.000	48
QLF	2017 - 12 - 03	QLFZQ01CTJ _ 01	火地沟流域天然径流观测样地	7 290 000	流域出口巴歇尔量水槽	松栎混交林	0.000	48
QLF	2017 - 12 - 04	QLFZQ01CTJ _ 01	火地沟流域天然径流观测样地	7 290 000	流域出口巴歇尔量水槽	松栎混交林	0.000	48

（续）

生态站代码	年-月-日	径流观测样地代码	样地名称	集水面积/m²	径流观测点描述	植被名称	地表径流量总量/mm	地表径流量数目
QLF	2017-12-05	QLFZQ01CTJ_01	火地沟流域天然径流观测样地	7 290 000	流域出口巴歇尔量水槽	松栎混交林	0.000	21
QLF	2018-09-03	QLFZQ01CTJ_01	火地沟流域天然径流观测样地	7 290 000	流域出口巴歇尔量水槽	松栎混交林	0.633	31
QLF	2018-09-04	QLFZQ01CTJ_01	火地沟流域天然径流观测样地	7 290 000	流域出口巴歇尔量水槽	松栎混交林	0.681	48
QLF	2018-09-05	QLFZQ01CTJ_01	火地沟流域天然径流观测样地	7 290 000	流域出口巴歇尔量水槽	松栎混交林	1.310	48
QLF	2018-09-06	QLFZQ01CTJ_01	火地沟流域天然径流观测样地	7 290 000	流域出口巴歇尔量水槽	松栎混交林	1.068	48
QLF	2018-09-07	QLFZQ01CTJ_01	火地沟流域天然径流观测样地	7 290 000	流域出口巴歇尔量水槽	松栎混交林	0.880	48
QLF	2018-09-08	QLFZQ01CTJ_01	火地沟流域天然径流观测样地	7 290 000	流域出口巴歇尔量水槽	松栎混交林	0.863	48
QLF	2018-09-09	QLFZQ01CTJ_01	火地沟流域天然径流观测样地	7 290 000	流域出口巴歇尔量水槽	松栎混交林	0.935	48
QLF	2018-09-10	QLFZQ01CTJ_01	火地沟流域天然径流观测样地	7 290 000	流域出口巴歇尔量水槽	松栎混交林	0.850	48
QLF	2018-09-11	QLFZQ01CTJ_01	火地沟流域天然径流观测样地	7 290 000	流域出口巴歇尔量水槽	松栎混交林	0.719	48
QLF	2018-09-12	QLFZQ01CTJ_01	火地沟流域天然径流观测样地	7 290 000	流域出口巴歇尔量水槽	松栎混交林	0.663	48
QLF	2018-09-13	QLFZQ01CTJ_01	火地沟流域天然径流观测样地	7 290 000	流域出口巴歇尔量水槽	松栎混交林	0.669	48

（续）

生态站代码	年-月-日	径流观测样地代码	样地名称	集水面积/m²	径流观测点描述	植被名称	地表径流量总量/mm	地表径流量数目
QLF	2018-09-14	QLFZQ01CTJ_01	火地沟流域天然径流观测样地	7 290 000	流域出口巴歇尔量水槽	松栎混交林	0.810	48
QLF	2018-09-15	QLFZQ01CTJ_01	火地沟流域天然径流观测样地	7 290 000	流域出口巴歇尔量水槽	松栎混交林	1.130	48
QLF	2018-09-16	QLFZQ01CTJ_01	火地沟流域天然径流观测样地	7 290 000	流域出口巴歇尔量水槽	松栎混交林	2.909	48
QLF	2018-09-17	QLFZQ01CTJ_01	火地沟流域天然径流观测样地	7 290 000	流域出口巴歇尔量水槽	松栎混交林	2.439	48
QLF	2018-09-18	QLFZQ01CTJ_01	火地沟流域天然径流观测样地	7 290 000	流域出口巴歇尔量水槽	松栎混交林	3.198	48
QLF	2018-09-19	QLFZQ01CTJ_01	火地沟流域天然径流观测样地	7 290 000	流域出口巴歇尔量水槽	松栎混交林	6.181	48
QLF	2018-09-20	QLFZQ01CTJ_01	火地沟流域天然径流观测样地	7 290 000	流域出口巴歇尔量水槽	松栎混交林	3.855	48
QLF	2018-09-21	QLFZQ01CTJ_01	火地沟流域天然径流观测样地	7 290 000	流域出口巴歇尔量水槽	松栎混交林	2.898	48
QLF	2018-09-22	QLFZQ01CTJ_01	火地沟流域天然径流观测样地	7 290 000	流域出口巴歇尔量水槽	松栎混交林	2.267	48
QLF	2018-09-23	QLFZQ01CTJ_01	火地沟流域天然径流观测样地	7 290 000	流域出口巴歇尔量水槽	松栎混交林	2.011	48
QLF	2018-09-24	QLFZQ01CTJ_01	火地沟流域天然径流观测样地	7 290 000	流域出口巴歇尔量水槽	松栎混交林	1.910	48
QLF	2018-09-25	QLFZQ01CTJ_01	火地沟流域天然径流观测样地	7 290 000	流域出口巴歇尔量水槽	松栎混交林	1.823	48

（续）

生态站代码	年-月-日	径流观测样地代码	样地名称	集水面积/m²	径流观测点描述	植被名称	地表径流量总量/mm	地表径流量数目
QLF	2018 - 09 - 26	QLFZQ01CTJ _ 01	火地沟流域天然径流观测样地	7 290 000	流域出口巴歇尔量水槽	松栎混交林	1.740	48
QLF	2018 - 09 - 27	QLFZQ01CTJ _ 01	火地沟流域天然径流观测样地	7 290 000	流域出口巴歇尔量水槽	松栎混交林	1.563	48
QLF	2018 - 09 - 28	QLFZQ01CTJ _ 01	火地沟流域天然径流观测样地	7 290 000	流域出口巴歇尔量水槽	松栎混交林	1.489	48
QLF	2018 - 09 - 29	QLFZQ01CTJ _ 01	火地沟流域天然径流观测样地	7 290 000	流域出口巴歇尔量水槽	松栎混交林	1.631	48
QLF	2018 - 09 - 30	QLFZQ01CTJ _ 01	火地沟流域天然径流观测样地	7 290 000	流域出口巴歇尔量水槽	松栎混交林	1.655	48
QLF	2018 - 10 - 01	QLFZQ01CTJ _ 01	火地沟流域天然径流观测样地	7 290 000	流域出口巴歇尔量水槽	松栎混交林	1.643	48
QLF	2018 - 10 - 02	QLFZQ01CTJ _ 01	火地沟流域天然径流观测样地	7 290 000	流域出口巴歇尔量水槽	松栎混交林	1.585	48
QLF	2018 - 10 - 03	QLFZQ01CTJ _ 01	火地沟流域天然径流观测样地	7 290 000	流域出口巴歇尔量水槽	松栎混交林	1.490	48
QLF	2018 - 10 - 04	QLFZQ01CTJ _ 01	火地沟流域天然径流观测样地	7 290 000	流域出口巴歇尔量水槽	松栎混交林	1.562	48
QLF	2018 - 10 - 05	QLFZQ01CTJ _ 01	火地沟流域天然径流观测样地	7 290 000	流域出口巴歇尔量水槽	松栎混交林	1.496	48
QLF	2018 - 10 - 06	QLFZQ01CTJ _ 01	火地沟流域天然径流观测样地	7 290 000	流域出口巴歇尔量水槽	松栎混交林	1.548	48
QLF	2018 - 10 - 07	QLFZQ01CTJ _ 01	火地沟流域天然径流观测样地	7 290 000	流域出口巴歇尔量水槽	松栎混交林	1.443	48

（续）

生态站代码	年-月-日	径流观测样地代码	样地名称	集水面积/m²	径流观测点描述	植被名称	地表径流量总量/mm	地表径流量数目
QLF	2018 - 10 - 08	QLFZQ01CTJ _ 01	火地沟流域天然径流观测样地	7 290 000	流域出口巴歇尔量水槽	松栎混交林	1.405	48
QLF	2018 - 10 - 09	QLFZQ01CTJ _ 01	火地沟流域天然径流观测样地	7 290 000	流域出口巴歇尔量水槽	松栎混交林	1.444	48
QLF	2018 - 10 - 10	QLFZQ01CTJ _ 01	火地沟流域天然径流观测样地	7 290 000	流域出口巴歇尔量水槽	松栎混交林	1.165	48
QLF	2018 - 10 - 11	QLFZQ01CTJ _ 01	火地沟流域天然径流观测样地	7 290 000	流域出口巴歇尔量水槽	松栎混交林	1.212	48
QLF	2018 - 10 - 12	QLFZQ01CTJ _ 01	火地沟流域天然径流观测样地	7 290 000	流域出口巴歇尔量水槽	松栎混交林	1.093	48
QLF	2018 - 10 - 13	QLFZQ01CTJ _ 01	火地沟流域天然径流观测样地	7 290 000	流域出口巴歇尔量水槽	松栎混交林	1.070	48
QLF	2018 - 10 - 14	QLFZQ01CTJ _ 01	火地沟流域天然径流观测样地	7 290 000	流域出口巴歇尔量水槽	松栎混交林	1.025	48
QLF	2018 - 10 - 15	QLFZQ01CTJ _ 01	火地沟流域天然径流观测样地	7 290 000	流域出口巴歇尔量水槽	松栎混交林	0.976	48
QLF	2018 - 10 - 16	QLFZQ01CTJ _ 01	火地沟流域天然径流观测样地	7 290 000	流域出口巴歇尔量水槽	松栎混交林	0.951	48
QLF	2018 - 10 - 17	QLFZQ01CTJ _ 01	火地沟流域天然径流观测样地	7 290 000	流域出口巴歇尔量水槽	松栎混交林	1.007	48
QLF	2018 - 10 - 18	QLFZQ01CTJ _ 01	火地沟流域天然径流观测样地	7 290 000	流域出口巴歇尔量水槽	松栎混交林	1.077	48
QLF	2018 - 10 - 19	QLFZQ01CTJ _ 01	火地沟流域天然径流观测样地	7 290 000	流域出口巴歇尔量水槽	松栎混交林	1.038	48

（续）

生态站代码	年-月-日	径流观测样地代码	样地名称	集水面积/m²	径流观测点描述	植被名称	地表径流量总量/mm	地表径流量数目
QLF	2018 - 10 - 20	QLFZQ01CTJ _ 01	火地沟流域天然径流观测样地	7 290 000	流域出口巴歇尔量水槽	松栎混交林	0.936	48
QLF	2018 - 10 - 21	QLFZQ01CTJ _ 01	火地沟流域天然径流观测样地	7 290 000	流域出口巴歇尔量水槽	松栎混交林	1.042	48
QLF	2018 - 10 - 22	QLFZQ01CTJ _ 01	火地沟流域天然径流观测样地	7 290 000	流域出口巴歇尔量水槽	松栎混交林	1.027	48
QLF	2018 - 10 - 23	QLFZQ01CTJ _ 01	火地沟流域天然径流观测样地	7 290 000	流域出口巴歇尔量水槽	松栎混交林	0.970	48
QLF	2018 - 10 - 24	QLFZQ01CTJ _ 01	火地沟流域天然径流观测样地	7 290 000	流域出口巴歇尔量水槽	松栎混交林	0.942	48
QLF	2018 - 10 - 25	QLFZQ01CTJ _ 01	火地沟流域天然径流观测样地	7 290 000	流域出口巴歇尔量水槽	松栎混交林	1.002	48
QLF	2018 - 10 - 26	QLFZQ01CTJ _ 01	火地沟流域天然径流观测样地	7 290 000	流域出口巴歇尔量水槽	松栎混交林	0.854	48
QLF	2018 - 10 - 27	QLFZQ01CTJ _ 01	火地沟流域天然径流观测样地	7 290 000	流域出口巴歇尔量水槽	松栎混交林	0.843	48
QLF	2018 - 10 - 28	QLFZQ01CTJ _ 01	火地沟流域天然径流观测样地	7 290 000	流域出口巴歇尔量水槽	松栎混交林	0.821	48
QLF	2018 - 10 - 29	QLFZQ01CTJ _ 01	火地沟流域天然径流观测样地	7 290 000	流域出口巴歇尔量水槽	松栎混交林	0.868	48
QLF	2018 - 10 - 30	QLFZQ01CTJ _ 01	火地沟流域天然径流观测样地	7 290 000	流域出口巴歇尔量水槽	松栎混交林	0.868	48
QLF	2018 - 10 - 31	QLFZQ01CTJ _ 01	火地沟流域天然径流观测样地	7 290 000	流域出口巴歇尔量水槽	松栎混交林	0.734	48

（续）

生态站代码	年-月-日	径流观测样地代码	样地名称	集水面积/m²	径流观测点描述	植被名称	地表径流量总量/mm	地表径流量数目
QLF	2018 – 11 – 01	QLFZQ01CTJ_01	火地沟流域天然径流观测样地	7 290 000	流域出口巴歇尔量水槽	松栎混交林	0.750	48
QLF	2018 – 11 – 02	QLFZQ01CTJ_01	火地沟流域天然径流观测样地	7 290 000	流域出口巴歇尔量水槽	松栎混交林	0.689	48
QLF	2018 – 11 – 03	QLFZQ01CTJ_01	火地沟流域天然径流观测样地	7 290 000	流域出口巴歇尔量水槽	松栎混交林	0.786	48
QLF	2018 – 11 – 04	QLFZQ01CTJ_01	火地沟流域天然径流观测样地	7 290 000	流域出口巴歇尔量水槽	松栎混交林	0.852	48
QLF	2018 – 11 – 05	QLFZQ01CTJ_01	火地沟流域天然径流观测样地	7 290 000	流域出口巴歇尔量水槽	松栎混交林	0.749	48
QLF	2018 – 11 – 06	QLFZQ01CTJ_01	火地沟流域天然径流观测样地	7 290 000	流域出口巴歇尔量水槽	松栎混交林	0.689	48
QLF	2018 – 11 – 07	QLFZQ01CTJ_01	火地沟流域天然径流观测样地	7 290 000	流域出口巴歇尔量水槽	松栎混交林	0.589	48
QLF	2018 – 11 – 08	QLFZQ01CTJ_01	火地沟流域天然径流观测样地	7 290 000	流域出口巴歇尔量水槽	松栎混交林	0.573	48
QLF	2018 – 11 – 09	QLFZQ01CTJ_01	火地沟流域天然径流观测样地	7 290 000	流域出口巴歇尔量水槽	松栎混交林	0.595	48
QLF	2018 – 11 – 10	QLFZQ01CTJ_01	火地沟流域天然径流观测样地	7 290 000	流域出口巴歇尔量水槽	松栎混交林	0.750	48
QLF	2018 – 11 – 11	QLFZQ01CTJ_01	火地沟流域天然径流观测样地	7 290 000	流域出口巴歇尔量水槽	松栎混交林	0.714	48
QLF	2018 – 11 – 12	QLFZQ01CTJ_01	火地沟流域天然径流观测样地	7 290 000	流域出口巴歇尔量水槽	松栎混交林	0.730	48

（续）

生态站代码	年-月-日	径流观测样地代码	样地名称	集水面积/m²	径流观测点描述	植被名称	地表径流量总量/mm	地表径流量数目
QLF	2018-11-13	QLFZQ01CTJ_01	火地沟流域天然径流观测样地	7 290 000	流域出口巴歇尔量水槽	松栎混交林	0.722	48
QLF	2018-11-14	QLFZQ01CTJ_01	火地沟流域天然径流观测样地	7 290 000	流域出口巴歇尔量水槽	松栎混交林	0.840	48
QLF	2018-11-15	QLFZQ01CTJ_01	火地沟流域天然径流观测样地	7 290 000	流域出口巴歇尔量水槽	松栎混交林	0.780	48
QLF	2018-11-16	QLFZQ01CTJ_01	火地沟流域天然径流观测样地	7 290 000	流域出口巴歇尔量水槽	松栎混交林	0.738	48
QLF	2018-11-17	QLFZQ01CTJ_01	火地沟流域天然径流观测样地	7 290 000	流域出口巴歇尔量水槽	松栎混交林	0.680	48
QLF	2018-11-18	QLFZQ01CTJ_01	火地沟流域天然径流观测样地	7 290 000	流域出口巴歇尔量水槽	松栎混交林	0.634	48
QLF	2018-11-19	QLFZQ01CTJ_01	火地沟流域天然径流观测样地	7 290 000	流域出口巴歇尔量水槽	松栎混交林	0.672	48
QLF	2018-11-20	QLFZQ01CTJ_01	火地沟流域天然径流观测样地	7 290 000	流域出口巴歇尔量水槽	松栎混交林	0.726	48
QLF	2018-11-21	QLFZQ01CTJ_01	火地沟流域天然径流观测样地	7 290 000	流域出口巴歇尔量水槽	松栎混交林	0.755	48
QLF	2018-11-22	QLFZQ01CTJ_01	火地沟流域天然径流观测样地	7 290 000	流域出口巴歇尔量水槽	松栎混交林	0.665	48
QLF	2018-11-23	QLFZQ01CTJ_01	火地沟流域天然径流观测样地	7 290 000	流域出口巴歇尔量水槽	松栎混交林	0.731	48
QLF	2018-11-24	QLFZQ01CTJ_01	火地沟流域天然径流观测样地	7 290 000	流域出口巴歇尔量水槽	松栎混交林	0.062	28

表3-42 大气降水水质状况

样地代码	采样日期	水温/℃	pH	Ca²⁺/(mg/L)	Mg²⁺/(mg/L)	K⁺/(mg/L)	Na⁺/(mg/L)	SO₄²⁻/(mg/L)	NO₃⁻/(mg/L)	矿化度/(mg/L)	COD/(mg/L)	总氮/(mg/L)	总磷/(mg/L)	电导率/(mS/cm)
QLF	2009-03-28		7.95	1.11	0.16	0.00	0.00	29.00	0.61		48.95	0.620	0.070	98.30
QLF	2009-04-30		7.26	1.87	0.48	2.05	0.20	33.00	0.14			2.040	0.055	33.44
QLF	2009-07-09		6.62	3.55	0.56	2.15	1.55	11.00	1.10			0.447	0.207	27.15
QLF	2009-07-31		6.07	2.66	0.24	3.80	0.82	34.00	0.16			2.670	0.099	74.95
QLF	2009-08-22		5.18	3.00	0.72	1.87	0.14	127.00	0.11		92.48	0.234	0.220	165.08
QLF	2009-08-26		7.62	2.58	0.53	1.93	1.42	26.00	0.23			1.053	0.152	70.90
QLF	2009-09-14		5.71	3.37	0.57	17.50	0.71	39.00	0.13			0.904	0.211	250.88
QLF	2009-10-10		5.63	2.26	0.50	6.48	0.52	87.00	0.19			1.223	0.198	135.81
QLF	2009-11-12		7.05	2.54	0.55	0.60	0.51	26.00	0.32			1.587	0.072	43.08
QLF	2010-04-20		6.64	2.43	0.40	0.35	0.10	23.00	0.13			0.445	0.121 8	8.798
QLF	2010-05-21		6.16	1.27	0.19	0.22	0.05	28.00	0.18			0.445	0.055 5	3.998
QLF	2010-05-26		6.39	2.71	0.55	0.53	0.11	33.00	0.19			1.294	0.136 4	12.000
QLF	2010-06-07		6.38	2.34	0.54	0.25	0.03	31.00	0.06			0.376	0.169 1	4.798
QLF	2010-07-07		4.69	0.65	0.00	5.32	0.19	24.00	0.19			2.104	0.126	23.170
QLF	2010-08-13		5.76	0.55	0.01	2.33	0.06	26.00	0.05			1.102	0.147	18.780
QLF	2010-09-05		5.05	0.28	0.00	5.63	0.00	39.00	0.00			0.381	0.103	13.180
QLF	2010-09-25		4.62	0.86	0.11	3.22	0.09	33.00	0.13			0.372	0.250	11.280
QLF	2011-06-09		7.82	7.29	0.46	1.20	0.86	13.67	0.70					
QLF	2011-06-18		6.80	1.73	0.00	0.58	0.35	25.33	0.04					
QLF	2011-07-30		5.96	1.26	0.00	0.61	0.25	16.00	0.30					
QLF	2011-08-01		5.10	1.64	0.00	0.53	0.00	17.00	0.12					
QLF	2011-09-06		3.93	0.24	0.08	0.07	0.00	14.67	0.28					
QLF	2011-09-18		5.26	0.45	0.07	0.00	0.00	5.70	0.09					
QLF	2011-09-28		5.07	1.26	0.16	0.08	0.00	8.66	0.20					
QLF	2011-10-23		6.84	0.89	0.21	0.03	1.03	5.76	0.01					

（续）

样地代码	采样日期	水温/℃	pH	Ca²⁺/(mg/L)	Mg²⁺/(mg/L)	K⁺/(mg/L)	Na⁺/(mg/L)	SO₄²⁻/(mg/L)	NO₃⁻/(mg/L)	矿化度/(mg/L)	COD/(mg/L)	总氮/(mg/L)	总磷/(mg/L)	电导率/(mS/cm)
QLF	2012-07-04		7.43	0.00	0.00	0.03	0.38	0.00	0.60					
QLF	2012-07-09		7.61	0.46	0.00	0.18	0.24	0.00	0.67					
QLF	2012-07-22		5.62	0.38	0.05	1.08	0.30	0.00	0.36					
QLF	2012-08-16		5.52	0.92	0.08	1.30	0.43	0.00	0.10					
QLF	2012-08-22		6.35	0.27	0.02	1.07	0.82	3.36	0.17					
QLF	2012-09-01		5.51	0.14	0.02	1.03	0.56	0.00	0.34					
QLF	2013-07-08	25.0	6.60	1.67	0.13	0.11	0.07	4.86	0.35	1.98				
QLF	2013-07-19	25.5	6.48	0.31	0.01	0.21	0.02	0.00	0.09					
QLF	2013-07-21	25.5	6.12	0.29	0.05	0.02	0.04	0.00	0.30	0.40				
QLF	2013-07-23	25.0	5.74	0.25	0.00	0.09	0.03	0.00	0.09					
QLF	2013-08-30	26.0	6.75	5.85	0.25	3.99	0.05	0.00	0.36	10.15				
QLF	2013-09-08	26.0	5.41	1.22	0.13	19.95	0.01	0.00	8.49	21.31				
QLF	2014-09-12	24.0	6.68	1.84	0.13	3.30	0.06	0.34	0.00	0.00				
QLF	2014-09-18	26.0	6.65	1.42	0.09	5.96	0.06	3.49	0.07	0.00				
QLF	2014-11-02	18.0	6.47	2.92	0.18	3.09	0.07	17.26	0.00	426.00				
QLF	2015-04-01	18.0	7.18	3.20	0.16	0.35	0.68	1.70	0.25	7.65				
QLF	2015-05-29	20.0	7.06	6.01	0.30	0.31	0.10	4.40	0.05	7.22				
QLF	2015-08-11	26.0	7.47	5.22	0.56	0.49	0.15	2.57	0.51	7.70				
QLF	2015-09-04	22.0	7.27	9.30	1.65	3.32	0.54	3.00	0.14	7.67				
QLF	2015-11-08	18.0	7.08	1.75	0.17	0.73	0.73	1.04	0.29	7.80				
QLF	2016-04-14	16.0	7.75	2.46	0.17	0.02	0.34	1.71	0.35	7.81				
QLF	2016-04-29	17.0	7.45	7.69	0.85	1.55	0.89	7.09	1.01	6.54				
QLF	2016-06-05	22.0	8.13	3.41	0.22	1.03	1.02	1.87	0.07	6.99				
QLF	2016-07-08	30.0	7.69	16.55	2.98	1.42	1.09	17.24	0.48	7.67				

（续）

样地代码	采样日期	水温/℃	pH	Ca²⁺/(mg/L)	Mg²⁺/(mg/L)	K⁺/(mg/L)	Na⁺/(mg/L)	SO₄²⁻/(mg/L)	NO₃⁻/(mg/L)	矿化度/(mg/L)	COD/(mg/L)	总氮/(mg/L)	总磷/(mg/L)	电导率/(mS/cm)
QLF	2016-08-09	31.0	7.58	17.32	3.91	1.69	1.32	8.38	0.03	7.45				
QLF	2016-09-19	24.0	6.81	1.60	0.20	0.02	0.03	1.70	0.34	7.05				
QLF	2016-10-26	20.0	6.61	1.87	0.09	0.02	-0.24	2.14	0.36	7.28				
QLF	2016-12-05	7.0	9.67	0.67	0.26	23.42	4.51	23.99	0.16	7.65				
QLF	2017-04-17	7.8	7.42	14.01	0.65	0.22	0.30	2.31	0.49	7.36				
QLF	2017-05-17	11.1	6.53	2.01	0.17	0.02	0.00	5.00	0.45	7.22				
QLF	2017-06-18	13.9	6.47	2.50	0.17	2.94	0.00	2.88	0.36	7.89				
QLF	2017-06-20	13.9	6.59	5.09	0.17	0.00	0.00	11.80	0.69	7.80				
QLF	2017-07-14	16.7	6.85	2.29	0.10	0.00	0.00	1.53	0.36	7.42				
QLF	2017-07-15	16.1	6.85	1.60	0.05	0.00	0.00	1.05	0.65	7.47				
QLF	2017-08-13	15.0	6.86	3.25	0.09	0.00	0.00	1.25	0.65	7.35				
QLF	2017-09-19	15.0	6.99	6.40	0.69	2.94	3.20	2.09	0.96	7.93				
QLF	2017-09-25	15.0	7.05	9.29	0.23	0.10	0.00	6.98	0.28	7.85				
QLF	2017-10-15	9.4	7.35	2.20	0.06	0.00	0.00	1.02	0.28	8.11				
QLF	2017-11-11	6.7	7.37	26.42	0.20	2.05	2.02	11.71	0.72	8.04				
QLF	2018-06-24	14.0	6.70	0.67	0.07	0.85	0.37	7.89	0.17		0.59	8.03	0.049	
QLF	2018-07-08	16.8	7.10	1.28	0.08	0.92	0.76	11.38	0.18		0.73	7.74	0.026	
QLF	2018-07-09	16.9	6.90	0.06	0.02	0.41	0.30	6.63	0.13		0.42	7.44	0.018	
QLF	2018-07-16	17.9	7.10	1.73	0.20	1.50	1.15	12.05	0.53		0.55	8.62	0.043	
QLF	2018-07-29	18.1	6.80	0.60	0.07	1.15	0.77	9.67	0.15		0.62	7.43	0.005	
QLF	2018-08-14	18.5	7.70	5.03	0.61	2.08	1.55	7.55	0.59		0.71	8.39	0.020	
QLF	2018-09-18	15.1	6.90	0.20	0.05	0.29	0.10	8.08	0.03		0.65	7.21	0.108	
QLF	2018-09-20	14.7	6.80	0.43	0.03	0.60	0.18	14.30	0.15		0.38	7.23	0.146	

表 3-43　地表水水质状况表（火地沟流域沟口径流）

样地代码	采样日期	水温/℃	pH	Ca^{2+}/(mg/L)	Mg^{2+}/(mg/L)	K^{+}/(mg/L)	Na^{+}/(mg/L)	HCO_3^{-}/(mg/L)	SO_4^{2-}/(mg/L)	NO_3^{-}/(mg/L)	矿化度/(mg/L)	COD/(mg/L)	总氮/(mg/L)	总磷/(mg/L)	电导率/(mS/cm)
QLF	2009-01-10		7.49	21.05	1.12	1.05	1.42		27.000			34.96	0.310	0.050	
QLF	2009-03-28		7.51	29.38	1.06	2.34	1.08		23.000			33.12	0.710	0.060	
QLF	2009-04-30		7.63	17.12	2.60	2.51	1.06			0.194			0.550		
QLF	2009-07-09		7.16	11.10	3.41	0.21	0.06		72.000	0.285			0.160	0.115	
QLF	2009-08-22		7.73	11.31	3.28	3.92	0.59		48.000	0.300			0.872	0.102	
QLF	2009-09-14		7.21	12.40	3.74	1.51	1.08		28.000	0.177			0.479	0.108	
QLF	2009-10-10		7.06	12.15	3.88	2.56	0.85		102.000	0.190			0.319	0.096	
QLF	2009-11-12		7.94	28.02	5.18	1.37	1.06			0.161			0.373	0.024	
QLF	2010-04-20		7.39	16.21	4.29	1.25	0.95		47.000	0.209			0.471	0.058	
QLF	2010-05-21		7.23	18.37	2.83	0.76	0.63		37.000	0.104			0.210	0.047	
QLF	2010-06-07		7.49	16.21	3.01	0.82	0.63		38.000	0.030			0.060	0.142	
QLF	2010-07-07		7.11	10.55	4.06	1.69	1.11		46.000	0.274			0.362	0.093	
QLF	2010-08-13		7.02	9.29	3.94	1.70	1.00		34.000	0.230			0.470	0.093	
QLF	2010-09-05		6.89	10.82	3.37	3.25	1.15		36.000	0.018			0.683	0.134	
QLF	2011-04-23		8.05	12.33	5.40	1.37	1.27		30.000	1.131					
QLF	2011-06-04	14.2	6.95	17.69	3.17	1.17	0.82		23.000	0.273					
QLF	2011-06-09		7.56	14.06	5.75	1.64	1.89		27.000	0.247					
QLF	2011-06-18		7.79	13.08	5.53	1.37	1.25		25.000	0.109					
QLF	2011-07-30		7.04	12.76	5.31	1.34	1.13		25.000	0.123					
QLF	2011-08-01		7.21	15.53	4.31	1.25	1.10		23.000	0.276					
QLF	2011-09-06	13.9	7.52	15.90	1.98	0.90	1.16		17.000	0.200			0.573	2.089	
QLF	2011-09-18	13.6	7.27	17.34	2.75	1.29	0.49		19.000	0.161			0.244	0.034	
QLF	2011-09-28	15.7	7.07	17.41	3.07	1.32	0.82		22.000	0.084			0.183	0.009	
QLF	2011-10-23	16.6	6.86	13.14	2.81	1.37	2.82		19.000						
QLF	2012-03-26	13.5	7.25	28.87	3.36	1.70	4.04		20.581	0.089		5.5	0.398	0.056	

（续）

样地代码	采样日期	水温/℃	pH	Ca²⁺/(mg/L)	Mg²⁺/(mg/L)	K⁺/(mg/L)	Na⁺/(mg/L)	HCO₃⁻/(mg/L)	SO₄²⁻/(mg/L)	NO₃⁻/(mg/L)	矿化度/(mg/L)	COD/(mg/L)	总氮/(mg/L)	总磷/(mg/L)	电导率/(mS/cm)
QLF	2012-09-10	15.0	7.51	30.65	1.03	0.95	2.88		6.733	0.072		12.8	0.805		0.089
QLF	2013-03-22	24.0	7.7	19.75	4.95	1.73	0.99		7.710	0.153		19.6	0.250		
QLF	2013-06-08	24.0	7.63	23.81	2.37	2.50	0.89		5.370	0.999		13.1	1.091		
QLF	2013-09-26	15.0	8.17	31.02	4.89	1.81	1.18		7.110	0.405		13.2	0.489		
QLF	2014-06-05	24.0	7.6	17.86	3.31	1.02	0.47		18.130	1.412	2.00				
QLF	2014-09-18	25.0	7.7	27.46	4.70	1.23	0.57		8.780	1.230	6.00				
QLF	2014-11-03	22.0	6.96	18.45	2.30	1.12	0.65		5.410	1.198	16.00				
QLF	2015-04-01	20.0	7.21	15.66	1.69	0.65	0.68			2.141					
QLF	2015-05-29	22.0	6.79	10.01	2.60	0.70	0.16			0.192					
QLF	2015-07-01	24.0	7.12	15.84	1.58		0.36			0.223					
QLF	2015-08-11	25.0	7.21	10.16	1.38	0.36	0.23			0.182					
QLF	2015-09-04	23.0	6.94	9.47	1.77	0.06	1.89			0.174					
QLF	2015-11-08	21.0	7.08	16.84	2.16	0.39	0.83			0.150					
QLF	2016-04-14		7.32	13.80	5.56	1.16	1.09		25.440	0.254	7.66			0.267	
QLF	2016-04-30		7.48	12.11	3.77	1.82	1.47		39.680	0.855	7.86			0.859	
QLF	2016-06-05		7.81	10.87	4.24	1.16	0.94		12.980	0.317	7.65			0.332	
QLF	2016-07-08		7.66	16.54	5.61	1.42	1.17		25.690	0.552	7.58			0.556	
QLF	2016-08-09		7.61	12.50	3.88	1.03	0.79		27.670	0.224	7.17			0.237	
QLF	2016-09-19		6.45	21.90	7.02	1.55	1.32		55.580	0.237	8.29			0.242	
QLF	2016-10-26		6.27	18.24	5.39	1.55	1.25		5.070	0.291	8.29			0.358	
QLF	2016-12-05		8.15	16.35	6.14	1.55	1.32		1.790	0.091	8.31			0.102	
QLF	2017-03-25	4.4	7.86	26.48	1.97	0.54	0.30	17.4	9.580	0.628	8.3	23.69	1.063	2.434	
QLF	2017-04-17	8.3	7.64	29.68	0.35	0.75	0.30	12.01	11.260	0.559	8.12	13.37	1.121	2.219	
QLF	2017-05-17	11.7	7.7	37.16	2.67	0.75	0.30	22.4	8.680	0.447	7.26	22.60	1.212	2.073	
QLF	2017-06-18	16.1	7.25	30.59	0.43	1.12	0.40	20.21	8.080	0.496	7.27	15.60	0.895	2.481	

（续）

样地代码	采样日期	水温/℃	pH	Ca²⁺/(mg/L)	Mg²⁺/(mg/L)	K⁺/(mg/L)	Na⁺/(mg/L)	HCO₃⁻/(mg/L)	SO₄²⁻/(mg/L)	NO₃⁻/(mg/L)	矿化度/(mg/L)	COD/(mg/L)	总氮/(mg/L)	总磷/(mg/L)	电导率/(mS/cm)
QLF	2017-06-20	16.1	7.60	34.46	2.10	1.35	0.62	18.32	9.520	0.479	7.54	18.10	1.126	2.333	
QLF	2017-07-14	20.0	7.79	24.28	2.61	0.90	0.18	28.9	7.500	0.828	7.25	16.07	1.205	2.468	
QLF	2017-07-18	18.3	7.60	24.23	2.26	0.90	0.18	14.21	5.120	0.714	7.33	20.10	1.121	2.686	
QLF	2017-08-12	17.7	7.70	35.73	0.40	0.90	0.18	29.52	7.830	0.338	7.76	14.94	0.871	2.426	
QLF	2017-08-14	17.2	7.31	33.85	0.49	1.35	0.62	27.17	8.610	0.832	7.40	8.57	1.229	2.835	
QLF	2017-09-19	13.3	7.32	26.17	2.02	0.48	0.01	18.22	5.970	0.653	7.90	12.42	0.912	2.729	
QLF	2017-09-25	12.8	7.65	34.18	3.23	0.90	0.46	20.39	8.020	0.76	7.03	15.67	0.974	2.732	
QLF	2017-10-15	8.8	7.55	33.03	2.26	1.12	0.46	17.12	7.200	0.451	7.25	14.06	1.267	2.543	
QLF	2017-11-11	6.7	7.35	49.29	2.99	1.35	0.88	30.74	14.160	0.405	7.11	16.28	1.253	2.621	
QLF	2018-01-23		8.40	7.88	1.94	2.13	1.21			0.523		1.37	9.850	0.016	
QLF	2018-03-04		8.30	13.38	2.39	2.39	1.33			0.319		0.38	9.947	0.056	
QLF	2018-04-07		8.20	6.63	1.35	1.48	0.71			0.130		0.53	9.479	0.058	
QLF	2018-05-04		7.60	14.61	1.78	3.65	0.95			0.126		0.46	9.620	0.024	
QLF	2018-06-12		7.70	28.32	3.36	4.38	2.99			0.330		0.59	9.584	0.062	
QLF	2018-06-24		7.60	7.90	0.92	1.60	0.69			0.233		9.18	9.536	0.011	
QLF	2018-07-19		7.80	8.99	1.58	1.93	0.89			0.218		5.74	9.402	0.049	
QLF	2018-07-17		7.80	9.34	0.60	0.94	0.43			0.153		0.83	8.978	0.013	
QLF	2018-08-3		7.80	9.09	0.74	1.31	0.61			0.308		0.59	9.217	0.020	
QLF	2018-08-16		7.60	8.51	1.61	2.69	1.37			0.246		0.64	8.922	0.022	
QLF	2018-08-26		7.60	15.66	1.88	2.32	1.17			0.136		2.34	9.418	0.030	
QLF	2018-09-03		7.30	13.12	2.16	2.49	1.33			0.085		0.82	9.544	0.032	
QLF	2018-09-23		7.70	11.55	1.43	1.93	0.84			0.496		0.77	9.410	0.104	
QLF	2018-10-28		7.80	20.27	2.61	2.54	1.35			0.166		0.65	9.435	0.085	
QLF	2018-11-24		7.90	7.62	1.27	1.51	0.86			0.338		0.61	9.301	0.100	

3.4　土壤长期观测数据

3.4.1　概述

　　火地塘林区地处秦岭南坡宁陕县境内，位于33°18′—33°28′N，108°21′—108°39′E。面积22.25 km²，海拔1 470~2 473 m，土壤主要为棕壤和暗棕壤，平均厚度50 cm，成土母岩主要为花岗岩、片麻岩、变质砂岩和片岩。现有森林是原生植被在20世纪60、70年代主伐后恢复起来的天然次生林。火地塘林区森林植被、地形地貌、土壤、气候等具有秦岭南坡中山地带的典型特征。

　　秦岭森林生态系统国家野外科学观测研究站（下称秦岭森林生态站）共设有12个观测场，长期定位观测的森林类型有油松林、华山松林、冷杉林、铁杉林、锐齿槲栎林、红桦林和针阔混交林等森林类型。本数据集包括秦岭生态站2013—2019年土壤交换量数据、养分数据、速效微量元素数据、机械组成与土壤容重数据、微量元素和重金属元素数据以及矿质全量数据，观测深度为0~10 cm、10~20 cm、20~40 cm、40~60 cm。

3.4.2　观测指标及处理方法

3.4.2.1　土壤交换量

　　详见表3-44。

表3-44　土壤交换量处理方法

序号	指标名称	单位	小数位数	数据获取方法
1	交换性钙	mmol/kg（1/2 Ca²⁺）	1	乙酸铵交换法
2	交换性镁	mmol/kg（1/2 Mg²⁺）	1	乙酸铵交换法
3	交换性钾	mmol/kg（K⁺）	2	乙酸铵交换法或乙酸铵-氢氧化铵交换法
4	交换性钠	mmol/kg（Na⁺）	2	乙酸铵交换法或乙酸铵-氢氧化铵交换法
5	交换性铝	mmol/kg（1/3 Al³⁺）	2	氯化钾交换-中和滴定法
6	交换性氢	mmol/kg（H⁺）	2	氯化钾交换-中和滴定法
7	交换性总酸量	mmol/kg（＋）	1	氯化钾交换-中和滴定法

3.4.2.2　土壤养分

　　详见表3-45。

表3-45　土壤养分处理方法

序号	指标名称	单位	小数位数	数据获取方法
1	土壤有机质	g/kg	1	重铬酸钾氧化法
2	全氮	g/kg	2	半微量凯式法
3	全磷	g/kg	3	硫酸-高氯酸消煮-钼锑抗比色法、氢氟酸或高氯酸消煮-钼锑抗比色法、氢氧化钠碱熔-钼锑抗比色法
4	全钾	g/kg	1	氢氟酸或高氯酸消煮-火焰光度法、氢氧化钠碱熔-火焰光度法
5	速效氮	mg/kg	1	碱扩散法
6	有效磷	mg/kg（H⁺）	1	盐酸-氟化铵浸提-钼锑抗比色法、碳酸氢钠浸提-钼锑抗比色法
7	速效钾	mg/kg	1	乙酸铵浸提-火焰光度法
8	缓效钾	mg/kg	0	硝酸浸提-火焰光度法
9	pH	无	2	电位法

3.4.2.3　土壤速效微量元素

详见表 3-46。

表 3-46　土壤速效微量元素处理方法

序号	指标名称	单位	小数位数	数据获取方法
1	有效硼	mg/kg	3	沸水浸提-姜黄素比色法
2	有效锌	mg/kg	2	DTPA 浸提（碱性、中性土壤）/HCL 浸提（酸性土壤）-原子吸收分光光度法、二硫腙比色法
3	有效锰	mg/kg	2	乙酸铵-对苯二酚提-原子吸收分光光度法、DTPA 浸提（石灰性土壤）-ICP-AES 法
4	有效铁	mg/kg	1	DTPA 浸提-原子吸收分光光度法
5	有效铜	mg/kg	2	DTPA 浸提（碱性、中性土壤）/HCL 浸提（酸性土壤）-原子吸收分光光度法、比色法
6	有效硫	mg/kg	2	氯化钙浸提（碱性、中性土壤）/磷酸盐浸提（酸性土壤）-比浊法
7	有效钼	mg/kg	3	草酸-草酸铵浸提→极谱法/ICP-MS 法

3.4.2.4　剖面土壤机械组成

数据来源：土壤机械组成表；数据获取方法：建议吸管法，以实际采用方法为准。单位：%；小数位数：2。

3.4.2.5　剖面土壤容重

数据来源：土壤容重表；数据获取方法：建议乙酸铵交换法或 EDTA-铵盐快速法，以实际采用方法为准；单位：g/cm³；小数位数：2。

3.4.2.6　剖面土壤重金属全量

详见表 3-47。

表 3-47　剖面土壤容重金属全量处理方法

序号	指标名称	单位	小数位数	数据获取方法
1	铅	mg/kg	2	盐酸-硝酸-氢氟酸-高氯酸消煮-ICP-AES 法
2	铬	mg/kg	1	盐酸-硝酸-氢氟酸-高氯酸消煮-ICP-AES 法
3	镍	mg/kg	1	盐酸-硝酸-氢氟酸-高氯酸消煮-ICP-AES 法
4	镉	mg/kg	3	盐酸-硝酸-氢氟酸-高氯酸消煮-ICP-AES 法
5	硒	mg/kg	2	王水消解-原子荧光光谱法
6	砷	mg/kg	2	二乙基二硫代氨基甲酸银分光光度法或王水消解-原子荧光光谱法
7	汞	mg/kg	2	硫酸-硝酸-高锰酸钾消解-冷原子法、硝酸-硫酸-五氧化二钒消煮-冷原子吸收法、王水消解-原子荧光光谱法

3.4.2.7　剖面土壤微量元素

详见表 3-48。

表 3-48　剖面土壤微量元素处理方法

序号	指标名称	单位	小数位数	数据获取方法
1	全钼	mg/kg	2	盐酸-硝酸-氢氟酸-高氯酸消煮-ICP-MS 法、硝酸-高氯酸消煮-石墨炉原子吸收光谱法

（续）

序号	指标名称	单位	小数位数	数据获取方法
2	全锌	mg/kg	2	盐酸-硝酸-氢氟酸-高氯酸消煮-光焰原子吸收分光光度法、盐酸-硝酸-氢氟酸-高氯酸消煮-ICP-AES 法
3	全锰	mg/kg	2	盐酸-氢氟酸-高氯酸-硝酸消煮-ICP-AES 或氢氟酸-高氯酸-硝酸消煮-原子吸收光谱法
4	全铜	mg/kg	2	盐酸-硝酸-氢氟酸-高氯酸消煮-火焰原子吸收分光光度法、氢氟酸-硝酸-高氯酸消煮-ICP-AES 法
5	全铁	mg/kg	2	氢氟酸-高氯酸-硝酸消煮-原子吸收分光光谱法、盐酸-氢氟酸-硝酸-高氯酸消煮-ICP-AES 法
6	全硼	mg/kg	2	磷酸-硝酸-氢氟酸-高氯酸消煮-ICP-AES 法、碳酸钠熔融-姜黄素比色法

3.4.2.8　剖面土壤矿质全量

数据来源：土壤矿质全量表；数据获取方法：议偏硼酸锂熔融- ICP - AES 法或碳酸钠熔融-系统分析法；计量单位：%。

3.4.3　数据质量控制和评估

（1）样品采样过程质量控制

土壤样品获取过程，选用标准采样工具和采样方法，在样方内均匀分布采样点。为最优反映土壤指标性质，采样时间选为一年中的 6—8 月。采样后根据标准进行土壤前处理，避光风干，密封保存。对样品进行编号，翔实记录采样的各类信息。

（2）样品分析质量控制

选用国际分析或国家标准方法，对尚未定制统一标准的，首先选择用经典方法，并经过加标准物质回收实验，证实在本实验室条件下已经达到分析标准后使用。测定分析过程中，插入国家标准样品进行质量控制，和实验室控制样品用以检查仪器系统并校正控制状态。

（3）数据质量控制

对数据结果进行统一规范处理，检查数据结果精密度，对有效数字进行修订。检验数据结果，同各项辅助信息数据以及历史数据信息进行比较，检查数据的范围和逻辑，评价数据的完整性、一致性、有效性。

3.4.4　数据

3.4.4.1　土壤交换量

森林土壤交换量随年份变化显著。从表 3 - 49 中可以看出，3 次采样年份中土壤交换性钙离子与交换性镁离子量急剧下降，近些年已逐渐趋近于 0。交换性钾离子呈现出先上升后下降的趋势。交换性钠离子基本无显著变化。交换性铝离子与交换性氢部分数据缺失，但整体呈现增加的趋势。交换性总酸量也有明显的增加。

3.4.4.2　森林土壤养分

整体上看，近些年森林土壤养分显著下降（表 3 - 50）。其中，土壤有机质、全氮、全磷、全钾的下降最为明显，速效氮、有效磷、速效钾的含量与之前相比也有明显的下降。缓效钾含量略有上升。水溶液提 pH 值无明显变化。可以得出，近些年土壤肥力已大不如前，需要进行一定的抚育管理。

3.4.4.3　土壤速效微量元素

土壤速效微量元素的变化不大，其中有效铁含量最多，且 2017 年较 2013 年略有增加。有效铜、有效钼含量在一定范围内上下波动。有效硼、有效锰含量有所下降，2017、2019 年数据均明显低于 2013 年。有效锌含量较为稳定，无明显变化。有效硫含量略有上升（表 3 - 51）。

表 3-49 土壤交换量表

年份	月份	样地代码	观测层次/cm	交换性钙/[mmol/kg(1/2 Ca²⁺)] 平均值	重复数	标准差	交换性镁/[mmol/kg(1/2 Mg²⁺)] 平均值	重复数	标准差	交换性钾/[mmol/kg(1/2 K⁺)] 平均值	重复数	标准差	交换性钠/[mmol/kg(1/2 Na⁺)] 平均值	重复数	标准差	交换性铝/[mmol/kg(1/2 Al³⁺)] 平均值	重复数	标准差	交换性氢/[mmol/kg(H⁺)] 平均值	重复数	标准差	交换性总酸量/[mmol/kg(+)] 平均值	重复数	标准差
2013	6	QLFSY06	0~10	302.9	3		29.4	3		0.73	3		0.21	3		0.06	3		0.11	3		0.16	3	
2013	6	QLFSY06	10~20	353.2	3		55.8	3		0.38	3		0.15	3		0.05	3		0.02	3		0.07	3	
2013	6	QLFSY06	20~40	312.9	3		43.1	3		0.32	3		0.10	3		0.09	3		0.00	3		0.09	3	
2013	6	QLFSY06	40~60	256.0	3		41.1	3		0.22	3		0.11	3		−0.14	3		0.13	3		−0.01	3	
2013	6	QLFSY01	0~10	176.1	3		15.7	3		0.18	3		0.09	3		3.74	3		0.37	3		4.11	3	
2013	6	QLFSY01	10~20	198.1	3		21.0	3		0.20	3		0.09	3		2.17	3		0.33	3		2.50	3	
2013	6	QLFSY01	20~40	167.2	3		14.8	3		0.19	3		0.12	3		2.68	3		0.27	3		2.95	3	
2013	6	QLFSY01	40~60	176.2	3		17.2	3		0.15	3		0.13	3		2.45	3		0.20	3		2.65	3	
2013	6	QLFSY05	0~10	607.7	3		46.4	3		0.72	3		0.28	3		−0.03	3		0.12	3		0.09	3	
2013	6	QLFSY05	10~20	320.9	3		26.2	3		0.47	3		0.21	3		0.05	3		0.02	3		0.07	3	
2013	6	QLFSY05	20~40	267.1	3		23.4	3		0.36	3		0.17	3		−0.02	3		0.05	3		0.03	3	
2013	6	QLFSY05	40~60	341.9	3		28.5	3		0.36	3		0.10	3		−0.03	3		0.06	3		0.03	3	
2013	7	QLFSY04	0~10	533.8	3		66.3	3		0.58	3		0.23	3		−0.10	3		0.11	3		0.01	3	
2013	7	QLFSY04	10~20	457.0	3		59.0	3		0.47	3		0.18	3		−0.07	3		0.11	3		0.04	3	
2013	7	QLFSY04	20~40	414.0	3		50.5	3		0.47	3		0.20	3		−0.06	3		0.07	3		0.01	3	
2013	7	QLFSY04	40~60	372.1	3		44.2	3		0.27	3		0.11	3		−0.08	3		0.09	3		0.02	3	
2013	7	QLFSY07	0~10	410.0	3		56.5	3		0.38	3		0.19	3		−0.06	3		0.16	3		0.10	3	
2013	7	QLFSY07	10~20	230.8	3		12.1	3		0.35	3		0.13	3		0.17	3		0.04	3		0.21	3	
2013	7	QLFSY07	20~40	220.9	3		8.2	3		0.25	3		0.10	3		0.01	3		0.04	3		0.05	3	
2013	7	QLFSY07	40~60	212.2	3		8.0	3		0.20	3		0.11	3		0.02	3		0.14	3		0.16	3	
2013	7	QLFSY08	0~10	597.8	3		41.5	3		0.69	3		0.29	3		−0.11	3		0.11	3		0.00	3	
2013	7	QLFSY08	10~20	385.2	3		21.0	3		0.30	3		0.13	3		0.00	3		0.08	3		0.07	3	
2013	7	QLFSY08	20~40	349.6	3		16.0	3		0.11	3		0.08	3		0.09	3		0.12	3		0.21	3	
2013	7	QLFSY08	40~60	317.6	3		11.6	3		0.08	3		0.04	3		0.04	3		0.05	3		0.09	3	
2013	7	QLFSY02	0~10	416.8	3		32.4	3		0.55	3		0.20	3		−0.12	3		0.16	3		0.04	3	

（续）

年份	月份	样地代码	观测层次/cm	交换性钙/[mmol/kg(1/2 Ca²⁺)]			交换性镁/[mmol/kg(1/2 Mg²⁺)]			交换性钾/[mmol/kg(1/2 K⁺)]			交换性钠/[mmol/kg(1/2 Na⁺)]			交换性铝/[mmol/kg(1/2 Al³⁺)]			交换性氢/[mmol/kg(H⁺)]			交换性总酸量/[mmol/kg(+)]		
				平均值	重复数	标准差	平均值	重复数	标准差	平均值	重复数	标准差	平均值	重复数	标准差	平均值	重复数	标准差	平均值	重复数	标准差	平均值	重复数	标准差
2013	7	QLFSY02	10~20	357.4	3		21.8	3		0.41	3		0.26	3		−0.08	3		0.05	3		−0.03	3	
2013	7	QLFSY02	20~40	327.8	3		18.4	3		0.22	3		0.07	3		0.04	3		0.01	3		0.05	3	
2013	7	QLFSY02	40~60	274.4	3		13.7	3		0.17	3		0.05	3		−0.02	3		0.10	3		0.08	3	
2013	7	QLFSY09	0~10	318.3	3		24.6	3		0.14	3		0.06	3		0.30	3		0.27	3		0.57	3	
2013	7	QLFSY09	10~20	250.1	3		19.8	3		0.04	3		0.05	3		0.13	3		0.09	3		0.22	3	
2013	7	QLFSY09	20~40	235.4	3		21.2	3		0.04	3		0.06	3		0.09	3		0.02	3		0.11	3	
2013	7	QLFSY09	40~60	241.1	3		19.4	3		−0.02	3		0.01	3		0.05	3		0.11	3		0.16	3	
2013	7	QLFSY03	0~10	535.4	3		43.1	3		0.53	3		0.16	3		0.02	3		0.09	3		0.11	3	
2013	7	QLFSY03	10~20	463.0	3		33.3	3		0.34	3		0.10	3		0.03	3		0.06	3		0.09	3	
2013	7	QLFSY03	20~40	432.8	3		32.0	3		0.39	3		0.13	3		0.00	3		0.08	3		0.08	3	
2013	7	QLFSY03	40~60	487.9	3		29.4	3		0.47	3		0.18	3		0.02	3		0.11	3		0.13	3	
2013	7	QLFZH01	0~10	531.2	3		29.3	3		0.31	3		0.13	3		0.26	3		0.19	3		0.45	3	
2013	7	QLFZH01	10~20	388.0	3		24.6	3		0.23	3		0.18	3		0.24	3		0.14	3		0.39	3	
2013	7	QLFZH01	20~40	341.2	3		20.1	3		0.22	3		0.09	3		0.07	3		0.13	3		0.21	3	
2013	7	QLFZH01	40~60	396.3	3		25.5	3		0.24	3		0.12	3		0.02	3		0.05	3		0.07	3	
2013	7	QLFSY11	0~10	317.7	3		25.7	3		0.41	3		0.22	3		−0.01	3		0.06	3		0.05	3	
2013	7	QLFSY11	10~20	307.1	3		21.9	3		0.30	3		0.12	3		0.07	3		0.01	3		0.07	3	
2013	7	QLFSY11	20~40	237.8	3		15.4	3		0.18	3		0.09	3		0.03	3		0.03	3		0.06	3	
2013	7	QLFSY11	40~60	238.2	3		23.6	3		0.17	3		0.09	3		−0.01	3		0.04	3		0.04	3	
2017	7	QLFFZ01 AYD_01	0~10	101.5	3	43.8	12.6	3	3.5	6.05	3	3.69	0.85	3	0.22	2.18	3	3.38	1.01	3	0.29	3.20	3	3.65
2017	7	QLFFZ01 AYD_01	10~20	105.6	3	22.3	13.0	3	1.2	4.10	3	1.68	0.79	3	0.04	1.71	3	2.30	0.99	3	0.40	2.69	3	2.70
2017	7	QLFFZ01 AYD_01	20~40	113.9	3	30.1	11.6	3	1.7	2.98	3	1.29	0.74	3	0.10	1.14	3	1.32	0.86	3	0.17	2.00	3	1.48

（续）

年份	月份	样地代码	观测层次/cm	交换性钙/[mmol/kg(1/2 Ca²⁺)]			交换性镁/[mmol/kg(1/2 Mg²⁺)]			交换性钾/[mmol/kg(1/2 K⁺)]			交换性钠/[mmol/kg(1/2 Na⁺)]			交换性铝/[mmol/kg(1/2 Al³⁺)]			交换性氢/[mmol/kg(H⁺)]			交换性总酸量/[mmol/kg(+)]		
				平均值	重复数	标准差	平均值	重复数	标准差	平均值	重复数	标准差	平均值	重复数	标准差	平均值	重复数	标准差	平均值	重复数	标准差	平均值	重复数	标准差
2017	7	QLFFZ01AYD_01	40~60	114.6	3	34.4	11.0	3	2.2	2.30	3	0.90	0.73	3	0.12	0.86	3	0.99	0.86	3	0.19	1.71	3	1.16
2017	7	QLFFZ01AYD_02	0~10	39.3	3	7.5	8.9	3	0.6	3.71	3	1.44	1.30	3	1.09	19.41	3	1.56	2.22	3	0.55	21.63	3	1.48
2017	7	QLFFZ01AYD_02	10~20	28.8	3	4.1	6.8	3	1.7	3.30	3	0.89	0.67	3	0.11	9.12	3	2.18	1.30	3	0.20	10.42	3	2.29
2017	7	QLFFZ01AYD_02	20~40	23.3	3	4.2	5.9	3	2.6	3.62	3	0.89	0.61	3	0.20	6.43	3	0.69	1.08	3	0.15	7.51	3	0.83
2017	7	QLFFZ01AYD_02	40~60	23.6	3	5.0	5.7	3	2.5	3.11	3	0.81	0.56	3	0.04	6.68	3	1.57	0.86	3	0.19	7.54	3	1.67
2017	7	QLFFZ01AYD_03	0~10	94.3	3	10.6	14.0	3	0.9	3.65	3	1.15	0.57	3	0.07	0.54	3	0.05	0.89	3	0.05	1.43	3	0.00
2017	7	QLFFZ01AYD_03	10~20	82.9	3	16.6	12.3	3	1.8	2.88	3	0.08	0.58	3	0.02	1.14	3	0.49	0.79	3	0.14	1.93	3	0.49
2017	7	QLFFZ01AYD_03	20~40	52.8	3	2.2	9.8	3	0.6	2.16	3	0.20	0.51	3	0.09	3.42	3	0.33	1.36	3	0.06	4.78	3	0.36
2017	7	QLFFZ01AYD_03	40~60	39.1	3	3.5	7.2	3	0.8	1.67	3	0.08	0.51	3	0.07	4.15	3	0.38	1.27	3	0.05	5.42	3	0.38
2017	8	QLFFZ01AYD_04	0~10	55.0	3	4.0	7.9	3	1.4	1.79	3	0.15	0.68	3	0.18	15.55	3	2.08	2.13	3	0.11	17.67	3	1.97
2017	8	QLFFZ01AYD_04	10~20	45.1	3	8.4	5.6	3	0.8	1.57	3	0.32	0.66	3	0.14	14.19	3	0.86	1.87	3	0.11	16.06	3	0.87
2017	8	QLFFZ01AYD_04	20~40	37.7	3	6.7	4.4	3	0.6	1.34	3	0.14	0.70	3	0.13	10.74	3	0.99	1.24	3	0.16	11.97	3	0.83
2017	8	QLFFZ01AYD_04	40~60	42.0	3	5.3	4.0	3	0.2	1.29	3	0.10	0.75	3	0.18	7.89	3	1.03	1.11	3	0.24	9.00	3	1.19

（续）

年份	月份	样地代码	观测层次/cm	交换性钙/[mmol/kg(1/2 Ca²⁺)]			交换性镁/[mmol/kg(1/2 Mg²⁺)]			交换性钾/[mmol/kg(1/2 K⁺)]			交换性钠/[mmol/kg(1/2 Na⁺)]			交换性铝/[mmol/kg(1/2 Al³⁺)]			交换性氢/[mmol/kg(H⁺)]			交换性总酸量/[mmol/kg(+)]		
				平均值	重复数	标准差	平均值	重复数	标准差	平均值	重复数	标准差	平均值	重复数	标准差	平均值	重复数	标准差	平均值	重复数	标准差	平均值	重复数	标准差
2017	7	QLFFZ01AYD_05	0~10	153.3	3	85.9	46.9	3	32.9	3.01	3	0.21	0.72	3	0.09	0.38	3	0.17	0.42	3	0.11	0.79	3	0.14
2017	7	QLFFZ01AYD_05	10~20	122.8	3	62.4	41.8	3	28.3	2.51	3	0.15	0.81	3	0.20	0.25	3	0.11	0.32	3	0.22	0.57	3	0.19
2017	7	QLFFZ01AYD_05	20~40	65.4	3	21.3	25.2	3	15.2	2.41	3	0.56	0.64	3	0.04	0.32	3	0.24	0.44	3	0.11	0.76	3	0.16
2017	7	QLFFZ01AYD_05	40~60	51.3	3	20.0	21.0	3	13.9	1.88	3	0.86	0.62	3	0.02	0.45	3	0.24	0.41	3	0.06	0.86	3	0.19
2017	8	QLFFZ01AYD_06	0~10	107.5	3	5.2	14.2	3	0.9	3.77	3	2.72	0.78	3	0.12	5.61	3	0.67	1.21	3	0.14	6.81	3	0.52
2017	8	QLFFZ01AYD_06	10~20	122.3	3	15.1	14.2	3	1.6	3.02	3	1.85	0.78	3	0.19	1.90	3	1.43	0.86	3	0.10	2.76	3	1.50
2017	8	QLFFZ01AYD_06	20~40	144.1	3	13.7	14.9	3	1.6	2.16	3	0.49	0.80	3	0.19	1.05	3	0.76	0.73	3	0.20	1.78	3	0.92
2017	8	QLFFZ01AYD_06	40~60	154.3	3	25.5	16.1	3	2.7	2.07	3	0.71	0.84	3	0.23	0.70	3	0.38	0.70	3	0.15	1.39	3	0.48
2017	8	QLFFZ01AYD_07	0~10	26.8	3	6.6	6.3	3	0.9	2.35	3	0.74	1.00	3	0.11	16.47	3	5.21	2.22	3	0.57	18.69	3	5.74
2017	8	QLFFZ01AYD_07	10~20	32.6	3	12.9	6.6	3	0.4	1.47	3	0.09	0.90	3	0.16	13.68	3	7.81	1.84	3	0.38	15.52	3	8.17
2017	8	QLFFZ01AYD_07	20~40	28.3	3	6.8	7.4	3	2.4	1.29	3	0.15	0.69	3	0.07	13.49	3	2.65	1.71	3	0.67	15.20	3	3.31
2017	8	QLFFZ01AYD_07	40~60	28.4	3	8.7	6.5	3	3.0	1.23	3	0.21	0.66	3	0.07	8.30	3	2.12	1.46	3	0.49	9.76	3	2.42
2017	8	QLFFZ01AYD_08	0~10	90.5	3	17.8	14.0	3	3.5	2.87	3	0.74	0.65	3	0.17	6.08	3	0.50	1.20	3	0.22	7.28	3	0.67

（续）

年份	月份	样地代码	观测层次/cm	交换性钙/[mmol/kg(1/2 Ca²⁺)]			交换性镁/[mmol/kg(1/2 Mg²⁺)]			交换性钾/[mmol/kg(1/2 K⁺)]			交换性钠/[mmol/kg(1/2 Na⁺)]			交换性铝/[mmol/kg(1/2 Al³⁺)]			交换性氢/[mmol/kg(H⁺)]			交换性总酸量/[mmol/kg(+)]		
				平均值	重复数	标准差	平均值	重复数	标准差	平均值	重复数	标准差	平均值	重复数	标准差	平均值	重复数	标准差	平均值	重复数	标准差	平均值	重复数	标准差
2017	8	QLFFZ01AYD_08	10～20	49.1	3	20.1	7.8	3	2.8	1.20	3	0.41	0.66	3	0.28	6.34	3	2.52	1.33	3	0.25	7.67	3	2.71
2017	8	QLFFZ01AYD_08	20～40	32.6	3	12.1	5.1	3	1.7	0.98	3	0.20	0.45	3	0.07	6.24	3	2.70	1.36	3	0.06	7.61	3	2.75
2017	8	QLFFZ01AYD_08	40～60	29.4	3	7.8	4.5	3	1.3	0.88	3	0.16	0.42	3	0.04	6.46	3	1.95	1.59	3	0.24	8.05	3	1.71
2017	7	QLFFZ01AYD_09	0～10	174.7	3	23.9	34.4	3	6.7	6.49	3	1.85	0.76	3	0.16	0.51	3	0.20	0.98	3	0.30	1.49	3	0.11
2017	7	QLFFZ01AYD_09	10～20	127.1	3	38.0	27.6	3	7.7	4.85	3	1.19	0.75	3	0.26	0.45	3	0.24	0.79	3	0.30	1.24	3	0.16
2017	7	QLFFZ01AYD_09	20～40	72.8	3	18.2	25.8	3	6.3	3.67	3	0.97	0.49	3	0.12	0.54	3	0.05	0.73	3	0.20	1.27	3	0.15
2017	7	QLFFZ01AYD_09	40～60	76.1	3	13.0	26.9	3	4.1	2.18	3	0.33	0.57	3	0.06	0.54	3	0.20	0.64	3	0.20	1.17	3	0.20
2017	7	QLFFZ01AYD_10	0～10	56.9	3	5.0	10.4	3	2.0	2.66	3	0.54	1.20	3	0.31	13.87	3	0.91	1.75	3	0.11	15.61	3	0.90
2017	7	QLFFZ01AYD_10	10～20	48.6	3	0.9	7.4	3	0.3	2.15	3	0.35	1.15	3	0.47	15.33	3	3.66	1.94	3	0.44	17.26	3	4.10
2017	7	QLFFZ01AYD_10	20～40	38.8	3	4.1	5.7	3	0.4	1.73	3	0.14	1.10	3	0.42	13.78	3	4.92	1.84	3	0.52	15.61	3	5.44
2017	7	QLFFZ01AYD_10	40～60	34.3	3	9.2	5.2	3	0.9	1.62	3	0.33	0.86	3	0.38	16.82	3	5.47	1.78	3	0.33	18.59	3	5.79
2017	7	QLFFZ01AYD_11	0～10	76.3	3	11.1	12.1	3	2.9	4.40	3	1.94	0.76	3	0.03	9.31	3	1.57	1.84	3	0.44	11.15	3	2.01
2017	7	QLFFZ01AYD_11	10～20	60.1	3	5.2	10.8	3	1.4	3.05	3	1.81	0.51	3	0.12	7.32	3	2.14	1.39	3	0.40	8.71	3	2.05

（续）

年份	月份	样地代码	观测层次/cm	交换性钙/[mmol/kg(1/2 Ca²⁺)] 平均值	标准差	重复数	交换性镁/[mmol/kg(1/2 Mg²⁺)] 平均值	标准差	重复数	交换性钾/[mmol/kg(1/2 K⁺)] 平均值	标准差	重复数	交换性钠/[mmol/kg(1/2 Na⁺)] 平均值	标准差	重复数	交换性铝/[mmol/kg(1/2 Al³⁺)] 平均值	标准差	重复数	交换性氢/[mmol/kg(H⁺)] 平均值	标准差	重复数	交换性总酸量/[mmol/kg(+)] 平均值	标准差	重复数
2017	7	QLFFZ01AYD_11	20~40	48.5	7.7	3	7.4	0.6	3	2.20	0.68	3	0.52	0.16	3	4.53	2.23	3	1.27	0.11	3	5.80	2.33	3
2017	7	QLFFZ01AYD_11	40~60	29.3	7.8	3	4.7	1.6	3	2.09	0.59	3	0.48	0.19	3	4.98	1.62	3	1.18	0.11	3	6.14	1.52	3
2019	8	0161179_YD_001	0~10	0.1	0.0	3	0.0	0.0	3	6.05	3.01	3	0.85	0.18	3							3.20	2.98	3
2019	8	0161179_YD_001	10~20	0.1	0.0	3	0.0	0.0	3	4.10	1.37	3	0.79	0.03	3							2.69	2.20	3
2019	8	0161179_YD_001	20~40	0.1	0.0	3	0.0	0.0	3	2.98	1.05	3	0.74	0.08	3							2.00	1.21	3
2019	8	0161179_YD_001	40~60	0.1	0.0	3	0.0	0.0	3	2.30	0.73	3	0.73	0.10	3							1.71	0.94	3
2019	8	0161179_YD_002	0~10	0.0	0.0	3	0.0	0.0	3	3.71	1.18	3	1.30	0.89	3							21.63	1.20	3
2019	8	0161179_YD_002	10~20	0.0	0.0	3	0.0	0.0	3	3.30	0.73	3	0.67	0.09	3							10.42	1.87	3
2019	8	0161179_YD_002	20~40	0.0	0.0	3	0.0	0.0	3	3.62	0.73	3	0.61	0.17	3							7.51	0.68	3
2019	8	0161179_YD_002	40~60	0.0	0.0	3	0.0	0.0	3	3.11	0.66	3	0.56	0.03	3							7.54	1.36	3
2019	8	0161179_YD_003	0~10	0.1	0.0	3	0.0	0.0	3	3.65	0.94	3	0.57	0.05	3							1.43	0.00	3
2019	8	0161179_YD_003	10~20	0.1	0.0	3	0.0	0.0	3	2.88	0.06	3	0.58	0.01	3							1.93	0.40	3
2019	8	0161179_YD_003	20~40	0.1	0.0	3	0.3	0.0	3	2.16	0.16	3	0.51	0.07	3							4.78	0.30	3

（续）

年份	月份	样地代码	观测层次/cm	交换性钙/[mmol/kg(1/2 Ca^{2+})]			交换性镁/[mmol/kg(1/2 Mg^{2+})]			交换性钾/[mmol/kg(1/2 K$^+$)]			交换性钠/[mmol/kg(1/2 Na$^+$)]			交换性铝/[mmol/kg(1/2 Al^{3+})]			交换性氢/[mmol/kg(H$^+$)]			交换性总酸量/[mmol/kg(+)]		
				平均值	重复数	标准差	平均值	重复数	标准差	平均值	重复数	标准差	平均值	重复数	标准差	平均值	重复数	标准差	平均值	重复数	标准差	平均值	重复数	标准差
2019	8	0161179_YD_003	40~60	0.0	3	0.0	0.0	3	0.0	1.67	3	0.06	0.51	3	0.06							5.42	3	0.31
2019	8	0161179_YD_004	0~10	0.2	3	0.1	0.1	3	0.0	3.01	3	0.17	0.72	3	0.07							0.79	3	0.12
2019	8	0161179_YD_004	10~20	0.1	3	0.1	0.1	3	0.0	2.51	3	0.12	0.81	3	0.16							0.57	3	0.16
2019	8	0161179_YD_004	20~40	0.1	3	0.0	0.1	3	0.0	2.41	3	0.45	0.64	3	0.03							0.76	3	0.13
2019	8	0161179_YD_004	40~60	0.1	3	0.0	0.1	3	0.0	1.88	3	0.70	0.62	3	0.02							0.86	3	0.16
2019	8	0161179_YD_005	0~10	0.1	3	0.0	0.0	3	0.0	2.66	3	0.44	1.20	3	0.26							15.61	3	0.74
2019	8	0161179_YD_005	10~20	0.0	3	0.0	0.0	3	0.0	2.15	3	0.29	1.15	3	0.38							17.26	3	3.35
2019	8	0161179_YD_005	20~40	0.0	3	0.0	0.0	3	0.0	1.73	3	0.12	1.10	3	0.34							15.61	3	4.44
2019	8	0161179_YD_005	40~60	0.0	3	0.0	0.0	3	0.0	1.62	3	0.27	0.86	3	0.31							18.59	3	4.73
2019	8	0161179_YD_006	0~10	0.1	3	0.0	0.0	3	0.0	1.79	3	0.12	0.68	3	0.14							17.67	3	1.61
2019	8	0161179_YD_006	10~20	0.0	3	0.0	0.0	3	0.0	1.57	3	0.26	0.66	3	0.11							16.06	3	0.71
2019	8	0161179_YD_006	20~40	0.0	3	0.0	0.0	3	0.0	1.34	3	0.11	0.70	3	0.10							11.97	3	0.68
2019	8	0161179_YD_006	40~60	0.0	3	0.0	0.0	3	0.0	1.29	3	0.08	0.75	3	0.15							9.00	3	0.97

（续）

年份	月份	样地代码	观测层次/cm	交换性钙/[mmol/kg(1/2 Ca²⁺)]			交换性镁/[mmol/kg(1/2 Mg²⁺)]			交换性钾/[mmol/kg(1/2 K⁺)]			交换性钠/[mmol/kg(1/2 Na⁺)]			交换性铝/[mmol/kg(1/2 Al³⁺)]			交换性氢/[mmol/kg(H⁺)]			交换性总酸量/[mmol/kg(+)]		
				平均值	重复数	标准差	平均值	重复数	标准差	平均值	重复数	标准差	平均值	重复数	标准差	平均值	重复数	标准差	平均值	重复数	标准差	平均值	重复数	标准差
2019	8	0161179_YD_007	0~10	0.2	3	0.0	0.1	3	0.0	6.49	3	1.51	0.76	3	0.13							1.49	3	0.09
2019	8	0161179_YD_007	10~20	0.1	3	0.0	0.1	3	0.0	4.85	3	0.97	0.75	3	0.21							1.24	3	0.13
2019	8	0161179_YD_007	20~40	0.1	3	0.0	0.1	3	0.0	3.67	3	0.79	0.49	3	0.10							1.27	3	0.12
2019	8	0161179_YD_007	40~60	0.1	3	0.0	0.1	3	0.0	2.18	3	0.27	0.57	3	0.05							1.17	3	0.16
2019	8	0161179_YD_008	0~10	0.0	3	0.0	0.0	3	0.0	2.35	3	0.60	1.00	3	0.09							18.69	3	4.69
2019	8	0161179_YD_008	10~20	0.0	3	0.0	0.0	3	0.0	1.47	3	0.07	0.90	3	0.13							15.52	3	6.67
2019	8	0161179_YD_008	20~40	0.0	3	0.0	0.0	3	0.0	1.29	3	0.12	0.69	3	0.06							15.20	3	2.70
2019	8	0161179_YD_008	40~60	0.0	3	0.0	0.0	3	0.0	1.23	3	0.17	0.66	3	0.06							9.76	3	1.98
2019	8	0161179_YD_009	0~10	0.1	3	0.0	0.0	3	0.0	2.87	3	0.60	0.65	3	0.14							7.28	3	0.54
2019	8	0161179_YD_009	10~20	0.0	3	0.0	0.0	3	0.0	1.20	3	0.33	0.66	3	0.23							7.67	3	2.21
2019	8	0161179_YD_009	20~40	0.0	3	0.0	0.0	3	0.0	0.98	3	0.16	0.45	3	0.06							7.61	3	2.25
2019	8	0161179_YD_009	40~60	0.0	3	0.0	0.0	3	0.0	0.88	3	0.13	0.42	3	0.03							8.05	3	1.40
2019	8	0161179_YD_010	0~10	0.1	3	0.0	0.0	3	0.0	3.77	3	2.22	0.78	3	0.09							18.69	3	4.69

（续）

年份	月份	样地代码	观测层次/cm	交换性钙/[mmol/kg(1/2 Ca²⁺)] 平均值	标准差	重复数	交换性镁/[mmol/kg(1/2 Mg²⁺)] 平均值	标准差	重复数	交换性钾/[mmol/kg(1/2 K⁺)] 平均值	标准差	重复数	交换性钠/[mmol/kg(1/2 Na⁺)] 平均值	标准差	重复数	交换性铝/[mmol/kg(1/2 Al³⁺)] 平均值	标准差	重复数	交换性氢/[mmol/kg(H⁺)] 平均值	标准差	重复数	交换性总酸量/[mmol/kg(+)] 平均值	标准差	重复数
2019	8	0161179_YD_010	10~20	0.1	0.0	3	0.0	0.0	3	3.02	1.51	3	0.78	0.15	3							15.52	6.67	3
2019	8	0161179_YD_010	20~40	0.1	0.0	3	0.0	0.0	3	2.16	0.40	3	0.80	0.15	3							15.20	2.70	3
2019	8	0161179_YD_010	40~60	0.2	0.0	3	0.0	0.0	3	2.07	0.58	3	0.84	0.19	3							9.76	1.98	3

表3-50 森林土壤养分

年份	月份	样地代码	观测层次/cm	土壤有机质/(g/kg) 平均值	标准差	重复数	全氮/(g/kg) 平均值	标准差	重复数	全磷/(g/kg) 平均值	标准差	重复数	全钾/(g/kg) 平均值	标准差	重复数	速效氮/(mg/kg) 平均值	标准差	重复数	有效磷/(mg/kg) 平均值	标准差	重复数	速效钾/(mg/kg) 平均值	标准差	重复数	缓效钾/(mg/kg) 平均值	标准差	重复数	水溶液提 pH 平均值	标准差	重复数
2013	6	QLFSY06	0~10	48.9		3	13.99		3	12.860		3	21.6		3	181.2		3	5.2		3	272.2		3	1015		3	6.08		3
2013	6	QLFSY06	10~20	34.5		3	10.29		3	9.355		3	18.2		3	161.5		3	7.6		3	140.0		3	938		3	6.11		3
2013	6	QLFSY06	20~40	37.1		3	10.63		3	9.897		3	18.7		3	156.1		3	9.1		3	124.4		3	1155		3	6.20		3
2013	6	QLFSY06	40~60	21.8		3	6.36		3	5.965		3	15.0		3	90.1		3	8.6		3	85.6		3	1106		3	6.41		3
2013	6	QLFSY01	0~10	41.3		3	11.33		3	10.685		3	17.4		3	120.8		3	5.2		3	71.1		3	437		3	5.23		3
2013	6	QLFSY01	10~20	49.5		3	13.22		3	12.696		3	19.8		3	98.9		3	6.1		3	76.7		3	649		3	5.29		3
2013	6	QLFSY01	20~40	35.5		3	9.65		3	9.220		3	17.4		3	93.3		3	18.1		3	58.9		3	776		3	5.20		3
2013	6	QLFSY01	40~60	22.8		3	6.30		3	6.013		3	13.8		3	80.3		3	21.8		3	50.0		3	899		3	5.28		3
2013	6	QLFSY05	0~10	80.7		3	22.29		3	20.859		3	30.1		3	229.8		3	6.1		3	246.7		3	804		3	5.76		3
2013	6	QLFSY05	10~20	33.6		3	9.25		3	8.772		3	19.2		3	108.3		3	5.9		3	172.2		3	702		3	5.66		3
2013	6	QLFSY05	20~40	19.0		3	5.33		3	5.028		3	16.0		3	102.3		3	6.8		3	153.3		3	1052		3	5.77		3
2013	6	QLFSY05	40~60	22.0		3	6.38		3	5.875		3	17.2		3	97.2		3	5.8		3	143.3		3	970		3	6.75		3
2013	7	QLFSY04	0~10	59.5		3	16.71		3	15.728		3	27.0		3	198.2		3	14.5		3	163.3		3	648		3	6.85		3
2013	7	QLFSY04	10~20	50.2		3	14.27		3	13.297		3	21.7		3	171.5		3	8.0		3	153.3		3	629		3	6.81		3
2013	7	QLFSY04	20~40	49.0		3	13.91		3	12.992		3	21.6		3	160.7		3	7.3		3	120.0		3	564		3	6.78		3

（续）

年份	月份	样地代码	观测层次/cm	土壤有机质/(g/kg) 平均值	重复数	标准差	全氮/(g/kg) 平均值	重复数	标准差	全磷/(g/kg) 平均值	重复数	标准差	全钾/(g/kg) 平均值	重复数	标准差	速效氮/(mg/kg) 平均值	重复数	标准差	有效磷/(mg/kg) 平均值	重复数	标准差	速效钾/(mg/kg) 平均值	重复数	标准差	缓效钾/(mg/kg) 平均值	重复数	标准差	水溶液提 pH 平均值	重复数	标准差
2013	7	QLFSY04	40~60	31.2	3		9.20	3		8.487	3		17.3	3		145.8	3		6.7	3		110.0	3		544	3		6.74	3	
2013	7	QLFSY07	0~10	27.8	3		9.04	3		7.796	3		15.8	3		207.5	3		7.0	3		146.7	3		838	3		6.09	3	
2013	7	QLFSY07	10~20	29.4	3		8.36	3		7.803	3		16.7	3		117.3	3		6.2	3		151.1	3		1092	3		6.02	3	
2013	7	QLFSY07	20~40	24.9	3		6.95	3		6.630	3		15.5	3		111.2	3		8.0	3		103.3	3		1512	3		6.16	3	
2013	7	QLFSY07	40~60	22.7	3		6.41	3		6.036	3		14.5	3		108.2	3		4.4	3		95.6	3		848	3		6.21	3	
2013	7	QLFSY08	0~10	55.4	3		15.50	3		14.425	3		23.9	3		171.3	3		5.2	3		272.2	3		683	3		6.32	3	
2013	7	QLFSY08	10~20	26.0	3		7.46	3		6.872	3		14.6	3		77.2	3		5.1	3		136.7	3		480	3		6.12	3	
2013	7	QLFSY08	20~40	20.3	3		5.86	3		5.439	3		15.1	3		74.5	3		4.7	3		77.8	3		456	3		6.70	3	
2013	7	QLFSY08	40~60	29.3	3		8.04	3		7.691	3		17.4	3		67.7	3		7.6	3		63.3	3		587	3		6.44	3	
2013	7	QLFSY02	0~10	60.6	3		16.76	3		15.758	3		23.0	3		186.6	3		6.8	3		226.7	3		792	3		5.89	3	
2013	7	QLFSY02	10~20	38.1	3		10.88	3		10.046	3		16.6	3		118.4	3		6.8	3		166.7	3		811	3		5.69	3	
2013	7	QLFSY02	20~40	28.4	3		8.13	3		7.556	3		13.8	3		80.2	3		9.7	3		120.0	3		743	3		5.77	3	
2013	7	QLFSY02	40~60	27.0	3		7.77	3		7.235	3		14.2	3		76.9	3		6.7	3		101.1	3		656	3		5.72	3	
2013	7	QLFSY09	0~10	44.8	3		12.75	3		11.735	3		19.8	3		110.7	3		5.3	3		104.4	3		423	3		5.43	3	
2013	7	QLFSY09	10~20	25.6	3		7.46	3		6.834	3		14.9	3		109.2	3		5.0	3		63.3	3		403	3		5.63	3	
2013	7	QLFSY09	20~40	24.1	3		6.96	3		6.435	3		14.9	3		104.0	3		3.4	3		60.0	3		433	3		5.84	3	
2013	7	QLFSY09	40~60	23.9	3		6.92	3		6.376	3		15.1	3		96.6	3		4.1	3		53.3	3		380	3		5.89	3	
2013	7	QLFSY03	0~10	71.3	3		20.23	3		18.682	3		30.8	3		223.2	3		7.2	3		240.0	3		532	3		5.92	3	
2013	7	QLFSY03	10~20	57.2	3		15.97	3		15.148	3		26.3	3		206.1	3		5.8	3		197.8	3		543	3		6.09	3	
2013	7	QLFSY03	20~40	60.8	3		17.15	3		16.001	3		27.1	3		159.6	3		5.0	3		132.2	3		618	3		6.07	3	
2013	7	QLFSY03	40~60	52.1	3		14.94	3		13.783	3		25.0	3		134.8	3		5.5	3		110.0	3		691	3		6.02	3	
2013	7	QLFZH01	0~10	51.5	3		14.15	3		13.495	3		24.1	3		132.5	3		37.6	3		114.4	3		1556	3		5.67	3	
2013	7	QLFZH01	10~20	34.3	3		9.49	3		9.123	3		20.4	3		112.0	3		28.9	3		110.0	3		1327	3		5.72	3	
2013	7	QLFZH01	20~40	30.0	3		8.29	3		7.929	3		18.8	3		88.2	3		23.7	3		114.4	3		1319	3		5.91	3	
2013	7	QLFZH01	40~60	38.3	3		10.60	3		10.097	3		21.2	3		80.0	3		28.7	3		110.0	3		1374	3		5.94	3	
2013	7	QLFSY11	0~10	39.3	3		11.35	3		10.614	3		19.4	3		156.1	3		16.0	3		191.1	3		640	3		5.89	3	

（续）

年份	月份	样地代码	观测层次/cm	土壤有机质/(g/kg)			全氮/(g/kg)			全磷/(g/kg)			全钾/(g/kg)			速效氮/(mg/kg)			有效磷/(mg/kg)			速效钾/(mg/kg)			缓效钾/(mg/kg)			水溶液提 pH		
				平均值	标准差	重复数	平均值	标准差	重复数	平均值	标准差	重复数	平均值	标准差	重复数	平均值	标准差	重复数	平均值	标准差	重复数	平均值	标准差	重复数	平均值	标准差	重复数	平均值	重复数	标准差
2013	7	QLFSY11	10~20	32.5		3	9.36		3	8.799		3	17.7		3	126.9		3	14.1		3	158.9		3	637		3	5.91	3	
2013	7	QLFSY11	20~40	38.1		3	10.24		3	9.999		3	19.5		3	62.7		3	16.0		3	104.4		3	733		3	5.99	3	
2013	7	QLFSY11	40~60	11.8		3	3.58		3	3.398		3	13.3		3	40.6		3	19.6		3	110.0		3	781		3	6.05	3	
2017	7	QLFFZ01AYD_01	0~10	42.6	0.3	3	1.79	0.16	3	0.560	0.123	3	23.8	0.73	3	177.8	8.6	3	4.4	0.5	3	177.6	114.3	3	3237	588	3	5.80	3	0.61
2017	7	QLFFZ01AYD_01	10~20	33.2	2.4	3	1.46	0.03	3	0.503	0.116	3	23.8	0.26	3	143.0	5.7	3	2.9	0.3	3	115.8	54.4	3	3037	513	3	6.14	3	0.26
2017	7	QLFFZ01AYD_01	20~40	27.4	2.7	3	1.23	0.29	3	0.540	0.180	3	23.9	0.59	3	120.1	28.3	3	2.1	0.4	3	79.5	36.2	3	2454	745	3	6.42	3	0.13
2017	7	QLFFZ01AYD_01	40~60	22.5	9.3	3	1.06	0.45	3	0.517	0.167	3	23.2	0.28	3	113.0	40.7	3	1.6	0.2	3	58.6	24.0	3	2360	817	3	6.53	3	0.11
2017	7	QLFFZ01AYD_02	0~10	41.2	14.1	3	1.47	0.60	3	0.217	0.035	3	17.8	1.98	3	159.9	57.2	3	2.3	0.9	3	92.1	0.2	3	995	99	3	5.43	3	0.12
2017	7	QLFFZ01AYD_02	10~20	18.6	9.4	3	0.69	0.18	3	0.140	0.020	3	19.6	1.13	3	89.1	8.6	3	0.9	0.3	3	92.7	35.6	3	887	60	3	5.89	3	0.13
2017	7	QLFFZ01AYD_02	20~40	10.7	5.3	3	0.46	0.13	3	0.113	0.006	3	20.3	0.60	3	57.7	10.6	3	0.6	0.2	3	112.7	35.8	3	907	26	3	6.16	3	0.13
2017	7	QLFFZ01AYD_02	40~60	9.4	6.3	3	0.39	0.15	3	0.117	0.012	3	20.6	2.20	3	53.0	23.9	3	0.6	0.3	3	91.2	30.5	3	784	30	3	6.22	3	0.08
2017	7	QLFFZ01AYD_03	0~10	48.0	12.6	3	1.98	0.40	3	0.367	0.006	3	19.3	0.87	3	176.3	27.2	3	2.3	0.4	3	114.8	37.0	3	1494	227	3	6.14	3	0.07
2017	7	QLFFZ01AYD_03	10~20	32.3	7.5	3	1.37	0.25	3	0.377	0.057	3	19.2	0.64	3	143.0	23.4	3	1.9	0.6	3	88.9	9.3	3	1275	63	3	6.23	3	0.09
2017	7	QLFFZ01AYD_03	20~40	29.3	4.7	3	1.14	0.15	3	0.343	0.021	3	19.8	0.74	3	124.8	19.1	3	1.3	0.6	3	67.3	3.4	3	1342	98	3	6.08	3	0.14

（续）

年份	月份	样地代码	观测层次/cm	土壤有机质/(g/kg) 平均值	重复数	标准差	全氮/(g/kg) 平均值	重复数	标准差	全磷/(g/kg) 平均值	重复数	标准差	全钾/(g/kg) 平均值	重复数	标准差	速效氮/(mg/kg) 平均值	重复数	标准差	有效磷/(mg/kg) 平均值	重复数	标准差	速效钾/(mg/kg) 平均值	重复数	标准差	缓效钾/(mg/kg) 平均值	重复数	标准差	水溶液提 pH 平均值	重复数	标准差
2017	7	QLFFZ01AYD_03	40~60	22.3	3	4.5	0.92	3	0.12	0.320	3	0.017	21.3	3	0.71	105.1	3	11.8	0.9	3	0.4	53.2	3	4.3	1630	3	59	6.12	3	0.04
2017	8	QLFFZ01AYD_04	0~10	34.0	3	6.4	1.58	3	0.44	0.343	3	0.050	23.7	3	1.08	136.9	3	24.3	1.6	3	0.2	45.6	3	6.6	1261	3	100	5.44	3	0.01
2017	8	QLFFZ01AYD_04	10~20	25.6	3	0.4	1.17	3	0.12	0.327	3	0.035	21.8	3	0.36	112.6	3	33.9	1.5	3	0.2	39.5	3	6.1	1206	3	61	5.53	3	0.06
2017	8	QLFFZ01AYD_04	20~40	17.7	3	2.6	0.82	3	0.05	0.290	3	0.000	23.5	3	1.53	77.4	3	9.8	1.4	3	0.1	31.1	3	4.8	1068	3	66	5.69	3	0.07
2017	8	QLFFZ01AYD_04	40~60	19.8	3	3.0	0.86	3	0.17	0.303	3	0.015	23.8	3	0.51	75.5	3	2.2	1.2	3	0.2	29.8	3	2.1	1058	3	73	5.86	3	0.13
2017	7	QLFFZ01AYD_05	0~10	61.1	3	15.5	3.55	3	1.30	0.770	3	0.211	18.5	3	1.66	257.0	3	46.3	2.9	3	0.7	88.3	3	7.1	1215	3	91	6.69	3	0.83
2017	7	QLFFZ01AYD_05	10~20	47.0	3	11.4	2.67	3	0.58	0.697	3	0.129	18.1	3	2.00	215.7	3	39.9	2.0	3	0.3	70.2	3	3.5	1161	3	48	6.65	3	1.06
2017	7	QLFFZ01AYD_05	20~40	30.9	3	6.5	1.23	3	0.26	0.503	3	0.055	19.7	3	1.39	114.9	3	39.8	1.3	3	0.2	66.3	3	16.3	1039	3	38	6.72	3	0.95
2017	7	QLFFZ01AYD_05	40~60	19.5	3	8.1	0.83	3	0.14	0.420	3	0.017	19.6	3	1.07	86.8	3	20.5	1.4	3	0.6	53.7	3	24.3	1017	3	70	6.82	3	0.95
2017	8	QLFFZ01AYD_06	0~10	27.0	3	7.8	1.03	3	0.27	0.253	3	0.059	22.3	3	0.30	116.3	3	30.3	1.9	3	0.6	106.9	3	89.6	1238	3	644	6.01	3	0.21
2017	8	QLFFZ01AYD_06	10~20	22.1	3	0.7	0.68	3	0.27	0.210	3	0.061	24.0	3	1.17	81.1	3	23.2	1.6	3	0.4	73.6	3	54.0	1044	3	620	6.27	3	0.05
2017	8	QLFFZ01AYD_06	20~40	17.2	3	2.1	0.51	3	0.16	0.177	3	0.038	24.8	3	0.34	62.4	3	20.7	1.0	3	0.2	55.1	3	19.7	901	3	467	6.56	3	0.05
2017	8	QLFFZ01AYD_06	40~60	13.0	3	1.8	0.45	3	0.08	0.173	3	0.012	25.0	3	0.29	49.7	3	9.4	0.8	3	0.1	53.2	3	12.2	836	3	511	6.54	3	0.19

（续）

年份	月份	样地代码	观测层次/cm	土壤有机质/(g/kg)			全氮/(g/kg)			全磷/(g/kg)			全钾/(g/kg)			速效氮/(mg/kg)			有效磷/(mg/kg)			速效钾/(mg/kg)			缓效钾/(mg/kg)			水溶液提pH		
				平均值	标准差	重复数	平均值	标准差	重复数	平均值	标准差	重复数	平均值	标准差	重复数	平均值	标准差	重复数	平均值	标准差	重复数	平均值	标准差	重复数	平均值	标准差	重复数	平均值	标准差	重复数
2017	8	QLFFZ01AYD_07	0~10	31.3	6.3	3	0.96	0.11	3	0.193	0.006	3	17.9	0.77	3	111.2	11.2	3	1.5	0.3	3	68.7	26.0	3	762	131	3	5.49	0.22	3
2017	8	QLFFZ01AYD_07	10~20	27.1	6.3	3	0.83	0.36	3	0.190	0.040	3	17.7	2.16	3	98.0	35.8	3	1.5	0.2	3	34.3	5.5	3	717	84	3	5.61	0.23	3
2017	8	QLFFZ01AYD_07	20~40	20.7	6.0	3	0.72	0.37	3	0.160	0.017	3	17.9	2.44	3	83.0	36.4	3	1.1	0.2	3	34.5	5.2	3	632	32	3	5.69	0.15	3
2017	8	QLFFZ01AYD_07	40~60	13.9	3.0	3	0.36	0.06	3	0.133	0.006	3	18.1	2.33	3	38.9	5.7	3	0.9	0.1	3	34.7	9.8	3	558	99	3	6.03	0.10	3
2017	8	QLFFZ01AYD_08	0~10	49.1	11.7	3	2.12	0.67	3	0.370	0.044	3	20.8	0.49	3	177.3	51.7	3	2.2	0.4	3	75.3	36.3	3	1282	68	3	5.99	0.07	3
2017	8	QLFFZ01AYD_08	10~20	26.3	3.0	3	1.01	0.14	3	0.300	0.010	3	20.3	0.38	3	110.7	11.4	3	1.3	0.2	3	40.7	5.9	3	1247	274	3	6.00	0.21	3
2017	8	QLFFZ01AYD_08	20~40	16.9	1.3	3	0.64	0.06	3	0.260	0.010	3	21.3	1.78	3	70.8	7.2	3	0.9	0.1	3	35.8	6.6	3	981	154	3	6.08	0.15	3
2017	8	QLFFZ01AYD_08	40~60	14.5	3.3	3	0.51	0.06	3	0.233	0.021	3	20.4	1.89	3	72.2	27.8	3	0.8	0.2	3	33.2	2.8	3	863	185	3	6.24	0.18	3
2017	7	QLFFZ01AYD_09	0~10	61.6	7.2	3	3.25	0.30	3	0.900	0.070	3	16.3	0.17	3	285.2	12.1	3	6.2	3.7	3	191.9	49.9	3	1742	288	3	6.42	0.06	3
2017	7	QLFFZ01AYD_09	10~20	35.0	10.2	3	1.85	0.87	3	0.703	0.152	3	15.6	0.47	3	200.3	58.0	3	3.2	0.4	3	138.5	41.5	3	1325	300	3	6.66	0.17	3
2017	7	QLFFZ01AYD_09	20~40	20.2	13.3	3	1.12	0.90	3	0.587	0.182	3	15.1	0.13	3	121.0	91.6	3	2.0	0.3	3	101.9	35.9	3	938	138	3	6.80	0.28	3
2017	7	QLFFZ01AYD_09	40~60	17.4	10.3	3	0.88	0.44	3	0.593	0.123	3	15.5	0.91	3	102.2	51.6	3	1.9	0.1	3	51.9	3.9	3	710	73	3	6.83	0.20	3
2017	7	QLFFZ01AYD_10	0~10	55.5	16.9	3	2.85	1.24	3	0.527	0.179	3	24.0	0.68	3	230.3	63.6	3	3.2	1.0	3	71.2	23.0	3	1121	175	3	5.35	0.12	3

（续）

年份	月份	样地代码	观测层次/cm	土壤有机质/(g/kg)			全氮/(g/kg)			全磷/(g/kg)			全钾/(g/kg)			速效氮/(mg/kg)			有效磷/(mg/kg)			速效钾/(mg/kg)			缓效钾/(mg/kg)			水溶液提 pH		
				平均值	标准差	重复数	平均值	标准差	重复数	平均值	标准差	重复数	平均值	标准差	重复数	平均值	标准差	重复数	平均值	标准差	重复数	平均值	标准差	重复数	平均值	标准差	重复数	平均值	重复数	标准差
2017	7	QLFFZ01AYD_10	10~20	51.1	14.2	3	2.46	0.89	3	0.540	0.149	3	24.0	1.09	3	219.5	76.9	3	2.9	1.4	3	62.0	14.3	3	1070	115	3	5.32	3	0.16
2017	7	QLFFZ01AYD_10	20~40	38.7	10.0	3	1.97	0.60	3	0.560	0.139	3	24.6	2.44	3	174.5	50.2	3	2.5	1.3	3	60.3	32.0	3	1070	16	3	5.52	3	0.20
2017	7	QLFFZ01AYD_10	40~60	38.0	10.8	3	1.76	0.61	3	0.530	0.135	3	24.9	1.20	3	179.2	64.2	3	2.1	1.1	3	54.8	28.9	3	1164	47	3	5.46	3	0.05
2017	7	QLFFZ01AYD_11	0~10	53.2	16.2	3	2.66	0.85	3	0.670	0.101	3	19.9	1.11	3	221.4	53.8	3	6.5	3.9	3	138.2	68.4	3	1601	248	3	5.30	3	0.29
2017	7	QLFFZ01AYD_11	10~20	41.2	1.3	3	1.97	0.09	3	0.700	0.113	3	21.2	0.86	3	184.3	8.6	3	4.9	4.7	3	96.1	55.6	3	1590	297	3	5.64	3	0.16
2017	7	QLFFZ01AYD_11	20~40	26.7	3.8	3	1.14	0.04	3	0.520	0.095	3	21.4	0.36	3	109.3	6.3	3	3.5	3.3	3	76.4	38.0	3	1222	157	3	5.96	3	0.19
2017	7	QLFFZ01AYD_11	40~60	16.0	2.6	3	0.79	0.01	3	0.483	0.021	3	22.8	0.66	3	81.6	6.4	3	2.4	1.6	3	58.3	15.8	3	1219	149	3	6.09	3	0.14
2019	8	0161179_YD_001	0~10	4.3	0.0	3	0.18	0.01	3	0.056	0.010	3	2.4	0.06	3	177.8	7.0	3	4.4	0.4	3	177.6	93.3	3	2570	17	3	6.13	3	0.51
2019	8	0161179_YD_001	10~20	3.3	0.2	3	0.15	0.00	3	0.050	0.010	3	2.4	0.02	3	143.0	4.6	3	2.9	0.2	3	115.8	44.4	3	2370	96	3	6.41	3	0.37
2019	8	0161179_YD_001	20~40	2.7	0.2	3	0.12	0.02	3	0.054	0.015	3	2.4	0.05	3	120.1	23.1	3	2.1	0.4	3	79.5	29.6	3	2121	295	3	6.63	3	0.16
2019	8	0161179_YD_001	40~60	2.2	0.8	3	0.11	0.04	3	0.052	0.014	3	2.3	0.02	3	113.0	33.2	3	1.6	0.1	3	58.6	19.6	3	2027	319	3	6.85	3	0.10
2019	8	0161179_YD_002	0~10	4.1	1.1	3	0.15	0.05	3	0.022	0.003	3	1.8	0.16	3	159.9	46.7	3	2.3	0.7	3	92.1	19.6	3	995	81	3	5.41	3	0.20
2019	8	0161179_YD_002	10~20	1.9	0.8	3	0.07	0.01	3	0.014	0.001	3	2.0	0.09	3	89.1	7.0	3	0.9	0.2	3	92.7	29.1	3	887	49	3	5.74	3	0.44

（续）

年份	月份	样地代码	观测层次/cm	土壤有机质/(g/kg)			全氮/(g/kg)			全磷/(g/kg)			全钾/(g/kg)			速效氮/(mg/kg)			有效磷/(mg/kg)			速效钾/(mg/kg)			缓效钾/(mg/kg)			水溶液提 pH		
				平均值	标准差	重复数	平均值	标准差	重复数	平均值	标准差	重复数	平均值	标准差	重复数	平均值	标准差	重复数	平均值	标准差	重复数	平均值	标准差	重复数	平均值	标准差	重复数	平均值	重复数	标准差
2019	8	0161179_YD_002	20~40	1.1	0.4	3	0.05	0.01	3	0.011	0.001	3	2.0	0.05	3	57.7	8.7	3	0.6	0.1	3	112.7	29.2	3	907	21	3	6.10	3	0.26
2019	8	0161179_YD_002	40~60	0.9	0.5	3	0.04	0.01	3	0.012	0.001	3	2.1	0.18	3	53.0	19.5	3	0.6	0.2	3	91.2	24.9	3	784	25	3	5.90	3	0.07
2019	8	0161179_YD_003	0~10	4.8	1.0	3	0.20	0.03	3	0.037	0.000	3	1.9	0.07	3	176.3	22.2	3	2.4	0.4	3	92.1	0.2	3	1494	185	3	5.99	3	0.02
2019	8	0161179_YD_003	10~20	3.2	0.6	3	0.14	0.02	3	0.038	0.005	3	1.9	0.05	3	143.0	19.1	3	2.0	0.4	3	92.7	29.1	3	1275	52	3	5.85	3	0.03
2019	8	0161179_YD_003	20~40	2.9	0.4	3	0.11	0.01	3	0.034	0.002	3	2.0	0.06	3	124.8	15.6	3	1.9	0.7	3	112.7	29.2	3	1342	80	3	5.89	3	0.20
2019	8	0161179_YD_003	40~60	2.2	0.4	3	0.09	0.01	3	0.032	0.002	3	2.1	0.06	3	105.1	9.6	3	1.2	0.2	3	91.2	24.9	3	1630	48	3	5.94	3	0.07
2019	8	0161179_YD_004	0~10	6.1	1.3	3	0.36	0.11	3	0.077	0.017	3	1.9	0.14	3	257.0	37.8	3	2.9	0.6	3	88.3	5.8	3	1215	74	3	6.59	3	0.38
2019	8	0161179_YD_004	10~20	4.7	0.9	3	0.27	0.05	3	0.070	0.010	3	1.8	0.16	3	215.7	32.6	3	2.0	0.2	3	70.2	2.8	3	1161	39	3	6.64	3	0.49
2019	8	0161179_YD_004	20~40	3.1	0.5	3	0.12	0.02	3	0.050	0.005	3	2.0	0.11	3	114.9	32.5	3	1.3	0.1	3	66.3	13.3	3	1039	31	3	6.88	3	0.79
2019	8	0161179_YD_004	40~60	2.0	0.7	3	0.08	0.01	3	0.042	0.001	3	2.0	0.09	3	86.8	16.7	3	1.4	0.5	3	53.7	19.9	3	1017	57	3	7.14	3	0.77
2019	8	0161179_YD_005	0~10	5.5	1.4	3	0.29	0.10	3	0.052	0.015	3	2.4	0.06	3	230.3	52.0	3	3.2	0.8	3	71.2	18.8	3	1121	143	3	5.88	3	0.11
2019	8	0161179_YD_005	10~20	5.1	1.2	3	0.25	0.07	3	0.054	0.012	3	2.4	0.09	3	219.5	62.8	3	2.9	1.1	3	62.0	11.6	3	1070	94	3	5.88	3	0.18
2019	8	0161179_YD_005	20~40	3.9	0.8	3	0.20	0.05	3	0.056	0.011	3	2.5	0.20	3	174.5	41.0	3	2.5	1.0	3	60.3	26.1	3	1070	13	3	6.03	3	0.20

（续）

年份	月份	样地代码	观测层次/cm	土壤有机质/(g/kg)			全氮/(g/kg)			全磷/(g/kg)			全钾/(g/kg)			速效氮/(mg/kg)			有效磷/(mg/kg)			速效钾/(mg/kg)			缓效钾/(mg/kg)			水溶液提pH		
				平均值	重复数	标准差	平均值	重复数	标准差	平均值	重复数	标准差	平均值	重复数	标准差	平均值	重复数	标准差	平均值	重复数	标准差	平均值	重复数	标准差	平均值	重复数	标准差	平均值	重复数	标准差
2019	8	0161179_YD_005	40~60	3.8	3	0.9	0.18	3	0.05	0.053	3	0.011	2.5	3	0.10	179.2	3	52.4	2.1	3	0.9	54.8	3	23.6	1164	3	39	6.12	3	0.14
2019	8	0161179_YD_006	0~10	3.4	3	0.5	0.16	3	0.04	0.034	3	0.004	2.4	3	0.09	136.9	3	19.8	1.6	3	0.2	45.6	3	5.4	1261	3	82	6.13	3	0.21
2019	8	0161179_YD_006	10~20	2.6	3	0.0	0.12	3	0.01	0.032	3	0.003	2.2	3	0.03	112.6	3	27.6	1.5	3	0.2	39.5	3	5.0	1206	3	50	5.98	3	0.16
2019	8	0161179_YD_006	20~40	1.8	3	0.2	0.08	3	0.00	0.029	3	0.000	2.4	3	0.12	77.4	3	8.0	1.4	3	0.1	31.1	3	3.9	1068	3	54	6.27	3	0.07
2019	8	0161179_YD_006	40~60	2.0	3	0.2	0.09	3	0.01	0.030	3	0.001	2.4	3	0.04	75.5	3	1.8	1.2	3	0.2	29.8	3	1.7	1058	3	59	6.26	3	0.03
2019	8	0161179_YD_007	0~10	6.2	3	0.6	0.33	3	0.02	0.090	3	0.006	1.6	3	0.01	285.2	3	9.9	6.2	3	3.0	191.9	3	40.7	1742	3	235	7.09	3	0.02
2019	8	0161179_YD_007	10~20	3.5	3	0.8	0.18	3	0.07	0.070	3	0.012	1.6	3	0.04	200.3	3	47.3	3.2	3	0.4	138.5	3	33.8	1325	3	245	7.44	3	0.18
2019	8	0161179_YD_007	20~40	2.0	3	1.1	0.11	3	0.07	0.059	3	0.015	1.5	3	0.01	121.0	3	74.8	2.0	3	0.2	101.9	3	29.3	938	3	113	7.57	3	0.32
2019	8	0161179_YD_007	40~60	1.7	3	0.8	0.09	3	0.04	0.059	3	0.010	1.5	3	0.07	102.2	3	42.1	1.9	3	0.1	51.9	3	3.2	710	3	60	7.47	3	0.15
2019	8	0161179_YD_008	0~10	3.1	3	0.5	0.10	3	0.01	0.019	3	0.001	1.8	3	0.06	111.2	3	9.1	1.5	3	0.3	68.7	3	21.2	762	3	107	5.93	3	0.02
2019	8	0161179_YD_008	10~20	2.7	3	0.5	0.08	3	0.03	0.019	3	0.003	1.8	3	0.18	98.0	3	29.2	1.5	3	0.1	34.3	3	4.5	717	3	68	6.12	3	0.26
2019	8	0161179_YD_008	20~40	2.1	3	0.5	0.07	3	0.03	0.016	3	0.001	1.8	3	0.20	83.0	3	29.7	1.1	3	0.2	34.5	3	4.3	632	3	26	6.14	3	0.21
2019	8	0161179_YD_008	40~60	1.4	3	0.2	0.04	3	0.00	0.013	3	0.000	1.8	3	0.19	38.9	3	4.6	0.9	3	0.1	34.7	3	8.0	558	3	80	6.59	3	0.06

（续）

年份	月份	样地代码	观测层次/cm	土壤有机质/(g/kg) 平均值	重复数	标准差	全氮/(g/kg) 平均值	重复数	标准差	全磷/(g/kg) 平均值	重复数	标准差	全钾/(g/kg) 平均值	重复数	标准差	速效氮/(mg/kg) 平均值	重复数	标准差	有效磷/(mg/kg) 平均值	重复数	标准差	速效钾/(mg/kg) 平均值	重复数	标准差	缓效钾/(mg/kg) 平均值	重复数	标准差	水溶液提 pH 平均值	重复数	标准差
2019	8	0161179_YD_009	0~10	4.9	3	1.0	0.21	3	0.004	0.037	3		2.1	3	0.04	177.3	3	42.2	2.2	3	0.3	75.3	3	29.6	1282	3	55	6.53	3	0.04
2019	8	0161179_YD_009	10~20	2.6	3	0.2	0.10	3	0.001	0.030	3		2.0	3	0.03	110.7	3	9.3	1.3	3	0.1	40.7	3	4.8	1247	3	223	6.44	3	0.10
2019	8	0161179_YD_009	20~40	1.7	3	0.1	0.06	3	0.001	0.026	3		2.1	3	0.15	70.8	3	5.9	0.9	3	0.1	35.8	3	5.4	981	3	126	6.30	3	0.11
2019	8	0161179_YD_009	40~60	1.5	3	0.3	0.05	3	0.002	0.023	3		2.0	3	0.15	72.2	3	22.7	0.8	3	0.2	33.2	3	2.3	863	3	151	6.68	3	0.37
2019	8	0161179_YD_010	0~10	3.1	3	0.5	0.10	3	0.005	0.026	3		2.2	3	0.02	116.3	3	24.7	1.5	3	0.3	106.9	3	73.1	762	3	107	6.14	3	0.23
2019	8	0161179_YD_010	10~20	2.7	3	0.5	0.07	3	0.005	0.021	3		2.4	3	0.10	81.1	3	19.0	1.5	3	0.1	73.6	3	44.1	717	3	68	6.53	3	0.03
2019	8	0161179_YD_010	20~40	2.1	3	0.5	0.05	3	0.003	0.018	3		2.5	3	0.03	62.4	3	16.9	1.1	3	0.2	55.1	3	16.1	632	3	26	6.64	3	0.09
2019	8	0161179_YD_010	40~60	1.4	3	0.2	0.04	3	0.001	0.017	3		2.5	3	0.02	49.7	3	7.6	0.9	3	0.1	102.5	3	60.6	558	3	80	6.70	3	0.17

表 3 - 51　土壤速效微量元素表

年份	月份	样地代码	观测层/cm	有效铁/(mg/kg) 平均值	重复数	标准差	有效铜/(mg/kg) 平均值	重复数	标准差	有效钼/(mg/kg) 平均值	重复数	有效硼/(mg/kg) 平均值	重复数	有效锰/(mg/kg) 平均值	重复数	有效锌/(mg/kg) 平均值	重复数	有效硫/(mg/kg) 平均值	重复数
2013	6	QLFSY06	0~10	51.9	3		1.02	3		0.269	3	0.624	3	25.27	3	0.88	3	6.75	3
2013	6	QLFSY06	10~20	51.0	3		0.61	3		0.156	3	0.276	3	77.72	3	1.38	3	10.47	3
2013	6	QLFSY06	20~40	42.5	3		0.82	3		0.162	3	0.227	3	54.36	3	1.16	3	9.64	3
2013	6	QLFSY06	40~60	28.6	3		0.73	3		0.198	3	0.361	3	22.93	3	0.48	3	11.57	3
2013	6	QLFSY01	0~10	60.6	3		0.20	3		0.143	3	0.731	3	8.32	3	0.57	3	10.75	3
2013	6	QLFSY01	10~20	52.5	3		0.33	3		0.218	3	0.271	3	9.37	3	0.72	3	11.50	3

（续）

年份	月份	样地代码	观测层 次/cm	有效铁/(mg/kg)			有效铜/(mg/kg)			有效钼/(mg/kg)			有效硼/(mg/kg)			有效锰/(mg/kg)			有效锌/(mg/kg)			有效硫/(mg/kg)		
				平均值	重复数	标准差	平均值	重复数	标准差	平均值	重复数	标准差	平均值	重复数	标准差	平均值	重复数	标准差	平均值	重复数	标准差	平均值	重复数	标准差
2013	6	QLFSY01	20~40	45.4	3		0.26	3		0.151	3		0.416	3		7.31	3		0.42	3		14.72	3	
2013	6	QLFSY01	40~60	31.7	3		0.26	3		0.154	3		0.349	3		6.43	3		0.31	3		15.45	3	
2013	6	QLFSY05	0~10	69.4	3		0.87	3		0.100	3		0.419	3		73.96	3		2.43	3		30.73	3	
2013	6	QLFSY05	10~20	47.9	3		0.63	3		0.180	3		0.416	3		30.31	3		0.85	3		25.16	3	
2013	6	QLFSY05	20~40	24.6	3		0.46	3		0.109	3		0.324	3		15.54	3		0.50	3		13.12	3	
2013	6	QLFSY05	40~60	44.7	3		0.47	3		0.135	3		0.382	3		30.19	3		1.22	3		13.68	3	
2013	7	QLFSY04	0~10	51.5	3		1.32	3		0.105	3		0.134	3		71.94	3		2.10	3		14.13	3	
2013	7	QLFSY04	10~20	52.5	3		1.33	3		0.141	3		0.196	3		49.10	3		0.97	3		18.74	3	
2013	7	QLFSY04	20~40	48.5	3		1.39	3		0.104	3		0.255	3		44.88	3		0.72	3		14.20	3	
2013	7	QLFSY04	40~60	39.5	3		1.01	3		0.170	3		0.179	3		34.93	3		0.78	3		4.55	3	
2013	7	QLFSY07	0~10	64.1	3		1.15	3		0.188	3		0.619	3		98.18	3		2.51	3		14.62	3	
2013	7	QLFSY07	10~20	34.7	3		0.56	3		0.107	3		0.705	3		13.63	3		0.52	3		7.02	3	
2013	7	QLFSY07	20~40	29.3	3		0.36	3		0.262	3		0.510	3		8.48	3		0.48	3		18.48	3	
2013	7	QLFSY07	40~60	27.5	3		0.31	3		0.147	3		0.327	3		8.06	3		0.39	3		8.27	3	
2013	7	QLFSY08	0~10	68.4	3		0.82	3		0.143	3		0.752	3		56.12	3		1.39	3		24.86	3	
2013	7	QLFSY08	10~20	44.0	3		0.47	3		0.190	3		0.754	3		40.80	3		0.38	3		13.70	3	
2013	7	QLFSY08	20~40	33.8	3		0.36	3		0.114	3		0.682	3		26.70	3		0.41	3		13.13	3	
2013	7	QLFSY08	40~60	31.7	3		0.44	3		0.158	3		0.697	3		33.39	3		0.76	3		25.70	3	
2013	7	QLFSY02	0~10	70.0	3		0.73	3		0.127	3		0.811	3		81.15	3		2.41	3		6.99	3	
2013	7	QLFSY02	10~20	60.6	3		0.66	3		0.138	3		0.912	3		49.50	3		1.06	3		9.59	3	
2013	7	QLFSY02	20~40	50.8	3		0.65	3		0.229	3		0.910	3		34.78	3		0.61	3		8.52	3	
2013	7	QLFSY02	40~60	44.4	3		0.59	3		0.073	3		1.038	3		29.99	3		0.36	3		5.22	3	
2013	7	QLFSY09	0~10	67.6	3		0.99	3		0.074	3		1.261	3		52.25	3		1.73	3		1.35	3	
2013	7	QLFSY09	10~20	41.8	3		0.70	3		0.083	3		1.284	3		25.28	3		0.63	3		17.13	3	
2013	7	QLFSY09	20~40	39.3	3		0.68	3		0.213	3		0.999	3		24.08	3		0.68	3		18.31	3	

（续）

年份	月份	样地代码	观测层次/cm	有效铁/(mg/kg)			有效铜/(mg/kg)			有效钼/(mg/kg)			有效硼/(mg/kg)			有效锰/(mg/kg)			有效锌/(mg/kg)			有效硫(mg/kg)		
				平均值	重复数	标准差	平均值	重复数	标准差	平均值	重复数	标准差	平均值	重复数	标准差	平均值	重复数	标准差	平均值	重复数	标准差	平均值	重复数	标准差
2013	7	QLFSY09	40～60	40.6	3		0.61	3		0.071	3		0.986	3		23.49	3		0.64	3		13.22	3	
2013	7	QLFSY03	0～10	69.5	3		1.40	3		0.146	3		1.371	3		81.08	3		2.22	3		24.01	3	
2013	7	QLFSY03	10～20	65.0	3		1.30	3		0.157	3		1.050	3		62.33	3		1.21	3		20.53	3	
2013	7	QLFSY03	20～40	59.9	3		1.18	3		0.064	3		1.228	3		45.47	3		0.97	3		14.30	3	
2013	7	QLFSY03	40～60	58.1	3		1.12	3		0.148	3		1.546	3		39.04	3		0.83	3		13.36	3	
2013	7	QLFZH01	0～10	64.9	3		0.79	3		0.093	3		0.915	3		59.82	3		1.54	3		16.91	3	
2013	7	QLFZH01	10～20	51.4	3		0.69	3		0.123	3		0.877	3		35.48	3		0.69	3		13.04	3	
2013	7	QLFZH01	20～40	44.5	3		0.63	3		0.104	3		0.907	3		28.62	3		0.44	3		9.71	3	
2013	7	QLFZH01	40～60	53.4	3		0.74	3		0.209	3		1.159	3		33.73	3		0.71	3		8.09	3	
2013	7	QLFSY11	0～10	52.6	3		1.14	3		0.248	3		1.048	3		39.26	3		1.04	3		13.27	3	
2013	7	QLFSY11	10～20	37.2	3		0.99	3		0.093	3		0.966	3		20.41	3		0.88	3		13.34	3	
2013	7	QLFSY11	20～40	24.8	3		0.61	3		0.075	3		1.192	3		8.97	3		0.57	3		11.70	3	
2013	7	QLFSY11	40～60	24.4	3		0.52	3		0.047	3		0.588	3		10.07	3		0.47	3		12.11	3	
2017	7	QLFFZ01AYD_01	0～10	68.5	3	30.6	1.35	3	0.70	0.213	3	0.025	0.113	3	0.068	27.29	3	4.40				59.80	3	14.82
2017	7	QLFFZ01AYD_01	10～20	48.9	3	21.0	1.28	3	0.56	0.247	3	0.051	0.093	3	0.075	18.93	3	9.71				69.01	3	14.72
2017	7	QLFFZ01AYD_01	20～40	34.2	3	1.8	1.05	3	0.49	0.190	3	0.026	0.060	3	0.035	14.21	3	8.23				56.33	3	6.05
2017	7	QLFFZ01AYD_01	40～60	31.5	3	0.9	0.94	3	0.50	0.193	3	0.021	0.037	3	0.046	10.40	3	6.24				54.02	3	2.90
2017	7	QLFFZ01AYD_02	0～10	66.8	3	32.1	0.31	3	0.08	0.280	3	0.035	0.183	3	0.093	7.53	3	4.23				19.05	3	4.83
2017	7	QLFFZ01AYD_02	10～20	25.5	3	3.9	0.23	3	0.01	0.313	3	0.064	0.170	3	0.095	1.87	3	0.16				17.45	3	4.97

（续）

年份	月份	样地代码	观测层次/cm	有效铁/(mg/kg)			有效铜/(mg/kg)			有效钼/(mg/kg)			有效硼/(mg/kg)			有效锰/(mg/kg)			有效锌/(mg/kg)			有效硫/(mg/kg)		
				平均值	重复数	标准差	平均值	重复数	标准差	平均值	重复数	标准差	平均值	重复数	标准差	平均值	重复数	标准差	平均值	重复数	标准差	平均值	重复数	标准差
2017	7	QLFFZ01AYD_02	20~40	14.0	3	3.8	0.17	3	0.01	0.323	3	0.060	0.067	3	0.031	1.41	3	0.48				17.78	3	6.73
2017	7	QLFFZ01AYD_02	40~60	13.1	3	1.7	0.16	3	0.01	0.303	3	0.060	0.020	3	0.010	1.54	3	0.80				14.81	3	5.13
2017	7	QLFFZ01AYD_03	0~10	81.6	3	24.5	0.59	3	0.12	0.227	3	0.061	0.223	3	0.205	18.27	3	8.01				27.73	3	2.93
2017	7	QLFFZ01AYD_03	10~20	58.6	3	6.5	0.43	3	0.07	0.273	3	0.040	0.197	3	0.064	10.82	3	4.18				21.95	3	8.41
2017	7	QLFFZ01AYD_03	20~40	55.7	3	7.1	0.42	3	0.05	0.250	3	0.046	0.107	3	0.021	6.49	3	1.52				20.45	3	5.45
2017	7	QLFFZ01AYD_03	40~60	36.4	3	4.9	0.42	3	0.13	0.257	3	0.015	0.083	3	0.012	4.51	3	0.61				17.58	3	3.98
2017	8	QLFFZ01AYD_04	0~10	82.8	3	13.4	0.36	3	0.09	0.247	3	0.012	0.110	3	0.053	20.36	3	5.39				19.86	3	0.15
2017	8	QLFFZ01AYD_04	10~20	58.3	3	2.5	0.32	3	0.04	0.200	3	0.026	0.210	3	0.149	9.47	3	1.50				22.27	3	1.54
2017	8	QLFFZ01AYD_04	20~40	55.5	3	16.0	0.23	3	0.01	0.197	3	0.006	0.093	3	0.038	3.99	3	0.14				19.66	3	0.11
2017	8	QLFFZ01AYD_04	40~60	48.6	3	16.8	0.19	3	0.01	0.190	3	0.020	0.060	3	0.035	2.95	3	0.33				17.89	3	1.13
2017	7	QLFFZ01AYD_05	0~10	55.3	3	17.7	0.92	3	0.27	0.330	3	0.044	0.713	3	0.220	16.75	3	2.91				34.18	3	4.43
2017	7	QLFFZ01AYD_05	10~20	49.9	3	32.0	0.72	3	0.17	0.300	3	0.026	0.443	3	0.091	12.13	3	6.11				20.78	3	3.81
2017	7	QLFFZ01AYD_05	20~40	37.1	3	27.0	0.36	3	0.13	0.273	3	0.023	0.307	3	0.040	4.66	3	3.72				20.45	3	1.89

（续）

年份	月份	样地代码	观测层次/cm	有效铁/(mg/kg)			有效铜/(mg/kg)			有效钼/(mg/kg)			有效硼/(mg/kg)			有效锰/(mg/kg)			有效锌/(mg/kg)			有效硫/(mg/kg)		
				平均值	重复数	标准差	平均值	重复数	标准差	平均值	重复数	标准差	平均值	重复数	标准差	平均值	重复数	标准差	平均值	重复数	标准差	平均值	重复数	标准差
2017	7	QLFFZ01AYD_05	40~60	27.3	3	17.0	0.29	3	0.08	0.270	3	0.017	0.137	3	0.064	2.86	3	1.44				14.99	3	2.80
2017	8	QLFFZ01AYD_06	0~10	34.4	3	1.8	0.96	3	0.75	0.263	3	0.075	0.283	3	0.231	27.59	3	5.23				51.86	3	8.89
2017	8	QLFFZ01AYD_06	10~20	19.8	3	5.4	0.50	3	0.34	0.217	3	0.031	0.087	3	0.070	16.31	3	12.57				36.19	3	17.38
2017	8	QLFFZ01AYD_06	20~40	12.8	3	1.8	0.25	3	0.10	0.203	3	0.035	0.070	3	0.046	7.20	3	2.56				21.30	3	5.09
2017	8	QLFFZ01AYD_06	40~60	11.7	3	0.8	0.24	3	0.03	0.197	3	0.038	0.027	3	0.021	6.11	3	0.23				20.75	3	4.01
2017	8	QLFFZ01AYD_07	0~10	43.0	3	8.6	0.26	3	0.01	0.130	3	0.096	0.097	3	0.049	6.35	3	1.01				18.91	3	2.19
2017	8	QLFFZ01AYD_07	10~20	31.7	3	10.3	0.24	3	0.06	0.130	3	0.113	0.143	3	0.087	5.90	3	0.64				37.75	3	4.75
2017	8	QLFFZ01AYD_07	20~40	24.3	3	4.4	0.16	3	0.02	0.123	3	0.092	0.320	3	0.433	5.65	3	1.54				27.69	3	5.62
2017	8	QLFFZ01AYD_07	40~60	17.0	3	1.1	0.10	3	0.01	0.107	3	0.090	0.027	3	0.012	3.83	3	3.05				21.84	3	5.32
2017	8	QLFFZ01AYD_08	0~10	82.8	3	19.0	0.44	3	0.04	0.217	3	0.015	0.167	3	0.067	16.82	3	3.76				16.44	3	1.19
2017	8	QLFFZ01AYD_08	10~20	36.6	3	8.2	0.30	3	0.04	0.187	3	0.032	0.233	3	0.055	6.32	3	1.08				19.89	3	1.79
2017	8	QLFFZ01AYD_08	20~40	25.2	3	8.9	0.18	3	0.02	0.183	3	0.021	0.100	3	0.010	3.09	3	0.50				17.60	3	2.30
2017	8	QLFFZ01AYD_08	40~60	24.6	3	8.3	0.13	3	0.02	0.173	3	0.012	0.070	3	0.044	1.79	3	0.44				14.31	3	0.28

（续）

年份	月份	样地代码	观测层次/cm	有效铁/(mg/kg)			有效铜/(mg/kg)			有效钼/(mg/kg)			有效硼/(mg/kg)			有效锰/(mg/kg)			有效锌/(mg/kg)			有效硫/(mg/kg)		
				平均值	重复数	标准差	平均值	重复数	标准差	平均值	重复数	标准差	平均值	重复数	标准差	平均值	重复数	标准差	平均值	重复数	标准差	平均值	重复数	标准差
2017	7	QLFFZ01AYD_09	0~10	84.9	3	16.3	1.94	3	0.22	0.280	3	0.072	0.143	3	0.162	31.01	3	6.82				32.90	3	20.23
2017	7	QLFFZ01AYD_09	10~20	43.9	3	16.9	1.31	3	0.47	0.283	3	0.040	0.067	3	0.023	15.59	3	7.07				28.67	3	15.54
2017	7	QLFFZ01AYD_09	20~40	30.2	3	18.4	0.93	3	0.78	0.273	3	0.038	0.047	3	0.015	5.79	3	5.59				23.35	3	8.36
2017	7	QLFFZ01AYD_09	40~60	26.9	3	14.4	0.89	3	0.46	0.260	3	0.046	0.033	3	0.023	5.99	3	5.94				18.70	3	7.29
2017	7	QLFFZ01AYD_10	0~10	107.1	3	16.8	0.97	3	0.09	0.250	3	0.026	0.397	3	0.263	23.97	3	12.02				19.80	3	4.38
2017	7	QLFFZ01AYD_10	10~20	97.4	3	53.3	0.82	3	0.34	0.280	3	0.061	0.313	3	0.187	13.06	3	8.96				17.61	3	5.42
2017	7	QLFFZ01AYD_10	20~40	71.8	3	41.6	0.75	3	0.29	0.237	3	0.064	0.230	3	0.131	6.85	3	4.61				16.35	3	5.30
2017	7	QLFFZ01AYD_10	40~60	60.7	3	36.8	0.84	3	0.38	0.237	3	0.055	0.140	3	0.062	2.59	3	0.89				14.94	3	3.78
2017	7	QLFFZ01AYD_11	0~10	120.4	3	41.0	0.97	3	0.16	0.293	3	0.049	0.447	3	0.127	31.68	3	16.21				30.90	3	0.98
2017	7	QLFFZ01AYD_11	10~20	64.9	3	11.4	0.98	3	0.23	0.250	3	0.036	0.503	3	0.155	11.51	3	3.01				22.95	3	5.36
2017	7	QLFFZ01AYD_11	20~40	36.6	3	5.9	0.57	3	0.12	0.257	3	0.015	0.297	3	0.035	3.89	3	0.92				18.92	3	3.49
2017	7	QLFFZ01AYD_11	40~60	20.9	3	3.5	0.31	3	0.05	0.240	3	0.017	0.197	3	0.035	2.08	3	0.99				17.20	3	3.46
2019	8	0161179_YD_001	0~10				1.35	3	0.57	0.211	3	0.023	0.113	3	0.055	20.62	3	3.05	1.79	3	0.34	59.80	3	12.10

（续）

年份	月份	样地代码	观测层次/cm	有效铁/(mg/kg) 平均值	重复数	标准差	有效铜/(mg/kg) 平均值	重复数	标准差	有效钼/(mg/kg) 平均值	重复数	标准差	有效硼/(mg/kg) 平均值	重复数	标准差	有效锰/(mg/kg) 平均值	重复数	标准差	有效锌/(mg/kg) 平均值	重复数	标准差	有效硫/(mg/kg) 平均值	重复数	标准差
2019	8	0161179_YD_001	10~20				1.28	3	0.46	0.247	3	0.040	0.094	3	0.059	15.60	3	3.69	1.27	3	0.26	69.01	3	12.02
2019	8	0161179_YD_001	20~40				1.04	3	0.40	0.191	3	0.023	0.062	3	0.028	14.21	3	6.72	0.72	3	0.33	56.33	3	4.94
2019	8	0161179_YD_001	40~60				0.93	3	0.41	0.191	3	0.020	0.039	3	0.038	10.40	3	5.10	0.39	3	0.25	54.02	3	2.37
2019	8	0161179_YD_002	0~10				0.31	3	0.06	0.282	3	0.027	0.180	3	0.076	7.53	3	3.45	1.14	3	0.63	19.05	3	3.94
2019	8	0161179_YD_002	10~20				0.23	3	0.01	0.314	3	0.050	0.170	3	0.076	1.87	3	0.13	0.36	3	0.04	17.45	3	4.06
2019	8	0161179_YD_002	20~40				0.17	3	0.01	0.323	3	0.049	0.068	3	0.025	1.41	3	0.39	0.31	3	0.12	17.78	3	5.50
2019	8	0161179_YD_002	40~60				0.16	3	0.01	0.303	3	0.048	0.017	3	0.007	1.54	3	0.65	0.17	3	0.05	14.81	3	4.19
2019	8	0161179_YD_003	0~10				0.59	3	0.10	0.229	3	0.049	0.221	3	0.169	18.27	3	6.55	0.54	3	0.13	27.73	3	2.39
2019	8	0161179_YD_003	10~20				0.43	3	0.06	0.269	3	0.033	0.198	3	0.055	10.82	3	3.41	0.32	3	0.06	21.95	3	6.87
2019	8	0161179_YD_003	20~40				0.42	3	0.04	0.248	3	0.035	0.106	3	0.016	9.83	3	3.48	0.21	3	0.01	20.45	3	4.45
2019	8	0161179_YD_003	40~60				0.42	3	0.11	0.256	3	0.014	0.081	3	0.009	4.51	3	0.50	0.19	3	0.04	17.58	3	3.25
2019	8	0161179_YD_004	0~10				0.92	3	0.22	0.330	3	0.036	0.715	3	0.181	16.75	3	2.37	0.96	3	0.42	34.18	3	3.61
2019	8	0161179_YD_004	10~20				0.72	3	0.14	0.298	3	0.019	0.446	3	0.074	12.13	3	4.99	0.47	3	0.16	20.78	3	3.11

（续）

年份	月份	样地代码	观测层 次/cm	有效铁 (mg/kg) 平均值	重复数	标准差	有效铜 (mg/kg) 平均值	重复数	标准差	有效钼 (mg/kg) 平均值	重复数	标准差	有效硼 (mg/kg) 平均值	重复数	标准差	有效锰 (mg/kg) 平均值	重复数	标准差	有效锌 (mg/kg) 平均值	重复数	标准差	有效硫 (mg/kg) 平均值	重复数	标准差
2019	8	0161179_YD_004	20~40				0.36	3	0.10	0.271	3	0.018	0.304	3	0.032	4.66	3	3.03	0.29	3	0.02	20.45	3	1.54
2019	8	0161179_YD_004	40~60				0.29	3	0.06	0.271	3	0.014	0.137	3	0.051	2.87	3	1.18	0.26	3	0.05	14.99	3	2.29
2019	8	0161179_YD_005	0~10				0.97	3	0.08	0.248	3	0.024	0.397	3	0.214	17.30	3	5.10	0.50	3	0.21	19.80	3	3.58
2019	8	0161179_YD_005	10~20				0.82	3	0.28	0.279	3	0.047	0.315	3	0.152	13.06	3	7.31	0.45	3	0.13	17.61	3	4.42
2019	8	0161179_YD_005	20~40				0.75	3	0.23	0.236	3	0.049	0.232	3	0.108	6.85	3	3.77	0.29	3	0.08	16.35	3	4.33
2019	8	0161179_YD_005	40~60				0.84	3	0.31	0.236	3	0.046	0.140	3	0.052	2.59	3	0.73	0.25	3	0.09	14.94	3	3.09
2019	8	0161179_YD_006	0~10				0.36	3	0.07	0.250	3	0.009	0.111	3	0.044	19.36	3	3.25	0.45	3	0.13	19.86	3	0.12
2019	8	0161179_YD_006	10~20				0.32	3	0.03	0.202	3	0.025	0.212	3	0.124	9.48	3	1.23	0.23	3	0.03	22.27	3	1.25
2019	8	0161179_YD_006	20~40				0.23	3	0.01	0.196	3	0.008	0.094	3	0.034	3.99	3	0.11	0.18	3	0.05	19.66	3	0.09
2019	8	0161179_YD_006	40~60				0.19	3	0.01	0.189	3	0.019	0.061	3	0.028	2.95	3	0.27	0.20	3	0.02	17.89	3	0.92
2019	8	0161179_YD_007	0~10				1.94	3	0.18	0.282	3	0.057	0.144	3	0.129	23.67	3	0.59	2.56	3	1.89	32.90	3	16.52
2019	8	0161179_YD_007	10~20				1.31	3	0.38	0.283	3	0.031	0.063	3	0.018	15.59	3	5.78	0.61	3	0.33	28.67	3	12.69
2019	8	0161179_YD_007	20~40				0.93	3	0.64	0.273	3	0.032	0.044	3	0.014	5.79	3	4.56	0.21	3	0.07	23.35	3	6.83

（续）

年份	月份	样地代码	观测层次/cm	有效铁/(mg/kg)			有效铜/(mg/kg)			有效钼/(mg/kg)			有效硼/(mg/kg)			有效锰/(mg/kg)			有效锌/(mg/kg)			有效硫/(mg/kg)		
				平均值	重复数	标准差	平均值	重复数	标准差	平均值	重复数	标准差	平均值	重复数	标准差	平均值	重复数	标准差	平均值	重复数	标准差	平均值	重复数	标准差
2019	8	0161179_YD_007	40~60				0.89	3	0.37	0.260	3	0.038	0.031	3	0.018	5.99	3	4.85	0.20	3	0.05	18.70	3	5.95
2019	8	0161179_YD_008	0~10				0.26	3	0.01	0.131	3	0.081	0.099	3	0.041	6.35	3	0.82	0.47	3	0.11	18.91	3	1.79
2019	8	0161179_YD_008	10~20				0.24	3	0.05	0.128	3	0.096	0.144	3	0.067	5.90	3	0.53	0.27	3	0.02	37.75	3	3.88
2019	8	0161179_YD_008	20~40				0.16	3	0.02	0.120	3	0.077	0.320	3	0.357	5.65	3	1.26	0.18	3	0.04	27.69	3	4.59
2019	8	0161179_YD_008	40~60				0.10	3	0.01	0.109	3	0.074	0.027	3	0.006	3.83	3	2.49	0.18	3	0.02	21.84	3	4.35
2019	8	0161179_YD_009	0~10				0.44	3	0.03	0.215	3	0.010	0.167	3	0.056	16.81	3	3.07	0.65	3	0.22	16.44	3	0.97
2019	8	0161179_YD_009	10~20				0.30	3	0.03	0.185	3	0.026	0.234	3	0.045	6.32	3	0.88	0.22	3	0.03	19.89	3	1.46
2019	8	0161179_YD_009	20~40				0.17	3	0.02	0.181	3	0.018	0.097	3	0.010	3.09	3	0.41	0.20	3	0.05	17.60	3	1.88
2019	8	0161179_YD_009	40~60				0.13	3	0.01	0.175	3	0.009	0.068	3	0.032	1.79	3	0.36	0.13	3	0.01	14.31	3	0.23
2019	8	0161179_YD_010	0~10				0.95	3	0.62	0.263	3	0.063	0.287	3	0.190	23.60	3	0.40	0.48	3	0.21	51.86	3	7.26
2019	8	0161179_YD_010	10~20				0.50	3	0.28	0.215	3	0.029	0.086	3	0.054	13.64	3	6.62	0.42	3	0.15	36.19	3	14.19
2019	8	0161179_YD_010	20~40				0.32	3	0.09	0.202	3	0.027	0.071	3	0.037	7.20	3	2.09	0.35	3	0.05	21.30	3	4.16
2019	8	0161179_YD_010	40~60				0.24	3	0.02	0.195	3	0.030	0.026	3	0.014	6.11	3	0.19	0.29	3	0.12	20.75	3	3.28

3.4.4.4 剖面土壤机械组成

3 次测量间剖面土壤机械组成也发生了一些变化。其中，2013—2017 年 2～0.05 mm 砂粒百分率略有上升，0.05～0.02 mm 砂砾百分率有略微下降趋势，<0.002 mm 砂砾百分率无明显变化。2017—2019 年，2～0.05 mm 砂砾百分率总体无明显上升或下降，0.05～0.002 mm 砂砾百分率继续下降，<0.002 mm 砂砾百分率明显增加。土壤通气性和渗水性有所下降（图 3-3，表 3-52）。

---- 2~0.05 mm —— 0.05~0.002 mm ········ <0.002 mm

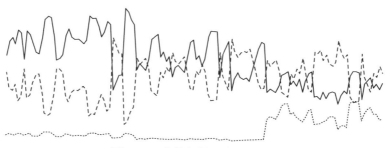

图 3-3 土壤机械组成变化趋势

表 3-52 土壤机械组成表

年份	月份	样地代码	观测层次/cm	2～0.05 mm	0.05～0.002 mm	<0.002 mm	重复数	土壤质地名称
2013	6	QLFSY06	0～10	42.97	54.35	2.68	3	棕壤
2013	6	QLFSY06	10～20	33.18	63.56	3.26	3	棕壤
2013	6	QLFSY06	20～40	31.34	65.99	2.67	3	棕壤
2013	6	QLFSY06	40～60	35.59	61.91	2.50	3	棕壤
2013	6	QLFSY01	0～10	24.98	71.29	3.73	3	棕壤
2013	6	QLFSY01	10～20	27.39	69.30	3.31	3	棕壤
2013	6	QLFSY01	20～40	45.30	52.19	2.52	3	棕壤
2013	6	QLFSY01	40～60	26.82	70.40	2.78	3	棕壤
2013	6	QLFSY05	0～10	28.80	67.54	3.67	3	棕壤
2013	6	QLFSY05	10～20	36.65	61.32	2.03	3	棕壤
2013	6	QLFSY05	20～40	41.99	56.41	1.60	3	棕壤
2013	6	QLFSY05	40～60	42.51	55.64	1.85	3	棕壤
2013	7	QLFSY04	0～10	31.06	65.58	3.37	3	棕壤
2013	7	QLFSY04	10～20	16.89	78.24	4.86	3	棕壤
2013	7	QLFSY04	20～40	15.39	80.22	4.40	3	棕壤
2013	7	QLFSY04	40～60	16.38	79.03	4.58	3	棕壤
2013	7	QLFSY07	0～10	29.08	67.80	3.12	3	棕壤
2013	7	QLFSY07	10～20	46.17	51.61	2.21	3	棕壤
2013	7	QLFSY07	20～40	45.68	52.51	1.81	3	棕壤
2013	7	QLFSY07	40～60	43.39	54.70	1.90	3	棕壤
2013	7	QLFSY08	0～10	28.64	67.96	3.41	3	棕壤
2013	7	QLFSY08	10～20	24.82	71.87	3.32	3	棕壤

（续）

年份	月份	样地代码	观测层次/cm	2～0.05 mm	0.05～0.002 mm	<0.002 mm	重复数	土壤质地名称
2013	7	QLFSY08	20～40	30.77	66.49	2.75	3	棕壤
2013	7	QLFSY08	40～60	32.53	65.08	2.40	3	棕壤
2013	7	QLFSY02	0～10	31.76	65.57	2.67	3	棕壤
2013	7	QLFSY02	10～20	33.07	64.35	2.58	3	棕壤
2013	7	QLFSY02	20～40	34.94	62.55	2.51	3	棕壤
2013	7	QLFSY02	40～60	32.74	64.74	2.52	3	棕壤
2013	7	QLFSY09	0～10	15.35	80.41	4.24	3	棕壤
2013	7	QLFSY09	10～20	17.00	78.83	4.17	3	棕壤
2013	7	QLFSY09	20～40	16.47	79.27	4.26	3	棕壤
2013	7	QLFSY09	40～60	21.83	74.34	3.83	3	棕壤
2013	7	QLFSY03	0～10	29.37	67.31	3.32	3	棕壤
2013	7	QLFSY03	10～20	26.36	69.99	3.65	3	棕壤
2013	7	QLFSY03	20～40	18.61	77.17	4.22	3	棕壤
2013	7	QLFSY03	40～60	21.23	74.80	3.98	3	棕壤
2013	7	QLFZH01	0～10	66.44	32.48	1.07	3	棕壤
2013	7	QLFZH01	10～20	62.42	36.19	1.39	3	棕壤
2013	7	QLFZH01	20～40	56.18	42.14	1.67	3	棕壤
2013	7	QLFZH01	40～60	56.08	42.28	1.64	3	棕壤
2013	7	QLFSY11	0～10	10.01	85.72	4.27	3	棕壤
2013	7	QLFSY11	10～20	11.74	83.76	4.50	3	棕壤
2013	7	QLFSY11	20～40	18.37	78.05	3.58	3	棕壤
2013	7	QLFSY11	40～60	21.27	75.27	3.45	3	棕壤
2017	7	QLFFZ01AYD_01	0～10	53.14	45.98	0.88	3	棕壤
2017	7	QLFFZ01AYD_01	10～20	49.12	49.86	1.02	3	棕壤
2017	7	QLFFZ01AYD_01	20～40	51.58	47.45	0.97	3	棕壤
2017	7	QLFFZ01AYD_01	40～60	53.58	45.53	0.88	3	棕壤
2017	7	QLFFZ01AYD_02	0～10	45.64	53.30	1.06	3	棕壤
2017	7	QLFFZ01AYD_02	10～20	32.59	65.97	1.45	3	棕壤
2017	7	QLFFZ01AYD_02	20～40	30.40	68.07	1.53	3	棕壤
2017	7	QLFFZ01AYD_02	40～60	29.25	69.22	1.53	3	棕壤
2017	7	QLFFZ01AYD_03	0～10	44.31	54.61	1.08	3	棕壤
2017	7	QLFFZ01AYD_03	10～20	40.91	57.90	1.19	3	棕壤
2017	7	QLFFZ01AYD_03	20～40	47.30	51.72	0.98	3	棕壤
2017	7	QLFFZ01AYD_03	40～60	44.32	54.83	0.85	3	棕壤
2017	8	QLFFZ01AYD_04	0～10	57.24	41.94	0.81	3	棕壤
2017	8	QLFFZ01AYD_04	10～20	51.44	47.61	0.96	3	棕壤
2017	8	QLFFZ01AYD_04	20～40	49.73	49.26	1.01	3	棕壤

(续)

年份	月份	样地代码	观测层次/cm	2~0.05 mm	0.05~0.002 mm	<0.002 mm	重复数	土壤质地名称
2017	8	QLFFZ01AYD_04	40~60	51.99	47.07	0.94	3	棕壤
2017	7	QLFFZ01AYD_05	0~10	54.76	44.53	0.71	3	棕壤
2017	7	QLFFZ01AYD_05	10~20	44.95	54.17	0.88	3	棕壤
2017	7	QLFFZ01AYD_05	20~40	34.58	64.12	1.30	3	棕壤
2017	7	QLFFZ01AYD_05	40~60	32.65	65.94	1.41	3	棕壤
2017	8	QLFFZ01AYD_06	0~10	45.47	53.29	1.24	3	棕壤
2017	8	QLFFZ01AYD_06	10~20	42.92	55.72	1.36	3	棕壤
2017	8	QLFFZ01AYD_06	20~40	50.29	48.61	1.10	3	棕壤
2017	8	QLFFZ01AYD_06	40~60	45.44	53.37	1.19	3	棕壤
2017	8	QLFFZ01AYD_07	0~10	30.40	67.93	1.67	3	棕壤
2017	8	QLFFZ01AYD_07	10~20	26.59	71.69	1.73	3	棕壤
2017	8	QLFFZ01AYD_07	20~40	26.75	71.47	1.78	3	棕壤
2017	8	QLFFZ01AYD_07	40~60	26.81	71.31	1.88	3	棕壤
2017	8	QLFFZ01AYD_08	0~10	57.77	41.43	0.80	3	棕壤
2017	8	QLFFZ01AYD_08	10~20	42.71	56.14	1.15	3	棕壤
2017	8	QLFFZ01AYD_08	20~40	37.79	60.89	1.32	3	棕壤
2017	8	QLFFZ01AYD_08	40~60	33.46	65.07	1.46	3	棕壤
2017	7	QLFFZ01AYD_09	0~10	66.54	33.09	0.36	3	棕壤
2017	7	QLFFZ01AYD_09	10~20	58.85	40.59	0.56	3	棕壤
2017	7	QLFFZ01AYD_09	20~40	54.66	44.68	0.66	3	棕壤
2017	7	QLFFZ01AYD_09	40~60	57.63	41.77	0.60	3	棕壤
2017	7	QLFFZ01AYD_10	0~10	58.74	40.57	0.69	3	棕壤
2017	7	QLFFZ01AYD_10	10~20	57.84	41.44	0.72	3	棕壤
2017	7	QLFFZ01AYD_10	20~40	60.24	39.06	0.70	3	棕壤
2017	7	QLFFZ01AYD_10	40~60	53.46	45.69	0.85	3	棕壤
2017	7	QLFFZ01AYD_11	0~10	46.17	52.78	1.04	3	棕壤
2017	7	QLFFZ01AYD_11	10~20	38.75	60.06	1.19	3	棕壤
2017	7	QLFFZ01AYD_11	20~40	33.74	64.87	1.40	3	棕壤
2017	7	QLFFZ01AYD_11	40~60	34.84	63.77	1.39	3	棕壤
2019	8	0161179_YD_001	0~10	53.14	32.23	14.54	3	棕壤
2019	8	0161179_YD_001	10~20	49.12	34.36	16.44	3	棕壤
2019	8	0161179_YD_001	20~40	51.58	32.78	15.76	3	棕壤
2019	8	0161179_YD_001	40~60	53.59	31.90	14.49	3	棕壤
2019	8	0161179_YD_002	0~10	45.64	36.27	18.24	3	棕壤
2019	8	0161179_YD_002	10~20	32.59	43.54	23.92	3	棕壤
2019	8	0161179_YD_002	20~40	30.40	44.62	25.06	3	棕壤

（续）

年份	月份	样地代码	观测层次/cm	2~0.05 mm	0.05~0.002 mm	<0.002 mm	重复数	土壤质地名称
2019	8	0161179_YD_002	40~60	29.25	45.72	24.76	3	棕壤
2019	8	0161179_YD_003	0~10	44.31	37.47	18.24	3	棕壤
2019	8	0161179_YD_003	10~20	40.91	39.63	19.42	3	棕壤
2019	8	0161179_YD_003	20~40	47.30	36.34	16.18	3	棕壤
2019	8	0161179_YD_003	40~60	44.32	41.27	14.53	3	棕壤
2019	8	0161179_YD_004	0~10	54.76	32.59	13.07	3	棕壤
2019	8	0161179_YD_004	10~20	44.95	39.71	15.28	3	棕壤
2019	8	0161179_YD_004	20~40	34.58	44.92	20.33	3	棕壤
2019	8	0161179_YD_004	40~60	32.65	45.85	21.50	3	棕壤
2019	8	0161179_YD_005	0~10	58.74	29.38	11.75	3	棕壤
2019	8	0161179_YD_005	10~20	57.84	30.01	12.16	3	棕壤
2019	8	0161179_YD_005	20~40	60.24	28.16	11.92	3	棕壤
2019	8	0161179_YD_005	40~60	53.46	32.81	13.37	3	棕壤
2019	8	0161179_YD_006	0~10	57.24	28.62	14.45	3	棕壤
2019	8	0161179_YD_006	10~20	51.44	32.14	16.52	3	棕壤
2019	8	0161179_YD_006	20~40	49.73	33.11	17.01	3	棕壤
2019	8	0161179_YD_006	40~60	51.99	31.98	16.04	3	棕壤
2019	8	0161179_YD_007	0~10	66.55	25.35	8.48	3	棕壤
2019	8	0161179_YD_007	10~20	58.85	30.60	10.65	3	棕壤
2019	8	0161179_YD_007	20~40	54.67	33.89	11.42	3	棕壤
2019	8	0161179_YD_007	40~60	57.63	32.19	9.79	3	棕壤
2019	8	0161179_YD_008	0~10	30.40	43.61	25.96	3	棕壤
2019	8	0161179_YD_008	10~20	26.58	46.49	27.00	3	棕壤
2019	8	0161179_YD_008	20~40	26.75	46.49	26.84	3	棕壤
2019	8	0161179_YD_008	40~60	26.81	45.89	27.14	3	棕壤
2019	8	0161179_YD_009	0~10	57.76	28.37	14.44	3	棕壤
2019	8	0161179_YD_009	10~20	42.71	38.11	19.26	3	棕壤
2019	8	0161179_YD_009	20~40	37.79	40.66	21.61	3	棕壤
2019	8	0161179_YD_009	40~60	33.46	42.84	23.20	3	棕壤
2019	8	0161179_YD_010	0~10	45.47	36.00	18.74	3	棕壤
2019	8	0161179_YD_010	10~20	42.91	38.33	18.62	3	棕壤
2019	8	0161179_YD_010	20~40	50.29	34.67	15.21	3	棕壤
2019	8	0161179_YD_010	40~60	45.44	38.82	15.32	3	棕壤

3.4.4.5 剖面土壤容重

土壤容重总体变化不大，2017 年较 2013 年略有上升，2019 年与 2017 年基本一致（表 3-53）。

表 3-53　土壤容重表

年份	月份	样地代码	观测层次/cm	容重/（g/m³）	重复数	标准差
2013	6	QLFSY06	0～10	1.29	3	
2013	6	QLFSY06	10～20	1.39	3	
2013	6	QLFSY06	20～40	0.82	3	
2013	6	QLFSY06	40～60	0.86	3	
2013	6	QLFSY01	0～10	0.97	3	
2013	6	QLFSY01	10～20	1.30	3	
2013	6	QLFSY01	20～40	1.09	3	
2013	6	QLFSY01	40～60	1.19	3	
2013	6	QLFSY05	0～10	1.32	3	
2013	6	QLFSY05	10～20	1.40	3	
2013	6	QLFSY05	20～40	0.78	3	
2013	6	QLFSY05	40～60	0.91	3	
2013	7	QLFSY04	0～10	1.05	3	
2013	7	QLFSY04	10～20	1.07	3	
2013	7	QLFSY04	20～40	0.83	3	
2013	7	QLFSY04	40～60	0.86	3	
2013	7	QLFSY07	0～10	1.01	3	
2013	7	QLFSY07	10～20	1.06	3	
2013	7	QLFSY07	20～40	1.03	3	
2013	7	QLFSY07	40～60	1.23	3	
2013	7	QLFSY08	0～10	1.25	3	
2013	7	QLFSY08	10～20	1.27	3	
2013	7	QLFSY08	20～40	0.94	3	
2013	7	QLFSY08	40～60	0.98	3	
2013	7	QLFSY02	0～10	0.97	3	
2013	7	QLFSY02	10～20	0.84	3	
2013	7	QLFSY02	20～40	0.81	3	
2013	7	QLFSY02	40～60	1.03	3	
2013	7	QLFSY09	0～10	1.11	3	
2013	7	QLFSY09	10～20	1.17	3	
2013	7	QLFSY09	20～40	0.88	3	
2013	7	QLFSY09	40～60	0.97	3	
2013	7	QLFSY03	0～10	1.01	3	
2013	7	QLFSY03	10～20	1.14	3	

（续）

年份	月份	样地代码	观测层次/cm	容重/（g/m³）	重复数	标准差
2013	7	QLFSY03	20～40	1.06	3	
2013	7	QLFSY03	40～60	1.06	3	
2013	7	QLFZH01	0～10	1.05	3	
2013	7	QLFZH01	10～20	1.16	3	
2013	7	QLFZH01	20～40	0.99	3	
2013	7	QLFZH01	40～60	1.10	3	
2013	7	QLFSY11	0～10	1.11	3	
2013	7	QLFSY11	10～20	1.31	3	
2013	7	QLFSY11	20～40			
2013	7	QLFSY11	40～60			
2017	7	QLFFZ01AYD_01	0～10	1.40	3	0.10
2017	7	QLFFZ01AYD_01	10～20	1.53	3	0.06
2017	7	QLFFZ01AYD_01	20～40	1.50	3	0.10
2017	7	QLFFZ01AYD_01	40～60	1.50	3	0.00
2017	7	QLFFZ01AYD_02	0～10	1.27	3	0.06
2017	7	QLFFZ01AYD_02	10～20	1.23	3	0.31
2017	7	QLFFZ01AYD_02	20～40	1.43	3	0.15
2017	7	QLFFZ01AYD_02	40～60	1.63	3	0.21
2017	7	QLFFZ01AYD_03	0～10	1.10	3	0.00
2017	7	QLFFZ01AYD_03	10～20	1.17	3	0.06
2017	7	QLFFZ01AYD_03	20～40	1.17	3	0.06
2017	7	QLFFZ01AYD_03	40～60	1.33	3	0.06
2017	8	QLFFZ01AYD_04	0～10	1.13	3	0.15
2017	8	QLFFZ01AYD_04	10～20	1.23	3	0.06
2017	8	QLFFZ01AYD_04	20～40	1.33	3	0.06
2017	8	QLFFZ01AYD_04	40～60	1.23	3	0.06
2017	7	QLFFZ01AYD_05	0～10	1.17	3	0.15
2017	7	QLFFZ01AYD_05	10～20	1.30	3	0.00
2017	7	QLFFZ01AYD_05	20～40	1.37	3	0.06
2017	7	QLFFZ01AYD_05	40～60	1.63	3	0.06
2017	8	QLFFZ01AYD_06	0～10	1.37	3	0.06
2017	8	QLFFZ01AYD_06	10～20	1.30	3	0.35
2017	8	QLFFZ01AYD_06	20～40	1.43	3	0.06

（续）

年份	月份	样地代码	观测层次/cm	容重/（g/m³）	重复数	标准差
2017	8	QLFFZ01AYD_06	40～60	1.53	3	0.06
2017	8	QLFFZ01AYD_07	0～10	1.30	3	0.00
2017	8	QLFFZ01AYD_07	10～20	1.47	3	0.12
2017	8	QLFFZ01AYD_07	20～40	1.47	3	0.12
2017	8	QLFFZ01AYD_07	40～60	1.53	3	0.12
2017	8	QLFFZ01AYD_08	0～10	1.13	3	0.06
2017	8	QLFFZ01AYD_08	10～20	1.27	3	0.06
2017	8	QLFFZ01AYD_08	20～40	1.27	3	0.06
2017	8	QLFFZ01AYD_08	40～60	1.50	3	0.20
2017	7	QLFFZ01AYD_09	0～10	1.03	3	0.06
2017	7	QLFFZ01AYD_09	10～20	1.33	3	0.12
2017	7	QLFFZ01AYD_09	20～40	1.50	3	0.17
2017	7	QLFFZ01AYD_09	40～60	1.53	3	0.12
2017	7	QLFFZ01AYD_10	0～10	1.10	3	0.10
2017	7	QLFFZ01AYD_10	10～20	1.20	3	0.10
2017	7	QLFFZ01AYD_10	20～40	1.33	3	0.06
2017	7	QLFFZ01AYD_10	40～60	1.40	3	0.00
2017	7	QLFFZ01AYD_11	0～10	1.17	3	0.15
2017	7	QLFFZ01AYD_11	10～20	1.27	3	0.06
2017	7	QLFFZ01AYD_11	20～40	1.37	3	0.12
2017	7	QLFFZ01AYD_11	40～60	1.47	3	0.06
2019	8	0161179_YD_001	0～10	1.38	3	0.08
2019	8	0161179_YD_001	10～20	1.52	3	0.06
2019	8	0161179_YD_001	20～40	1.51	3	0.09
2019	8	0161179_YD_001	40～60	1.51	3	0.03
2019	8	0161179_YD_002	0～10	1.25	3	0.06
2019	8	0161179_YD_002	10～20	1.22	3	0.22
2019	8	0161179_YD_002	20～40	1.43	3	0.14
2019	8	0161179_YD_002	40～60	1.63	3	0.17
2019	8	0161179_YD_003	0～10	1.08	3	0.02
2019	8	0161179_YD_003	10～20	1.17	3	0.04
2019	8	0161179_YD_003	20～40	1.17	3	0.03
2019	8	0161179_YD_003	40～60	1.32	3	0.06

（续）

年份	月份	样地代码	观测层次/cm	容重/（g/m³）	重复数	标准差
2019	8	0161179_YD_004	0～10	1.18	3	0.10
2019	8	0161179_YD_004	10～20	1.29	3	0.01
2019	8	0161179_YD_004	20～40	1.36	3	0.02
2019	8	0161179_YD_004	40～60	1.63	3	0.07
2019	8	0161179_YD_005	0～10	1.09	3	0.07
2019	8	0161179_YD_005	10～20	1.20	3	0.06
2019	8	0161179_YD_005	20～40	1.34	3	0.04
2019	8	0161179_YD_005	40～60	1.39	3	0.02
2019	8	0161179_YD_006	0～10	1.13	3	0.12
2019	8	0161179_YD_006	10～20	1.23	3	0.03
2019	8	0161179_YD_006	20～40	1.33	3	0.09
2019	8	0161179_YD_006	40～60	1.22	3	0.04
2019	8	0161179_YD_007	0～10	1.06	3	0.06
2019	8	0161179_YD_007	10～20	1.32	3	0.12
2019	8	0161179_YD_007	20～40	1.50	3	0.14
2019	8	0161179_YD_007	40～60	1.51	3	0.11
2019	8	0161179_YD_008	0～10	1.28	3	0.02
2019	8	0161179_YD_008	10～20	1.47	3	0.09
2019	8	0161179_YD_008	20～40	1.45	3	0.07
2019	8	0161179_YD_008	40～60	1.55	3	0.08
2019	8	0161179_YD_009	0～10	1.15	3	0.05
2019	8	0161179_YD_009	10～20	1.26	3	0.04
2019	8	0161179_YD_009	20～40	1.28	3	0.04
2019	8	0161179_YD_009	40～60	1.49	3	0.14
2019	8	0161179_YD_010	0～10	1.36	3	0.03
2019	8	0161179_YD_010	10～20	1.30	3	0.28
2019	8	0161179_YD_010	20～40	1.47	3	0.05
2019	8	0161179_YD_010	40～60	1.51	3	0.04

3.4.4.6　土壤微量元素和重金属元素

土壤微量元素和重金属元素包括全硼、全钼、全锰、全锌、全铜、全铁、镉、铅、铬。总体上看，2013—2019 年土壤微量元素和重金属元素没有明显变化（表 3 - 54）。

3.4.4.7　剖面土壤矿质全量

土壤矿质全量中，铝的占比最高，占到一半甚至更多。锰的占比最少，不足 1‰（表 3 - 55）。

表 3-54　土壤微量元素和重金属元素表

年份	月份	样地代码	观测层次/cm	全硼/(mg/kg) 平均值	全硼 标准差	全硼 重复数	全钼/(mg/kg) 平均值	全钼 重复数	全锰/(mg/kg) 平均值	全锰 重复数	全锌/(mg/kg) 平均值	全锌 重复数	全铜/(mg/kg) 平均值	全铜 重复数	全铁/(mg/kg) 平均值	全铁 重复数	镉/(mg/kg) 平均值	镉 重复数	铅/(mg/kg) 平均值	铅 重复数	铬/(mg/kg) 重复数
2013	6	QLFSY06	0~10	0.01	0.00	3	0.00	3	0.22	3	0.04	3	0.03	3	9.28	3	0.000	3	0.01	3	3
2013	6	QLFSY06	10~20	0.01	0.00	3	0.00	3	0.33	3	0.05	3	0.03	3	14.63	3	0.000	3	0.00	3	3
2013	6	QLFSY06	20~40	0.02	0.00	3	0.00	3	0.35	3	0.06	3	0.03	3	15.81	3	0.000	3	0.02	3	3
2013	6	QLFSY06	40~60	0.01	0.00	3	0.00	3	0.38	3	0.06	3	0.04	3	15.73	3	0.000	3	0.01	3	3
2013	6	QLFSY01	0~10	0.01	0.00	3	0.00	3	0.20	3	0.06	3	0.03	3	15.11	3	0.000	3	0.02	3	3
2013	6	QLFSY01	10~20	0.02	0.00	3	0.00	3	0.17	3	0.06	3	0.03	3	15.07	3	0.000	3	0.02	3	3
2013	6	QLFSY01	20~40	0.02	0.00	3	0.00	3	0.16	3	0.06	3	0.03	3	14.05	3	0.000	3	0.01	3	3
2013	6	QLFSY01	40~60	0.03	0.00	3	0.00	3	0.15	3	0.05	3	0.03	3	13.10	3	0.000	3	0.01	3	3
2013	6	QLFSY05	0~10	0.02	0.00	3	0.00	3	0.24	3	0.06	3	0.02	3	11.85	3	0.000	3	0.02	3	3
2013	6	QLFSY05	10~20	0.02	0.00	3	0.00	3	0.25	3	0.06	3	0.02	3	12.80	3	0.000	3	0.02	3	3
2013	6	QLFSY05	20~40	0.02	0.00	3	0.00	3	0.24	3	0.06	3	0.02	3	12.19	3	0.000	3	0.02	3	3
2013	6	QLFSY05	40~60	0.02	0.00	3	0.00	3	0.32	3	0.08	3	0.03	3	13.90	3	0.000	3	0.02	3	3
2013	7	QLFSY04	0~10	0.01	0.00	3	0.00	3	0.30	3	0.06	3	0.03	3	12.57	3	0.000	3	0.02	3	3
2013	7	QLFSY04	10~20	0.01	0.00	3	0.00	3	0.29	3	0.06	3	0.02	3	12.39	3	0.000	3	0.02	3	3
2013	7	QLFSY04	20~40	0.02	0.00	3	0.00	3	0.37	3	0.08	3	0.02	3	16.07	3	0.000	3	0.02	3	3
2013	7	QLFSY04	40~60	0.02	0.00	3	0.00	3	0.33	3	0.07	3	0.02	3	14.50	3	0.000	3	0.02	3	3
2013	7	QLFSY07	0~10	0.02	0.00	3	0.00	3	0.32	3	0.06	3	0.03	3	14.87	3	0.000	3	0.02	3	3
2013	7	QLFSY07	10~20	0.02	0.00	3	0.00	3	0.24	3	0.07	3	0.02	3	14.41	3	0.000	3	0.02	3	3
2013	7	QLFSY07	20~40	0.01	0.00	3	0.00	3	0.18	3	0.05	3	0.02	3	11.05	3	0.000	3	0.02	3	3
2013	7	QLFSY07	40~60	0.02	0.00	3	0.00	3	0.16	3	0.05	3	0.01	3	9.77	3	0.000	3	0.01	3	3
2013	7	QLFSY08	0~10	0.01	0.00	3	0.00	3	0.16	3	0.05	3	0.01	3	9.71	3	0.000	3	0.01	3	3
2013	7	QLFSY08	10~20	0.01	0.00	3	0.00	3	0.12	3	0.04	3	0.01	3	7.64	3	0.000	3	0.01	3	3
2013	7	QLFSY08	20~40	0.01	0.00	3	0.00	3	0.13	3	0.03	3	0.02	3	7.09	3	0.000	3	0.01	3	3
2013	7	QLFSY08	40~60	0.01	0.00	3	0.00	3	0.42	3	0.05	3	0.02	3	12.91	3	0.000	3	0.01	3	3
2013	7	QLFSY02	0~10	0.01	0.00	3	0.00	3	0.46	3	0.05	3	0.02	3	15.09	3	0.000	3	0.01	3	3
2013	7	QLFSY02	10~20	0.01	0.00	3	0.00	3	0.40	3	0.04	3	0.02	3	11.71	3	0.000	3	0.01	3	3

（续）

年份	月份	样地代码	观测层次/cm	全硼/(mg/kg)			全钼/(mg/kg)			全锰/(mg/kg)			全锌/(mg/kg)			全铜/(mg/kg)			全铁/(mg/kg)			镉/(mg/kg)			铅/(mg/kg)			铬/(mg/kg)		
				平均值	标准差	重复数	平均值	标准差	重复数	平均值	标准差	重复数	平均值	标准差	重复数	平均值	标准差	重复数	平均值	标准差	重复数	平均值	标准差	重复数	平均值	标准差	重复数	平均值	标准差	重复数
2013	7	QLFSY02	20~40	0.01		3	0.00		3	0.43		3	0.04		3	0.02		3	13.98		3	0.000		3	0.01		3			
2013	7	QLFSY02	40~60	0.01		3	0.00		3	0.45		3	0.06		3	0.02		3	15.52		3	0.000		3	0.01		3			
2013	7	QLFSY09	0~10	0.02		3	0.00		3	0.36		3	0.06		3	0.03		3	16.98		3	0.000		3	0.01		3			
2013	7	QLFSY09	10~20	0.02		3	0.00		3	0.40		3	0.07		3	0.03		3	18.08		3	0.000		3	0.01		3			
2013	7	QLFSY09	20~40	0.02		3	0.00		3	0.39		3	0.07		3	0.02		3	17.54		3	0.000		3	0.01		3			
2013	7	QLFSY09	40~60	0.02		3	0.00		3	0.42		3	0.08		3	0.03		3	17.98		3	0.000		3	0.01		3			
2013	7	QLFSY03	0~10	0.02		3	0.00		3	0.58		3	0.09		3	0.04		3	17.70		3	0.000		3	0.01		3			
2013	7	QLFSY03	10~20	0.02		3	0.00		3	0.60		3	0.09		3	0.04		3	17.89		3	0.000		3	0.01		3			
2013	7	QLFSY03	20~40	0.02		3	0.00		3	0.61		3	0.09		3	0.03		3	18.39		3	0.000		3	0.01		3			
2013	7	QLFSY03	40~60	0.02		3	0.00		3	0.61		3	0.08		3	0.03		3	17.16		3	0.000		3	0.01		3			
2013	7	QLFZH01	0~10	0.02		3	0.00		3	0.49		3	0.10		3	0.06		3	18.03		3	0.000		3	0.01		3			
2013	7	QLFZH01	10~20	0.03		3	0.00		3	0.46		3	0.10		3	0.05		3	19.19		3	0.000		3	0.01		3			
2013	7	QLFZH01	20~40	0.02		3	0.00		3	0.43		3	0.11		3	0.05		3	18.68		3	0.000		3	0.01		3			
2013	7	QLFZH01	40~60	0.02		3	0.00		3	0.48		3	0.10		3	0.05		3	18.83		3	0.000		3	0.01		3			
2013	7	QLFSY11	0~10	0.03		3	0.00		3	0.51		3	0.09		3	0.03		3	18.23		3	0.000		3	0.01		3			
2013	7	QLFSY11	10~20	0.04		3	0.00		3	0.47		3	0.08		3	0.03		3	18.25		3	0.000		3	0.01		3			
2013	7	QLFSY11	20~40	0.01		3	0.00		3	0.20		3	0.03		3	0.01		3	12.57		3	0.000		3	0.00		3			
2013	7	QLFSY11	40~60	0.03		3	0.00		3	0.49		3	0.08		3	0.04		3	18.30		3	0.000		3	0.01		3			
2017	7	QLFFZ01AYD_01	0~10	22.24	6.32	3	1.89	0.11	3	802.74	121.13	3	110.63	24.13	3	23.45	0.35	3	37.57	1.60	3	0.530	0.173	3	14.56	2.53	3	34.0	10.1	3
2017	7	QLFFZ01AYD_01	10~20	13.46	4.06	3	1.43	0.14	3	804.43	92.30	3	112.09	31.17	3	23.22	0.54	3	38.82	2.96	3	0.510	0.211	3	13.76	2.26	3	38.0	1.1	3
2017	7	QLFFZ01AYD_01	20~40	11.35	5.64	3	1.49	0.05	3	930.96	10.25	3	115.12	34.35	3	25.27	7.39	3	38.90	2.86	3	0.583	0.313	3	15.68	3.87	3	32.5	9.7	3
2017	7	QLFFZ01AYD_01	40~60	6.83	2.38	3	1.43	0.08	3	1044.24	76.50	3	100.74	15.05	3	24.02	2.19	3	41.29	3.49	3	0.443	0.167	3	15.60	4.43	3	29.3	8.8	3

（续）

年份	月份	样地代码	观测层 次/cm	全硼/(mg/kg) 平均值	重复数	标准差	全钼/(mg/kg) 平均值	重复数	标准差	全锰/(mg/kg) 平均值	重复数	标准差	全锌/(mg/kg) 平均值	重复数	标准差	全铜/(mg/kg) 平均值	重复数	标准差	全铁/(mg/kg) 平均值	重复数	标准差	镉/(mg/kg) 平均值	重复数	标准差	铅/(mg/kg) 平均值	重复数	标准差	铬/(mg/kg) 平均值	重复数	标准差
2017	7	QLFFZ01AYD_02	0~10	25.46	3	4.76	2.86	3	0.76	256.13	3	33.54	47.04	3	2.99	13.17	3	1.87	30.39	3	2.11	0.183	3	0.040	12.52	3	1.23	31.4	3	7.0
2017	7	QLFFZ01AYD_02	10~20	25.85	3	3.30	3.03	3	0.48	269.16	3	10.62	48.13	3	4.88	13.22	3	0.80	29.43	3	0.63	0.153	3	0.032	10.70	3	1.45	31.5	3	5.4
2017	7	QLFFZ01AYD_02	20~40	16.93	3	1.65	2.80	3	0.26	328.06	3	30.06	47.84	3	5.09	14.26	3	0.77	29.99	3	1.50	0.130	3	0.035	10.99	3	0.58	31.0	3	5.3
2017	7	QLFFZ01AYD_02	40~60	13.05	3	3.02	2.87	3	0.43	328.48	3	26.92	46.60	3	11.75	13.57	3	0.57	27.27	3	2.44	0.123	3	0.032	9.21	3	2.97	26.9	3	3.7
2017	7	QLFFZ01AYD_03	0~10	48.86	3	40.15	4.70	3	0.18	576.56	3	15.34	63.70	3	2.15	10.51	3	0.44	26.86	3	0.90	0.217	3	0.115	12.96	3	0.79	22.7	3	3.5
2017	7	QLFFZ01AYD_03	10~20	35.55	3	6.40	4.60	3	0.30	557.74	3	15.03	63.33	3	1.63	10.09	3	0.12	27.30	3	0.50	0.170	3	0.079	12.32	3	0.79	26.5	3	2.2
2017	7	QLFFZ01AYD_03	20~40	27.32	3	5.41	4.49	3	0.20	547.16	3	16.48	63.22	3	2.67	10.66	3	0.17	28.45	3	0.26	0.160	3	0.061	11.65	3	1.52	21.5	3	2.2
2017	7	QLFFZ01AYD_03	40~60	21.21	3	0.53	4.43	3	0.14	579.87	3	53.56	59.33	3	0.66	12.15	3	0.58	28.44	3	0.47	0.100	3	0.026	11.09	3	0.31	24.7	3	3.4
2017	8	QLFFZ01AYD_04	0~10	17.35	3	5.67	2.07	3	0.09	508.94	3	23.78	69.26	3	2.43	10.33	3	0.82	25.96	3	0.84	0.283	3	0.031	14.08	3	3.01	25.9	3	10.5
2017	8	QLFFZ01AYD_04	10~20	21.62	3	1.17	1.93	3	0.11	475.67	3	51.10	68.33	3	1.09	9.33	3	0.91	26.37	3	1.54	0.293	3	0.040	9.55	3	1.33	21.5	3	0.9
2017	8	QLFFZ01AYD_04	20~40	16.75	3	1.32	1.83	3	0.20	437.01	3	3.18	65.89	3	4.00	8.96	3	0.65	26.36	3	1.02	0.240	3	0.036	8.08	3	0.46	17.9	3	3.2
2017	8	QLFFZ01AYD_04	40~60	15.47	3	2.38	1.78	3	0.10	441.73	3	7.15	71.67	3	6.87	9.15	3	0.18	26.29	3	1.14	0.280	3	0.036	8.70	3	1.14	18.7	3	3.7
2017	7	QLFFZ01AYD_05	0~10	79.79	3	22.10	4.48	3	0.27	816.02	3	138.97	66.12	3	3.45	12.01	3	1.99	27.21	3	1.70	0.400	3	0.131	14.10	3	0.09	29.4	3	1.8

（续）

年份	月份	样地代码	观测层次/cm	全硼/(mg/kg)			全钼/(mg/kg)			全锰/(mg/kg)			全锌/(mg/kg)			全铜/(mg/kg)			全铁/(mg/kg)			镉/(mg/kg)			铅/(mg/kg)			铬/(mg/kg)		
				平均值	重复数	标准差	平均值	重复数	标准差	平均值	重复数	标准差	平均值	重复数	标准差	平均值	重复数	标准差	平均值	重复数	标准差	平均值	重复数	标准差	平均值	重复数	标准差	平均值	重复数	标准差
2017	7	QLFFZ01AYD_05	10~20	84.20	3	28.50	4.50	3	0.34	795.71	3	82.44	64.80	3	2.06	11.07	3	1.40	27.61	3	2.23	0.353	3	0.139	14.73	3	0.50	29.8	3	1.5
2017	7	QLFFZ01AYD_05	20~40	50.84	3	9.98	4.08	3	0.13	744.04	3	33.19	62.99	3	3.90	10.77	3	1.92	29.55	3	1.05	0.273	3	0.099	14.18	3	0.39	30.9	3	2.5
2017	7	QLFFZ01AYD_05	40~60	45.43	3	9.23	3.95	3	0.09	677.70	3	89.44	63.48	3	1.62	10.46	3	1.21	29.75	3	1.50	0.220	3	0.053	12.08	3	1.04	28.7	3	4.6
2017	8	QLFFZ01AYD_06	0~10	26.91	3	16.05	2.33	3	0.31	606.84	3	49.72	58.45	3	4.39	19.89	3	2.20	32.83	3	0.57	0.453	3	0.115	14.56	3	1.16	29.2	3	7.3
2017	8	QLFFZ01AYD_06	10~20	12.25	3	7.09	2.07	3	0.16	681.96	3	70.03	65.27	3	5.45	20.35	3	1.10	35.90	3	1.44	0.367	3	0.042	16.02	3	2.40	29.6	3	4.6
2017	8	QLFFZ01AYD_06	20~40	9.92	3	5.51	2.05	3	0.12	787.08	3	113.51	67.02	3	5.60	21.45	3	0.75	38.18	3	0.86	0.377	3	0.015	16.28	3	1.10	25.0	3	1.1
2017	8	QLFFZ01AYD_06	40~60	7.97	3	5.60	2.00	3	0.13	859.74	3	169.15	73.47	3	8.67	25.61	3	4.07	41.60	3	2.80	0.380	3	0.017	18.47	3	1.24	25.9	3	3.2
2017	8	QLFFZ01AYD_07	0~10	10.59	3	2.05	1.41	3	0.47	370.05	3	64.62	60.82	3	3.30	11.53	3	1.50	28.71	3	1.07	0.283	3	0.015	11.40	3	0.91	30.1	3	2.0
2017	8	QLFFZ01AYD_07	10~20	10.59	3	2.02	1.22	3	0.15	397.66	3	113.07	57.94	3	5.05	12.24	3	2.88	29.40	3	1.22	0.287	3	0.021	11.09	3	0.56	29.0	3	1.1
2017	8	QLFFZ01AYD_07	20~40	8.53	3	1.82	1.08	3	0.05	443.04	3	144.90	59.74	3	2.19	13.39	3	3.26	30.41	3	1.97	0.287	3	0.021	11.68	3	2.09	25.8	3	5.7
2017	8	QLFFZ01AYD_07	40~60	8.25	3	3.56	1.01	3	0.01	491.81	3	173.26	57.45	3	2.77	14.31	3	5.34	32.34	3	4.26	0.237	3	0.006	11.00	3	3.57	32.5	3	2.7
2017	8	QLFFZ01AYD_08	0~10	17.48	3	6.76	4.92	3	0.07	547.34	3	20.84	70.03	3	1.67	10.07	3	0.67	26.10	3	0.25	0.193	3	0.081	14.16	3	1.57	17.2	3	4.1
2017	8	QLFFZ01AYD_08	10~20	28.35	3	13.90	4.90	3	0.48	545.98	3	34.67	64.49	3	3.09	10.22	3	1.57	27.15	3	1.55	0.123	3	0.042	12.82	3	0.18	16.9	3	3.2

（续）

年份	月份	样地代码	观测层次/cm	全硼/(mg/kg)			全钼/(mg/kg)			全锰/(mg/kg)			全锌/(mg/kg)			全铜/(mg/kg)			全铁/(mg/kg)			镉/(mg/kg)			铅/(mg/kg)			铬/(mg/kg)		
				平均值	重复数	标准差	平均值	重复数	标准差	平均值	重复数	标准差	平均值	重复数	标准差	平均值	重复数	标准差	平均值	重复数	标准差	平均值	重复数	标准差	平均值	重复数	标准差	平均值	重复数	标准差
2017	8	QLFFZ01AYD_08	20~40	17.45	3	3.98	4.67	3	0.31	544.96	3	111.09	66.56	3	3.60	10.07	3	2.55	27.53	3	2.73	0.077	3	0.023	10.61	3	2.16	19.0	3	2.5
2017	8	QLFFZ01AYD_08	40~60	11.71	3	1.29	4.61	3	0.39	475.04	3	101.56	61.80	3	5.72	9.44	3	3.07	26.69	3	2.32	0.087	3	0.021	9.53	3	2.46	18.4	3	3.4
2017	7	QLFFZ01AYD_09	0~10	14.83	3	8.02	2.80	3	0.06	764.31	3	24.34	90.53	3	8.85	19.79	3	1.61	27.09	3	1.24	0.573	3	0.130	16.71	3	1.93	30.5	3	5.5
2017	7	QLFFZ01AYD_09	10~20	13.86	3	5.97	2.53	3	0.25	724.67	3	47.18	77.80	3	9.76	17.67	3	4.65	26.47	3	2.63	0.403	3	0.137	14.07	3	2.92	34.8	3	1.2
2017	7	QLFFZ01AYD_09	20~40	11.67	3	6.11	2.42	3	0.19	742.58	3	71.47	64.65	3	11.96	16.88	3	4.24	27.07	3	3.98	0.343	3	0.076	13.44	3	1.57	27.1	3	6.3
2017	7	QLFFZ01AYD_09	40~60	9.04	3	5.37	2.50	3	0.18	744.24	3	92.36	62.77	3	12.61	19.78	3	2.54	29.09	3	3.60	0.373	3	0.058	13.51	3	1.43	29.1	3	3.7
2017	7	QLFFZ01AYD_10	0~10	55.25	3	26.94	3.89	3	0.30	604.47	3	164.56	67.96	3	5.36	10.16	3	1.17	28.74	3	1.22	0.323	3	0.075	16.14	3	1.49	25.0	3	1.8
2017	7	QLFFZ01AYD_10	10~20	53.40	3	22.50	3.88	3	0.72	496.77	3	96.50	68.05	3	3.82	10.55	3	0.49	28.46	3	2.57	0.270	3	0.017	15.89	3	1.55	27.1	3	2.4
2017	7	QLFFZ01AYD_10	20~40	30.32	3	6.23	3.63	3	0.63	569.56	3	112.62	70.58	3	4.06	11.03	3	1.74	28.73	3	1.93	0.253	3	0.055	15.81	3	1.85	27.3	3	1.6
2017	7	QLFFZ01AYD_10	40~60	29.30	3	4.37	3.53	3	0.67	435.90	3	80.88	72.97	3	5.19	11.94	3	3.75	27.51	3	3.51	0.207	3	0.006	15.25	3	1.59	25.7	3	3.5
2017	7	QLFFZ01AYD_11	0~10	110.73	3	17.96	3.89	3	0.31	648.86	3	30.02	75.80	3	7.16	14.26	3	2.79	29.73	3	0.34	0.400	3	0.070	16.40	3	1.06	25.9	3	2.2
2017	7	QLFFZ01AYD_11	10~20	116.75	3	25.20	4.12	3	0.39	697.41	3	26.93	72.82	3	9.86	14.22	3	2.54	30.92	3	0.54	0.267	3	0.045	14.70	3	0.37	28.3	3	3.0
2017	7	QLFFZ01AYD_11	20~40	96.82	3	8.20	3.87	3	0.19	670.55	3	33.35	71.14	3	8.62	13.72	3	2.60	31.34	3	1.78	0.230	3	0.030	11.85	3	0.80	33.1	3	5.3

（续）

年份	月份	样地代码	观测层次/cm	全硼/(mg/kg) 平均值	重复数	标准差	全钼/(mg/kg) 平均值	重复数	标准差	全锰/(mg/kg) 平均值	重复数	标准差	全锌/(mg/kg) 平均值	重复数	标准差	全铜/(mg/kg) 平均值	重复数	标准差	全铁/(mg/kg) 平均值	重复数	标准差	镉/(mg/kg) 平均值	重复数	标准差	铅/(mg/kg) 平均值	重复数	标准差	铬/(mg/kg) 平均值	重复数	标准差
2017	7	QLFFZ01AYD_11	40~60	95.30	3	12.95	3.83	3	0.10	746.36	3	87.49	79.44	3	7.11	15.32	3	0.92	32.95	3	1.29	0.203	3	0.021	12.31	3	0.75	28.7	3	4.4
2019	8	0161179_YD_001	0~10	0.00	3	0.00	0.00	3	0.00	0.08	3	0.00	0.01	3	0.01	0.00	3	0.00			0.00									
2019	8	0161179_YD_001	10~20	0.00	3	0.00	0.00	3	0.00	0.08	3	0.00	0.01	3	0.01	0.00	3	0.00			0.00									
2019	8	0161179_YD_001	20~40	0.00	3	0.00	0.00	3	0.00	0.09	3	0.00	0.01	3	0.00	0.00	3	0.00			0.00									
2019	8	0161179_YD_001	40~60	0.00	3	0.00	0.00	3	0.00	0.10	3	0.00	0.01	3	0.01	0.00	3	0.00			0.00									
2019	8	0161179_YD_002	0~10	0.00	3	0.00	0.00	3	0.00	0.03	3	0.00	0.00	3	0.00	0.00	3	0.00			0.00									
2019	8	0161179_YD_002	10~20	0.00	3	0.00	0.00	3	0.00	0.03	3	0.00	0.00	3	0.00	0.00	3	0.00			0.00									
2019	8	0161179_YD_002	20~40	0.00	3	0.00	0.00	3	0.00	0.03	3	0.00	0.00	3	0.00	0.00	3	0.00			0.00									
2019	8	0161179_YD_002	40~60	0.00	3	0.00	0.00	3	0.00	0.03	3	0.00	0.00	3	0.00	0.00	3	0.00			0.00									
2019	8	0161179_YD_003	0~10	0.00	3	0.00	0.00	3	0.00	0.06	3	0.00	0.01	3	0.00	0.00	3	0.00			0.00									
2019	8	0161179_YD_003	10~20	0.00	3	0.00	0.00	3	0.00	0.06	3	0.00	0.01	3	0.00	0.00	3	0.00			0.00									
2019	8	0161179_YD_003	20~40	0.00	3	0.00	0.00	3	0.00	0.05	3	0.00	0.01	3	0.00	0.00	3	0.00			0.00									
2019	8	0161179_YD_003	40~60	0.00	3	0.00	0.00	3	0.00	0.06	3	0.00	0.01	3	0.00	0.00	3	0.00			0.00									

（续）

年份	月份	样地代码	观测层次/cm	全硼/(mg/kg)			全钼/(mg/kg)			全锰/(mg/kg)			全锌/(mg/kg)			全铜/(mg/kg)			全铁/(mg/kg)			镉/(mg/kg)			铅/(mg/kg)			铬/(mg/kg)		
				平均值	重复数	标准差	平均值	重复数	标准差	平均值	重复数	标准差	平均值	重复数	标准差	平均值	重复数	标准差	平均值	重复数	标准差	平均值	重复数	标准差	平均值	重复数	标准差	平均值	重复数	标准差
2019	8	0161179_YD_004	0~10	0.01	3	0.00	0.00	3	0.00	0.08	3	0.01	0.01	3	0.00	0.00	3	0.00												
2019	8	0161179_YD_004	10~20	0.01	3	0.00	0.00	3	0.00	0.08	3	0.01	0.01	3	0.00	0.00	3	0.00												
2019	8	0161179_YD_004	20~40	0.01	3	0.00	0.00	3	0.00	0.07	3	0.00	0.01	3	0.00	0.00	3	0.00												
2019	8	0161179_YD_004	40~60	0.00	3	0.00	0.00	3	0.00	0.07	3	0.01	0.01	3	0.00	0.00	3	0.00												
2019	8	0161179_YD_005	0~10	0.01	3	0.00	0.00	3	0.00	0.06	3	0.01	0.01	3	0.00	0.00	3	0.00												
2019	8	0161179_YD_005	10~20	0.01	3	0.00	0.00	3	0.00	0.05	3	0.01	0.01	3	0.00	0.00	3	0.00												
2019	8	0161179_YD_005	20~40	0.00	3	0.00	0.00	3	0.00	0.06	3	0.01	0.01	3	0.00	0.00	3	0.00												
2019	8	0161179_YD_005	40~60	0.00	3	0.00	0.00	3	0.00	0.04	3	0.01	0.01	3	0.00	0.00	3	0.00												
2019	8	0161179_YD_006	0~10	0.00	3	0.00	0.00	3	0.00	0.05	3	0.00	0.01	3	0.00	0.00	3	0.00												
2019	8	0161179_YD_006	10~20	0.00	3	0.00	0.00	3	0.00	0.05	3	0.00	0.01	3	0.00	0.00	3	0.00												
2019	8	0161179_YD_006	20~40	0.00	3	0.00	0.00	3	0.00	0.04	3	0.00	0.01	3	0.00	0.00	3	0.00												
2019	8	0161179_YD_006	40~60	0.00	3	0.00	0.00	3	0.00	0.04	3	0.00	0.01	3	0.00	0.00	3	0.00												
2019	8	0161179_YD_007	0~10	0.00	3	0.00	0.00	3	0.00	0.08	3	0.00	0.01	3	0.00	0.00	3	0.00												

（续）

年份	月份	样地代码	观测层次/cm	全硼/(mg/kg)			全钼/(mg/kg)			全锰/(mg/kg)			全锌/(mg/kg)			全铜/(mg/kg)			全铁/(mg/kg)			镉/(mg/kg)			铅/(mg/kg)			铬/(mg/kg)		
				平均值	重复数	标准差	平均值	重复数	标准差	平均值	重复数	标准差	平均值	重复数	标准差	平均值	重复数	标准差	平均值	重复数	标准差	平均值	重复数	标准差	平均值	重复数	标准差	平均值	重复数	标准差
2019	8	0161179_YD_007	10~20	0.00	3	0.00	0.00	3	0.00	0.07	3	0.00	0.01	3	0.00	0.00	3	0.00												
2019	8	0161179_YD_007	20~40	0.00	3	0.00	0.00	3	0.00	0.07	3	0.00	0.01	3	0.01	0.00	3	0.00												
2019	8	0161179_YD_007	40~60	0.00	3	0.00	0.00	3	0.00	0.07	3	0.00	0.01	3	0.01	0.00	3	0.00												
2019	8	0161179_YD_008	0~10	0.00	3	0.00	0.00	3	0.00	0.04	3	0.00	0.01	3	0.01	0.00	3	0.00												
2019	8	0161179_YD_008	10~20	0.00	3	0.00	0.00	3	0.00	0.04	3	0.00	0.01	3	0.01	0.00	3	0.00												
2019	8	0161179_YD_008	20~40	0.00	3	0.00	0.00	3	0.00	0.04	3	0.00	0.01	3	0.01	0.00	3	0.00												
2019	8	0161179_YD_008	40~60	0.00	3	0.00	0.00	3	0.00	0.05	3	0.00	0.01	3	0.01	0.00	3	0.00												
2019	8	0161179_YD_009	0~10	0.00	3	0.00	0.00	3	0.00	0.05	3	0.00	0.01	3	0.00	0.00	3	0.00												
2019	8	0161179_YD_009	10~20	0.00	3	0.00	0.00	3	0.00	0.05	3	0.00	0.01	3	0.00	0.00	3	0.00												
2019	8	0161179_YD_009	20~40	0.00	3	0.00	0.00	3	0.00	0.05	3	0.00	0.01	3	0.01	0.00	3	0.00												
2019	8	0161179_YD_009	40~60	0.00	3	0.00	0.00	3	0.00	0.05	3	0.00	0.01	3	0.01	0.00	3	0.00												
2019	8	0161179_YD_010	0~10	0.00	3	0.00	0.00	3	0.00	0.06	3	0.00	0.01	3	0.00	0.00	3	0.00												
2019	8	0161179_YD_010	10~20	0.00	3	0.00	0.00	3	0.00	0.07	3	0.00	0.01	3	0.01	0.00	3	0.00												

（续）

年份	月份	样地代码	观测层次/cm	全硼/(mg/kg) 平均值	重复数	标准差	全锰/(mg/kg) 平均值	重复数	标准差	全锌/(mg/kg) 平均值	重复数	标准差	全铜/(mg/kg) 平均值	重复数	标准差	全铁/(mg/kg) 平均值	重复数	标准差	镉/(mg/kg) 平均值	重复数	标准差	铅/(mg/kg) 平均值	重复数	标准差	铬/(mg/kg) 平均值	重复数	标准差
2019	8	0161179_YD_010	20~40	0.00			0.08	3		0.01	3		0.00	3		0.00	3								0.00		
2019	8	0161179_YD_010	40~60	0.00			0.09	3		0.01	3		0.00	3		0.00	3								0.00		

表 3 - 55　土壤矿质全量表

年份	月份	样地代码	观测层次/cm	铁(Fe₂O₃)/% 平均值	重复数	标准差	锰(MnO)/% 平均值	重复数	标准差	铝(Al₂O₃)/% 平均值	重复数	标准差	钙(CaO)/% 平均值	重复数	标准差	镁(MgO)/% 平均值	重复数	标准差	钾(K₂O)/% 平均值	重复数	标准差	钠(Na₂O)/% 平均值	重复数	标准差
2013	6	QLFSY06	0~10	9.28	3		0.224	3		41.647	3		24.562	3		19.452	3		16.458	3		12.009	3	
2013	6	QLFSY06	10~20	14.63	3		0.326	3		51.878	3		12.858	3		16.796	3		15.614	3		9.090	3	
2013	6	QLFSY06	20~40	15.81	3		0.354	3		59.745	3		11.552	3		16.993	3		16.148	3		9.209	3	
2013	6	QLFSY06	40~60	15.73	3		0.379	3		63.553	3		9.340	3		17.862	3		16.400	3		9.639	3	
2013	6	QLFSY01	0~10	15.11	3		0.200	3		64.427	3		18.496	3		18.287	3		13.926	3		13.329	3	
2013	6	QLFSY01	10~20	15.07	3		0.169	3		65.980	3		12.332	3		14.719	3		14.686	3		13.176	3	
2013	6	QLFSY01	20~40	14.05	3		0.162	3		61.216	3		18.092	3		21.695	3		15.636	3		13.108	3	
2013	6	QLFSY01	40~60	13.10	3		0.150	3		53.798	3		14.860	3		19.360	3		14.906	3		12.051	3	
2013	6	QLFSY05	0~10	11.85	3		0.244	3		53.692	3		38.471	3		20.692	3		18.196	3		21.024	3	
2013	6	QLFSY05	10~20	12.80	3		0.251	3		58.608	3		11.758	3		8.964	3		19.837	3		24.359	3	
2013	6	QLFSY05	20~40	12.19	3		0.236	3		59.012	3		37.446	3		20.841	3		22.228	3		26.061	3	
2013	6	QLFSY05	40~60	13.90	3		0.318	3		66.659	3		11.884	3		7.823	3		20.019	3		23.775	3	
2013	7	QLFSY04	0~10	12.57	3		0.300	3		53.461	3		28.688	3		21.770	3		16.103	3		13.676	3	
2013	7	QLFSY04	10~20	12.39	3		0.295	3		48.443	3		18.933	3		17.825	3		15.932	3		12.527	3	
2013	7	QLFSY04	20~40	16.07	3		0.373	3		53.575	3		40.121	3		23.151	3		16.330	3		13.490	3	
2013	7	QLFSY04	40~60	14.50	3		0.335	3		50.076	3		22.331	3		19.736	3		15.968	3		12.767	3	
2013	7	QLFSY07	0~10	14.87	3		0.324	3		47.759	3		33.289	3		20.606	3		15.810	3		9.997	3	
2013	7	QLFSY07	10~20	14.41	3		0.243	3		55.015	3		10.478	3		16.255	3		16.021	3		12.150	3	

（续）

年份	月份	样地代码	观测层次/cm	铁(Fe₂O₃)/% 平均值	铁 重复数	铁 标准差	锰(MnO)/% 平均值	锰 重复数	锰 标准差	铝(Al₂O₃)/% 平均值	铝 重复数	铝 标准差	钙(CaO)/% 平均值	钙 重复数	钙 标准差	镁(MgO)/% 平均值	镁 重复数	镁 标准差	钾(K₂O)/% 平均值	钾 重复数	钾 标准差	钠(Na₂O)/% 平均值	钠 重复数	钠 标准差
2013	7	QLFSY07	20~40	11.05	3		0.182	3		45.021	3		12.812	3		16.273	3		15.848	3		12.660	3	
2013	7	QLFSY07	40~60	9.77	3		0.156	3		39.350	3		10.782	3		16.939	3		16.048	3		13.083	3	
2013	7	QLFSY08	0~10	9.71	3		0.160	3		33.058	3		15.379	3		11.901	3		18.105	3		19.335	3	
2013	7	QLFSY08	10~20	7.64	3		0.121	3		30.173	3		9.705	3		9.970	3		17.791	3		19.771	3	
2013	7	QLFSY08	20~40	7.09	3		0.130	3		34.655	3		9.793	3		10.975	3		18.316	3		19.565	3	
2013	7	QLFSY08	40~60	12.91	3		0.419	3		59.917	3		10.491	3		9.981	3		18.790	3		21.744	3	
2013	7	QLFSY02	0~10	15.09	3		0.456	3		54.728	3		13.013	3		13.573	3		13.748	3		13.753	3	
2013	7	QLFSY02	10~20	11.71	3		0.397	3		44.052	3		10.810	3		13.005	3		13.818	3		15.330	3	
2013	7	QLFSY02	20~40	13.98	3		0.431	3		49.630	3		10.622	3		13.243	3		14.430	3		14.881	3	
2013	7	QLFSY02	40~60	15.52	3		0.447	3		56.233	3		12.435	3		14.084	3		13.937	3		14.520	3	
2013	7	QLFSY09	0~10	16.98	3		0.357	3		60.407	3		11.337	3		11.683	3		15.670	3		12.373	3	
2013	7	QLFSY09	10~20	18.08	3		0.396	3		68.464	3		11.058	3		11.643	3		16.201	3		12.773	3	
2013	7	QLFSY09	20~40	17.54	3		0.391	3		65.824	3		12.047	3		11.992	3		16.302	3		12.227	3	
2013	7	QLFSY09	40~60	17.98	3		0.415	3		71.404	3		10.197	3		10.857	3		16.306	3		12.702	3	
2013	7	QLFSY03	0~10	17.70	3		0.577	3		73.262	3		9.766	3		9.153	3		21.807	3		13.269	3	
2013	7	QLFSY03	10~20	17.89	3		0.601	3		76.188	3		11.460	3		11.137	3		21.151	3		13.945	3	
2013	7	QLFSY03	20~40	18.39	3		0.615	3		79.943	3		20.648	3		17.913	3		21.739	3		14.528	3	
2013	7	QLFSY03	40~60	17.16	3		0.610	3		77.132	3		11.371	3		11.076	3		20.880	3		13.690	3	
2013	7	QLFZH01	0~10	18.03	3		0.494	3		81.753	3		24.008	3		17.710	3		18.447	3		11.655	3	
2013	7	QLFZH01	10~20	19.19	3		0.458	3		80.225	3		19.528	3		18.391	3		18.321	3		12.452	3	
2013	7	QLFZH01	20~40	18.68	3		0.435	3		78.966	3		18.167	3		17.795	3		18.704	3		11.414	3	
2013	7	QLFZH01	40~60	18.83	3		0.480	3		77.074	3		24.467	3		16.741	3		19.018	3		10.322	3	
2013	7	QLFSY11	0~10	18.23	3		0.512	3		69.019	3		8.727	3		15.201	3		16.715	3		11.021	3	
2013	7	QLFSY11	10~20	18.25	3		0.474	3		67.617	3		24.819	3		17.256	3		16.661	3		11.059	3	
2013	7	QLFSY11	20~40	12.57	3		0.197	3		22.668	3		8.963	3		16.842	3		17.653	3		11.736	3	
2013	7	QLFSY11	40~60	18.30	3		0.492	3		69.624	3		13.318	3		17.550	3		18.062	3		11.482	3	

参 考 文 献

柴宗政，王得祥，郝亚中，等. 秦岭中段华北落叶松人工林演替动态 [J]. 林业科学，2014，50（2）：14-21.

陈军军，侯琳，李银，等. 秦岭松栎混交林土壤微生物及酶活性 [J]. 东北林业大学学报，2014，42（3）：103-106，111.

陈书军，陈存根，曹田健，等. 降水量级和强度对秦岭油松林林冠截留的影响 [J]. 应用基础与工程科学学报，2015，23（1）：41-55.

高国庆，张胜利，梁翠萍，等. 1997—2016 年秦岭南坡水源涵养林区河床径流水化学变化特征 [J]. 西北林学院学报，2018，33（6）：1-9.

李银，侯琳，陈军军，等. 秦岭火地塘林区典型灌木生物量估算模型 [J]. 东北林业大学学报，2014，42（2）：116-119.

刘岳坤，庞军柱，宸凡，等. 秦岭火地塘林区不同海拔不同林型土壤 CO_2、CH_4、N_2O 通量研究 [J]. 西北林学院学报，2019，34（1）：1-10.

陆斌，张胜利，李侃，等. 秦岭火地塘林区土壤大孔隙分布特征及对导水性能的影响 [J]. 生态学报，2014，34（6）：1512-1519.

马国栋，张胜利，赵晓静. 秦岭松栎混交林土壤对雨水淋溶液 pH、Cd、Pb、Zn 的影响 [J]. 西北农林科技大学学报：自然科学版，2014，42（6）：107-114.

沈彪，党坤良，武朋辉，等. 秦岭中段南坡油松林生态系统碳密度 [J]. 生态学报，2015，35（6）：1798-1806.

杨凤萍，胡兆永，张硕新. 不同海拔油松和华山松林乔木层生物量与蓄积量的动态变化 [J]. 西北农林科技大学学报：自然科学版，2014，42（3）：68-76.

宸凡，庞军柱，刘岳坤，等. 秦岭油松林不同坡位土壤 CO_2、CH_4、N_2O 通量研究 [J]. 环境科学学报，2018，38（6）：2506-2517.

Jie Yuan, Fei Cheng, Xian Zhu, et al. Respiration of downed logs in pine and oak forests in the Qinling Mountains, China [J]. Soil Biology and Biochemistry, 2018, 127: 1-9.

Jie Yuan, Shibu Jose, Zhaoyong Hu, et al. Biometric and eddy covariance methods for examining the carbon balance of a Larix principis-rupprechtii forest in the Qinling Mountains [J]. Forests, 2018, 9 (2): 67.

Shujun Chen, Tianjian Cao, Nobuaki Tanaka, et al. Hydrological properties of litter layers in mixed forests in Mt. Qinling, China [J]. iForest-Biogeosciences and Forestry, 2018, 11 (2): 243-250.

Ruili Wang, Qiufeng Wang, Congcong Liu, et al. Changes in trait and phylogenetic diversity of leaves and absorptive roots from tropical to boreal forests [J]. Plant and Soil, 2018, 432 (1-2): 1-13.

Yan Yan. Integrate carbon dynamic models in analyzing carbon sequestration impact of forest biomass harvest [J]. Science of the Total Environment, 2018, 615: 581-587.

图书在版编目（CIP）数据

中国生态系统定位观测与研究数据集．森林生态系统卷．陕西秦岭站：2009-2019/陈宜瑜总主编；张硕新，张鑫，庞军柱主编．—北京：中国农业出版社，2023.6

ISBN 978-7-109-30781-0

Ⅰ．①中…　Ⅱ．①陈…　②张…　③张…　④庞…　Ⅲ．①生态系－统计数据－中国②森林生态系统－统计数据－陕西－2009－2019　Ⅳ①Q147②S718.55

中国国家版本馆 CIP 数据核字（2023）第 101156 号

ZHONGGUO SHENGTAI XITONG DINGWEI GUANCE YU YANJIU SHUJUJI

中国农业出版社出版
地址：北京市朝阳区麦子店街 18 号楼
邮编：100125
责任编辑：李昕昱　　文字编辑：吴沁茹
版式设计：李　文　　责任校对：周丽芳
印刷：北京印刷一厂
版次：2023 年 6 月第 1 版
印次：2023 年 6 月北京第 1 次印刷
发行：新华书店北京发行所
开本：889mm×1194mm　1/16
印张：17
字数：500 千字
定价：128.00 元